# 珠江口盆地油气储层

米立军　著

科 学 出 版 社
北　京

## 内 容 简 介

本书以油气储层分析中最为直观的岩心资料作为基础，总结了珠江口盆地典型的沉积储层类型及其特征，建立了不同储层的沉积模式；分析了不同沉积环境中的储层类型及展布规律，论述了珠江口盆地多种典型的沉积储层，包括同裂谷期陆相碎屑岩、大型海相三角洲、碎屑滨岸—浅海、陆坡深水碎屑岩、碳酸盐岩五种类型的沉积储层特征。从第一手岩心资料出发，结合多种资料，通过岩石相分析夯实基础，建立相应沉积模式，重点反映了珠江口盆地典型油气储层的特征，对珠江口盆地沉积学研究和油气储层评价提供有力支撑，对本区油气勘探、开发、储层评价和预测具有指导意义。

本书适合从事珠江口盆地油气地质研究与勘探管理决策的专业人员阅读；也可作为工具书，供生产与科研人员，以及高等院校地质专业的师生参考。

**图书在版编目(CIP)数据**

珠江口盆地油气储层 / 米立军著. —北京：科学出版社，2021. 3
ISBN 978-7-03-065648-3

Ⅰ. ①珠… Ⅱ. ①米… Ⅲ. ①珠江三角洲-含油气盆地-油气藏-储集层-研究 Ⅳ. ①P618. 130. 2

中国版本图书馆 CIP 数据核字（2020）第 124180 号

责任编辑：焦 健 李亚佩 / 责任校对：王 瑞
责任印制：肖 兴 / 封面设计：北京图阅盛世

科学出版社 出版
北京东黄城根北街 16 号
邮政编码：100717
http://www.sciencep.com

北京九天鸿程印刷有限责任公司 印刷
科学出版社发行 各地新华书店经销
*
2021 年 3 月第 一 版 开本：787×1092 1/16
2021 年 3 月第一次印刷 印张：17 1/2
字数：450 000

**定价：238.00 元**

（如有印装质量问题，我社负责调换）

# 序

珠江口盆地是我国主要的含油气盆地之一。自20世纪80年代初起，珠江口盆地油气勘探开发蓬勃发展，特别是在含油气盆地类型、构造地质特征、沉积环境分析、储层成岩作用、成藏控制因素等地质勘探理论方面，取得了殷实的一手数据和显著的应用效果。

近年来，随着油气勘探开发工作的深入，特别是深层低孔渗油气藏、深水浊积岩油气藏、岩性油气藏和碳酸盐岩油气藏勘探开发的推进，储层研究工作日显重要。有利储层分布规律与预测、圈闭评价、钻完井作业、开发动态监测及提高采收率等方面的工作，都离不开对储层类型及特征的精细深入研究。

珠江口盆地是新生代以来形成的海相盆地，内部充填地层包括陆相河流—海陆过渡三角洲—海相序列，沉积类型多、沉积特征复杂。含油气储层类型多、结构复杂，不同地区不同层位储层发育的控制因素有明显差异。在这一背景下，该专著以岩心资料为基础，系统总结出典型沉积相类型及特征；建立不同沉积相带沉积模式，分析不同沉积环境中储集层类型及展布规律；确立珠江口盆地岩石相和沉积体系类型、沉积模式；系统描述了不同成因类型沉积体系的油气储层成因类型及特征；是一本关于珠江口盆地储层的专著，为珠江口盆地沉积学研究提供了丰富资料，对油气勘探开发、储层评价和预测具有重要借鉴意义。

珠江口盆地油气资源丰富，储层类型多样，为我国油气增储上产提供重要支撑，相信该书的出版将对我国海上油气勘探和开发事业起到重要助推作用。

中国科学院院士

郝杰

# 前　言

珠江口盆地位于南海北部陆缘，面积约 $26.7\times10^4km^2$，其中浅水区（水深<300m）面积约 $9\times10^4km^2$，深水区（水深为 300 ~ 1500m）面积约 $7\times10^4km^2$，超深水区（水深>1500m）面积约 $6.5\times10^4km^2$。自 20 世纪 70 年代开展勘探以来，南海东部海域历经了油气普查、对外合作、自营与合作勘探并举、自营为主等阶段，累计发现原油探明地质储量约 $11\times10^8m^3$，天然气探明地质储量约 $2000\times10^8m^3$，截至 2016 年底累计生产油气约 $2.9\times10^8m^3$，成为中国近海重要的油气产区之一。

珠江口盆地是具有双层结构的叠合盆地，具有“下陆上海”的双层结构，其中下构造层为盆地断陷期形成的一套陆相沉积体系，自下而上分为神狐组、文昌组和恩平组；上构造层为盆地拗陷期形成的一套被动大陆边缘沉积体系，是古珠江三角洲及滨岸沉积体系形成、发育的主要层段，同时也发育一套具有珠江口盆地特色的深水沉积和碳酸盐岩沉积。珠江口盆地的上下组合沉积丰富多样，几乎包含了所有的沉积储层类型，可谓一个沉积储层的“大观园”。这里有珠江口盆地特色的大型三角洲—滨岸体系、新生代大型台地型生物礁滩、大型陆坡深水扇体重力流沉积、陆相深层优质储层。大型三角洲—滨岸体系具有高孔、高渗、高均质性、高产能、高采收率五高特征，也是现在重要的油气产层；新生代大型台地型生物礁滩与中古生代的碳酸盐岩储层不同，在发育背景、岩石学分类、储层特征上都有较大的差异；大型陆坡深水扇体重力流沉积的结构构造、生物遗迹特征都在其他地方很少见。中国东部的裂陷期陆相沉积，其物源剥蚀区主要发育中古生代沉积岩、变质岩、碳酸盐岩等，而珠江口盆地的剥蚀区主要发育燕山期花岗岩，能形成石英含量超过 90% 的骨架，抗压实、抗成岩的能力强，发育新生代裂陷期最好的优质储层之一。

“横看成岭侧成峰，远近高低各不同”，不同专家、学者在不同时期不同地区对珠江口盆地做了大量工作，对沉积相的认识仍有不同观点，存在一定争议。究其原因很大程度上与缺乏第一手资料有关，针对海上沉积储层研究，对岩心资料的获取通常都是有限的。“将今论古”作为重要的地质学思想从不过时，其本质就是从实际观察出发，通过分析各种地质事件遗留下来的地质现象与结果反推古代地质事件发生的条件、过程及特点，其重要性无论如何强调都不过分。随着珠江口盆地勘探开发程度的深入，勘探开发难度越来越大，勘探开发人员的研究对象也变得越来越复杂，这些研究对象位于数千米的地下，看不见，摸不着，诸如地层岩性圈闭储层的尖灭和超覆、古近系深部储层的甜点选择、深水重力流储层的非均质性、碳酸盐岩混积储层的特殊性等难题，一直困扰着广大科研人员，要充分认识这些沉积现象及其特点，必须要着手于第一手资料，获取地层岩石结构、岩相组合及沉积特征等信息。本书对于沉积储层的认识，采取多种资料相结合的方式，从第一手真实资料——岩心出发，通过岩石相分析夯实基础，建立相应的沉积模式，重点反映珠江口盆地两种沉积体系下的多种油气储层的特征。

本书取材于“十三五”国家重大科技专项项目26“海洋深水区油气勘探关键技术”课题3“珠江口盆地陆缘深水区油气地质及勘探关键技术”任务3“珠江口盆地陆缘深水区沉积成岩过程与优质储层形成机制研究”(2016ZX05026-003)、项目24“近海大中型油气田形成条件及勘探技术（三期)”课题2“中国近海富烃凹陷优选与有利勘探方向预测”任务8“珠-拗陷古湖泊演化与演烃凹陷优先”、中海石油（中国）有限公司自立科研项目“珠江口盆地岩心微相对比分析”等科研成果。全书分为7章，第一章介绍珠江口盆地的构造背景、沉积特征、储层类型和油气勘探开发现状。第二章介绍本书沉积相研究的关键基础，总结了碎屑岩和碳酸盐岩的油气储层特征。第三章至第七章为各论部分，分别介绍了具有珠江口盆地特色的同裂谷期陆相碎屑岩、大型海相三角洲、碎屑滨岸—浅海、陆坡深水碎屑岩和碳酸盐岩五种沉积储层。

全书由米立军编写和统稿，舒誉、张昌民、谢世文、朱锐、柳保军、周凤娟、马永坤、刘冬青参与了部分章节的编写和统稿工作。张向涛、丁琳、李小平、王宇辰、王菲、龚文、张韶琛、吴宇翔、牛胜利、王绪诚、贺勇、黄鑫、蔡国富、李瑞彪等专家参与了岩心描述及微相分析的研究工作，中海石油（中国）有限公司深圳分公司、中海油能源发展股份有限公司工程技术深圳分公司、长江大学等多家单位的部分专家参与了图件编绘和照片遴选，在此表示感谢！

作　者

2020年7月1日

# 目　录

# 第一章　区域地质背景

珠江口盆地位于中国南海北部陆缘，华南大陆的南缘，海南岛与台湾岛之间，呈 NE 走向，大致平行华南大陆岸线的陆架和陆坡区，为华南大陆的水下延伸部分，盆地面积约 $26.7\times10^4km^2$，具有浅水和深水两大勘探领域。其中，陆架浅水区（水深<300m）面积约 $9\times10^4km^2$，深水区（水深为 300 ~ 1500m）面积约 $7\times10^4km^2$，超深水区（水深>1500m）面积约 $6.5\times10^4km^2$。

珠江口盆地位于欧亚、印度和太平洋三大板块交汇的南海北部，是在加里东期、海西期、燕山期褶皱基底上形成的中、新生代含油气盆地。它的形成与演化过程受印度板块与欧亚板块碰撞，以及太平洋板块向欧亚板块俯冲的影响，有其独特的构造格局和复杂的发育史。由于受以 NE 向为主要应力方向的构造运动控制及 NE 向与 NW 向共轭断裂的影响，在拗陷内形成了一系列地堑、半地堑，并导致盆地形成了南北分带、东西分块的基本构造格局。盆地由北向南可划分为 6 个 NE 向构造单元，即北部隆起带、北部拗陷带、中部隆起带、中部拗陷带、南部隆起带和南部拗陷带（图 1-1）。各个构造单元又可以进一步划

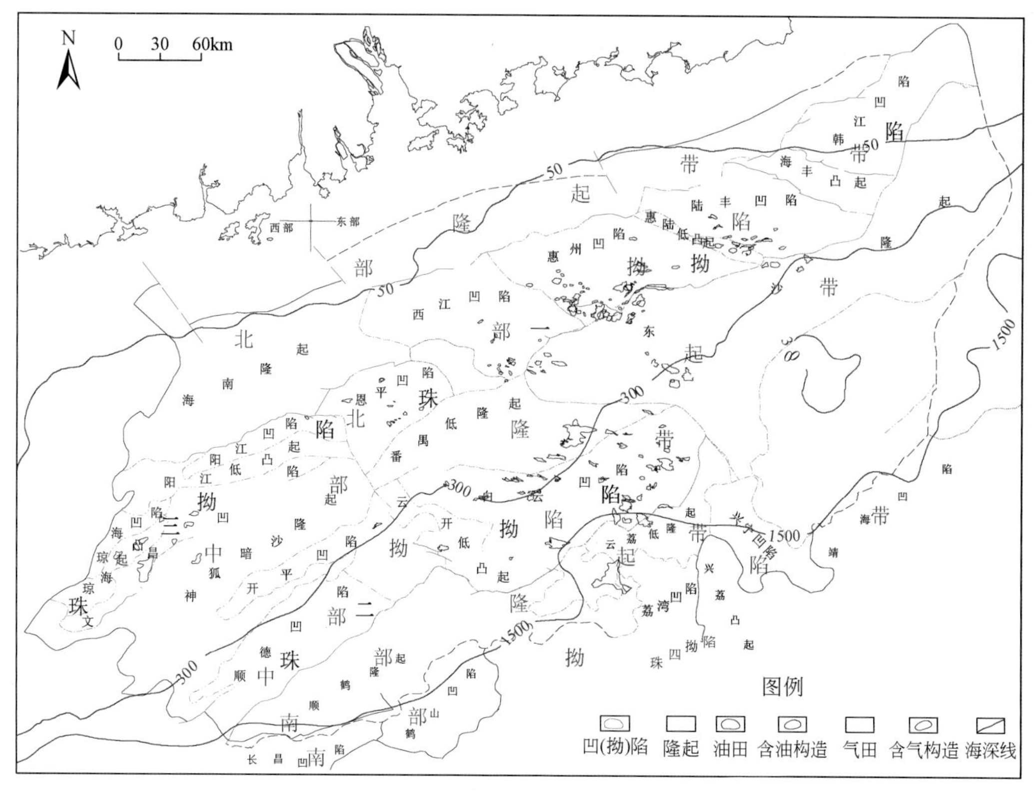


图 1-1　研究区位置及构造单元

分为若干个坳陷和低隆起。北部坳陷带由珠一坳陷和珠三坳陷组成，其中珠一坳陷由恩平凹陷、西江凹陷、惠州凹陷、陆丰凹陷和韩江凹陷组成；珠三坳陷由文昌凹陷、琼海凹陷和阳江凹陷组成；中部隆起带由东沙隆起、番禺低隆起和神狐暗沙隆起组成；中部坳陷带由珠二坳陷和潮汕坳陷组成，其中珠二坳陷由白云凹陷、开平凹陷和顺德凹陷组成；南部隆起带由顺德隆起和云荔低隆起组成；南部坳陷带由珠四坳陷组成，包括长昌凹陷、鹤山凹陷、兴宁凹陷和靖海凹陷。

## 第一节　珠江口盆地区域构造背景

南海四周发育了大陆边缘的三大主要类型，包括南北两侧的张裂型（被动型）边缘、东侧马尼拉海沟的俯冲型（主动型）边缘和西侧的剪切（转换）型边缘，该地区是全球构造活动最活跃的区域之一（图1-2）。南海发育在复杂的前新生代基底背景之上，新生

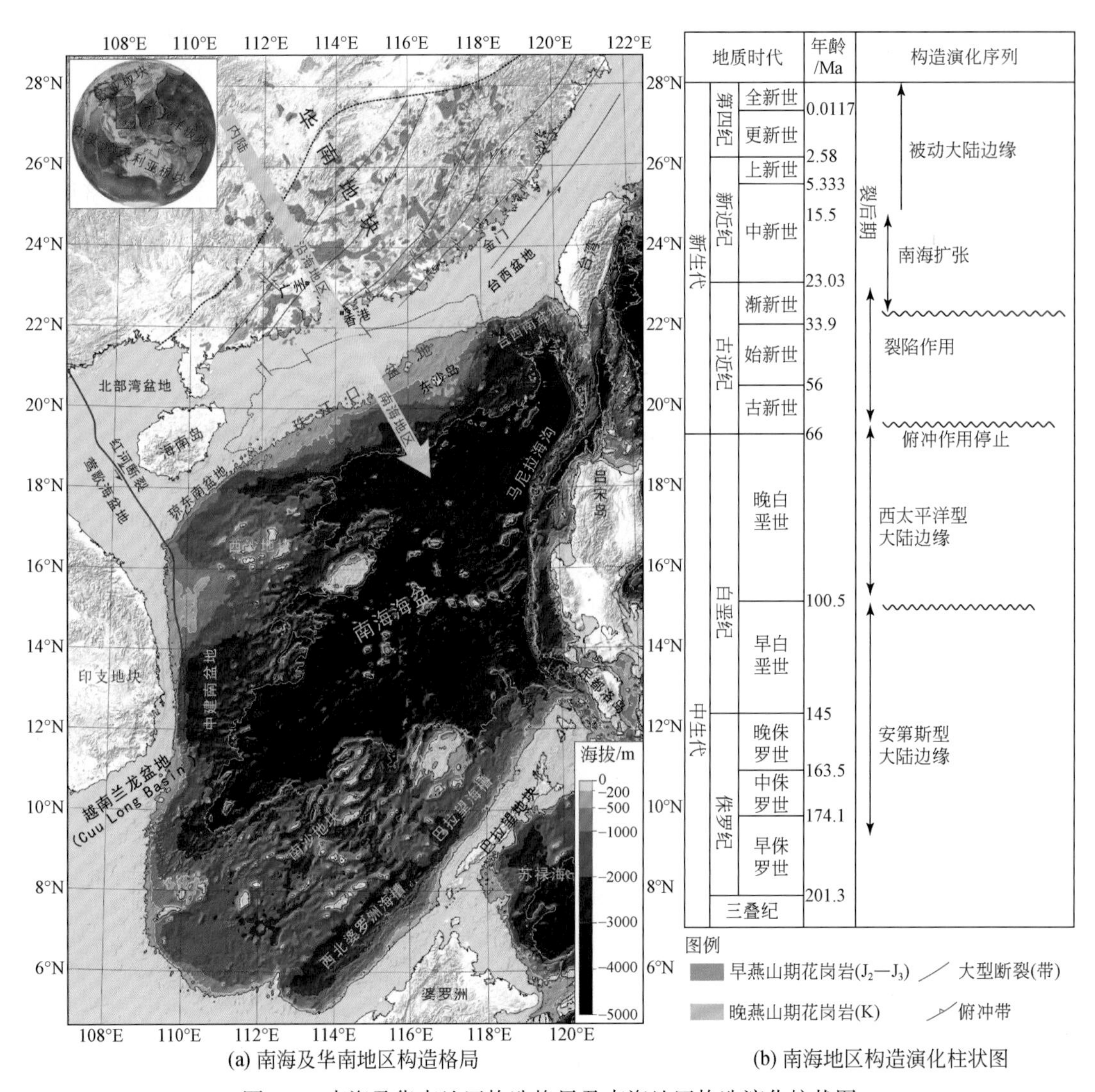


(a) 南海及华南地区构造格局　　(b) 南海地区构造演化柱状图

图1-2　南海及华南地区构造格局及南海地区构造演化柱状图

代经历了完整的陆内裂陷至海底扩张阶段，是中国大陆边缘唯一发育了新生洋壳的海盆。新生代陆内裂陷作用在南海南北两侧共轭大陆边缘形成一系列裂谷盆地，如珠江口盆地、琼东南盆地等，是我国海洋油气勘探的重要场所。

## 一、南海构造演化过程

南海裂解的动力学机制至今仍是南海地区构造研究的热点与争议问题之一。目前关于南海裂解的成因主要从三个方面来解释，分别是南部动力来源的古南海洋壳向南俯冲拖曳（Hall，2002，2012；Cullen，2010；Zahirovic et al.，2014），西部动力来源印度板块与欧亚板块碰撞挤压（Leloup et al.，2001；Replumaz and Tapponnier，2003；Replumaz et al.，2014），以及东部的古太平洋板块俯冲作用（许浚远和张凌云，1999），或者其中多个因素的综合作用。此外，部分学者曾经提出南海裂解与西北部海南地幔柱有关（鄢全树和石学法，2007），但最新研究证明海南地幔柱到达南海岩石圈的时间较晚，并非南海裂解的触发动力机制，仅是后期叠加在南海裂解过程之上的构造作用（Yu et al.，2018）。古南海的拖曳模型认为，在新生代早期占据于现今南海位置的古南海洋壳向南部婆罗洲与卡格扬河岛弧（Cagayan Arc）俯冲消亡过程中俯冲板片的拖曳（slab-pull）是南海裂解的动力学成因。印度-欧亚板块碰撞挤出模型认为新生代印度板块与欧亚板块碰撞造成的强烈挤压使得印支地区的一系列块体沿着大型走滑断层向东南方向滑动与旋转，其中认为哀牢山—红河断裂长达500km的左行走滑活动是触发南海裂解的动力机制。尽管对于南海裂解的触发动力机制目前存在争议，但南海发育的应力体制是比较明确的，即普遍认为南海的裂解形成于区域性的右行张扭的应力体制。关于这一认识的证据是比较充分的，一方面表现在南海整体的菱形形状和其洋盆区域东面开口的“V”形结构；另一方面是与南海裂解相伴生的北部陆缘裂谷盆地多幕裂陷结构的变化指示了伸展方向持续性的顺时针旋转（Pigott and Ru，1994；Zhou et al.，1995；周蒂等，2002；胡阳等，2016），反映了在区域性右行剪切力持续作用下最小主应力轴方向持续性的变化。

南海海盆由三个次海盆组成，分别为西北次海盆、西南次海盆和东部次海盆，是南海渐进式扩张作用与洋中脊跃迁的结果（图1-3）。南海海盆的扩张历史通过对磁异常条带的识别进行多次研究（Taylor and Hayes，1983；Briais et al.，1993；Barchhausen et al.，2014；Li et al.，2014）。2014年的综合大洋钻探计划（Integrated Ocean Drilling Program，IODP）349航次是关于南海磁异常条带的最近一次研究，也代表了关于南海扩张演化的最新认识成果。研究认为，南海的扩张开始于约33Ma在海盆的东北部（现今的东部次海盆北部），在约23.6Ma时期洋中脊向南跃迁约20km至东部次海盆，23.6～21.5Ma洋中脊向西南扩展近400km，并伴随着西南次海盆的扩张开始。南海西南次海盆的海底扩张在约16Ma结束，东部次海盆结束扩张的时间最晚，在约15Ma（Li et al.，2014）。

## 二、珠江口盆地构造演化过程

珠江口盆地受控于印度板块、欧亚板块的挤压碰撞，以及太平洋板块的俯冲挤压的影

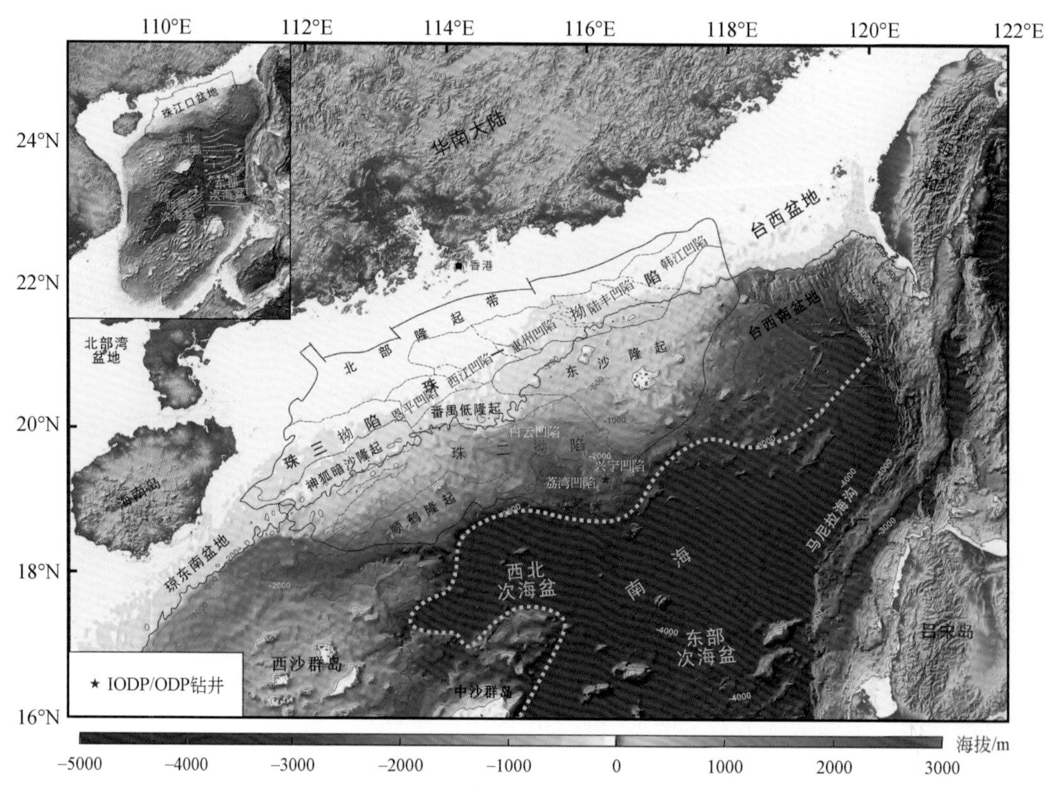

图 1-3　南海北部陆缘构造格局与珠江口盆地构造单元图

响，具有独特的构造应力环境和复杂的构造演化历史。在不同地质时期，盆地处于不同的大陆边缘。

珠江口盆地在燕山期为典型的活动大陆边缘，主要表现为强烈的断块升降及岩浆活动，被称为安第斯型大陆边缘。先存古生代基底及构造形态，在这次强烈的构造活动中重新改造和建造。在左旋压扭的构造应力场作用下，形成了一系列的 NE 走向的延伸达数千千米的逆冲断裂带，并且伴有强烈的构造热变质带，宽度有数百米至数十千米。这些强烈的逆冲作用所产生的逆冲叠瓦构造及伴随产生的部分张扭性质的断裂，构成了“多”字形的新华夏构造体系域。同时，本区受到东南印度板块的挤压碰撞作用后，产生了一系列近 EW 向的逆冲断裂系，被称为中特提斯构造系。因此，珠江口盆地在多重构造应力环境下，盆地构造格局也是复杂多变的，新华夏构造体系域与中特提斯构造系在燕山期共同控制了盆地基底的基本构造格局。

燕山运动末期（晚白垩世）以后，太平洋板块发生了两个显著的变化，一个是俯冲速率迅速降低，另一个是俯冲带后退。正是由于太平洋板块俯冲作用的变化，中国东部陆缘由挤压环境转变为拉张环境，陆缘的裂陷作用也发生了显著变化。伴随太平洋俯冲带后撤，华南陆缘由安第斯型大陆边缘转变为拉张离散的被动大陆边缘。陆区的晚白垩世断陷盆地普遍进入断陷高峰期，形成 NE—NEE 走向的主断陷带。珠江口盆地与南海盆地的构造运动息息相关，断裂及岩浆活动的研究表明，珠江口盆地新生代有五次重要的构造运动。详述如下。

（1）神狐运动。这是最早的一期构造运动，发生在66.0Ma或更早。晚白垩世至古新世，前新生代褶皱基底在神狐运动作用下发生张裂，形成一系列NE向断陷。地震反射剖面上表现为区域角度不整合（Tg），为盆地的基底。

（2）珠琼运动一幕。发生在早—中始新世，距今约47.8Ma。珠琼运动使珠江口盆地发生抬升、剥蚀，伴有断裂和岩浆活动，NE—NEE向断陷形成。该运动使盆地形成彼此分割的北、南两个断陷带，而且随着断陷的深度和面积增大，形成了许多深水湖盆。文昌组生油岩就是在该时期开始沉积。在地震反射剖面上，该运动表现为地区性的不整合界面T90，作为文昌组底或文昌—神狐组底；同时，部分地区缺失神狐组，Tg和T90界面重合。

（3）珠琼运动二幕。发生在中—晚始新世，距今约38.0Ma。其持续时间长，构造运动强烈，使盆地再次抬升并遭受强烈剥蚀，即盆地的第三期断陷，也是盆地断陷期最重要的一次构造运动。在盆地形成近EW向断裂，湖盆面积有所扩大，水体逐渐变浅，南北拗陷带相互连通。沉积地层为恩平组，是重要的生油层系。该运动在地震剖面上表现为上超下削、高角度的区域不整合界面T80，隆起区为剥蚀区，除东沙隆起上的小型孤立的半地堑外，普遍缺失恩平组，缺失整个上始新统。

（4）南海运动。这是珠江口盆地另一期重要的构造运动，发生在早渐新世，距今33.9Ma。该构造运动造成珠江口盆地区域性的强烈抬升和剥蚀，形成了区域性不整合面。同时，在盆地南部珠二拗陷发生造海运动，从南向北海水大规模侵入；盆地中、北部则强烈抬升剥蚀，伴随断裂及岩浆活动。该构造运动在构造演化史中处于盆地由断陷、断拗向拗陷转化的重要时期，并且在南海第一次扩张和全球海平面变化的影响下，盆地开始进入沉降阶段，构造活动相对宁静，代表了盆地裂后阶段开始。在地震反射剖面上，南海运动为区域不整合界面T70，上超下削，局部高角度不整合，相当于珠海组的底。

（5）东沙运动。该构造运动开始于中中新世末，一直持续到晚中新世末期，距今10.0～5.3Ma。东沙运动是菲律宾岛弧与台湾地块发生碰撞的直接结果，使珠江口盆地在拗陷阶段发生了块断升降运动，局部发生挤压褶皱、隆起、剥蚀，并伴随有频繁的断裂和岩浆活动。该构造运动使东沙隆起和潮汕拗陷的上部地层遭受到一定程度的剥蚀。在东沙运动作用下，盆地断裂再次活动，同时产生了新的以NWW向张扭性为主的断裂，导致多次基性岩浆的喷发，在地震反射剖面上T32和T30反射层间可识别多种火山岩体。以NWW向为主的张扭性断裂的产生，对盆地的构造变形和油气成藏产生极其重要的影响。

## 第二节　珠江口盆地区域构造沉积特征

### 一、区域地层沉积发育特征

珠江口盆地在形成过程中，具有“下断上拗”“下陆上海”“陆生海储”的特点，在上下两个构造层中，从古近系至新近系由下向上依次为神狐组、文昌组、恩平组、珠海组、珠江组、韩江组、粤海组和万山组，组间通过地震反射界面 T90、T80、T70、T60、T40、T32 和 T30 作为分界（图 1-4）。神狐组、文昌组和恩平组为珠江口盆地断陷期的陆相沉积；珠海组为盆地由陆相向海相沉积充填的过渡时期的产物；珠江组、韩江组、粤海组和万山组为新近纪海相沉积。

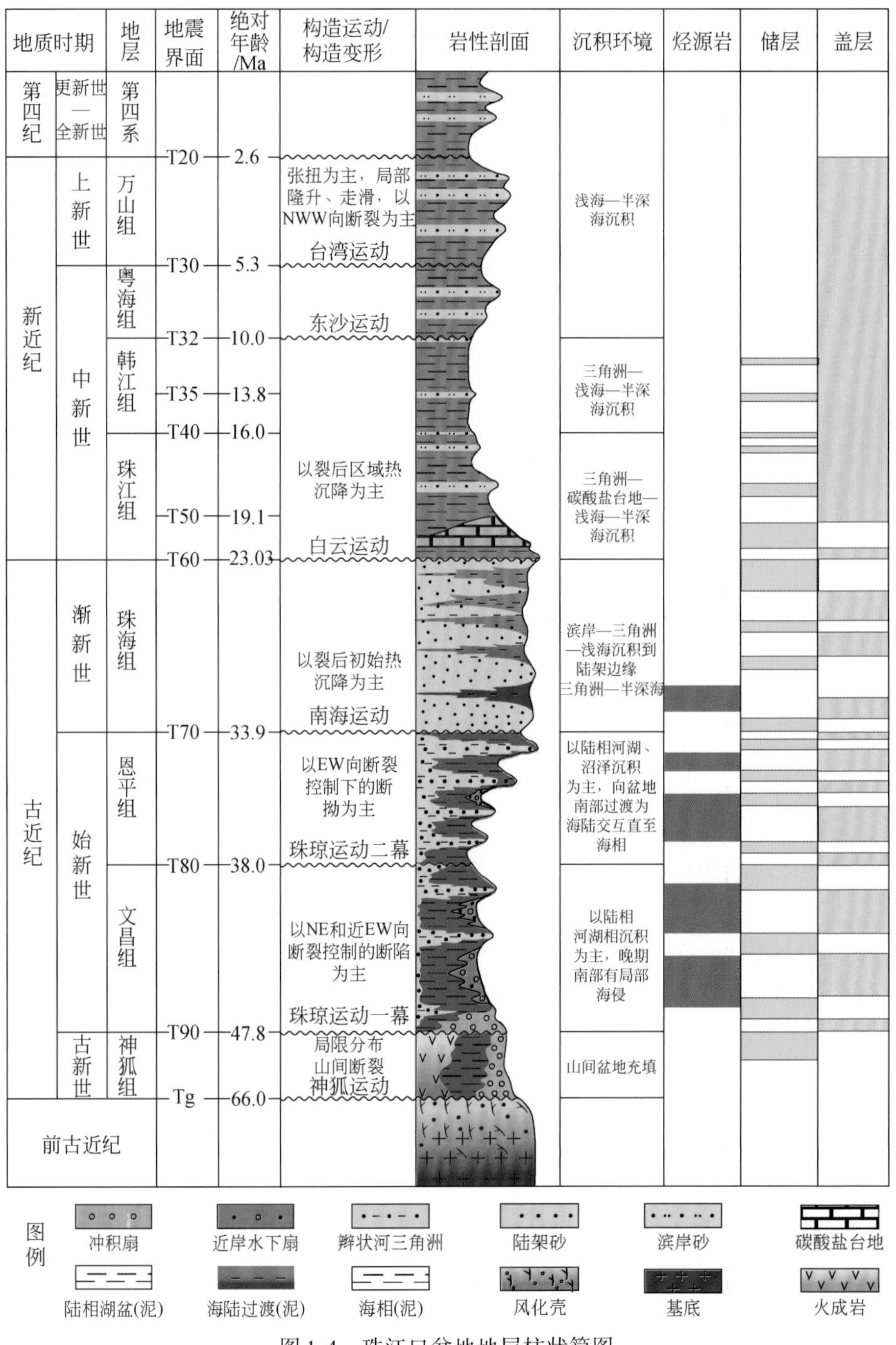

图 1-4　珠江口盆地地层柱状简图

神狐组（Tg～T90）：该组地层超覆不整合于燕山期花岗岩之上，为一套杂色含凝灰质砂岩夹紫红色、棕褐色泥岩组成的浅水湖泊和火山岩相沉积。

文昌组（T90～T80）：该组大致相当于T80反射波以下的地层，与下伏神狐组岩性突变明显，岩性多为灰黑色泥岩夹薄层砂岩和粉砂岩，为非补偿性沉积，是本区的主要生油岩，厚度为数十米至上千米，部分地区该组地层直接超覆于前新生代基底之上。文昌组处于盆地强烈裂陷幕，主要沉积中深湖相，凹陷内被二级构造带划分为数量众多的洼陷，物源为短源的辫状河三角洲及扇体，环洼分布。

恩平组（T80～T70）：该组为地震反射标志层T80与T70之间的地层，与下伏文昌组为角度不整合或平行不整合接触。岩性表现为砂泥岩互层，夹有较多煤线或薄煤层，厚度为数百至千余米。在局部基底隆升较高的地区或者邻近边缘隆起区，该组地层直接超覆于新生代基底之上。该组泥岩含较多的碳化植物碎屑；砂岩以富含钛铁矿、高岭土为特点。恩平组处于盆地断拗转化期，沉积的填平补齐及构造的抬升，呈现出湖大、水浅的特点，这一时期主要发育长源的河流三角洲及滨浅湖—沼泽沉积。

珠海组（T70～T60）：该组底界大致相当于T70地震反射标志层，为区域性不整合面。其顶界T60为古近系与新近系的地层分界。该组地层可分为上下两段，下段以砂岩为主，部分地区夹红色或杂色岩层；上段以砂泥岩互层为特征，为海陆过渡相沉积。该组在区域上分布广泛，仅在靠近边缘隆起区可见地层的缺失。受南海运动的影响，珠海组为整个盆地拗陷阶段，海水全面入侵，使珠海组呈现出海陆过渡相的特点。珠海组沉积晚期，盆地北西方向有大型古珠江三角洲—滨岸体系发育，珠海组含砂率急剧上升。

珠江组（T60～T40）：该组为珠江口盆地的主力储层，其相带和岩性变化较大。下部普遍发育一套三角洲—台地碳酸盐岩—浅海—半深海沉积；中下部在东沙隆起及其北坡发育多期生物礁和碳酸盐台地，部分区域在碳酸盐岩中见砂岩夹层；中上部为大段泥岩夹砂岩。东沙隆起在珠江组沉积早期没有沉没于水下，对周边凹陷提供局部物源，中期随着海水持续上升，东沙隆起没入水下，开始发育碳酸盐台地，珠江组沉积晚期时，东沙隆起已成为水下隆起，沉积环境较为开阔，物源来源唯一，主要为古珠江三角洲。

韩江组（T40～T32）：该组为绿灰—深灰色泥岩与砂岩、含砾砂岩互层，表现为多个正韵律，泥岩不含钙或微含钙，砂岩常含钙、海绿石和绿泥石。受珠江三角洲影响，从西往东，由北向南，岩性变细，地层加厚，在西江地区见工业油流。韩江组沉积时期，海平面持续上升，古珠江三角洲向物源方向后退，韩江组主要发育泥岩夹砂岩沉积。

粤海组（T32～T30）：该组为灰绿色泥岩间夹砂岩，多见正韵律，局部是粗—细—粗沉积韵律，富含海绿石。从北往南，由西向东，岩性变细，地层加厚。随着物源供应的增加，粤海组和万山组沉积时期，三角洲有向盆地方向推进的趋势，岩性组合主要为泥岩夹砂岩，地层砂岩含量较韩江组有所增加。

万山组（T30～T20）：该组为灰—绿灰色泥岩夹中细砂岩，表现为下细上粗的反韵律，富含生物碎片，成岩性差。

## 二、珠江口盆地凹陷结构的差异演化确定沉积体系展布特征

基于中国东部典型断陷盆地的认识，断陷盆地通常以破裂不整合面为界，具有裂陷和

裂后拗陷的二元结构，裂陷期以高角度板式或犁式正断层控制的半地堑、复式半地堑或地堑等构造样式为主，而裂后拗陷构造层以不受断层控制的碟形拗陷构造样式为主。裂陷期沉积充填多以窄而深的箕状为主，沉积中心分布在控凹断层一侧，各次级洼陷之间的分隔性较强。

### 1. 裂陷期凹陷结构的分带差异性

浅水区的珠一拗陷带，由地震反射剖面所揭示的凹陷结构剖面与典型断陷盆地一致，以高角度正断层控制的地堑、半地堑为主，整个珠一拗陷可分为 10 个半地堑、30 个次级洼陷，呈 NE 向条带状展布［图 1-5（a）］。

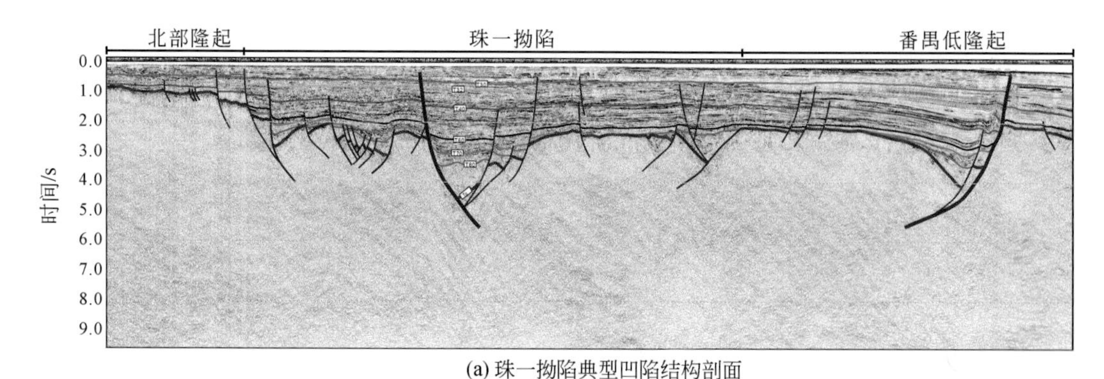


(a) 珠一拗陷典型凹陷结构剖面

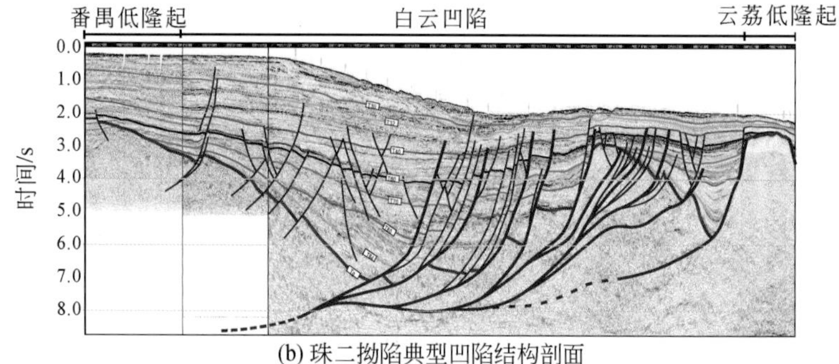


(b) 珠二拗陷典型凹陷结构剖面

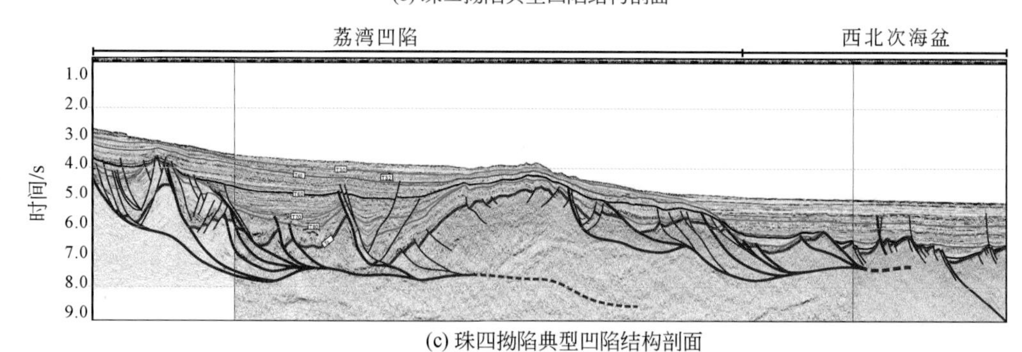


(c) 珠四拗陷典型凹陷结构剖面

图 1-5　珠江口盆地珠一、珠二、珠四拗陷典型凹陷结构剖面

深水区的珠二拗陷带典型凹陷结构样式的控凹断层由多组上陡下缓的犁式断层向下汇

聚到同一拆离面，构成了倾向大陆的大型拆离断裂系统。其在平面上呈弧形展布，共同控制了白云凹陷大型宽深断陷的沉积充填［图1-5（b）］。拗陷面积近万平方千米，基底最大深度超过$1\times10^4$m，虽然可分为多个沉积中心，但整体不可分。裂陷早期凹陷结构以大型复式半地堑为主，裂陷晚期则表现为断拗式（早断晚拗）特征，形成具有同一沉积中心的碟形拗陷，且沉积中心相对于裂陷早期向北迁移，不受主控断层的控制。拆离旋转作用导致上盘断块不同程度的旋转，造成翘倾端的抬升剥蚀。同时，整个拆离断裂系统的拆离旋转作用导致北部番禺低隆起的持续翘倾抬升，发育大型三角洲，其规模最大时可越过凹陷沉积中心，形成凹陷北部缓坡方向的优势物源供给体系，为大型三角洲—湖相烃源岩的发育奠定了基础。

超深水区的珠四拗陷带以荔湾凹陷最为典型，总体而言裂陷早期仍以主控断层控制的半地堑结构为主，但裂陷中后期韧性构造变形较强和岩浆底辟作用的叠加改造，使得凹陷结构异常复杂，盆地原型较难恢复［图1-5（c）］。例如，荔湾凹陷裂陷中晚期岩浆底辟形成大型“凹中隆”，造成早期地层的强烈剥蚀，并控制后期地层小盆地式充填。局部区域叠加了重力滑脱作用，使得凹陷结构进一步复杂化，并导致沉积中心迁移，如荔湾凹陷的东洼。

**2. 裂后阶段差异沉降**

一般认为，珠江口盆地的破裂不整合面对应于西北次海盆的初始破裂时间。据IODP 349航次U1435站位的钻探证实，西北次海盆的初始破裂时间约为33Ma，与盆地内恩平组顶界（T70）所对应的时间（约33.9Ma）相近。地震反射剖面上，T70界面是盆地裂陷构造层与裂后拗陷构造层的转换界面，也是全盆地由陆相向海相转换的界面，但各拗陷裂后的沉降过程具有显著的差别，表现出阶段性和分带差异性。

（1）渐新世早期（33.9～27.2Ma），以整个盆地区域性缓慢沉降、大范围的海侵为主要特征，盆地结构由分隔性较强的断陷转变为拗陷，沉积充填具有填平补齐的特征，由各拗陷带的沉积中心向周缘隆起减薄，各拗陷带之间沉降量的差异较小。

（2）渐新世晚期（27.2～23.03Ma），以陆缘外侧珠四拗陷带的强烈沉降为主要特征，控制了该时期珠海组陆架坡折带的形成，以荔湾凹陷最为典型。在荔湾凹陷，约27.2Ma的界面是T70区域不整合界面之上的第一个大型上超不整合面，并形成NW向狭长的凹槽，控制后期珠海组的沉积。在凹陷南缘隆起斜坡区，该界面与约23Ma界面重合，形成该区域地震剖面上的“双反射”界面，并被U1501站位证实为23～27Ma的沉积间断面。U1501站位古生物研究表明，约27Ma的沉积环境由陆架浅水突变为陆坡深水（据IODP 367/368航次报告）。

（3）中新世以来（23.03～0Ma），裂后的强烈沉降区向北扩展至珠二拗陷带，以约23Ma的白云凹陷的强烈沉降为主要特征，并导致陆架坡折带向北跃迁，从而奠定了现今浅水与深水的分布格局。根据地层的充填样式，可进一步分为两个阶段，23～10Ma为持续沉降阶段，形成陆坡内盆地充填；10～0Ma为缓慢沉降阶段，形成开放陆坡沉积充填。

对于各拗陷带而言，珠一拗陷带以整体拗陷沉降为主要特征，阶段性特征并不显著，各次级凹陷之间的沉降量虽有差异，但也不是特别明显，与陆内典型断陷盆地较为类似。珠二拗陷带的沉降可以分为两个阶段，一是渐新世以缓慢沉降为主，从珠海组的沉积厚度来看，总体沉降量略大于珠一拗陷，沉积结构上则以陆架边缘三角洲的加积为主要特征，并在南部形成沉积型陆架坡折带，表现出相对均衡的缓慢沉降过程；二是渐新世末期（约23Ma）强烈沉降，导致坡折带向北跃迁，沉积环境由陆架边缘浅水突变为陆坡深水，并在北坡形成构造型陆架坡折带，使得早—中中新世（23～10Ma）的陆架坡折带稳定分布在白云凹陷北坡，形成陆坡内盆地沉积充填。约10Ma以来，沉降相对减弱，逐渐形成开放陆坡。珠四拗陷带则经历了三个完整的阶段，渐新世早期以缓慢沉降为主；渐新世晚期（27.2～23Ma）进入强烈差异热沉降阶段，形成局部凹槽地貌，控制后期地层小盆地式充填；渐新世末期（约23Ma）进入区域强烈沉降阶段，整体向南掀斜，形成陆坡地貌。局部凹陷区强烈沉降，形成陆坡内盆地充填，直至约10Ma，逐渐形成开放陆坡，如荔湾凹陷。

三个沉降阶段的起始时间大致对应于西北次海盆的初始破裂和南海扩张脊向南的两次跃迁，相当于南海经历了三次破裂，相应的陆缘盆地形成了三个阶段沉降的构造响应。盆地强烈沉降由南向北的扩展，对应于扩展脊由北向南的跃迁，表明珠江口盆地裂后的有序沉降可能与岩石圈破裂扩张过程中深部幔源物质的向南流动有关，与扩张脊邻近的拗陷带优先沉降；扩张脊发育越充分，陆缘盆地的沉降越强烈，沉降范围也越广，具有南海特色。

### 3. 珠江口盆地分带差异演化模式

基于珠江口盆地与地壳薄化过程耦合关系，构建了珠江口盆地分带差异演化模式。中生界先存构造格局控制下的岩石圈结构差异、伸展薄化过程中地壳流变学行为的转换和岩浆作用参与，共同控制了珠江口盆地裂陷期凹陷结构的分带差异性，其可分为三个阶段（图1-6）。

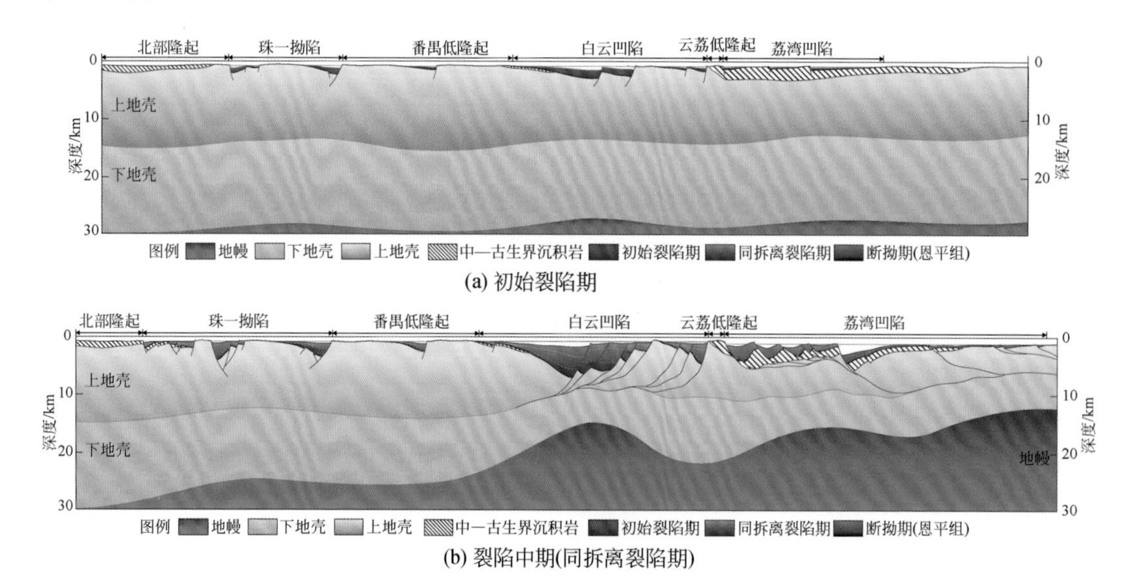

(a) 初始裂陷期

(b) 裂陷中期(同拆离裂陷期)

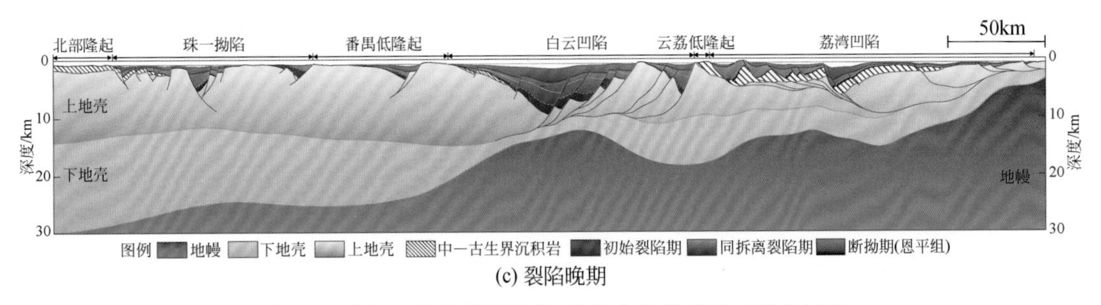

(c) 裂陷晚期

图 1-6 珠江口盆地裂陷期深-浅耦合的分带差异演化过程

(1) 初始裂陷期：整个陆缘地壳岩石圈较厚，以纯剪切模式伸展为主，裂陷区弥散化分布在整个陆缘，发育高角度断层控制的窄条带状典型断陷盆地。受先存构造格局控制，岩石圈结构及强度有差异，形成 NE 向隆拗相间的分布格局［图 1-6（a）］。

(2) 裂陷中期（同拆离裂陷期）：以发育上陡下缓的拆离断层为主要特征。随着伸展的持续进行，部分区域主控断裂向下延伸至地壳韧性层；或者由于莫霍面的抬升或岩浆底侵，下地壳流变性质出现差异，脆性减弱而韧性增强，发育上陡下缓的拆离断层，协调地壳岩石圈脆、韧性分层差异伸展薄化，并导致凹陷结构与沉积充填特征的差异。拆离断层的发育显著提高了地壳岩石圈的薄化效率，地壳强度逐渐减弱。伸展应变逐渐由陆向洋迁移，并向薄弱区集中，从而使得凹陷规模显著扩大［图 1-6（b）］。

(3) 裂陷晚期：以断拗式凹陷结构的发育为主要特征。随着地壳岩石圈的强烈伸展减薄、等温面的抬升，地壳韧性进一步增强，伸展变形以韧性形变占主导，凹陷结构由断陷向断拗转换，岩浆底辟活动增强。地壳岩石圈的持续差异伸展减薄，进一步促进了岩石圈应变向最终裂解处集中，直至破裂［图 1-6（c）］。

裂陷期地壳薄化程度的差异、南海独特的板块会聚背景下的破裂扩张过程，共同控制了珠江口盆地裂后期的有序差异沉降。越靠近扩张中心，幔源物质的撤离越快，相应的沉降就越早；裂陷期地壳岩石圈伸展薄化程度越大，幔源上涌就越高，相应的裂后沉降量就越大。随着南海扩张的停止，以及约 10Ma 以来周缘板块构造环境的变化，珠江口盆地的差异沉降作用逐渐减弱，由陆坡内盆地沉积逐渐演化为开放陆坡沉积。

## 第三节 珠江口盆地储层类型

珠江口新生代盆地是一个裂谷盆地和被动大陆边缘盆地叠合的盆地，在形成过程中，多幕断陷、裂后断拗转换及热沉降、新构造运动及热沉降拗陷等不同发育演化阶段，均沉积充填了不同类型的储层及储盖组合，但多以砂岩储层及其储盖组合为主，台地生物礁滩灰岩储层及其储盖组合也有发育，但不普遍。油气勘探实践及地质研究表明，该区主要存在如下几种沉积类型的储层（图 1-7、图 1-8）。

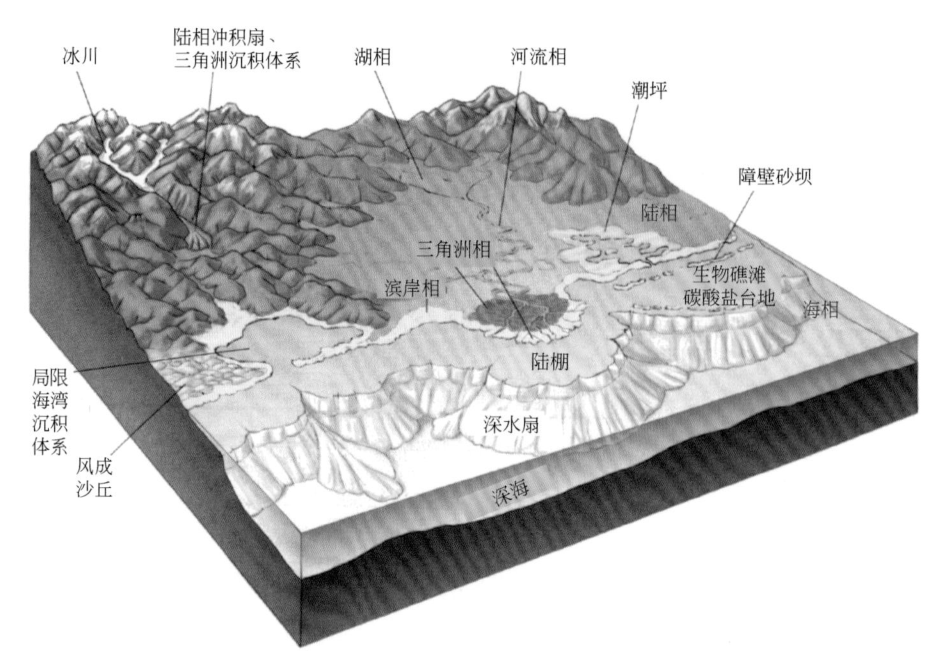


图 1-7　沉积储层类型示意图

| 地层系统 | | | 年龄/Ma | 界面 | 岩性 | 沉积储层类型 | | |
|---|---|---|---|---|---|---|---|---|
| 第四系 | | | | | 裂后期 | 被动大陆边缘　海相沉积体系 | 陆架沉积 | 宽陆架海相三角洲 |
| 新近系 | 上新统 | 万山组 | 5.3 | T30 | 裂后期 | 被动大陆边缘　海相沉积体系 | 陆架沉积 | 碎屑滨岸—浅海沉积 |
| 新近系 | 中新统 | 粤海组 | 10.0 | T32 | 裂后期 | 被动大陆边缘　海相沉积体系 | 陆架沉积 | 陆架边缘三角洲 |
| 新近系 | 中新统 | 韩江组 | 13.8 | T35 | 裂后期 | 被动大陆边缘　海相沉积体系 | 陆坡沉积 | 深水水道 |
| 新近系 | 中新统 | 珠江组 | 16.0 / 19.1 | T40 / T50 | 裂后期 | 被动大陆边缘　海相沉积体系 | 陆坡沉积 | 深水扇 |
| 古近系 | 渐新统 | 珠海组 | 23.03 | T60 | 裂后期 | 被动大陆边缘　海相沉积体系 | 碳酸盐岩 | 新近系生物礁滩 |
| 古近系 | 始新统 | 恩平组 | 33.9 | T70 | 裂谷期 | 陆相沉积体系 | 拗陷湖盆 | 浅水辫状河三角洲；滨浅湖/滩坝 |
| 古近系 | 始新统 | 文昌组 | 38 | T80 | 裂谷期 | 陆相沉积体系 | 断陷湖盆 | 陡坡带近岸水下扇；转换带辫状河三角洲；缓坡带辫状河三角洲 |
| 古近系 | 古新统 | 神狐组 | 47.8 | T90 | 裂谷期 | 陆相沉积体系 | 断陷湖盆 | |
| 前古近系 | | | 66 | Tg | | | | |

图 1-8　珠江口盆地储层类型

下部裂谷期始新统文昌组—恩平组发育湖相三角洲相砂岩储层。文昌组为主要裂陷期，发育陡坡带近岸水下扇、转换带辫状河三角洲、缓坡带辫状河三角洲。恩平组沉积时期，湖盆水体变浅，发育浅水辫状河三角洲、滨浅湖、滩坝等沉积体系储层（图1-9）。始新统文昌组—恩平组河流相及湖相砂岩横向上与湖相泥岩为相变关系，垂向上与河流沼泽、湖侵泥岩呈互层状，进而构成了陆相断陷充填沉积期的储盖组合类型。文昌组—恩平组是珠江口盆地重要储盖组合及深层勘探目的层系。

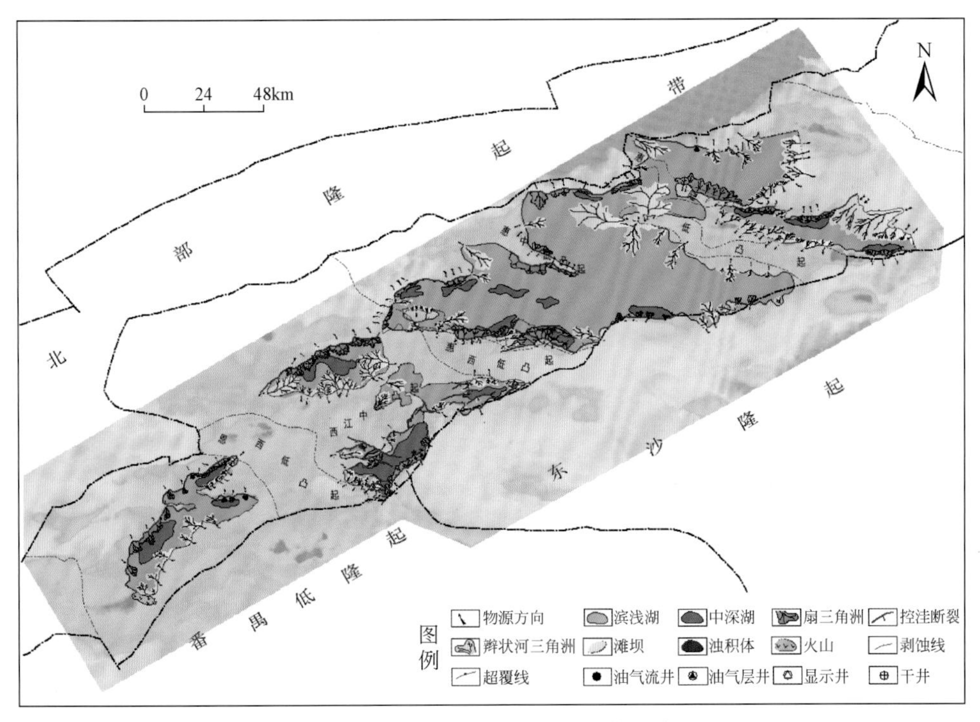


图1-9 珠江口盆地文昌期陆相储层类型

上部渐新统—中新统被动大陆边缘盆地背景下发育三角洲—滨岸沉积体系、碳酸盐礁滩沉积体系及深水沉积体系（图1-10）。渐新世—早中新世时期，盆地进入了裂后断拗转换及热沉降阶段。在该阶段形成的区域性破裂不整合面上，盆地沉积充填了渐新统珠海组—下中新统珠江组三角洲—滨岸相砂岩，其与上覆海侵泥岩构成了良好的储盖组合类型。渐新统珠海组—下中新统珠江组三角洲砂岩储层，是珠江口盆地主要的油气储集层，该盆地主要油气田的大量油气均产自该套储盖组合。

下中新统珠江组广泛发育陆架浅水区滨浅海相砂岩及碳酸盐台地礁滩灰岩和陆坡区的深水扇砂岩，与其上覆的中中新统及上新统巨厚浅海及半深海相泥岩构成了良好的储盖组合类型，这也是该区重要的油气储层及勘探目的层。

中中新世以来，中中新统韩江组及上中新统粤海组在珠江口盆地从外陆架到陆坡深水区均形成了各种类型的低水位砂体和深水沉积体系，主要包括斜坡扇、盆底扇、海底峡谷浊积水道和进积楔砂体等，且其与相邻海相泥岩构成了良好的储盖组合类型，进而形成了该区新近系重要的海相油气储层及勘探目的层。

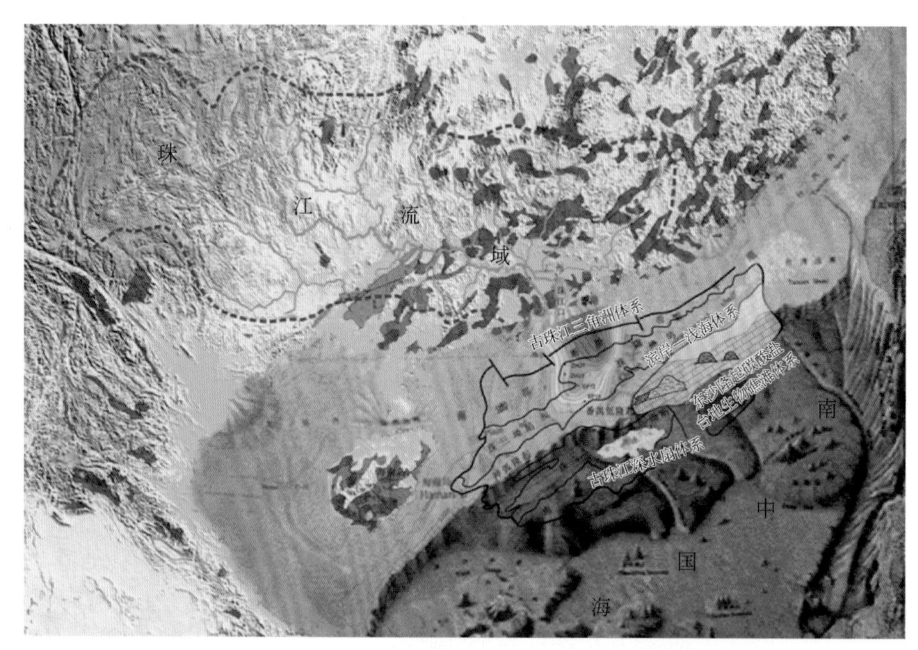


图 1-10　珠江口盆地被动大陆边缘海相储层类型

# 第四节　珠江口盆地油气勘探开发现状

自 20 世纪 70 年代开展勘探以来，南海东部海域历经油气普查、对外合作、自营与合作勘探并举、自营为主等阶段，累计发现原油探明地质储量约 $11\times10^8m^3$，天然气探明地质储量约 $2000\times10^8m^3$，截至 2016 年底累计生产油气约 $2.9\times10^8m^3$，成为中国近海重要的油气产区之一。该地区形成了古近系陆相的自生自储半地堑油气系统、新近系海相的它生型油气系统两大勘探领域。

根据勘探工作的内容，大体可将中国近海油气勘探历程划分为两个主要阶段。

早期自力更生的探索阶段（20 世纪 50 年代～1978 年）。中国近海的油气勘探始于 20 世纪 50 年代，原石油工业部和地矿部在近海各海域展开了区域地质调查工作。其中，20 世纪 70 年代初，中国科学院南海海洋研究所对南海北部边缘盆地进行了多个航次的综合地质、地球物理科学考察，获取了大量地质、地球物理资料。但由于技术和资金的严重缺乏，缺乏对中国近海油气地质条件全面而深入的了解，认知水平有限，仅发现了一些小油田。但该阶段的近海勘探从无到有，初创了中国海洋石油工业，为下一阶段的发展奠定了基础。

改革开放之后的快速发展阶段（1979 年至今）。改革开放以来，中国近海油气勘探走上了对外合作之路，从大规模对外合作转变为自营和合作勘探并举，且以自营为主的勘探开发模式，进入了新的海洋油气勘探阶段：①对外合作勘探为主时期（1979～1985 年）；②自营与合作勘探并举时期（1985～1997 年）；③自营引领合作勘探时期（1997～2012 年）；④价值勘探发展时期（2012 年至今）。

长期的研究和勘探实践均表明中国近海盆地仍具有丰富的油气资源潜力。目前珠江口盆地已发现的油气主要分布在几个已知的富烃洼陷内或周边（图 1-1），如惠州凹陷西江 24 洼、惠州 26 洼—东沙隆起、陆丰凹陷陆丰 13 洼、西江凹陷番禺 4 洼、恩平凹陷恩平 17 洼、白云凹陷白云主洼—番禺低隆起等，已发现的油气资源 94% 分布在珠江组及以上的中浅层，以构造圈闭为主。因此，对于珠江口盆地成熟油气区而言，中浅层勘探程度较高，面临的问题也很明确，构造圈闭规模越来越小，新领域、新层系油气勘探迫在眉睫，油气储层成为勘探研究的瓶颈。此外，国际原油价格自 2014 年年中以来大幅下跌，勘探投入持续下降，也对地质勘探造成了一定的影响。为此，近年来南海东部海域转变勘探思路，提倡以价值勘探为理念，以认识创新和技术发展推动新区、新领域勘探，围绕富烃洼陷和生产设施周边开展滚动勘探，通过在富洼找优质储层、差异勘探古近系，以价值为主导加强深水区大中型油气田的勘探，在深水区首次获得亿立方米级原油发现，在古近系发现多个商业性油田，在盆地北部隆起带新区发现新油田，累计新发现油气三级地质储量超过 $2\times10^8m^3$，为南海东部海域油气持续稳产、高产奠定了扎实的储量基础。

当前南海东部海域中长期勘探的部署原则主要遵循“油气并举，价值勘探”，勘探策略与方向主要集中在以下四个方面。

1）继续坚持围绕富烃洼陷和生产设施展开勘探

围绕 3 个已证实的富烃洼陷（惠州凹陷、番禺 4 洼和恩平凹陷）及 19 个钻井平台，拓展中浅层层系（包括地层岩性领域）的有利成藏区带。目前，惠州凹陷有 1 个可动用油田（西江 30-1）、2 个边际油田（惠州 19-10 和惠州 21-1S）、4 个含油构造和 4 个滚动勘探目标，番禺 4 洼有 2 个含油构造和 4 个滚动勘探目标，恩平凹陷有 8 个可滚动勘探目标，富洼周边中浅层勘探潜力巨大，含油构造地质储量 $5122\times10^4m^3$，未钻潜力圈闭预测资源量达 $1.8\times10^8m^3$。

2）继续坚持在富洼找优质储层、差异勘探古近系

不同富烃洼陷古近系的成藏特征不同，针对不同洼陷可以应用不同的勘探策略。西江主洼具有有利的石油地质条件，低地温梯度保护深部储层，可以“冷盆深钻”；陆丰南地区发育高成熟度的辫状河三角洲，且晚期抬升埋藏浅，成藏条件好，可主要围绕陆丰 13 洼和 15 洼这两个富烃洼陷展开勘探，目前古近系有未钻圈闭 14 个，资源量总计可达 $2.0\times10^8m^3$，潜力巨大；开平凹陷埋藏较浅、惠西南地区具备优质储层发育条件，且均已在古近系获得突破，可优选有利目标实施钻探；番禺 4 洼和恩平凹陷古近系未钻目标多，总资源量达 $9.6\times10^8m^3$，勘探潜力巨大，但由于古近系未获突破，故应加强成藏条件研究，作为古近系储备区。

3）继续坚持以价值为主导开展深水区大中型油气田勘探

围绕白云凹陷不同位置，可开展 4 个层次的勘探。围绕流花 20-2 和流花 16-2 油田周边，对白云凹陷东地区深入精细地滚动勘探，争取更多的原油发现，目前已评价 6 个未钻目标，预测资源量达 $8000\times10^4m^3$；对已证实的天然气成藏体系区，寻找规模大于 $100\times10^8m^3$的天然气藏，目前发现 4 个大型气藏目标，预测总资源量达 $540\times10^8m^3$；在白云主洼东部珠海组陆架坡折与鼻状构造脊叠合的荔湾 3-2 地堑带，推动成熟气区开发，兼探原油；针对白云凹陷周围未勘探新区，以研究为主，作为深水区的储备区。

4）继续坚持推动地层岩性新领域勘探

珠江口盆地除惠西南地层岩性有利区外，番禺 4 洼、恩平凹陷南斜坡、陆丰凹陷浅层 2370 层均具备地层岩性圈闭形成的有利条件。番禺 4 洼位于古珠江三角洲前缘沉积相带，水动力条件与惠州地区存在差异，以浪控为主，地层岩性圈闭有利勘探区包括洼陷西侧断裂-岩性复合圈闭带、洼陷东侧砂体上倾尖灭带，圈闭类型以断裂-岩性复合圈闭、岩性上倾尖灭圈闭为主。恩平南斜坡是恩平地区油气运移的重要指向，恩平 18-1 油田开发井钻遇 HJ2-24 层岩性圈闭，为分流河道沉积，研究发现该区域分流河道岩性圈闭类型发育，下一步应精细刻画恩平南斜坡砂体成因和展布规律，划分岩性圈闭有利勘探区。陆丰凹陷浅层地层岩性圈闭勘探主要集中在珠江组 2370 层，该层为陆丰油区主力产层，经济性高，钻井、地震资料证实珠江组 2370 层具有尖灭特征，同时该层之上存在稳定的区域性泥岩盖层，有利于形成岩性-地层圈闭，下一步应加强技术攻关，力争在地层岩性新领域获得更大突破。

除上述已证实的富烃洼陷区及其周边有利成藏区外，南海东部海域还有大面积待突破新区，下一步应在加强基础油气成藏条件研究的基础上，积极开展新区勘探实践，寻找新的有利油区增储区。在这一过程中，对储层进行精细划分和识别显得尤为重要。研究区存在河湖、海相砂岩及碳酸盐岩等多种类型的储层，其沉积类型繁多、沉积特征复杂。而岩心资料作为沉积环境分析中最为直观的资料之一，是沉积学分析的重点。珠江口盆地岩心资料极为宝贵，如何能从有限的岩心资料中获取更多的地质信息成为亟待解决的关键问题。目前岩心观察描述缺乏统一标准，每个人的认识有较大差异。笔者按统一岩心描述标准对珠江口盆地所有岩心进行了观察，明确了该盆地不同位置、不同层位的沉积特征、沉积动力机制和沉积过程，总结出典型的沉积相类型及其特征，并分析了不同沉积相带类型所发育的储层类型和特征，形成了对珠江口盆地全盆沉积储层体系的系统认识。

# 第二章　珠江口盆地油气储层特征

珠江口盆地油气储层的研究已从单学科向多学科协同研究发展，主要从地质、地球物理（测井和地震）、实验分析、计算机模拟等多方面来开展储层研究。本次油气储层分析以系统的岩心储层分析为基础和主体，为地震储层分析建立岩石相基础。珠江口盆地沉积岩主要发育碎屑岩、碳酸盐岩两类油气储层。

## 第一节　碎屑岩油气储层特征

### 一、碎屑岩的颜色、成分及结构

**1. 颜色**

沉积岩颜色是其最醒目的标志，是鉴别岩石、划分和对比地层、分析判断古地理的重要依据之一。沉积岩的颜色按成因可分为三类，即继承色、自生色和次生色。继承色和自生色都是原生色，碎屑岩的颜色与砾岩、砂岩中的颗粒成分、胶结物、含有物等有关。在描述颜色时需分清原生色和次生色，应重点描述新鲜面的原生色。颜色的描述方法应以表示主要颜色为主，必要时在主要颜色之前附以补充色，并以深浅表示色调。例如，深紫红色或浅黄灰色，其中红、灰是主要颜色，放在后面；紫、黄是次要颜色，放在主色前面作为形容词。

珠江口盆地岩心中碎屑岩的颜色主要有灰色、灰白色、黄灰色、灰黑色、灰绿色、红褐色、黑色 7 种（图 2-1）。这些颜色也反映了一定的成因意义。例如，深灰色和黑色往往是由岩石中存在有机质或分散状硫化铁造成的。岩石的颜色随着有机碳含量的增加而变

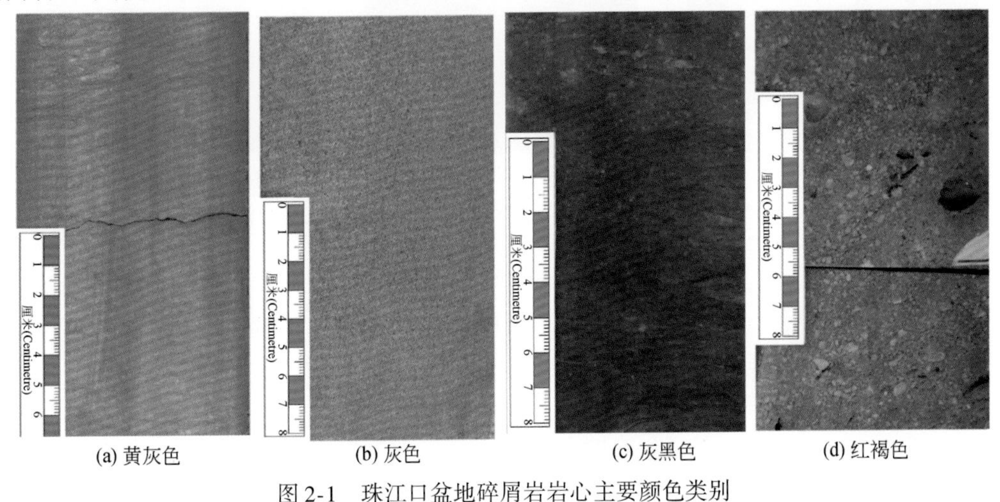


(a) 黄灰色　(b) 灰色　(c) 灰黑色　(d) 红褐色

图 2-1　珠江口盆地碎屑岩岩心主要颜色类别

深，表明岩石形成于还原或强还原环境中。红色、棕色和黄色通常是岩石中铁的氧化物或氢氧化物（赤铁矿、褐铁矿等）染色的结果；若系自生色，则表示沉积时为氧化或强氧化环境。绿色、灰绿色多数是由于岩石中含有低价铁的矿物（如海绿石、鲕绿泥石等）；少数是由于岩石中有含铜的化合物，如岩石中含孔雀石而呈鲜艳的绿色。若系自生色，绿色一般反映弱氧化或弱还原环境。需要指出的是，珠江口盆地早期获取的岩心中有部分表面因锈水染色发黄，对于这种岩心一定要注意观察其新鲜面。

泥岩的颜色与所含有机碳、铁离子的氧化状态等有关。较纯的黏土岩呈浅色（白色、灰白色）[图 2-2（a）]，如混入有机质呈黑色[图 2-2（b）]，含有高价铁时呈褐灰色[图 2-2（c）]。观察时要分别描述自生色和次生色。自生色取决于沉积物堆积过程及其早期成岩过程中自生矿物的颜色。只有自生色才反映泥岩形成环境的氧化还原性。次生色是在成岩作用阶段或风化过程中，原生组分发生次生变化，由新生成的次生矿物反映岩石的颜色，这种颜色多半是由岩石经氧化作用、还原作用、水化作用或脱水作用，以及各种矿物带入岩石中或从岩石中析出等引起的，不能代表泥岩沉积时的环境特征。

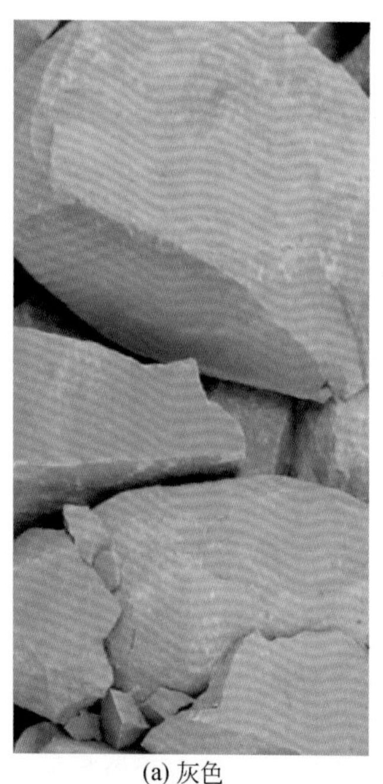

(a) 灰色

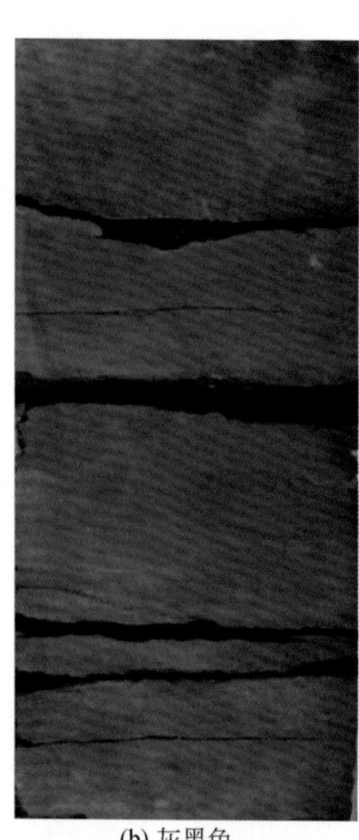

(b) 灰黑色

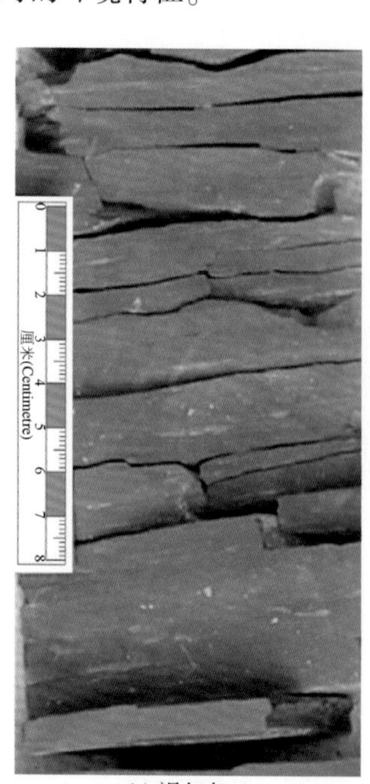


(c) 褐灰色

图 2-2　泥岩的颜色

当然，在碎屑岩颜色描述过程中应注意如果钻井岩心中含油、含气，此时将影响岩心的颜色。含油砂岩的颜色，除含稠油、氧化的油和轻质油的岩心，一般其颜色深浅反映了岩石的含油饱和度。含油饱满时，颜色较深，呈棕色、褐色和棕褐色等；含油不饱满时，颜色较浅，呈浅棕色、棕黄色等，但含轻质油饱满的岩心，也可能呈浅色。除含干气的岩心呈砂岩本色外，含湿气岩心的颜色较浅，有时与油砂不易区别。如气顶的气砂由于含 2%~10% 原油，呈浅棕色、棕黄色，岩心放久后颜色变化不大，不能描述为油砂。对于不是气顶的湿气岩心，在岩心刚出筒时，可以明显看出岩心呈浅棕黄色或浅黄色，过一段时间后，由于岩心内的轻质组分挥发，岩心呈白色或灰白色，此时已完全看不出含气特征。对于凝析气藏的岩心，因含少量凝析油，岩心多呈棕灰色、浅灰棕色等，岩心放久后颜色变化不大。

**2. 成分**

根据成因和结构特征，陆源碎屑岩的组成可分为碎屑颗粒（矿物碎屑和岩石碎屑）、填隙物（胶结物和杂基）、孔隙，因此岩石的物质成分包括碎屑颗粒成分和填隙物成分。

1）矿物碎屑

常见的矿物碎屑主要有石英、长石、重矿物等。其主要的鉴定描述如下。石英，浅色、透明或半透明（因磨蚀而呈毛玻璃状），无解理，粒状，具油脂光泽［图2-3（a)］，硬度为7，硬度大于小刀。长石，肉红色或灰白色，新鲜者具玻璃光泽的解理面；蚀变者则为浅色，土状光泽，具碎屑轮廓，以此与黏土杂基相区别［图2-3（b)］。

(a) 石英

(b) 长石

图2-3 珠江口盆地碎屑岩造岩矿物类型

矿物碎屑中还有一种相对密度大于2.68的类型——重矿物。重矿物一般含量少，颗粒小，肉眼较难以鉴定；大者可根据颜色、晶形鉴定。

2）岩石碎屑

岩石碎屑类型很多，特别在砾岩或角砾岩中，砾石成分以岩屑为主，可根据砾石的表面特征（光滑程度)、断口特征（贝壳状、平坦状、砂状）及岩石物理性质等进行砾石的成分鉴定。但当颗粒小，较难以分辨岩屑的种类时，可目估岩屑的含量（占碎屑颗粒的含量)，结合薄片进行详细鉴定。珠江口盆地中常见的岩石碎屑的鉴定和描述特征如下。

脉石英岩屑，表面光滑，断口贝壳状，油脂光泽，色浅。石英砂岩岩屑，表面较粗糙，砂状断口，由碎屑及填隙物两部分组成，碎屑具油脂光泽。燧石岩岩屑，表面光滑，黑色或灰色，断口致密，显隐晶结构，硬度大。石灰岩岩屑，浅色，表面光滑，硬度低，滴稀盐酸剧烈起泡。

对于碎屑岩的描述，颗粒的类型及含量显得非常重要。在描述岩心颗粒时，可只说明颗粒类型的主要组分和次要组分的相对含量。一般用“为主”“次要”“少量”“微量”“偶见”等术语加以描述。特殊成分还可用“富集”“富含”等术语表示。如果同一术语中有几种组分时，其间用顿号分开，前面的含量多，后面的含量少。例如，“长石、石英为主”，表示长石的含量多于石英的含量。

3）胶结物

胶结物常见类型有钙质、铁质、硅质等。鉴定和描述的方法是：硅质，一般为石英、玉髓和蛋白石，灰白色或乳白色，硬度大于小刀，岩石致密坚硬；铁质，多为赤铁矿或褐铁矿，常使岩石呈红色；钙质，灰白色或乳白色，硬度小，结晶粗大的可见解理面，以方解石为主，加稀冷盐酸起泡。

对于胶结物的描述除了胶结物类型外，还要涉及岩石的胶结程度。岩心描述一般分三级：①疏松，胶结物少，胶结程度极低，岩心出筒后颗粒散开，呈散砂状［图 2-4（a）］；②较疏松，胶结物少到中等，胶结程度低—中等，用手可分开岩石［图 2-4（b）］；③致密，多为钙质和硅质胶结，胶结物含量高，用手不能将岩石分开［图 2-4（c）］。

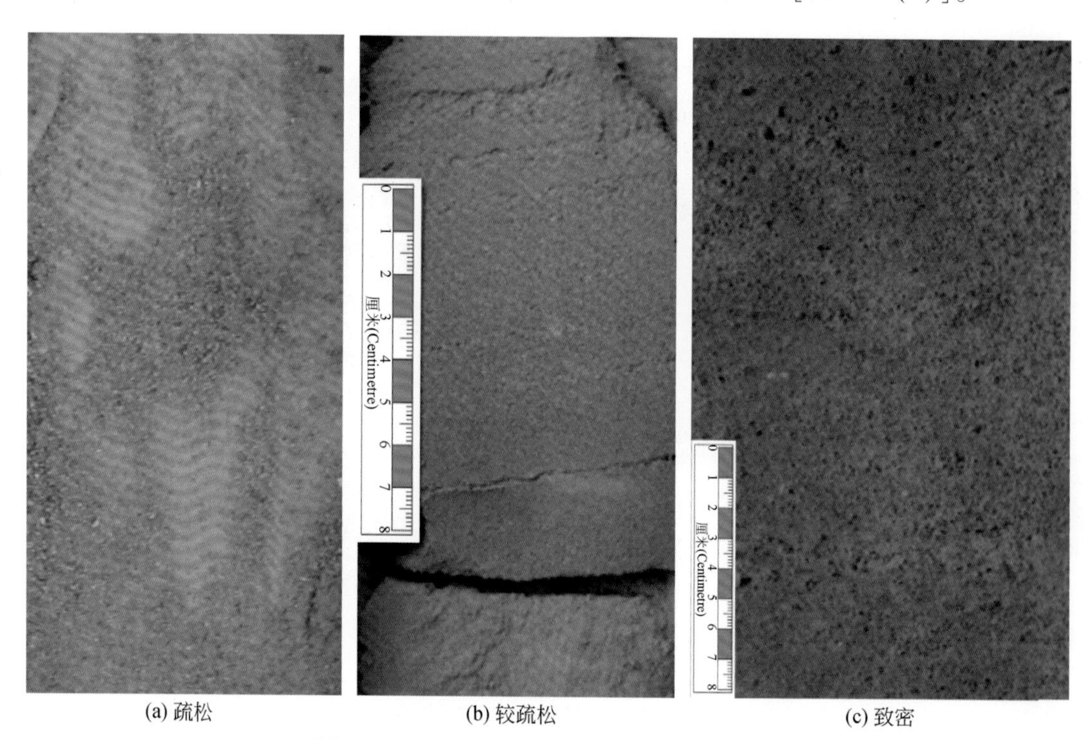


(a) 疏松　　(b) 较疏松　　(c) 致密

图 2-4　珠江口盆地碎屑岩岩心胶结程度类型

4）杂基

杂基多为黏土、细粉砂，手标本上可见岩石表面比较疏松且碎屑颗粒突出，如黏土重结晶则比较硬。有时也出现灰泥杂基，其颜色较暗，并加稀冷盐酸起泡。在岩心描述中需判断杂基占整个岩石的含量。

碎屑岩中的泥岩矿物成分以黏土矿物为主，其次为陆源碎屑物质、化学沉淀的非黏土矿物和有机质，但细小，肉眼很难进行鉴定。在手标本中，仅能根据物理性质初步判断黏土矿物类型，如遇水，体积膨胀的为蒙脱石；具强吸水性而表现粘舌头的为高岭石；具鳞片状并呈现丝绢光泽的为水云母；绿色—橄榄绿色粒状的为海绿石等。其他矿物成分也可根据颜色和物理性质进行识别，不同的混入物表现出不同的特征，如钙质加稀冷盐酸起泡；硅质为致密、坚硬；铁质为红色或褐色；含有机质为黑色不染手；含碳质为黑色且染手。

### 3. 结构

碎屑岩的结构包括碎屑颗粒结构、填隙物结构、孔隙结构、胶结类型等。

1）碎屑颗粒结构

碎屑颗粒结构主要包括颗粒的粒度、磨圆度、分选性、形状、球度及颗粒表面特征等。对于砾岩，可进行详细观察、描述，大的砾石可用尺子直接测量砾石的大小，近圆形或卵形颗粒则取其平均直径描述，扁圆形砾石则描述砾石的扁圆直径，长条状砾石则应描述长轴直径和短轴直径的大小。对于砂岩可简单描述颗粒的粒度和分选性等。

a. 粒度

对于颗粒粒度的划分，不同研究者有不同的划分方案。常用的包括自然粒级标准、十进制粒度标准及 $\Phi$ 值粒度标准。在沉积学中，为了表明粒度与水动力条件之间的关系，提出了自然粒级标准，将碎屑大小及成分与其水动力学行为相联系。根据泥砂运动力学的研究，粒径大于2mm的碎屑颗粒一般是以滚动方式沿底部搬运；粒径为0.05~2mm的颗粒在搬运过程中常以跳跃方式搬运，其沉降速率不符合斯托克斯公式；粒径小于0.05mm的颗粒常呈悬浮搬运，有明显的凝聚现象。从成分特征来看，粒径大于2mm的颗粒多为岩屑，但矿物极少见；粒径在0.05~2mm的颗粒多为矿物碎屑，如石英、长石等；粒径小于0.05mm的颗粒则以黏土矿物为主。基于此，形成了自然粒级标准对碎屑颗粒粒度的划分（表2-1）。

**表2-1　粒度划分标准对比表**

<table>
<tr><th colspan="3">自然粒级标准</th><th colspan="2">十进制粒度标准</th><th colspan="3">Φ 值粒度标准</th></tr>
<tr><th colspan="2">粒级划分</th><th>颗粒直径/mm</th><th>粒级划分</th><th>颗粒直径/mm</th><th>粒级划分</th><th>颗粒直径/mm</th><th>Φ 值</th></tr>
<tr><td rowspan="4">砾</td><td rowspan="4">砾石</td><td rowspan="4">>2</td><td>巨砾</td><td>>1000</td><td>巨砾</td><td>>256</td><td><-8</td></tr>
<tr><td>粗砾</td><td>100~1000</td><td>中砾</td><td>64~256</td><td>-8~-6</td></tr>
<tr><td>中砾</td><td>10~100</td><td>砾石</td><td>4~64</td><td>-6~-2</td></tr>
<tr><td>细砾</td><td>2~10</td><td>卵石</td><td>2~4</td><td>-2~-1</td></tr>
<tr><td rowspan="5">砂</td><td rowspan="2">粗砂</td><td rowspan="2">0.5~2</td><td>巨砂</td><td>1~2</td><td>极粗砂</td><td>1~2</td><td>-1~0</td></tr>
<tr><td>粗砂</td><td>0.5~1</td><td>粗砂</td><td>0.5~1</td><td>0~1</td></tr>
<tr><td>中砂</td><td>0.25~0.5</td><td>中砂</td><td>0.25~0.5</td><td>中砂</td><td>0.25~0.5</td><td>1~2</td></tr>
<tr><td rowspan="2">细砂</td><td rowspan="2">0.05~0.25</td><td rowspan="2">细砂</td><td rowspan="2">0.1~0.25</td><td>细砂</td><td>0.125~0.25</td><td>2~3</td></tr>
<tr><td>极细砂</td><td>0.0625~0.125</td><td>3~4</td></tr>
<tr><td rowspan="4">粉砂</td><td rowspan="4">粉砂</td><td rowspan="4">0.005~0.05</td><td rowspan="2">粗粉砂</td><td rowspan="2">0.05~0.1</td><td>粗粉砂</td><td>0.0312~0.0625</td><td>4~5</td></tr>
<tr><td>中粉砂</td><td>0.0156~0.0312</td><td>5~6</td></tr>
<tr><td rowspan="2">细粉砂</td><td rowspan="2">0.01~0.05</td><td>细粉砂</td><td>0.0078~0.0156</td><td>6~7</td></tr>
<tr><td>极细粉砂</td><td>0.0039~0.0078</td><td>7~8</td></tr>
<tr><td>泥</td><td>泥</td><td><0.005</td><td>泥</td><td><0.01</td><td>黏土（泥）</td><td><0.0039</td><td>>8</td></tr>
</table>

注：颗粒直径与 $\Phi$ 值的换算公式为 $\Phi=-\log_2 D$（$D$ 为颗粒直径）

在我国石油部门的资料中，有很多粒度分析资料，粒级的划分是采用十进制粒度标准（表 2-1）。这种划分细化了自然粒级标准，同时便于记忆和应用。

$\Phi$ 值粒度标准则是用 $\Phi$ 值大小来对粒级进行划分（表 2-1）。最早由 Wentworth（1922）提出，以 2 的次幂作为划分碎屑沉积颗粒的粒级标准，称为 2 的几何级数制（也称 Wentworth 标准）。后来 Krumbine（1934）将 Wentworth 的粒级划分转化为 $\Phi$ 值，即将 2 的几何级数制标度转化为 $\Phi$ 值标度。其转换公式为

$$\Phi=-\log_2 D$$

式中：$D$ 为颗粒的直径，mm。

因为 $D=2^n$，$\log_2 D=n$，所以 $\Phi=-n$。

$\Phi$ 值分级标准提出后受到广泛重视，并且很快得到推广。按照 $\Phi$ 值的标准，砾与砂的分界为 $-1\Phi$；砂与粉砂的分界为 $+4\Phi$；粉砂和泥的分界为 $+8\Phi$。这一划分标准把粒度划分界限完全变成了整数，而砂级以下的粒度划分界限又都变成了正数，为粒度资料的分析、作图和整理提供了极大的方便。

对于珠江口盆地岩心中碎屑岩的粒度划分，在综合考虑粒度划分标准之后，结合本区粉砂岩粒度级别在岩心中难于肉眼识别的特点，采用了《勘探监督手册》（地质分册）中对粒度的划分标准（表 2-2）。

**表 2-2　珠江口盆地碎屑岩粒径划分标准**

| 颗粒类 | 砾 | | | | 砂 | | | | | 黏土 |
|---|---|---|---|---|---|---|---|---|---|---|
| | 巨砾 | 粗砾 | 中砾 | 细砾 | 极粗砂 | 粗砂 | 中砂 | 细砂 | 粉砂 | |
| 主要颗粒直径/mm | >256 | 64 ~ 256 | 4 ~ 64 | 2 ~ 4 | 1 ~ 2 | 0. 5 ~ 1 | 0. 25 ~ 0. 5 | 0. 1 ~ 0. 25 | 0. 01 ~ 0. 1 | <0. 01 |

在对粒度进行划分后，观察者可根据不同粒度的含量对岩石进行命名。所采用的方法包括三级命名法、复合命名法及合并命名法。三级命名法是主要粒级颗粒含量>50% 时参与定名，用“××岩”表示；次要粒级颗粒含量在 25%~50% 时，用“××质”表示，如泥质粉砂岩；若砾石含量在 25%~50%，则用“状”表示，如砾状中砂岩；若次要粒级颗粒含量在 10%~25%，用“含”字加于次要成分之前，如含砾砂岩；若次要粒级颗粒含量<10%，只作描述，不参与命名。如果没有一个粒级≥50%，在 25%~50% 的粒级不止一个，那么采用复合命名法。以含量为 25%~50% 的粒级进行复合命名，记作“××-××岩”，含量较多的写在后面。若没有≥50% 的粒级，25%~50% 的粒级也没有或只有一个，将岩石全部粒度组分合并为砾、砂和粉砂三大级，按前两条原则命名。

b. 磨圆度

磨圆度是指碎屑颗粒的原始棱角被磨圆的程度。在本书中磨圆度分级采用目估法，共将磨圆度分为四级。棱角状，碎屑颗粒的棱角明显，无磨蚀。次棱角状，碎屑颗粒的棱角普遍磨蚀，但原形明显。次圆状，碎屑颗粒的棱角明显磨损，原形改变较大。圆状，碎屑颗粒的棱角基本或全部消失，原形已消失，颗粒多呈椭球体、球体（图 2-5）。

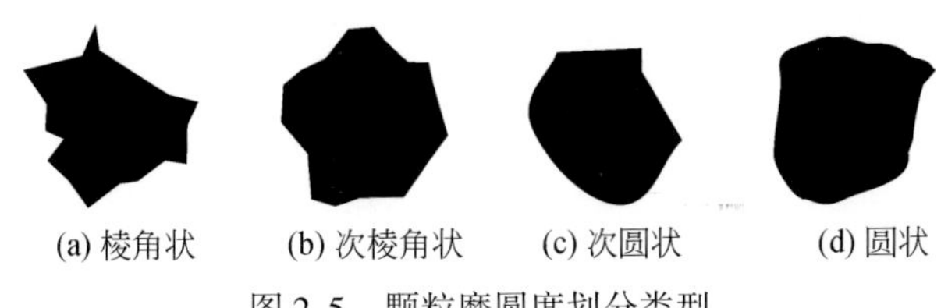


图 2-5　颗粒磨圆度划分类型

c. 分选性

碎屑岩中颗粒大小均匀的程度称为分选性或分选程度。分选性有以下三种：主要粒度成分含量>75%为分选好；主要粒度成分含量为50%~75%，为分选中等；没有一种粒度成分超过50%，为分选差。

2）填隙物结构

碎屑岩的填隙物包括杂基和胶结物。由于它们的成因不同，在结构上也表现着各自的特点。

a. 杂基结构

杂基是碎屑岩中与粗碎屑一起沉积下来的细粒填隙组分，粒度小于0.03mm（或>5$\Phi$），它们是机械沉积产物而不是化学沉淀组分。但这里指出的杂基粒度界限主要适用于砂岩；而对于更粗的碎屑岩，如砾岩，杂基也相对变粗，除泥以外可以包括粉砂甚至砂级颗粒。

杂基的含量和性质可以反映搬运介质的流动特征及碎屑组分的分选性，因而也是碎屑岩结构成熟度的重要标志。这正是认识杂基重要性的意义所在。沉积物在重力流中含有大量杂基，由此形成的沉积物以杂基支撑结构为特征；而在牵引流中主要搬运床沙载荷（或称推移载荷），其杂基含量很少，粒间由化学沉淀胶结物充填，形成的砂质沉积物以颗粒支撑结构为主要特征。可见杂基含量是识别流体密度和黏度的标志。同时，杂基含量也是重要的水动力强度标志。在高能量环境中，水流的簸选能力强，黏土会被移去，从而形成干净的砂质沉积物；相反，砂岩中杂基含量高，表明分选能力差，这是结构成熟度低的表现。

从成分上看，杂基多为黏土矿物，有时见碳酸盐泥（灰泥、云泥）及一些细粉砂碎屑颗粒。由于杂基在碎屑岩中有这样重要的成因意义，因而识别它就显得十分重要。但是实际上在填隙物中杂基和胶结物并不是任何时候都能区分开的，特别是因成岩作用使沉积标志遭受改造后，更增加了识别上的困难。

杂基中大多数是同生期杂基，实际上只有同生期杂基才具有上述的成因意义。代表原始沉积状态的杂基称为原杂基。原杂基表现为泥质结构，由未重结晶的黏土质点组成，可含有碳酸盐泥及石英、长石等矿物的细碎屑。原杂基与碎屑颗粒的界线清楚，两者间无交代现象。在杂基支撑结构的砂岩中，原杂基含量可高于30%，同时碎屑颗粒常表现为较差的分选性。

原杂基经明显重结晶后，则转变为正杂基。正杂基在含量和分布上继承了原杂基的特点。因发生了重结晶作用，黏土物质再现为显微鳞片结构。当晶粒较粗时，在偏光显微镜下可分辨矿物的种类，可鉴别其为高岭石质、水云母质、蒙脱石质或方解石质。在杂基与碎屑颗粒间常见交代现象。有时由于重结晶作用发育不均匀，局部仍可见残余的原杂基结构。

b. 胶结物结构

胶结物结构的特点与本身的结晶程度、晶粒大小和分布的均匀性有关，其特点如图 2-6 所示。常见的胶结物结构类型有：①非晶质结构，呈此种结构的胶结物如蛋白石、铁质等。②隐晶质结构，如玉髓、隐晶质磷酸盐、碳酸盐等。③显晶质结构，最常见的如碳酸盐等胶结物。④带状（薄膜状）和栉壳状（丛生）结构，胶结物环绕碎屑颗粒呈带状分布称为带状胶结；如果胶结物呈纤维状或细柱状垂直碎屑表面生长时，称为栉壳状胶结。带状和栉壳状胶结多形成于成岩期或同生期。⑤再生（次生加大）结构，自生石英胶结物沿碎屑石英边缘呈次生加大边，而且两者的光性方位是大体一致的，这种石英胶结物称为次生加大或再生石英。除石英外，还有长石和方解石形成的次生加大结构。次生加大结构大都是在成岩期形成的。⑥嵌晶（连生）结构，指胶结物在重结晶时形成很大的晶体，或者从孔隙水溶液结晶的粗大晶体，往往将一个或几个碎屑颗粒包含在一个晶体之中。嵌晶结构是典型的后生阶段产物。此外，还有凝块状或斑点状结构，这是由胶结物在岩石中分布的不均匀性造成的。

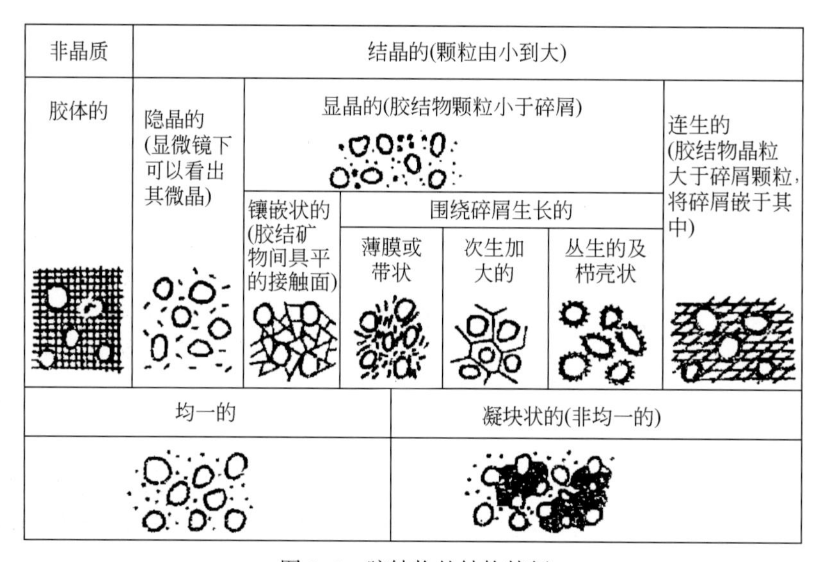


图 2-6　胶结物的结构特征

3）孔隙结构

岩石未被颗粒、胶结物或杂基充填的空间称为岩石的孔隙空间。孔隙空间可以均匀地散布在整个岩石内，亦可以不均匀地分布在岩石中形成孔隙群。岩石孔隙空间又可分为孔隙和喉道。一般可以将岩石颗粒包围着的较大空间称为孔隙，而仅仅在两个颗粒间连通的狭窄部分称为喉道。

孔隙和喉道的配置关系是比较复杂的。每一支喉道可以连通两个孔隙，而每一个孔隙则可以有三个以上的喉道相连接，最多的可以与六到八个喉道相连通。孔隙反映了岩石的储集能力，而喉道的形状、大小则控制着孔隙的储集和渗透能力。

砂岩的孔隙和喉道的大小及形态主要取决于颗粒的接触类型和胶结类型。砂岩颗粒本身的形状、大小、磨圆度和球度也对孔隙和喉道的形状有直接影响。

在研究储集岩中孔隙和喉道的关系时，提出了孔隙结构的概念。一般来说，储岩的孔隙结构是指岩石所具有的孔隙和喉道的几何形状、大小、分布及其相互连通关系。

流体沿着复杂的孔隙系统流动时，将要经历一系列交替着的孔隙和喉道。无论在石油的二次运移过程中驱替沉积期间所充满的水时，或者是在开采过程中从孔隙介质中被驱替石油时，都受到流体通道中最小断面（即喉道直径）控制。显然，孔隙结构是影响储集岩渗透能力的主要因素。因此，要对储层的孔隙结构进行研究。

在不同的砂岩接触类型和胶结类型中常见到四种孔隙喉道类型，如图 2-7 所示。

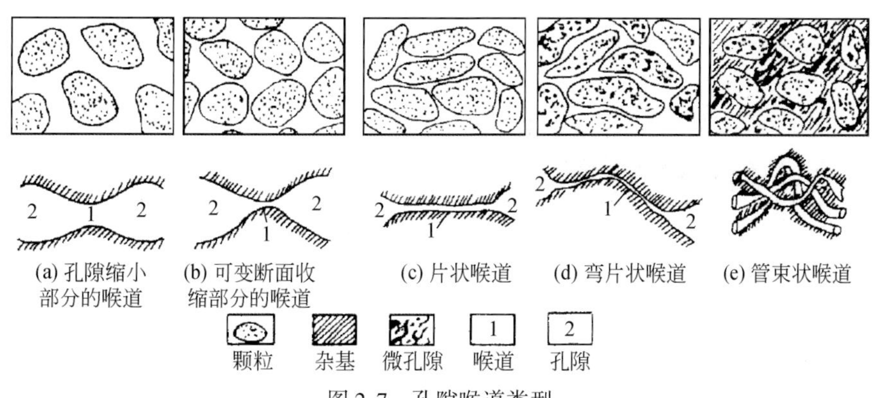


图 2-7　孔隙喉道类型

（1）孔隙的缩小部分是喉道［图 2-7（a）］。在以粒间孔隙为主或以扩大粒间孔隙出现的砂岩储层中，其孔隙与喉道相当难区分。喉道仅仅是孔隙的缩小部分，常见颗粒支撑、漂浮状颗粒接触及无胶结物式类型。此类孔隙结构属于孔隙大、喉道粗的类型，孔喉直径比接近于 1。岩石的孔隙几乎都是有效的。

（2）可变断面收缩部分是喉道［图 2-7（b）］。当砂岩颗粒被压实而排列比较紧密时，虽然其保留下来的孔隙还是比较大的，然而由于颗粒排列紧密使喉道大大变窄。此时，储层可能有较高的孔隙度，但只有很低的渗透率。此类孔隙结构属于孔隙大（或较大）、喉道细的类型，孔喉直径比很大。根据喉道大小，其孔隙有些可能是无效的。这种孔隙结构常见于颗粒支撑、接触式、点接触的砂岩中。

（3）片状或弯片状喉道［图 2-7（c）、（d）］。当砂岩在压实作用或者压溶作用下使晶体再生长时，其再生长边之间包围的孔隙变得较小，一般是四面体或多面体形。这些孔隙相互连通的喉道就是晶体之间的晶间隙。这种晶间隙视颗粒形状的不同又可分为片状和弯片状的，其有效张开宽度很小，一般小于 1μm，个别的有几十微米。此类孔隙结构的孔隙很小，喉道极细，所以其孔喉直径比可以由中等到较大。这种孔隙结构常见于接触式、线接触、凹凸接触式的砂岩中。

（4）管束状喉道［图 2-7（e）］。当杂基及各种胶结物含量较高时，原生的粒间孔隙有时可能完全被堵塞。在杂基及胶结物中的许多微孔隙（<0.5μm 的孔隙），一般不会很高，

只有中等或较低。其渗透率则极低，大多小于 0.1mD①。因为孔隙就是喉道本身，所以孔喉直径比均为 1。这类孔隙结构常见于杂基支撑，基底式及孔隙式、缝合接触式的砂岩中。

4）胶结类型

在碎屑岩中，碎屑颗粒和填隙物间的关系称为胶结类型或支撑类型。它首先与碎屑颗粒和填隙物的相对含量有关，其次与颗粒间的接触关系有关。按碎屑和杂基的相对含量可以分为杂基支撑和颗粒支撑两大类；按碎屑和胶结物的相对含量和相互关系可以分为基底式胶结（或半基底式胶结）、孔隙式胶结、接触式胶结和镶嵌式胶结等；按颗粒间的接触性质还可细分为若干类型。基底式胶结一般属杂基支撑类型，孔隙式胶结、接触式胶结及镶嵌式胶结属颗粒支撑类型（图 2-8）。

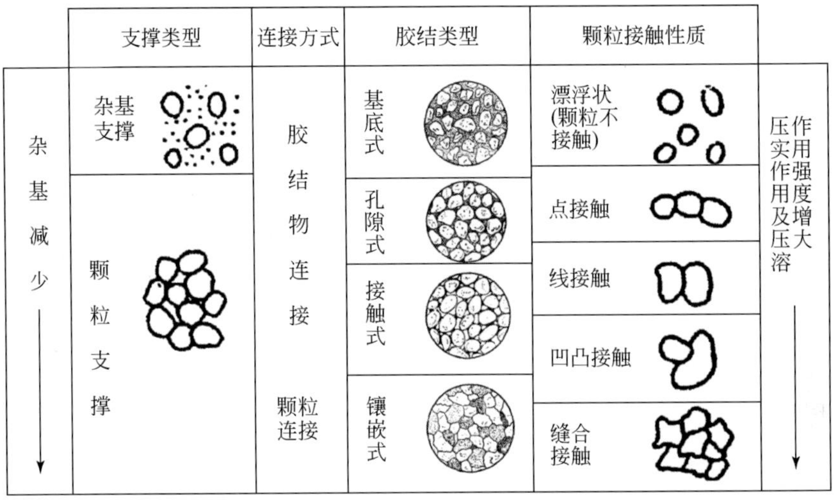

| | 支撑类型 | 连接方式 | 胶结类型 | 颗粒接触性质 | |
|---|---|---|---|---|---|
| 杂基减少↓ | 杂基支撑 | 胶结物连接 | 基底式 | 漂浮状(颗粒不接触) | 压实作用及压溶作用强度增大↓ |
| | 颗粒支撑 | | 孔隙式 | 点接触 | |
| | | | 接触式 | 线接触 | |
| | | | | 凹凸接触 | |
| | | 颗粒连接 | 镶嵌式 | 缝合接触 | |

图 2-8　支撑类型、胶结类型和颗粒接触关系

胶结类型可分为四种。①基底式胶结，碎屑颗粒在杂基中大多彼此不相接触而呈漂浮状孤立地分布。基底胶结形成于沉积期，一般反映快速堆积的密度流沉积特点。在个别情况下可见到化学胶结物构成的基底胶结，如我国青海小柴旦盐湖（硼酸盐型）的现代湖滩岩，即为柱硼镁石胶结物构成基底胶结的细粒长石岩屑砂岩。②孔隙式胶结，其大部分颗粒彼此直接接触，填隙物可以是黏土杂基，也可以是化学胶结物，反映了稳定水流沉积作用和波浪淘洗作用的特征。③接触式胶结，属于颗粒支撑类型，胶结物只在颗粒接触处才出现。这种胶结方式只在比较特殊的条件下才能产生，如在干旱气候条件下形成的砂层，在毛细管作用下溶液沿颗粒接触点的细缝流动，并发生矿物的沉淀作用而形成。也可以是原先具孔隙胶结的岩石在近地表处经大气水的淋滤而形成。④镶嵌式胶结，在成岩期的压实作用下，特别是当压溶作用明显时，砂质沉积物中的碎屑颗粒会更紧密地接触。颗粒之间由点接触发展为线接触、凹凸接触，甚至形成缝合状接触。这种颗粒直接接触构成的镶嵌式胶结，有时不能将碎屑与其硅质胶结物区分开，看起来像是没有胶结物，因此有人称

① 1D=0.986923×$10^{-12}$ $m^2$。

为无胶结物式胶结。

## 二、沉积构造

岩心的剖面一般与地层层面近于垂直，因此，在岩心中层面构造较不易观察，只能通过岩层接触面的起伏、上下岩层的差异等表现。在岩心描述中较易识别的是层理构造、变形构造、生物遗迹构造等。

### 1. 层理构造的观察描述方法

层理构造是沉积岩中最重要的一种构造。它是沉积物沉积时在层内形成的层状构造。层理由沉积物的成分、结构、颜色及层的厚度、形状等沿垂向的变化而显示出来。对于层理的观察和描述需要从层理的厚度和规模，层理的类型及其特征，斜层理的纹层和层系产状的测量，以及层理内部构造和构成方式的观察和描述四个方面入手。

层理的描述首先需确定岩石类型，分清纹层、层系、层系组，确定层系界面和层的界面。其次描述纹层的形状、纹层与层系界面的关系及同一层系内纹层间的关系，测量纹层的厚度、产状，确定组成纹层的成分等。再次描述层系、层系组及其界面。描述层系界面的形状、层系间的关系、层系内的成分特征，测量层系的厚度、产状等。最后确定层理类型，分析层理的成因，分析层理形成的环境及其水动力条件，对于能确定古水流方向的，需确定古水流方向。

在层理观察、描述时应注意以下两点问题。①形态描述需进行三维空间观察。观察时应注意平面上和平行流向的纵剖面和垂直流向的横剖面上的特征，只有三维空间综合观察才能正确判断层理的形态特征，不同类型层理在各剖面的表现各有异同，如槽状交错层理，只在横剖面上表现为槽形弯曲的特征，而在纵剖面上则似单向斜层理。大部分斜层理在纵剖面上可见各种斜层理形态，而在横剖面上则呈现平行层理的形态。因此要注意纵、横剖面的观察才能正确判断层理的类型。②成分的观察，需观察纹层内的物质成分、结构特征和微韵律变化。

### 2. 珠江口盆地主要的层理类型及特征

1）水平层理

水平层理主要产于细碎屑岩（泥质岩、粉砂岩）和泥晶灰岩中，纹层平直并与层面平行，纹层可连续或断续，层厚约0.1mm到几毫米［图2-9（a）］。水平层理是在比较弱的水动力条件下，由悬浮物沉积而成，它多出现在低能的环境中，如湖泊深水区、潟湖及深海环境。

2）低角度交错层理（冲洗交错层理）

层系界面呈低角度相交，一般为2°~10°，相邻层系中的纹层面倾向可相同或相反，倾角不同；组成纹层的碎屑物粒度分选好，并有粒序变化；纹层侧向延伸较远，层系厚度变化小，在形态上多呈楔状，以向海倾斜的层系为主［图2-9（b）］。低角度交错层理常见于后滨—前滨带及沿岸砂坝等沉积环境中。

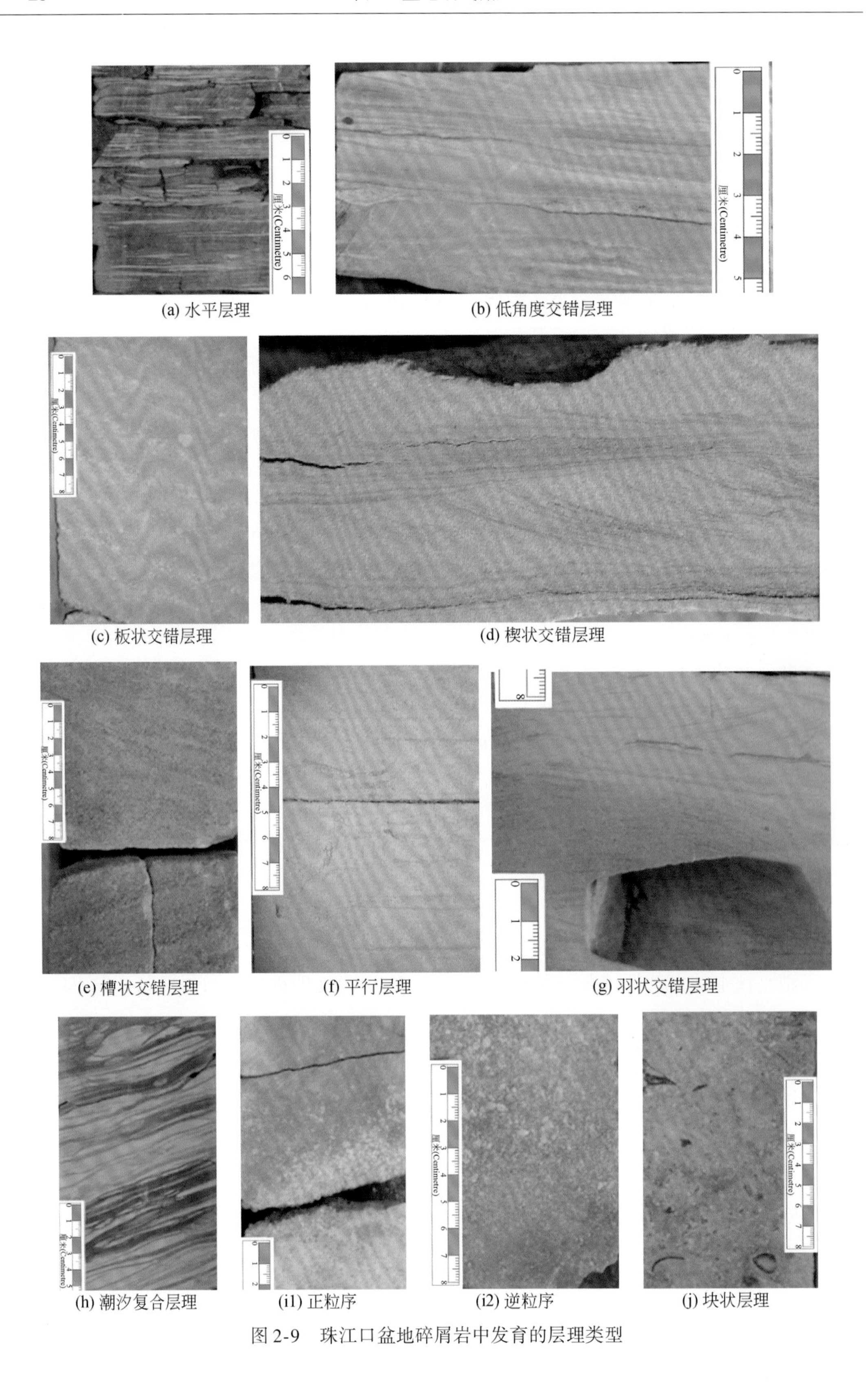


(a) 水平层理　(b) 低角度交错层理　(c) 板状交错层理　(d) 楔状交错层理　(e) 槽状交错层理　(f) 平行层理　(g) 羽状交错层理　(h) 潮汐复合层理　(i1) 正粒序　(i2) 逆粒序　(j) 块状层理

图 2-9　珠江口盆地碎屑岩中发育的层理类型

3）板状交错层理

层系之间的界面为平面而且彼此平行，单层呈板状。板状交错层中的前积纹层在平行于流动方向的剖面上与界面斜交，在垂直于流动方向的剖面上则表现为与界面大致平行的平直纹层［图2-9（c）］。大型板状交错层理在河流沉积中最为典型。

4）楔状交错层理

层系之间的界面为平面，但不互相平行，层系厚度变化明显呈楔状。楔状交错层中的前积纹层在平行于流动方向的剖面上与界面斜交［图2-9（d）］，在垂直于流动方向的剖面上与界面大致平行或斜交，常见于海、湖浅水地带及三角洲地区。

5）槽状交错层理

层系底界面为槽状冲刷面，纹层在顶部被切割。在垂直于流动方向的剖面上，前积纹层和下界面表现为槽状，两者大致相互平行或相交，而且总与上界面相交。凹槽的形态可以是对称或不对称的，其长轴的倾向与流动方向一致［图2-9（e）］。

6）平行层理

平行层理主要产于砂岩中，是在较强的水动力条件下，高流态中由平坦的床沙迁移，床面上连续滚动的砂粒产生粗细分离的水平细层［图2-9（f）］。因此，细层的侧向延伸较差。沿层理面易剥开平行层理一般出现在急流及能量高的环境中，如河道、湖岸、海滩等环境中，常与大型交错层理共生。

7）羽状交错层理

羽状交错层理是一种特殊类型的交错层理。其特点是纹层平直或微向上弯曲，相邻斜层系的纹层倾向相反，延伸至层系界面彼此呈锐角相交，呈羽毛状或“人”字形［图2-9（g）］。这种层理是在具有反向水流存在的情况下形成的，常见于河流入湖、海的三角洲地带。有时可见两个倾向相反的斜层系之间隔以薄的泥层，这种羽状交错层理是潮汐沉积的典型标志。

8）潮汐复合层理

潮汐复合层理是在砂、泥沉积中的一种复合层理。它们是在水动力条件强弱交替的情况下，由泥、砂交互沉积而成。在强水流活动时期，砂以砂波的形式搬运和沉积，而泥保持悬浮状态。在水流减弱或静止时期，悬浮的泥沉积下来，形成砂包泥的脉状层理。透镜状层理则是在水动力条件较弱，泥的供应、沉积和保存比砂更为有利的情况下形成的。砂呈透镜状断续分布在泥岩中，内部一般具有发育良好的砂波前积纹层，是单一砂波推进的产物。波状层理介于脉状层理和透镜状层理之间，是强弱水动力条件交替的情况下形成的。砂层和泥层呈交替的波状连续层［图2-9（h）］。

9）粒序层理

粒序层理是具有粒度递变的一种特殊层理，又称递变层理。层理中没有任何纹层显示，只有构成颗粒的粗细在垂向上的连续变化［图2-9（i1）、（i2）］。按递变趋势，粒序层理可分为三种：从层的底部至顶部，粒度由粗逐渐变细者称正粒序；若由细逐渐变粗则称为逆粒序；若正逆粒序呈渐变性衔接称双向粒序，是浊积岩的特征性层理。

10）块状层理

层内物质均匀，在组分和结构上无差异，不显示细层构造的层理称为块状层理，在泥岩及厚层的粗碎屑岩中常见［图 2-9（j）］。一般认为，块状层理是由于悬浮物快速堆积、沉积物来不及分异而不显纹层。另外，块状层理也可由沉积物重力流快速堆积而成，或者是由强烈的生物扰动、重结晶或交代作用破坏原生层理所形成。

11）韵律层理

韵律层理的特征是组成层理的纹层或层系，在成分、结构及颜色上作有规律的重复变化。常见砂质层和泥质层的韵律互层。韵律层理的成因很多，可以由潮汐环境中潮汐流的周期变化形成潮汐韵律层理；也可以由气候的季节性变化形成浅色层与深色层的成对互层，即季节性韵律层理；还可由浊流沉积形成复理石韵律层理等。

### 3. 层面构造描述

1）波痕

波痕是常见的层面构造之一，是由风、水流或波浪等介质的运动，在沉积物表面所形成的一种波状起伏的层面构造［图 2-10（a）］。由于介质的作用性质、作用强度及方向不同，波痕的大小和形态也不同。可利用波痕的形态特征、波浪的大小和波痕指数等来恢复波痕的形成条件。但在岩心中波痕仅能表现为岩层界面的波状起伏，而且只有起伏波长小于岩心直径时才能识别出。

对于波痕的描述主要通过波痕要素的刻画，具体包括：①波长，垂直于两个相邻波峰之间的水平距离；②波高，波痕谷底至脊顶的垂直距离；③波痕指数，波长与波高的比值，反映波痕相对高度和起伏；④波痕不对称指数，表示波痕不对称程度。

2）冲刷面

冲刷面是指在沉积物表面由于水流下蚀作用，使下伏岩层形成凹凸不平的面［图 2-10（b）］。这种层面构造往往出现在水动力较强沉积的初期，观察和描述时需注意冲刷面的起伏程度、界面上下沉积物特征等。

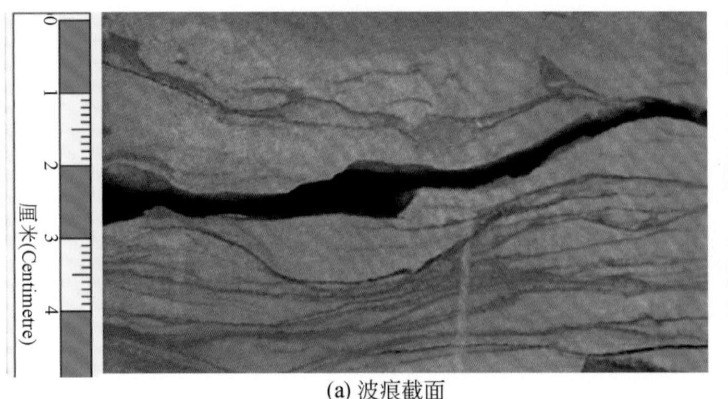


(a) 波痕截面

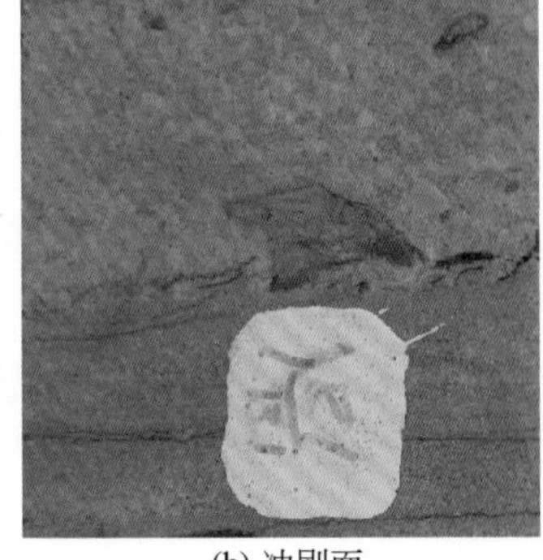

(b) 冲刷面

图 2-10　珠江口盆地碎屑岩中发育的层面构造类型

### 4. 同生变形构造

同生变形构造是指在沉积的同时或紧接沉积之后，沉积物处于塑性状态下发生的软沉积物变形。变形的程度可以从细微的扭曲层到复杂的褶曲层、破碎层及变位层。一般来说，这样的变形构造都是局部性的，基本上局限于未形变层内的一个层，常出现在粗粉砂、细砂沉积层中，主要受颗粒的黏性、渗透性和沉积速率控制。同生变形构造按引起沉积物变形的机理可划分为三种类型。

1）差异压力作用

密度大的沉积物覆盖在密度小的沉积物之上，形成密度差，从而导致不均匀压力的作用，最终引起沉积物垂向运动。这种类型包括重荷模、火焰状构造［图2-11（a）］及球枕构造［图2-11（b）］。

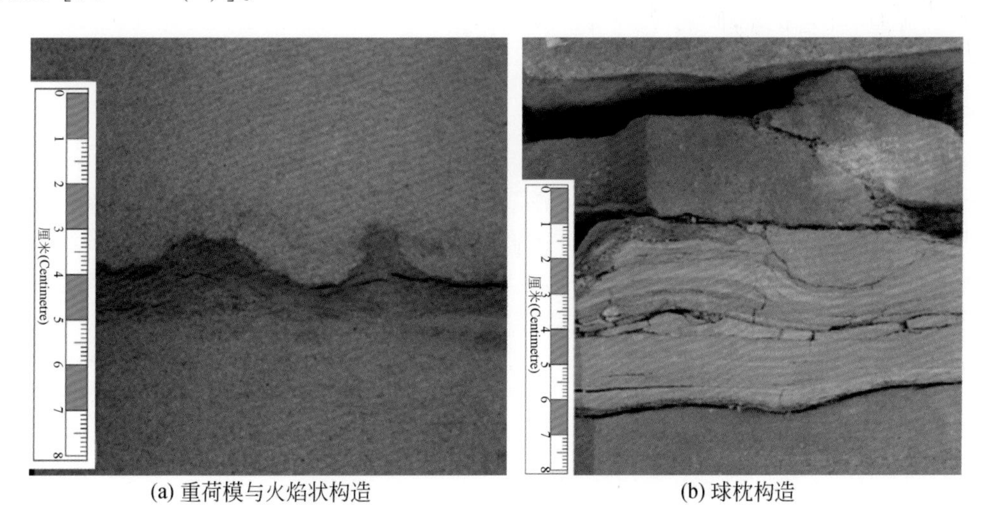


(a) 重荷模与火焰状构造　　(b) 球枕构造

图2-11　珠江口盆地碎屑岩中的重荷变形

重荷模也称负载构造、重荷构造等，是指覆盖在泥质岩之上的砂岩底面的不规则瘤状突起。突起高几毫米到几十厘米。同时泥质以舌形或火焰形向上穿插到上覆的砂岩层中，形成火焰状构造。

球枕构造是指砂岩层断开并向下陷入泥岩中形成许多不均匀排列的椭球体或枕状体。大小从十几厘米到几米。如果砂岩具有纹层，则在椭球体或枕状体内的纹层变成复杂的小褶皱，很像“复向斜”，并凹向岩层顶面，所以可用来确定岩层的顶底。

2）沉积物的液化作用

快速沉积的沉积物中包含水，在负荷力、地震波等因素的影响下，作用于颗粒支撑的沉积物上的有效压力被传递到孔隙流体中，产生极高的孔隙压力，使颗粒间的摩擦力减小，而被液化，易发生流动，形成包卷构造和碟状构造（图2-12）。

包卷构造是在一个层内的层理揉皱现象，由连续的开阔“向斜”和紧密的“背斜”组成。主要见于较薄层（2～25cm）的粉砂层中，可以是硅质或碳酸盐质。

碟状构造是在迅速堆积的松散沉积物内由于孔隙水的泄出而形成的同生变形构造。孔隙水向上泄出时，破坏了原始沉积物的颗粒支撑关系，引起颗粒位移和重新排列，形成新的变形构造。

3）滑塌构造

滑塌构造是指已沉积的沉积物在重力作用下发生运动和位移所产生的各种同生变形构造，可引起沉积物的形变、揉皱、断裂、角砾化、岩性的混杂等（图 2-13）。注意观察纹层产状、裂缝分布、岩性特征，以及与上、下岩层的关系、分布范围等。

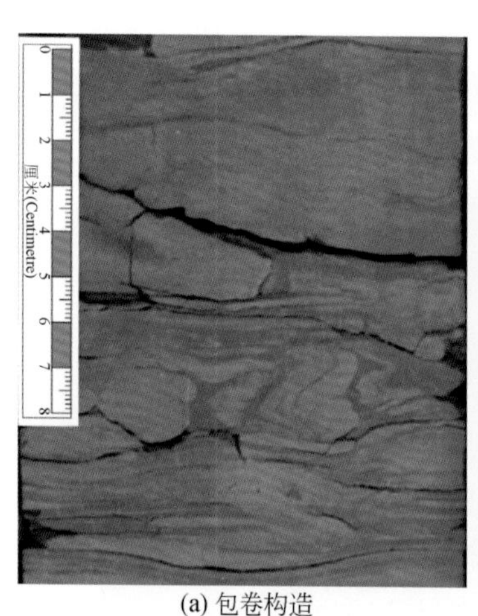


(a) 包卷构造　　(b) 碟状构造

图 2-12　珠江口盆地碎屑岩中的液化变形

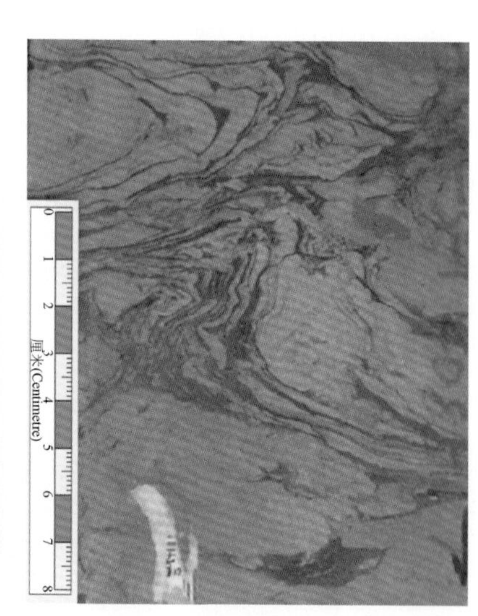


图 2-13　珠江口盆地碎屑岩中的滑塌变形

## 三、生物化石及特殊沉积物

### 1. 生物化石

化石的类型和种属是判断沉积环境的重要标志之一。通过岩心观察，应记录化石的名称、产状、颜色、成分、大小、形态、数量、纹饰、分布和保存状况等。其中化石名称是指生物化石的类别、种属。而产状需描述化石分布于岩石中的产出状态，与岩层层面的关系（平行、垂直、倾斜），分布是否有规律性（杂乱、定向分布）等。化石的颜色描述与描述岩石颜色方法一致。而化石的大小通过高、宽、长、直径等来度量，若化石集群，则需描述最大化石大小和平均化石大小。化石的形态需刻画化石的外形特征，如有纹饰，需描述纹饰的特征。化石的数量往往用定性的语言，如“偶见”“少量”“较多”“富集”等词来描述。化石的保存情况也是对化石进行描述的重点。化石保存的完整程度，可以按保存完整、较完整、破碎，或介于二者之间进行描述。化石的完整程度可代表其是原地生长的还是搬运后沉积的。若为原地生长则该生物生活的水深、盐度等环境条件可代表沉积时的状态。

珠江口盆地中常见的生物化石包括植物的根、茎、叶，介壳类等多种海相、陆相及海陆过渡相动植物化石（图 2-14）。这也从一定程度上反映了其沉积环境的复杂性。

(a) 双壳

(b) 植物叶片

图 2-14　珠江口盆地碎屑岩岩心中典型生物化石类型

**2. 生物遗迹组构**

生物成因的构造主要包括生物遗迹构造、生物扰动构造和植物根迹等。珠江口盆地的岩心中并未找到植物根迹。因此，在此仅对生物遗迹构造和生物扰动构造进行描述。

生物遗迹构造是指由生物活动而产生在沉积物表面或内部，并具有一定形态的各种痕迹，包括生物生存期间的运动、居住、觅食和摄食等行为遗留下的痕迹。从某种意义上讲，遗迹化石是生物行为习性适应环境的物质表现。由于它们能够反映当时的生活环境，分布范围又比较狭窄，特别是在硬体化石极为稀少的地层中，它们分布普遍且保存良好，有助于古生态和岩相的研究。

生物遗迹描述的内容主要包括：痕迹的形态、大小和空间展布（方位、深度等）特征，潜穴内部构造特征，保存方式、丰度、伴生的其他痕迹及其相互关系，居群密度，围岩性质，无机沉积构造特征等。遗迹的形态包括简单垂直管状、“U”形、直—弯曲形、蛇曲形、环曲形、螺旋形、星射形、枝形、网格状、卵形、胃形、点线形等。

生物扰动构造一般不具有确定的形态，其识别标志主要为在层理发育的砂岩中常见破坏层理，在泥质沉积物中显示斑点构造，在含油砂岩中出现含油不均的现象等。描述内容主要包括扰动强度、分布等（图 2-15）。

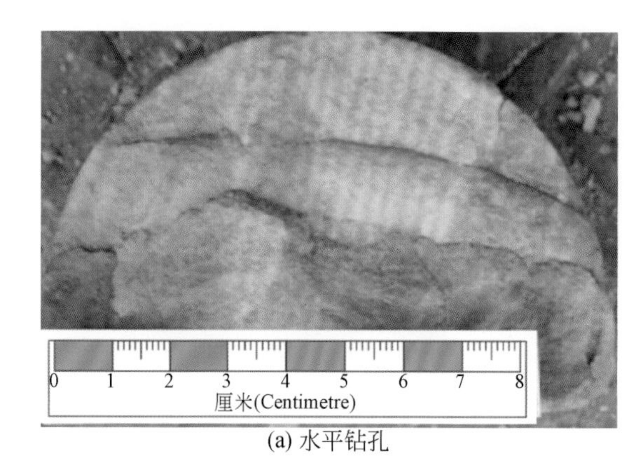


(a) 水平钻孔

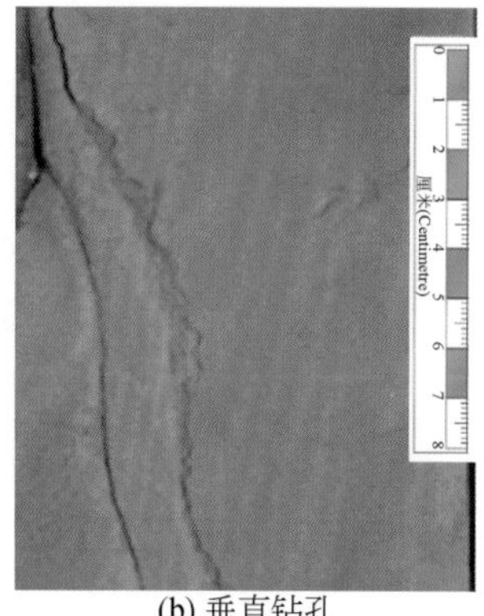


(b) 垂直钻孔

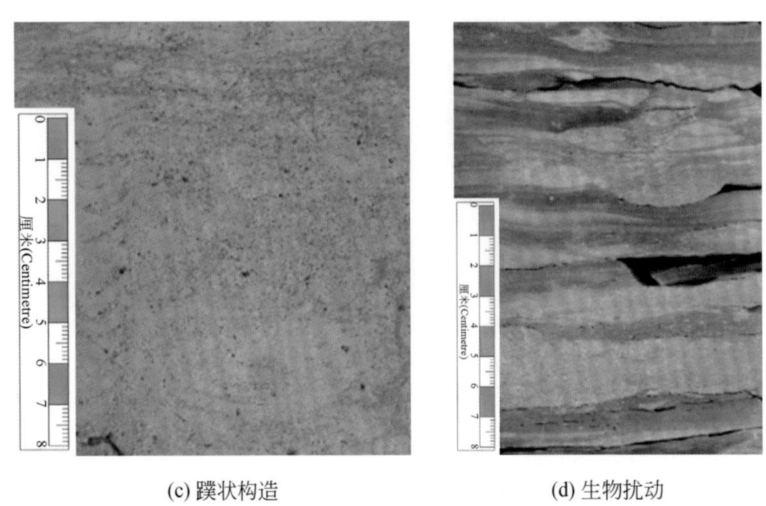


(c) 蹼状构造　　(d) 生物扰动

图 2-15　珠江口盆地典型生物钻孔与生物扰动

**3. 特殊沉积物**

对于特殊沉积物的描述主要包括特殊矿物（黄铁矿、菱铁矿、海绿石等）、炭屑、结核、泥砾、团块、孤砾石等（图 2-16）。要描述其名称、颜色、大小、数量、形状、排列和分布特征等。

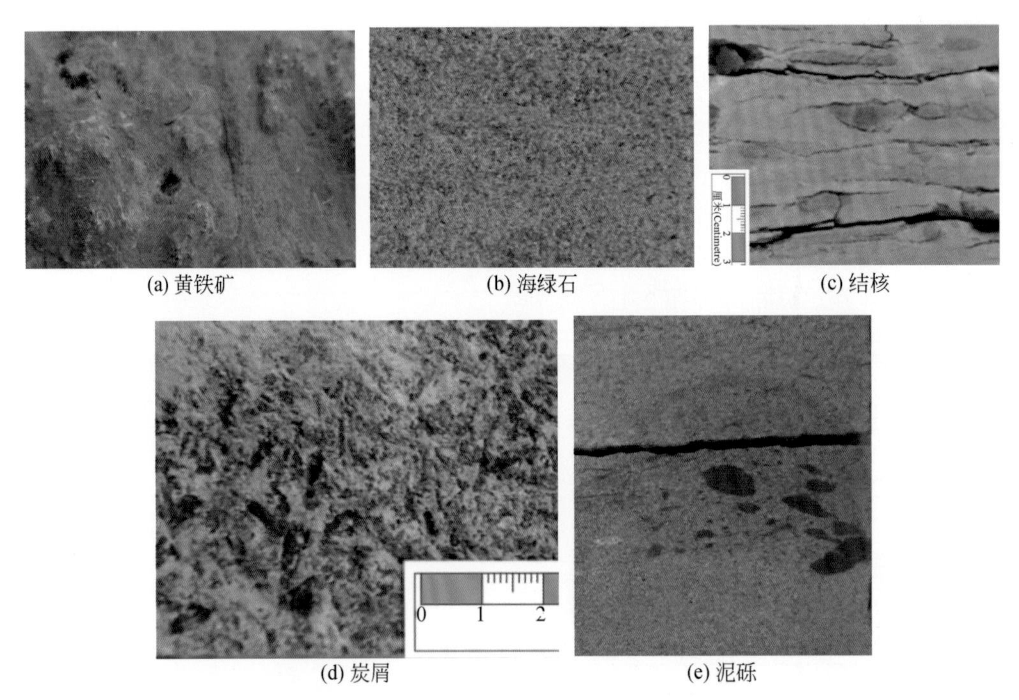

(a) 黄铁矿　　(b) 海绿石　　(c) 结核

(d) 炭屑　　(e) 泥砾

图 2-16　珠江口盆地碎屑岩岩心中特殊沉积物类型

## 四、含油特征

若岩心含油，需选择岩心的新鲜面进行含油饱满程度、产状特征等描述。

### 1. 含油产状的描述

含油产状是指油在岩石内的存在状态，是以纯油形式分布，还是油、气混合分布，以及其分布均匀程度。根据分布状况，用分布均匀、不均匀、斑块状、条带状、斑点状等术语进行描述。

### 2. 含油饱满程度的描述

含油饱满程度一般可分为以下三个级别。

含油饱满：一般为油砂，颗粒间孔隙内全部被油充满，呈饱和状态，岩心颜色较深，多为深棕色、棕色、棕褐色。岩心新鲜面油脂感强，原油染手。

含油较饱满：一般指含油砂岩，尽管颗粒间孔隙内均匀充满原油，但未达到饱和状态。岩心新鲜面原油分布较均匀，油脂感较差。

含油不饱满：指油浸、油斑岩心，由于岩性为砂、泥混杂，仅在砂岩颗粒富集处含油，且不饱满。颜色浅，含油处多为浅棕色。

### 3. 含油级别的确定

依据含油产状、含油饱满程度和含油面积，岩心的含油级别一般可分为油砂、含油、油浸、油斑四个级别（图 2-17）。

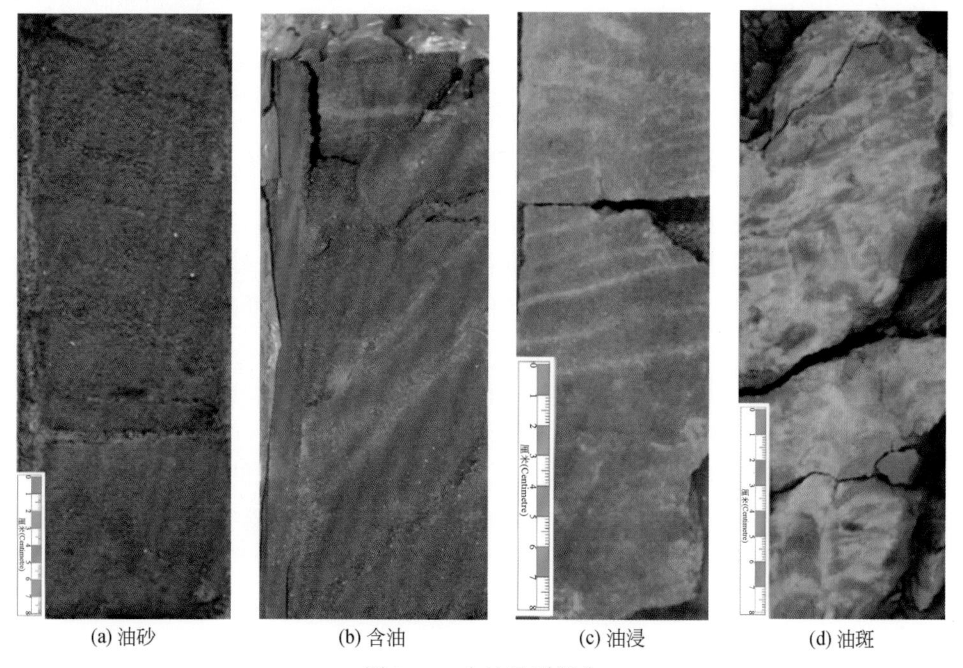

(a) 油砂　(b) 含油　(c) 油浸　(d) 油斑

图 2-17　含油级别划分

油砂：含油饱满，含油面积>80%，油味浓，原油染手，油脂感强，颜色较深。

含油：含油较饱满，含油面积为50%~80%，颜色较浅（多为棕色或浅棕色），局部砂岩分选较差，并夹有少量泥质条带或其他含有物等。岩心新鲜面油脂感强，捻碎后染手。

油浸：含油不饱满，含油面积为25%~50%，一般多为泥质粉砂岩，在砂岩富集处含油，多呈条带、斑块状含油，岩心新鲜面不染手。

油斑：含油不饱满，含油面积为10%~25%，一般多为粉砂质泥岩，在砂岩富集的条带、斑块状含油，岩心新鲜面不染手。

## 五、沉积相序列的描述

在一段连续的岩心剖面上，沉积环境的连续性变化往往会导致在岩心上岩石类型、沉积粒度等特征发生变化。因此，在岩心观察和描述时，可结合岩石成分、颜色、结构以及构造等特征，从沉积动力角度出发，对岩石相（或沉积相）的变化序列进行综合分析。一般碎屑岩的岩石相序列可以用粒度的变化规律来表达，具体分为以下三种类型：

（1）正韵律：由粗变细的相序，自下而上岩石粒度逐渐变细，反映沉积水动力逐渐减弱。

（2）反韵律：由细变粗的相序，自下而上岩石粒度逐渐变粗，反映沉积水动力逐渐增强。

（3）复合韵律：常见为由细变粗再变细的相序，反映沉积水动力的周期性强弱变化。

## 六、碎屑岩储层特征描述

### 1. 储层岩石学特征

珠江口盆地碎屑岩储层主要为砂岩，砂岩的岩石学特征包括物质组分、组构特征等。岩石的物质组分和组构特征不仅是砂岩直接的分类命名依据，而且在很大程度上直接影响到成岩后生作用和砂岩储层原始孔隙的发育和分布规律，因此，砂岩储层的岩石学特征是研究沉积环境和沉积相、成岩后生作用、孔隙结构和储层发育规律及控制因素的主要依据。

砂岩物质组分包括碎屑颗粒、填隙物。颗粒成分主要为石英（Q）、长石（F）和岩屑（R）。目前国内外主要采用三种碎屑成分含量的多少对碎屑岩进行分类。自葛利普在1904年提出了第一个比较有科学意义的砂岩分类以来，到目前，研究的深度和广度都有很大的进展，分类的表达方式有表格式、描述式和图解式，其中多以三角图应用最多。较常用的是刘宝珺、赵澄林等的分类方案（图2-18），本书采用刘宝珺砂岩命名方案。据此，一般可将砂岩分为三大类：石英砂岩类、长石砂岩类和岩屑砂岩类。这些岩类在珠江口盆地碎屑岩储层都有发育，但储层质量有所差异。

组构特征一般包括颗粒结构、填隙物结构。前已述及，不再赘述。

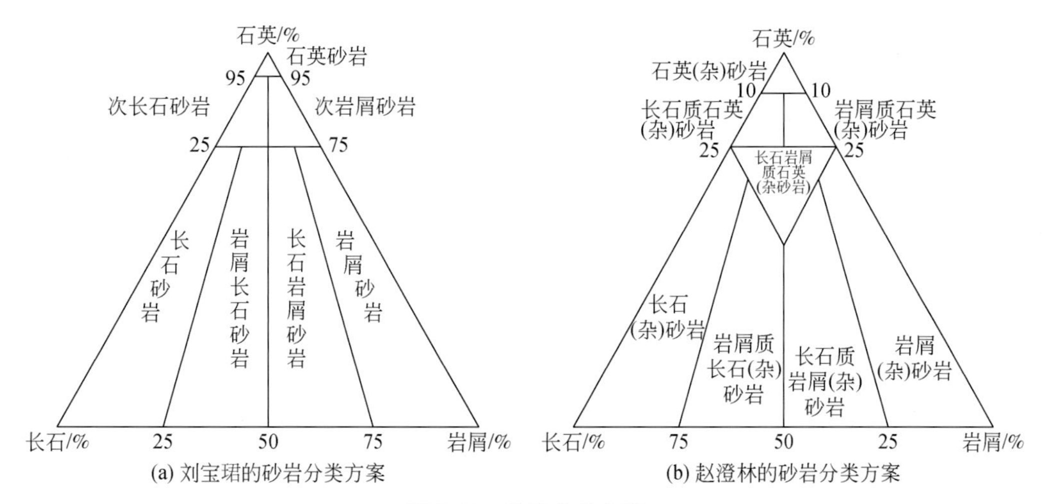


图 2-18　砂岩分类方案

除了物质组分、组构特征，砂岩成熟度也是表征储层岩石学特征的参数，包括成分成熟度和结构成熟度。成分成熟度是指碎屑沉积组分在其风化、搬运、沉积作用的改造下接近最稳定的终极产物的程度。石英抵抗风化能力最强，在搬运和沉积过程中磨蚀变化都很小，是碎屑岩稳定的组分，长石和岩屑的稳定性都不高，为不稳定组分。故砂岩石英类含量越高，岩石的成分成熟度也就越高，通常用稳定组分与不稳定组分的相对含量，即 Q/（F+R）来表示成分成熟度。结构成熟度是指碎屑沉积组分在其风化、搬运、沉积作用的改造下接近终极结构特征的程度。从理论上讲，碎屑沉积物的理想终极结构应该是碎屑为等大球体，而且还应为颗粒支撑类型的化学胶结物填隙。砂岩的分选性、磨圆度及基质含量都影响其结构成熟度，一般随搬运次数和搬运距离的增加而增加。结构上最成熟的砂岩除不含黏土杂基外，碎屑颗粒还应具有良好的分选性和圆状程度。这些特征共同反映了沉积物经受了充分的水流簸选和磨蚀作用。通常用可杂基含量、砂泥比或颗粒与基质比来表示砂岩的结构成熟度。值得注意的是结构成熟度与成分成熟度两者可以一致也可以不一致。

**2. 储集空间特征**

对于储集空间的描述主要通过铸体薄片和扫描电镜（scanning electron microscope，SEM）来分析孔隙的类型，通过压汞曲线来分析储层的孔喉结构。

珠江口盆地砂岩储层孔隙类型较为丰富，包括原生剩余粒间孔、次生孔隙（粒间溶孔、粒内溶孔）、多种成因的裂缝等（图 2-19）。

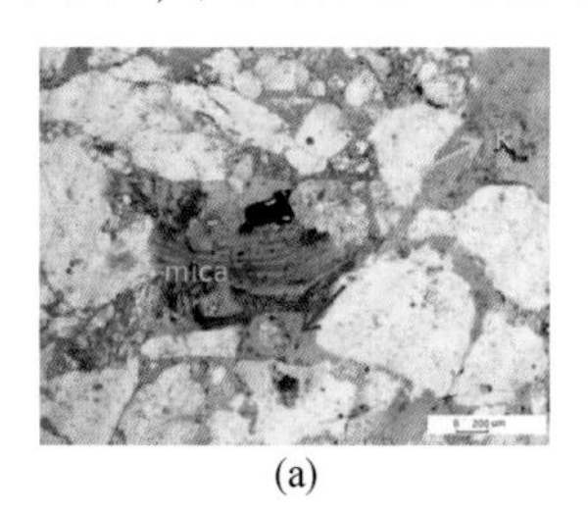

(a)

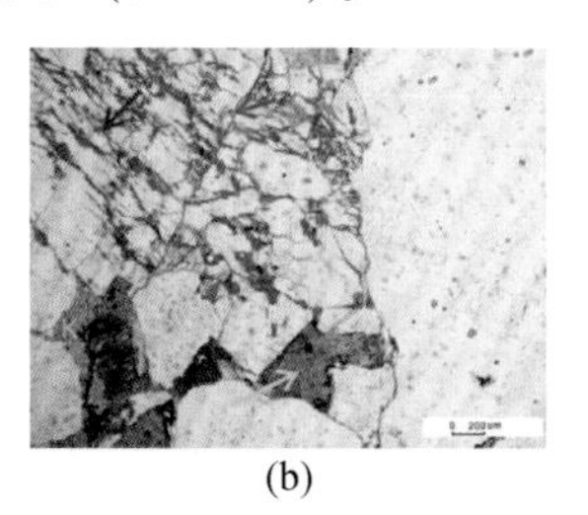
(b)

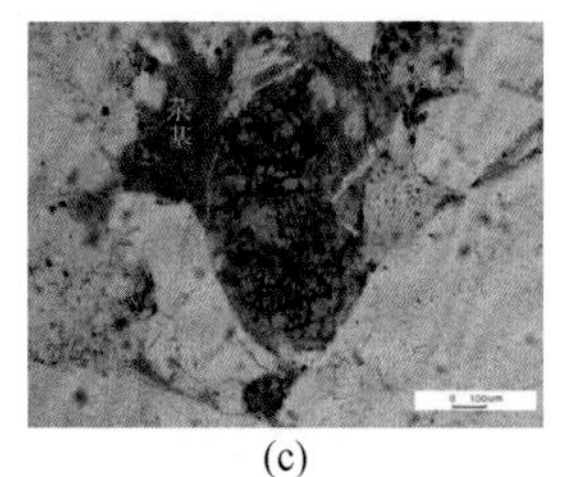

(c)

(d)　(e)　(f)

(g)　(h)　(i)

图 2-19　珠江口盆地油气储层主要孔隙类型

(a) 以溶蚀扩大孔为主，高岭石微孔（黄箭头），×100（-）；(b) 长石粒内溶孔，×100（-）；(c) 铸模孔，×100（-）；(d) 混合孔隙，以高岭石晶间微孔为主（黄箭头），裂缝（绿箭头），×100（-）；(e) 火山岩岩屑粒内溶孔（黄箭头），原生粒间孔（白箭头）溶蚀扩大孔（红箭头），×5（-）；(f) 杂基和泥质内微孔（黄箭头），裂缝（绿箭头）×10（-）；(g) 粒间溶孔（红色箭头），大部分溶孔内充填高岭石，×200（SEM）；(h) 自生高岭石晶间微孔（黄箭头），×1000（SEM）；(i) 长石粒内溶孔，×450（SEM）

原生孔隙随着埋深增加而减少，孔隙多呈孤立状三角形或多边形［图 2-19（e）］。在铸体薄片中，碎屑颗粒大多数呈线—缝合线接触，孔隙周围颗粒多压实紧密，部分孔隙被高岭石、方解石和石英充填堵塞，导致颗粒间连通性差。

次生孔隙包括粒间溶孔和粒内溶孔。粒间溶孔孔隙形态不规则，是颗粒边缘、岩屑、杂基和长石等部分或全部溶蚀形成的，其结果使原有的孔隙扩大、连通［图 2-19（a）（d）（e）（f）］。在粒间溶孔和原生孔隙一起组成溶蚀扩大的混合孔隙中，粒间溶孔占主导。在所观察的铸体薄片中，胶结物溶蚀作用不明显，这与胶结物类型和形成时间有关。在粒间溶孔中，自生高岭石晶间孔、杂基微孔、泥质内微孔等多种微孔占一定比例［图 2-19（d）（f）］，孔隙非常细小，一般小于 10μm［图 2-19（h）］，喉道狭窄，连通性极差，使得渗透率大大降低。

粒内溶孔形态多样，包括孤立溶孔、蜂窝状溶孔、铸模孔等［图 2-19（b）（c）（e）（i）］，是主要的次生孔隙类型。主要为长石、硅酸盐岩屑及云母等颗粒内部被溶蚀形成，其中长石被溶蚀形成的粒内溶孔占大多数。长石多沿解理缝或者蜂窝状溶蚀，火山岩岩屑粒内溶孔不规则［图 2-19（e）］。粒内溶孔常常含有大量颗粒残骸和自生矿物，致使孔隙喉道被阻塞［图 2-19（g）］，孔隙连通性变差。

裂缝以构造裂缝为主，构造裂缝是岩石受构造应力作用产生破裂而形成的，它常常穿切颗粒［图 2-19（b）（f）］，部分层段发育，对于储层物性具有重要的改善作用。

总体来说，珠江口盆地深部碎屑岩油气储层的孔隙类型主要为溶蚀孔隙和在原生孔隙基础上溶蚀形成的混合孔隙，局部层段不发育原生孔隙。在新近系碎屑岩油气储层中，原生孔隙占有较大比例，同时也有溶蚀形成的次生孔隙及构造节理缝。

孔隙的结构主要通过压汞曲线等方法来进行分析。通过岩石样品压汞曲线的中值压力、排驱压力、最大孔喉半径、平均孔喉半径、中值孔喉半径、分选系数、歪度等来分析孔喉结构。

### 3. 储层物性特征

通过常规物性分析，统计珠江口盆地不同地区不同层位的碎屑岩的物性分布规律。其中重点针对孔隙度和渗透率的分布范围，不同范围的分布频率，以及孔渗的优劣级别等展开分析。研究表明珠江口盆地碎屑岩储层的物性差异较大，高孔高渗、低孔低渗等各种类型的储层均有发育。

对于储层物性的分析还可进一步从孔隙度与渗透率的相关关系进行。储层孔隙度和渗透率具有良好的正相关性说明储层属于孔隙型储层，砂岩的渗滤通道主要依赖于与孔隙有关的空间。如果孔隙度与渗透率相关关系较差，则说明主要渗滤通道可能为裂缝、孔洞等非均匀分布的空间，或者储层孔隙是不能渗流的死孔隙等。

为了进一步分析储层物性的影响因素，还需统计孔隙度和渗透率与深度、岩性、岩石成分、岩石结构、沉积构造、沉积相带等因素的相关关系。一般来说，随着深度的增加，相同岩性储层的物性有逐渐变差的趋势，这是由压实作用造成的。当然，也会因溶蚀等成岩作用导致在一定深度范围内出现孔隙度和渗透率偏大的异常带。而岩性、岩石成分和结构、沉积环境等决定了储层的原始物性。在相同成岩作用条件下，持续高能环境形成的成熟度较高的砂砾岩是相对有利储层。

### 4. 成岩作用特征

成岩作用类型及强度的分析是储层物性影响因素研究的主要内容之一。随着埋深不断增加，珠江口盆地古近系和新近系储层经受的温度、压力不断增加，以及周围物理化学环境的不断变化，导致岩石成分、孔隙结构在不同的成岩作用条件下发生复杂的变化。通过大量的薄片、阴极发光和扫描电镜分析，认为研究区主要发育压实、溶蚀、胶结和交代等成岩作用。其中，前三种成岩作用对储层物性影响最大。

1）压实作用

机械压实的效应致使原生粒间孔大量减少。压实作用主要表现为：①颗粒接触关系以线状接触为主；②常见颗粒定向排列，可见硅质岩岩屑、破碎的石英小颗粒及云母定向排列；③云母塑性变形，部分岩屑假杂基化；④脆性颗粒被压裂，石英、长石和岩屑裂纹发育。颗粒间充填大量的杂基和岩屑形成的假杂基、铁质及黏土矿物，颗粒之间的接触机会变小，虽然压实作用强烈，但盆地中的压溶现象不普遍，早期石英加大不明显。

2）溶蚀作用

长石、岩屑和云母等不稳定组分溶蚀强烈，形成丰富的孔隙类型，包括粒间溶孔、粒内溶孔、蜂窝状溶孔和铸模孔，溶蚀作用使得孔隙变大、喉道变粗，很大程度上改善了储层物性。

3）胶结作用

胶结类型主要有黏土矿物胶结、碳酸盐胶结、硅质胶结、铁质胶结和硬石膏胶结等，其中黏土矿物胶结和碳酸盐胶结最为常见。

胶结物主要形成于晚期，造成储层物性变差。通常储层的孔隙度和渗透率与胶结物总量之间具有明显的负相关关系。当胶结物总量低于 12% 时，砂岩孔隙度基本大于 10%；当胶结物总量超过 12% 时，储层质量变差，孔隙度降为 5% 左右（图 2-20）。

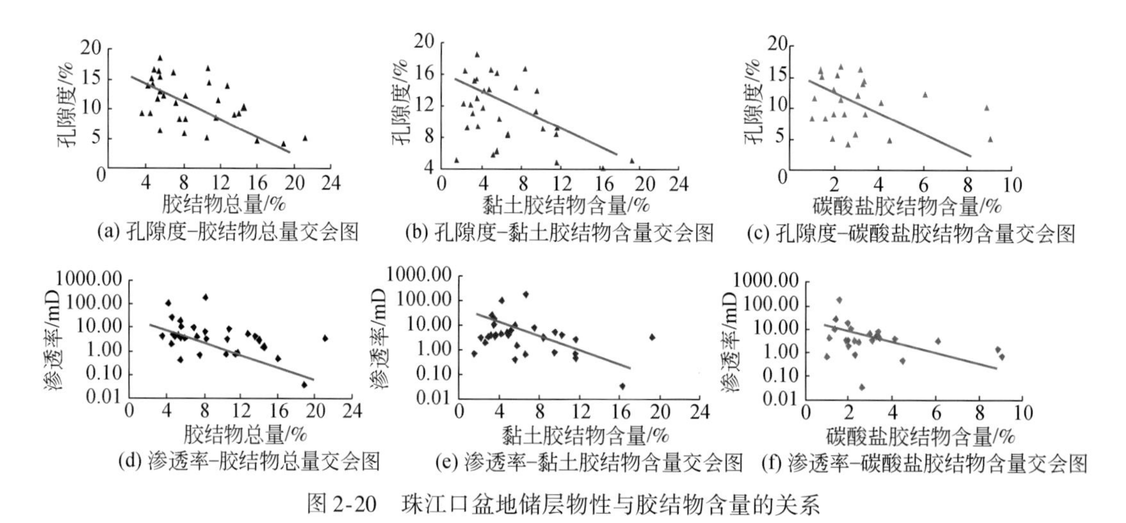


图 2-20　珠江口盆地储层物性与胶结物含量的关系

## 第二节　碳酸盐岩油气储层特征

碳酸盐岩岩心描述应特别注意裂缝、溶洞的分布状态、开启程度、连通情况和含油气产状等。描述内容包括颜色、矿物成分、结构组分、沉积构造、生物化石、含油特征、接触关系等内容。

### 一、碳酸盐岩的颜色、矿物成分与结构组分

#### 1. 颜色

颜色是碳酸盐岩描述中最直观的标志，它可以反映碳酸盐岩的成分、结构和成因，可作为相分析的一项重要标志。在颜色的描述过程中应突出颜色的变化和分布状况。在野外岩石和室内手标本的定名时，颜色参加岩石定名，并放在名称的最前面。

碳酸盐岩的颜色种类较碎屑岩少，但基本可分为以下三类。

（1）浅色类，如白色、灰白色、浅灰色等。

（2）暗色类，如灰色、深灰色、灰黑色、黑色等。

（3）红色类，如红色（暗）紫红、色、红褐色等。

此外还有杂色。总体上，碳酸盐岩的颜色以灰色居多。珠江口盆地碳酸盐岩中常见黄灰色、深灰色和灰白色三种（图 2-21）。

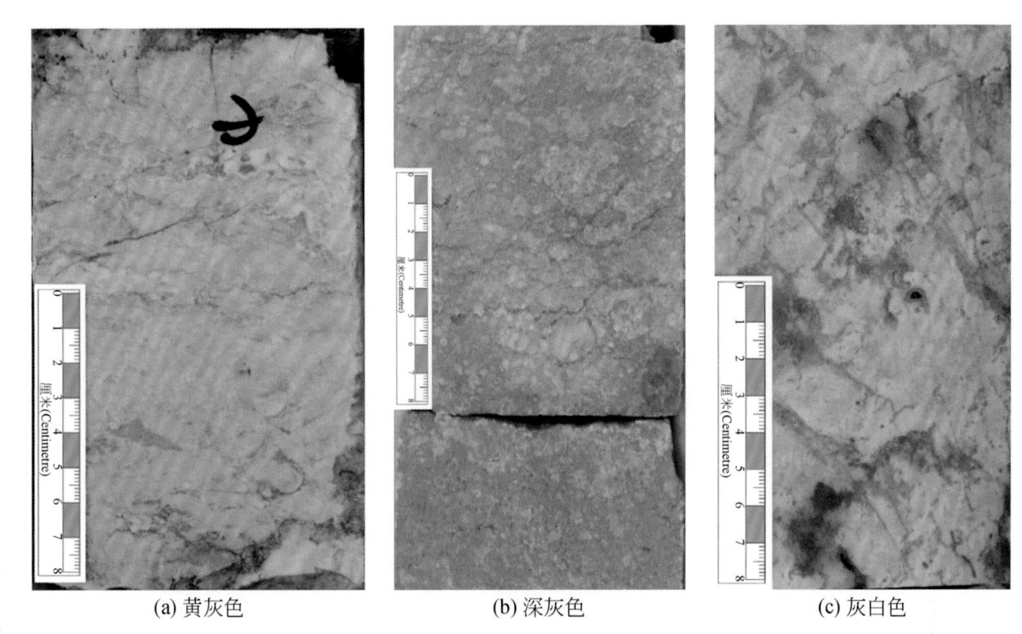


(a) 黄灰色　　(b) 深灰色　　(c) 灰白色

图 2-21　珠江口盆地岩心中常见碳酸盐岩的颜色

碳酸盐岩的颜色取决于矿物成分及其相对百分含量、颗粒、晶粒及填隙物的粒度、有机质含量、风化作用等因素。观察颜色要注意区分原生色和次生色，常以新鲜面的颜色为准。

**2. 矿物成分**

碳酸盐岩中最常见的矿物成分是方解石和白云石，也经常混入一些黏土、石英和长石等陆源物质。在对其进行描述时应确定主要矿物成分类型、大致含量等。

对于方解石和白云石的类型与含量鉴定，室内可采用茜素红染色等方法。而在现场岩心观察中，多采用稀盐酸来鉴别。在岩石表面上滴浓度为5%的稀盐酸，由于方解石和白云石的相对含量不同，起泡程度不同，从而来检验方解石和白云石的相对含量。对于起泡程度的描述和解释可分为以下四个等级。

（1）强烈起泡。起泡迅速而剧烈，并伴有小水珠飞溅和嘶嘶声，具此反应，方解石的含量>75%，属石灰岩类。

（2）中等起泡。起泡迅速，但无小水珠飞溅和嘶嘶声，具此反应，属白云质石灰岩类，方解石含量为75%~50%，白云石含量为25%~50%。

（3）弱起泡。气泡出现较慢较少，有的气泡可滞留在岩面上不动，具此反应，属灰质白云岩，白云石含量为75%~50%，方解石含量为25%~50%。

（4）不起泡。长时间都无气泡出现，但粉末有中等强度的起泡，具此反应，为白云岩类，白云石含量>75%，方解石含量<25%。

用稀盐酸检验矿物成分是概略的，因反应强度还与岩石的粒度、孔隙度、渗透性和温度有关。粒度越细，孔隙度、渗透性越好，温度越高，反应越强，起泡程度也越高。

在碳酸盐岩中常含有一定量的黏土矿物，通过手标本的肉眼观察，对含有黏土矿物的石灰岩，滴稀盐酸反应起泡后，岩石表面上会残留泥质，可以大致估计泥质含量。根据泥质含量确定石灰岩—黏土岩系列的四种岩石类型：石灰岩、黏土质石灰岩、灰质泥岩、泥岩。划分方法和石灰岩—白云岩系列的岩石类型划分相似。比较准确地确定碳酸盐岩中的黏土矿物含量，应该做不溶残渣分析。

通过以上鉴定和描述可以完成碳酸盐岩的成分命名。成分命名同样采用三级命名原则：方解石>75%，为石灰岩；方解石>50%，白云石>25%，为云质石灰岩；白云石>50%，方解石>25%，为灰质白云岩；白云石>75%，为白云岩。若陆源的泥质含量较高，同样采用此标准纳入命名体系。

珠江口盆地不同地区碳酸盐岩的类型有一定差异：陆丰地区位于东沙隆起东北缘，碳酸盐岩发育由数段薄层泥岩夹薄层深色灰岩的混积陆架沉积，逐渐过渡到浅色的砾屑灰岩、砂屑灰岩、生物碎屑灰岩。惠州地区碳酸盐岩至少分为两期，第一期灰岩段在凹陷内为白云岩化微晶生屑灰岩、含泥质生屑微晶灰岩；在隆起之上则发育细—粉晶白云岩并向上过渡为砂屑灰岩。第二期灰岩为生物碎屑灰岩和珊瑚藻礁灰岩。流花地区早期发育以细粉晶白云岩化有孔虫灰岩为主的碳酸盐岩缓坡沉积，中期形成局限台地环境，发育含微晶有孔虫灰岩，后期海平面上升加快了碳酸盐岩的生长，形成了开阔台地及台地边缘环境，发育礁灰岩。

单纯的成分命名能够表达岩石的成分组成，但对于沉积环境分析的意义并不大。同样是灰岩，颗粒灰岩和泥晶灰岩的沉积动力条件有较大的差异。为此，在对碳酸盐岩岩心的描述过程中，不仅要描述其成分，还要对其结构进行详细描述。

**3. 结构组分**

从结构的角度来看，碳酸盐岩主要由颗粒、泥晶、胶结物、生物骨架及晶粒 5 种结构组分组成。对于碳酸盐岩岩心的结构组分描述应确定主要结构组分的类型、含量及其特征。

1）颗粒结构

具有颗粒结构的碳酸盐岩由颗粒和填隙物组成，与碎屑岩相似。描述过程中要对颗粒、填隙物的成分、结构及其关系（胶结类型和支撑方式）进行描述。

a. 颗粒的描述

在岩石新鲜断面上，颗粒由不同的颜色显现出来。需要观察和描述颗粒类型、大小、形状、分选性、磨蚀性和定向性等。

内碎屑是盆内弱固结的碳酸盐沉积物，经岸流、潮汐及波浪等作用剥蚀破碎并经过再沉积的碳酸盐颗粒［图 2-22（a）］。描述时按粒度分为砾屑、砂屑、粉屑、泥屑，并对内碎屑的内部结构和氧化圈有无及厚薄都需详细描述，这可以代表沉积时水动力的强弱和沉积环境的氧化还原性质。

鲕粒是具有核心和同心纹层组成的球状—椭球状颗粒［图 2-22（b）］，其形成受搬运水流的强度和成鲕环境中水的动荡强度影响。对其的描述需要包括核心与外部同心圈层的半径差异、同心层的圈数和厚度等。

藻灰结核（有称核形石）是由菌藻类生物的黏液围绕一定的核心，一边黏结碳酸盐沉积物，一边受水动力的影响，或悬浮或滚动，形成不规则的同心增长层。藻灰结核在碳酸盐岩中分布相当广泛，它既可以单独成岩［图 2-22（c）］，又可以作为伴生颗粒出现于复合颗粒碳酸盐岩中［图 2-22（d）］。因此，在描述这一类型颗粒时需要描述核心类型、外部圈层层数、岩石中的含量等，以便后期分析其沉积水动力条件。

生物颗粒则是各类生物骨骼及其碎屑［图 2-22（e）］，描述的重点是生物类型、含量、完整程度等。

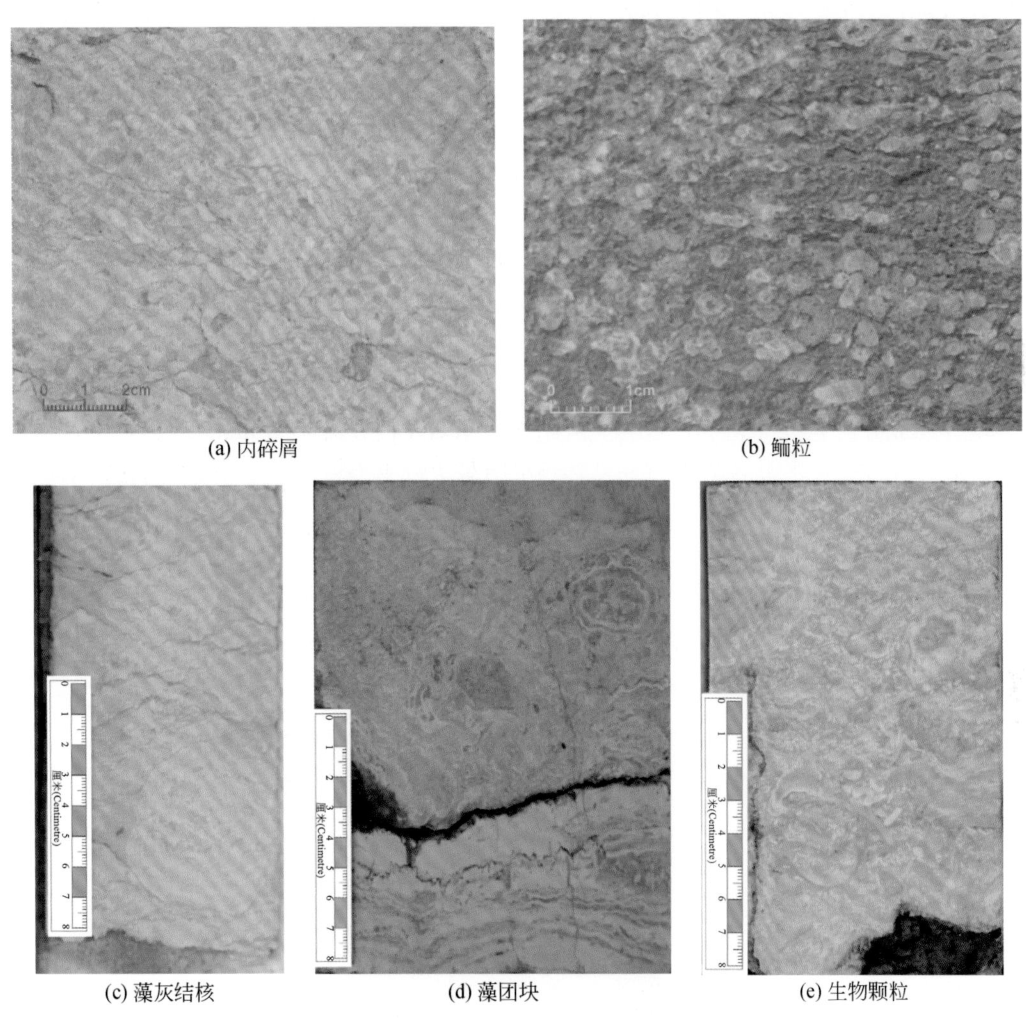


(a) 内碎屑　(b) 鲕粒

(c) 藻灰结核　(d) 藻团块　(e) 生物颗粒

图 2-22　珠江口盆地岩心中常见碳酸盐岩的颗粒类型

b. 填隙物的描述

描述填隙物主要是区分灰泥和亮晶胶结物。一般说来，灰泥致密且多少含有一些杂质，看上去暗淡无光泽；亮晶胶结物晶粒粗，杂质很少，常呈白色或浅灰色，比较透明，有时甚至可以看到晶体解理面。在不能区分开二者时，可将它们统称为填隙物。

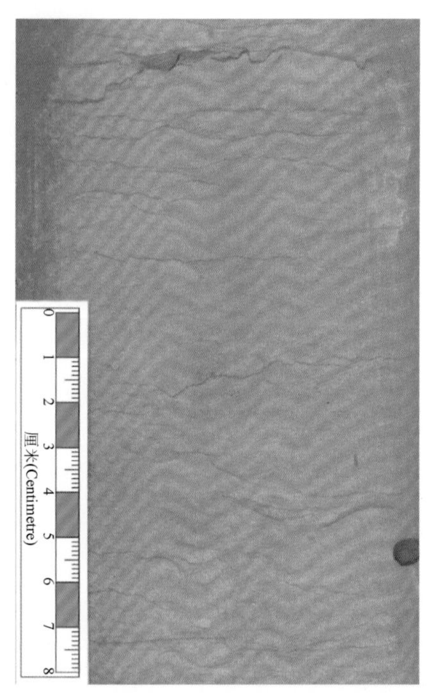


图 2-23　珠江口盆地岩心中泥晶结构

2）泥晶结构

泥晶结构主要由灰泥组成，如同碎屑岩中的泥岩。此类岩石细腻致密，无光泽，断口平滑或呈贝壳状（图 2-23）。

3）胶结物结构

碳酸盐岩胶结物主要是指充填于颗粒之间的结晶方解石，由于在显微镜下晶体清洁明亮，故称作“亮晶”“亮晶方解石”“亮晶胶结物”。其晶粒，一般比灰泥的晶粒粗大，通常大于 0.001mm。由于亮晶方解石胶结物是粒间水经化学沉淀作用生成的，这种方解石晶体常围绕颗粒表面呈栉壳状或马牙状分布（即通常说的第一世代的胶结物），第一世代胶结物未充填满的残余粒间孔隙，有时被第二世代的亮晶方解石胶结物充填。这种第二世代的亮晶方解石，就不再是栉壳状，而多呈嵌晶粒状。当碳酸盐岩发生重结晶作用时，灰泥常变为较大的晶体，亮晶方解石胶结物也将发生变化。这时，要把灰泥重结晶的方解石晶体与亮晶方解石区分开，就有一定困难，甚至不可能把二者区分开。因此，在描述时可笼统地把这两种非颗粒组分称作“基质”。

4）生物骨架结构

生物骨架结构的碳酸盐岩具群体造礁生物格架，孔洞较大且发育，其中充填有较小的生物碎屑和砂屑等颗粒，或者充填有泥晶、亮晶方解石（图 2-24）。因此，描述时需指出造礁生物类型、格架间的充填物等。

图 2-24　珠江口盆地岩心中生物骨架结构

5）晶粒结构

岩石由彼此镶嵌的晶粒所组成，断面上可见各种方向的晶体解理面，具玻璃光泽。这些解理面的大小反映了晶体的晶粒大小，据此可将晶粒进一步划分为粗晶（>0. 5mm）、中晶（0. 25 ~0. 5mm）、细晶（0. 05 ~0. 25mm）和微晶（<0. 05mm）等结构。

## 二、沉积构造

碳酸盐岩岩心的沉积构造描述同碎屑岩一样应描述构造的形态、分布状况等。与碎屑岩沉积构造有所差别的是，在碳酸盐岩中除了层理、波痕等构造，还发育一些示顶底构造、缝合线构造、叠层石构造等。

1）示顶底构造

示顶底构造这个术语是桑德最先提出来的，是指岩石中能够指示岩层顶底方向的任何内部构造或组构。因此，这是一个范围很广的术语，包括了能够指示沉积岩层原始顶底方向的各种沉积构造。在碳酸盐岩沉积中的示顶底构造是特指在碳酸盐岩中的生物体腔或洞穴内由下部泥晶碳酸盐沉积物和上部胶结物晶体所组成的，能够指示岩层顶底方向的一种沉积构造。这种构造的大小取决于碳酸盐沉积物中空洞或生物体腔的大小。这种示顶底构造的特征是：洞穴或有壳生物体腔的下部充填泥晶或微晶碳酸盐沉积物，一般是碳酸盐灰泥；上部则是亮晶碳酸盐矿物，通常是亮晶方解石嵌晶。两者之间的界面一般比较平直，并且与层面大致平行。界面上、下的充填物不同，成因也不同。一般来说，下部的碳酸盐灰泥是机械沉积形成的，上部的亮晶方解石嵌晶则是孔隙溶液沉淀结晶的产物。因此，这种界面可能代表了沉积作用与胶结作用之间的一段时间间隔（图 2-25）。对于这一构造，需描述该构造的形状、大小、分布状况、充填状况、充填物成分等。

图 2-25　示顶底构造

2）缝合线构造

缝合线构造主要产于比较纯净的碳酸盐岩中，有时也出现在石英砂岩、盐岩、硅岩中，指的是横剖面中将相邻两个岩层或同一岩层的两个相邻部分连接起来的锯齿状接缝。它实际上是缝合面在横剖面上的反映。这种线两侧的岩石大多呈不规则犬牙交错状或相互穿插状连接（图2-26）。缝合线中常富集该种岩石的不溶残余物。对于这一沉积构造，需描述缝合线的数量、大小、形态、开启程度、充填物成分等。

3）叠层石构造

叠层石构造也称为叠层构造或叠层藻构造，简称为叠层石。它主要是蓝绿藻的生长活动所形成的亮暗基本层在垂向上有规律的交替的一类构造。其中暗层是富藻纹层，富有机质；而亮层则是富碳酸盐矿物层，富碳酸盐碎屑（图2-27）。

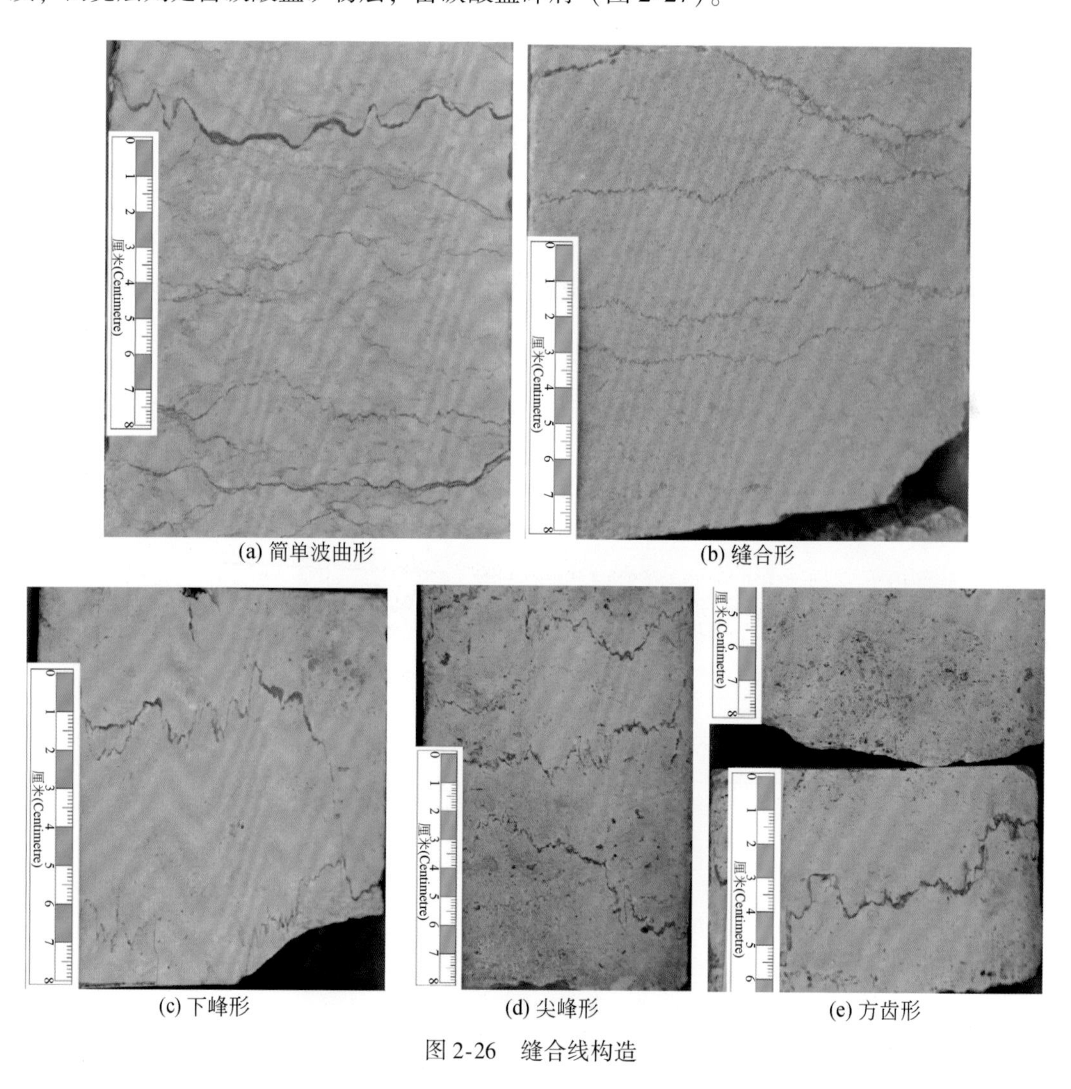


(a) 简单波曲形　(b) 缝合形

(c) 下峰形　(d) 尖峰形　(e) 方齿形

图2-26　缝合线构造

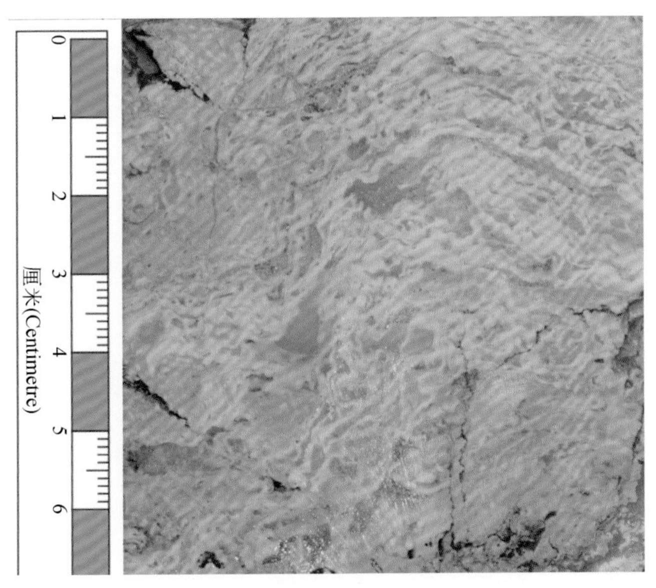


图 2-27　叠层石构造

4）生物钻孔

对于生物钻孔的描述需包括虫孔的形态、孔径、延伸情况、数量、与层面的关系、充填程度、充填物成分等（图 2-28）。

图 2-28　生物钻孔

## 三、洞、缝体系描述

在碳酸盐岩岩心的描述中，对于洞、缝体系的描述也是一个重要的组成部分(图 2-29)。这一部分内容从沉积成岩的角度反映了构造抬升或海平面下降导致的大气淡水淋滤溶蚀，从储层角度反映了储集空间的发育程度和连通性。在描述过程中应描述孔洞缝的类型、数量、长度、宽度（洞为直径)、形态、充填情况、充填物成分、缝洞关系、分布状况，以及有关缝洞的密度、连通程度、开启程度的定量统计。

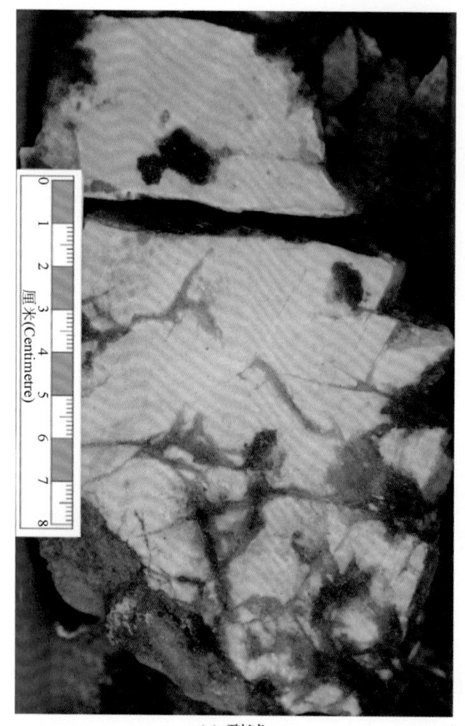


(a) 裂缝

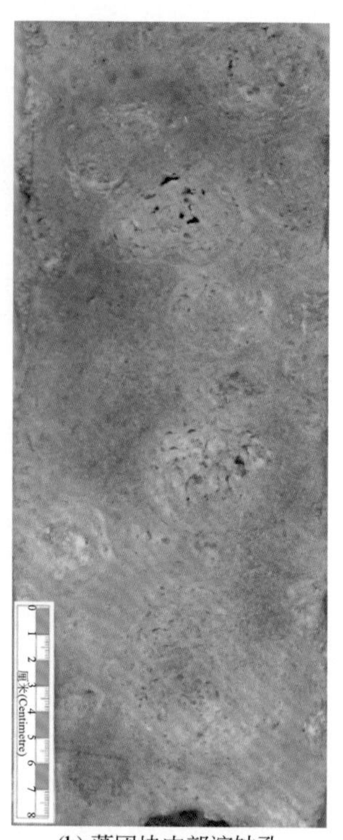


(b) 藻团块内部溶蚀孔

图 2-29　珠江口盆地碳酸盐岩岩心中常见孔隙与裂缝类型

裂缝宽度大于2mm称为大缝，宽度为1～2mm称为中缝，宽度小于1mm称为小缝。洞的孔径大于10mm称为大洞，孔径为5～10mm称为中洞，孔径为2～5mm称为小洞，孔径小于2mm称为溶孔、针孔等。孔洞被张开缝所串通，称为缝连洞；裂缝有两次充填，称为缝中缝；被充填的宽裂缝中的晶洞，称为缝中洞；不同期次的裂缝相互穿插，称为切割缝。未被充填或未全被充填的裂缝，称为张开缝；全部被充填的裂缝，称为充填缝。

裂缝密度=裂缝条数/岩心长度（条/m）

孔洞密度=孔洞个数/岩心长度（个/m）

裂缝开启程度=（张开缝条数/裂缝总数）×100%

孔洞连通程度=（连通孔洞数/孔洞总数）×100%

## 四、生物化石及特殊沉积物

珠江口盆地碳酸盐岩岩心中可见大量的生物化石（图2-30），在描述过程中应对化石名称、产状、颜色、成分、大小、形态、数量、纹饰、分布和保存状况等进行详细刻画。

(a) 腹足类化石　(b) 珊瑚藻

(c) 双壳类化石　(d) 腕足动物化石截面

图 2-30　珠江口盆地碳酸盐岩岩心中常见生物化石

珠江口盆地不同地区生物化石也有明显差异。陆丰地区底栖生物繁盛，含量可达60%~80%，生物主要为珊瑚藻和大型底栖有孔虫，有孔虫以中垩虫和肾鳞虫为主，少双盖虫。由于水体能量较高，底栖生物较为破碎，小型的有孔虫和浮游有孔虫都十分稀少。惠州地区多见珊瑚藻和珊瑚，这两者此消彼长，不能同时繁盛，珊瑚藻以石叶藻和石枝藻最为丰富，珊瑚以造礁的硬珊瑚为主。有孔虫在这一区较少。流花地区以底栖的有孔虫为主，随着海平面上升珊瑚藻逐渐增加，以石枝藻为主，有孔虫以双盖虫为主，出现少量中垩虫。

## 五、含油特征

主要描述含油饱满程度、产状、颜色等，具体描述内容和方法参见第二章第一节碎屑岩油气储层特征中的含油特征部分。

## 六、碳酸盐岩储层特征描述

### 1. 岩石学特征

碳酸盐岩岩石类型划分与命名通常采用曾允孚和夏文杰（1980）的方案（表 2-3），

该方案与 Dunham（1962）依据灰岩颗粒与灰泥相对含量的分类方案相比，优点突出在两方面：一是灰岩颗粒类型细分为 5 类，二是颗粒填隙物类型细分为高能的亮晶和低能的灰泥。但由于珠江口盆地发育丰富的生物礁灰岩类型，曾允孚和夏文杰（1980）方案对生物礁灰岩类型的分类不能满足珠江口盆地碳酸盐岩的研究需要。结合 Wright（1992）的分类方案，本书在曾允孚和夏文杰（1980）的方案基础上将生物礁灰岩类型细分为骨架岩、黏结岩和障积岩（表 2-4）。

**表 2-3　灰岩结构–成因分类（曾允孚和夏文杰，1980）**

<table>
<tr><th rowspan="2">颗粒含量/%</th><th rowspan="2">主要填隙物</th><th colspan="6">颗粒石灰岩类</th><th rowspan="2">原地固着生物灰岩类</th></tr>
<tr><th>内碎屑</th><th>生物（屑）</th><th>鲕（豆）粒</th><th>团粒</th><th>团块</th><th>三种以上颗粒混合</th></tr>
<tr><td rowspan="2">>50</td><td>亮晶</td><td>亮晶内碎屑灰岩</td><td>亮晶生物（屑）灰岩</td><td>亮晶鲕（豆）粒</td><td>亮晶团粒灰岩</td><td>亮晶团块灰岩</td><td>亮晶颗粒灰岩</td><td rowspan="5">①生物（珊瑚、红藻、苔藓虫、海绵动物、层孔虫等）礁灰岩<br>②生物（海百合、层孔虫、藻类）层灰岩<br>③生物（枝状珊瑚、海绵动物、苔藓虫、藻类等）丘灰岩</td></tr>
<tr><td>灰泥</td><td>微晶内碎屑灰岩</td><td>微晶生物（屑）灰岩</td><td>微晶鲕（豆）粒</td><td>微晶团粒灰岩</td><td>微晶团块灰岩</td><td>微晶颗粒灰岩</td></tr>
<tr><td>50～25</td><td>灰泥</td><td>内碎屑微晶灰岩</td><td>生物（屑）微晶灰岩</td><td>鲕（豆）粒微晶灰岩</td><td>团粒微晶灰岩</td><td>团块微晶灰岩</td><td>颗粒微晶灰岩</td></tr>
<tr><td>25～10</td><td>灰泥</td><td>含内碎屑微晶灰岩</td><td>含生物（屑）微晶灰岩</td><td>含鲕（豆）粒微晶灰岩</td><td>含团粒微晶灰岩</td><td>含团块微晶灰岩</td><td>含颗粒微晶灰岩</td></tr>
<tr><td><10</td><td>灰泥</td><td colspan="6">微晶或泥晶灰岩类</td></tr>
<tr><td colspan="2">重结晶灰岩类</td><td colspan="6">具残余结构（各种颗粒或生物礁）晶粒（粗晶、中晶、细晶）灰岩，如具残余结构的巨晶、中晶、细晶灰岩</td><td></td></tr>
</table>

**表 2-4　珠江口盆地（东部）珠江组岩石类型一览表**

<table>
<tr><th colspan="23">碳酸盐岩</th></tr>
<tr><th colspan="5">生物礁灰岩</th><th colspan="13">颗粒灰岩</th><th rowspan="2" colspan="5">微晶灰岩</th></tr>
<tr><th>骨架岩</th><th colspan="2">黏结岩</th><th colspan="2">障积岩</th><th colspan="11">生物碎屑灰岩</th><th colspan="2">内碎屑灰岩</th></tr>
<tr><td>珊瑚骨架岩</td><td>藻纹层灰岩</td><td>藻黏结灰岩（藻团）</td><td>藻黏微亮晶生屑灰岩</td><td>藻黏微晶生屑灰岩</td><td>微晶—亮晶骨屑藻屑灰岩</td><td>微晶—亮晶有孔虫藻屑灰岩</td><td>微晶—亮晶藻屑骨屑灰岩</td><td>海绿石微晶骨屑灰岩</td><td>微晶—亮晶藻屑有孔虫灰岩</td><td>绿藻屑灰岩</td><td>海绵屑灰岩</td><td>珊瑚屑灰岩</td><td>云质微晶藻屑有孔虫灰岩</td><td>云质微晶骨屑藻屑灰岩</td><td>云质微晶骨屑灰岩</td><td>藻砂屑灰岩</td><td>藻砾屑灰岩</td><td>云质有孔虫微晶灰岩</td><td>有孔虫微晶灰岩</td><td>骨屑微晶灰岩</td><td>藻屑微晶灰岩</td><td>微晶灰岩</td></tr>
</table>

### 2. 储集空间特征

碳酸盐岩的非均质性、易溶性使其储集空间演化复杂，孔隙类型多样，横向变化快，同一储集层内往往存在多种类型的孔隙。珠江口盆地珠江组碳酸盐岩储层储集空间类型主要包括孔隙和裂缝。孔隙分为原生孔隙和次生孔隙，裂缝分为构造缝、溶蚀缝及压溶缝（表2-5）。

在孔隙发育的基础上，裂缝起到了很好的连通作用，缝洞体形成碳酸盐岩储层的连通网络。

**表2-5　珠江口盆地灰岩储层储集空间类型及特征**

| 类 | 亚类 | | 特征 |
|---|---|---|---|
| 孔隙 | 原生孔隙 | 原生粒间孔 | 藻屑、骨屑和有孔虫之间的孔隙多为沉积时期形成的原生孔隙 |
| | | 剩余原生粒间孔 | 基质及胶结物不发育或含量极少时，颗粒支撑保留下来的原生孔隙空间，连通性较好 |
| | | 生物体腔孔 | 分布于生物壳内，由有机质腐烂而成 |
| | | 藻间孔 | 珊瑚藻藻间孔隙 |
| | | 藻架孔 | 珊瑚藻格架孔隙 |
| | 次生孔隙 | 粒间溶孔 | 颗粒之间胶结物或基质经反复溶蚀而成，连通性较好 |
| | | 粒内溶孔 | 为砂屑、生物碎屑内部被选择性溶蚀而成，连通性较差 |
| | | 铸模孔 | 组成颗粒的矿物晶体全部被溶蚀所形成的颗粒模型孔隙空间，连通性较差 |
| 裂缝 | 构造缝 | | 因构造作用岩石破裂形成，半充填或未充填 |
| | 压溶缝 | | 因压溶作用而形成的缝隙，通称缝合线 |
| | 溶蚀缝 | | 构造裂缝、压溶缝充填物于后期被溶蚀扩大，缝壁不规则，或呈串珠状溶孔 |

### 3. 储层物性特征

与碎屑岩不同的是，碳酸盐岩储集体的物性主要受沉积后各种成岩过程和构造应力的控制。因此其孔隙度大小的影响因素与陆源碎屑有所不同，颗粒的分选、磨圆等沉积因素与碳酸盐岩的物性好坏相关关系软弱。珠江口盆地灰岩储层平均孔隙度为6.7%~29.3%，最大值达38.8%，平均渗透率11.1~830mD，最大可达6210mD。在研究碳酸盐岩储层的孔隙度时，可区分孔隙孔隙度、孔洞孔隙度和裂缝孔隙度。但在许多情况下难以区分孔隙和孔洞，对裂缝孔隙度的研究也并非易事。裂缝孔隙度可通过观察大量岩石薄片用统计学方法求出，也可以通过（电）测井法、试井法求出。

### 4. 成岩作用

珠江口盆地碳酸盐岩储层有以下成岩作用，即压实作用、压溶作用、胶结作用、溶蚀作用、白云石化作用、大气淡水淋滤、重结晶作用等（表2-6）。其中，对储层起建设性作用的主要有溶蚀作用和大气淡水淋滤，起破坏作用的有压溶作用、压实作用、胶结作用及重结晶作用，具有双重作用的是多期白云石化作用。

表 2-6　珠江口盆地灰岩储层成岩作用

| 成岩作用类型 | 特征 | 强度 | 对孔隙的作用 |
| --- | --- | --- | --- |
| 压实作用 | 颗粒破裂 | 弱 | 破坏孔隙 |
| 压溶作用 | 缝合线构造 | 弱 | 改善渗滤通道 |
| 胶结作用 | 世代充填，新月形胶结，生物体腔孔或先期形成的孔隙被充填 | 中—强 | 充填孔隙 |
| 溶蚀作用 | 颗粒被溶，铸模孔形成，溶缝、溶孔 | 强 | 孔隙大量形成 |
| 大气淡水淋滤 | 形成渗流黏土、渗流粉砂 | 强 | 产生孔隙 |
| 重结晶作用 | 见部分生物重结晶 | 弱 | 破坏孔隙 |
| 白云石化作用 | 白云石纹层、云泥、粉晶云化、白云石交代骨屑、白云石脉体 | 弱 | 破坏作用大于建设性作用，充填原生粒间孔及生物体腔孔 |

# 第三章　珠江口盆地同裂谷期陆相碎屑岩沉积储层

珠江口盆地古近纪构造演化具有多幕裂陷、多旋回叠加、多成因机制复合的特征。不同时期的构造活动、沉积物供给、气候条件不同，致使盆地各凹陷沉积充填各不相同。文昌组对应裂陷一幕，恩平组对应裂陷二幕，在沉积充填演化过程中形成了非常丰富的沉积相类型。

文昌组下段沉积时期，盆地裂陷活动强烈，基底断裂的强烈活动导致地壳拉张加剧，断陷加速沉降，盆地内隆起和凸起向相邻洼陷区提供物源。该裂陷旋回主要发育近岸水下扇、扇三角洲、湖底扇、辫状河三角洲、滩坝等砂体和中深湖亚相泥岩沉积。文昌组上段沉积时期，基底断裂活动同样强烈，凹陷快速沉降，但沉积中心与沉降中心已迁移到珠一拗陷北部。该裂陷旋回主要发育的沉积相类型与文昌组下段相同，但该时期各洼陷多以北断南超为主，沉积中心深湖区靠近北部的边界断裂，大型辫状河三角洲与扇三角洲主要分布在不同洼陷之间的构造转换带上，控洼断裂下降盘多发育小规模的近岸水下扇和扇三角洲砂体，洼陷中心则发育中深湖亚相泥岩与重力流（碎屑流、浊流等）砂体。

在经历了文昌组沉积末期大规模的区域抬升，文昌组遭受剥蚀以后，裂陷作用再一次发生，但古近系的物源体系已发生较大变化。进入裂陷二幕，珠一拗陷内部隆起带变得相对稳定或被湖水覆盖，对洼陷的物源供应明显减弱，除东沙隆起继续提供物源外，华南褶皱带物源供给占主导地位。尽管湖泊范围扩大，但该时期水体较浅，除普遍发育浅水辫状河三角洲和陡坡带的小型扇三角洲外，还较发育河湖沼泽沉积、滨浅湖滩坝相沉积。

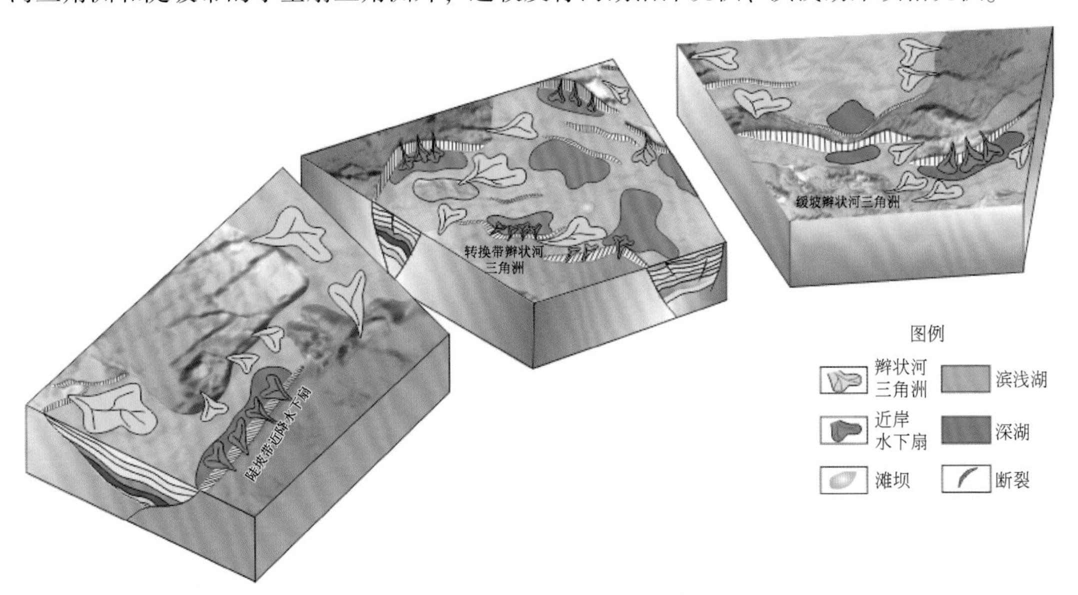


图 3-1　珠江口盆地陆相地层沉积体系特征

纵观整个珠江口盆地的所有古近系取心井，可识别出近岸水下扇和辫状河三角洲两种沉积体系类型，其中辫状河三角洲又可按发育位置细分为转换带辫状河三角洲、缓坡辫状河三角洲、浅水辫状河三角洲（图3-1）。

# 第一节　近岸水下扇沉积储层

## 一、近岸水下扇沉积概述

### 1. 近岸水下扇的定义

近岸水下扇是指在断陷湖盆陡坡一侧形成的以粗碎屑沉积为主，夹有湖相暗色泥岩，由砂砾岩、含砾砂岩、砂岩、粉砂岩和泥岩构成的混杂堆积物。近岸水下扇的命名存在着争议，孙永传等（1986）把发育于湖盆陡岸带“由近源的山间洪水挟带大量陆源碎屑直接进入湖盆所形成的水下扇形体”定义为“水下冲积扇”，强调“当含有大量负载的洪水进入湖盆时，除具有密度流的特性外，仍然表现出一定的冲积性质”。吴崇筠（1992）认为水下冲积扇则是指：“山地河流出山口后就直接进入湖盆滨浅水区堆积，形成全部没于水下的扇形砂砾岩体。岩性、形态和分带都像山麓冲积扇，以辫状河道沉积为主，但是由于没于水下，周围泥岩为灰绿色、浅灰色，含浅水生物化石，说明是滨浅湖环境，无或很少有岸上暴露标志（扇根的顶端可能有），故命名为水下冲积扇”。曾洪流等（1988）认为近岸水下扇是指发育在凹陷陡坡带断层根部、与暗色泥岩互层的扇形粗碎屑岩体，相当于孙永传等（1986）的水下冲积扇。徐怀大（1988）则认为：“水下冲积扇的命名是不当的。冲积本身是陆地上的产物，冠以‘水下’二字是相互矛盾的”。近年来，人们一般将湖泊水下扇分为近岸水下扇和湖底扇两种类型，不再使用水下冲积扇这一术语。近岸水下扇类似于吴崇筠等定义的水下冲积扇，是堆积在距离湖岸线不远的但水体较深的地区，为坡积、塌积、泥石流沉积和部分河流沉积夹杂的混杂堆积物。湖底扇则相当于海底扇或者浊积扇等沉积在深水地区以重力流为主的沉积物。

### 2. 近岸水下扇的沉积相带划分及其特征

近岸水下扇是分布在湖盆底部的砂砾岩体，其平面形态一般呈扇状，剖面呈楔状或透镜状。岩性总体以分选差的角砾岩、砾岩、砾状砂岩、含砾砂岩及砂岩为主，部分夹泥岩层。砂砾岩成分复杂，大小不均，磨圆度低，颗粒定向性差，反映了近岸水下扇成因的砂砾岩具近物源、短距离搬运、快速沉积的特点。

扇根有时暴露出水面，一部分在水下，是搬运沉积物的主河道，以混合砾岩为主，主要发育混杂的块状砾岩、角砾岩和递变层状砾岩或砾状砂岩，颗粒缺乏定向性，层理不清。扇中岩性相对变细，主要以含砾砂岩、块状砂岩、粉砂岩为特征，有一定的层理。扇缘为粉砂岩、泥质粉砂岩及泥岩互层。纵向沉积序列有正韵律型、反韵律型、完整韵律型及块状序列等。

在自然伽马测井曲线上，扇根一般表现为高伽马的厚层箱形或筒状曲线，扇中出现陀形、钟形、齿状、指状、中层到厚层块状或箱形，扇缘呈锯齿形或宽缓指状，偶见反旋回曲线。近岸水下扇的总体地震反射地层特征为连续性差、变振幅或杂乱反射，具有丘状和楔状特征。在平行于古流向的地震剖面上，近岸水下扇扇根的反射形态表现为楔形杂乱反射，向扇缘反射结构的成层性逐渐变好过渡为正常湖相席状反射。在垂直古流向的地震剖面上，近岸水下扇表现为顶凸底平的丘形杂乱反射，丘体两侧被正常湖相席状反射上超。扇根反射层理不清，无明显的波阻抗界面，以弱反射、无反射或杂乱反射为特征；扇中反射具有明显的波阻抗界面，以中至强的变振幅亚平行反射为特征；扇缘以中至高频、中至低振幅的连续反射为特征。

在珠江口盆地取心井中仅在西江凹陷番禺 4 洼的文昌组取心段识别出近岸水下扇沉积。

## 二、近岸水下扇的岩石相类型

岩石相单元反映了特定水动力条件成因，具有相同岩性和沉积构造。油田现场常用岩性和沉积构造双属性结合，编辑岩石相编码。通过精细的岩心观察，在珠江口盆地发育典型近岸水下扇的取心段中可识别出 8 种类型的岩石相（图版 1、图版 2），这些岩石相发育在不同沉积微相中，扇根亚相主要是混杂堆积砾岩，砾石无明显定向，颗粒分选差，反映碎屑流沉积的特征。扇中亚相以辫流河道沉积和辫流河道间沉积为主，砾石有一定的定向，是牵引流沉积形成的。扇缘亚相以深水的湖相泥沉积为主（图 3-2）。

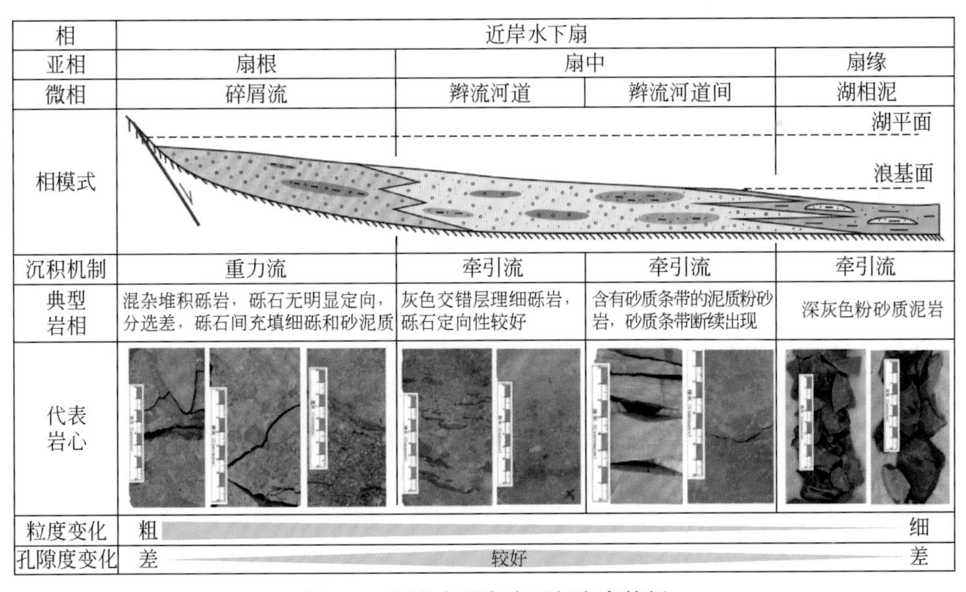


图 3-2　近岸水下扇岩石相发育特征

1）块状层理砾岩相

颜色为灰绿色、灰色。砾石成分复杂，主要有杂色块状细砾—粗砾岩、杂色巨砾岩，砾石分选差，粒径一般为0.5～5mm，最大可达10mm以上，磨圆度为次棱角状。支撑方式以杂基—颗粒为主，反映了近源、快速堆积特征。

2）交错层理砾岩相

颜色为灰绿色、灰色。砾石成分复杂，主要有杂色块状细砾—粗砾岩、杂色巨砾岩，砾石分选差，粒径一般为0.5～5mm，最大可达10mm以上，磨圆度为次棱角—次圆状，定向性明显，发育高角度交错层理。该岩石相反映了强水动力条件。

3）粒序层理砾岩相

颜色为灰绿色、灰色。分选差，磨圆度为次棱角—次圆状。支撑方式以颗粒支撑为主，无明显定向性，由下至上颗粒逐渐变粗变多，反映了水动力条件较强、以牵引流为主的沉积环境。

4）交错层理砂岩相

岩性主要为粗砂岩，偶见砾石，颜色以灰褐色、灰色为主，发育交错层理，反映了水动力较强。

5）块状层理砂岩相

颜色以灰白色为主，岩性为中砂岩和含砾中砂岩，沉积构造主要为块状层理。

6）块状层理泥岩相

颜色以灰色为主，少见灰绿色，岩性以泥岩、粉砂质泥岩为主。整体以块状层理为主，局部破碎，见生物扰动、虫孔，夹植物炭屑。该岩石相反映沉积速率较快，水动力条件弱，多见于近岸水下扇扇缘与正常湖相沉积过渡区。

7）交错层理粉砂岩相

颜色为灰色、灰绿色，岩性以粉砂岩和泥质粉砂岩为主，发育小型低角度交错层理。该岩石相反映沉积水动力较弱，多发育在近岸水下扇扇中和扇缘位置。

8）生物扰动粉砂岩相

颜色为灰色、灰绿色，岩性以粉砂岩和泥质粉砂岩为主，发育生物扰动。该岩石相反映沉积水动力较弱，多发育在近岸水下扇扇中和扇缘位置。

## 三、扇根亚相沉积特征

近岸水下扇扇根位于水面以下，是扇状沉积体根部。其沉积类型以碎屑流为主，沉积物粒度粗，多为细砾—中砾，局部可见巨砾石。砾石分选较差，磨圆中等—差，混杂堆积，无明显定向性，层理不清。该亚相发育的沉积构造主要为块状层理和粒序层理（图版3～图版6）。

以PY5-A井取心段为例，在该井中扇根亚相的碎屑流沉积从下至上发育的岩石相常见为：块状层理砾岩相—块状层理粗砂岩相—交错层理中砂岩相—块状层理细砂岩相—交错层理粉砂岩相—块状层理泥岩相。在PY5-A井取心段中，垂向上发育有两期次碎屑流沉积。整体来看，以块状砾岩相为主，中间夹粉砂岩与泥岩相，反映了近源、强水动力、快速堆积的沉积环境。

碎屑流测井自然伽马（GR）曲线呈箱形，齿化严重。该测井曲线特征也出现在PY5-

A 典型井中。PY5-A 井的 GR 曲线齿化严重，反映了砂砾岩中夹杂着泥岩或者粉砂质泥岩（图 3-3）。其 GR 最大值为 117.21API，最小值为 95.32API，平均值为 105.34API。

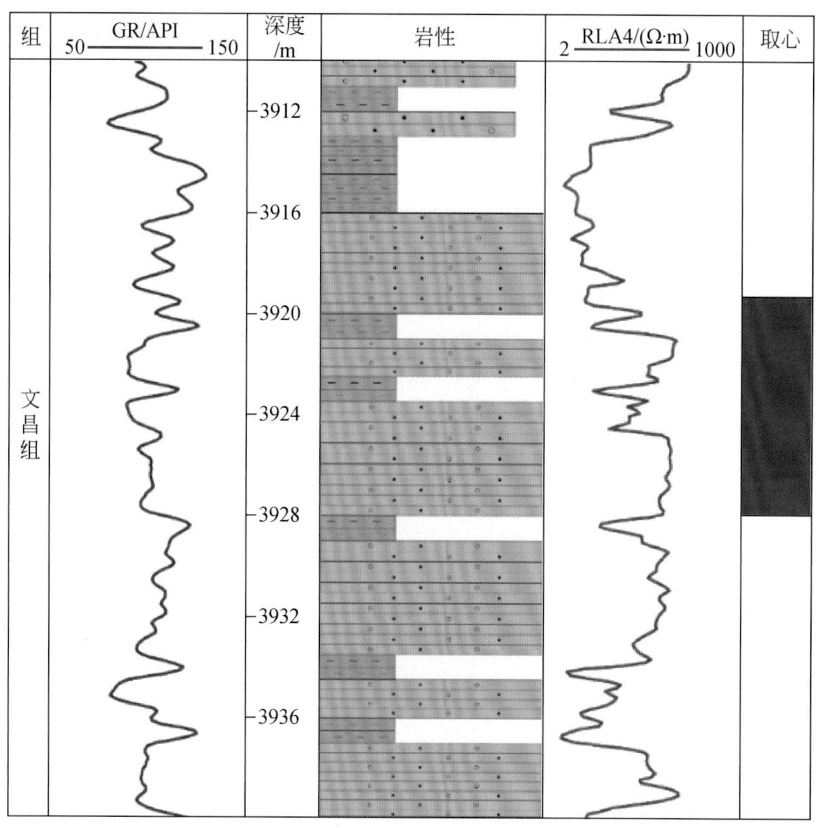


图 3-3 近岸水下扇碎屑流测井响应特征

PLA4 为电阻率测井

# 四、扇中亚相沉积特征

扇中亚相是近岸水下扇的主体部分，其沉积由辫流河道和辫流河道间两个部分组成。

**1. 辫流河道**

扇中辫流河道以细砾—中砾岩和含砾细—中砂岩为主，多发育块状层理和粒序层理。辫状河道主要发育块状砾岩相、交错层理细砾岩相、粒序层理砾岩相、块状含砾粗砂岩相、交错层理中砂岩相、块状细砂岩相等（图版 7）。

辫流河道岩石相组合多见块状砾岩相—交错层理砾岩相—粒序层理砾岩相—块状含砾中砂岩相—交错层理中砂岩相组合。整体水动力为强—弱—强—弱—强过程。该沉积特征也出现在典型井中。其垂向上发育两期次水道，整体呈现下粗上细的正旋回。

测井曲线表明整体“高电阻”曲线微齿化，自然伽马呈现钟形—漏斗形，齿化明显，表明存在河道的迁移和废弃。在 PY5- A 典型井段中，扇中辫流河道呈齿化箱形，GR 最大值为 115. 21API，最小值为 90. 32API，平均值为 98. 34API（图 3-4）。

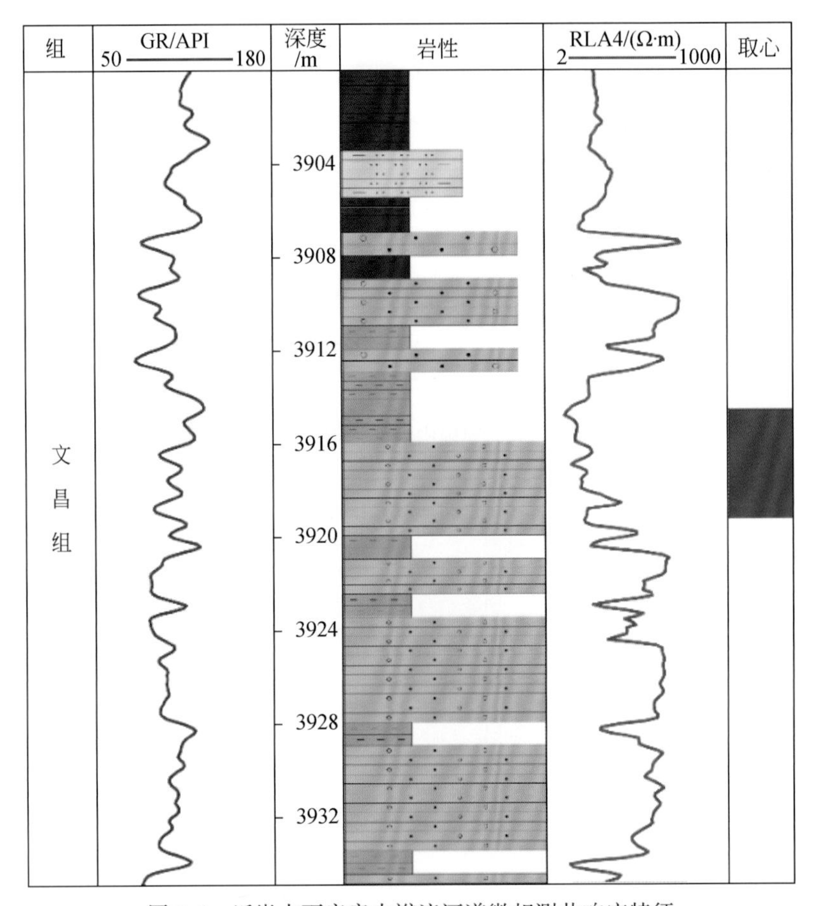


图 3-4　近岸水下扇扇中辫流河道微相测井响应特征

**2. 辫流河道间**

扇中辫流河道间以块状粉砂—细砂岩为主。灰绿色细砂岩与灰色泥质粉砂岩交替发育。细砂岩主要发育块状层理。泥质粉砂岩破碎，含炭屑与植物碎片。

辫流河道间沉积主要发育块状粉砂岩相、块状细砂岩相、块状泥质粉砂岩相（图版 8、图版 9）。其岩石相多呈现块状粉砂岩相—块状泥质粉砂岩相组合。整体水动力较弱。该沉积特征在典型井中也有出现。其整体岩性较细，垂向上呈现粗—细—粗—细—粗—细的变化（图 3-5）。

电阻率曲线呈现上高下低，CR 偏高，且呈齿化的直线形，反映水体动荡，总体水动力较弱。在 PY5- A 井中，GR 最大值为 135. 52API，最小值为 106. 32API，平均值为 116. 34API（图 3-6）。

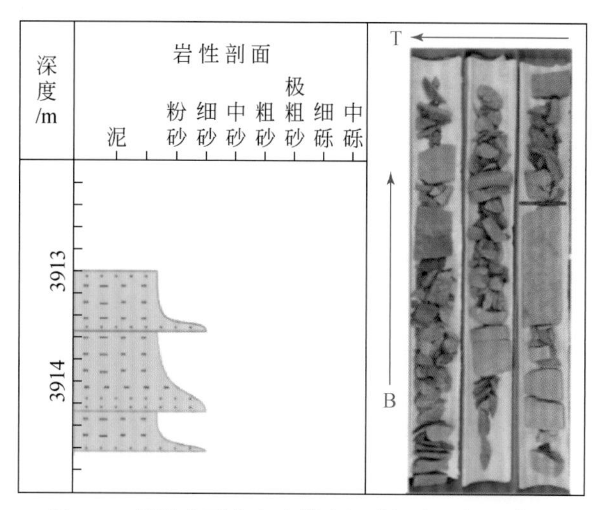


图 3-5　近岸水下扇扇中辫流河道间岩石相组合图

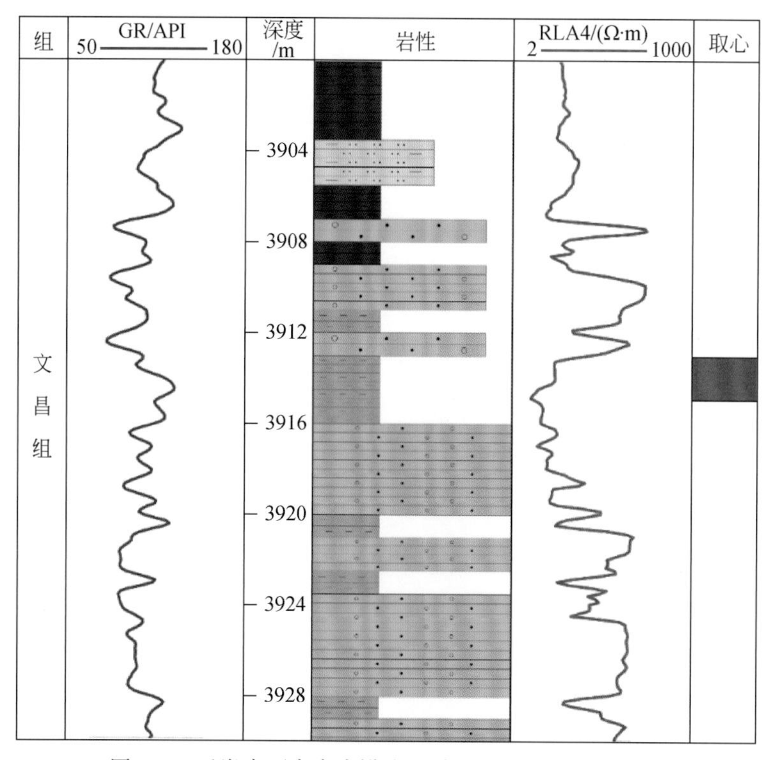


图 3-6　近岸水下扇扇中辫流河道间微相测井响应特征

## 五、扇缘亚相沉积构造特征

近岸水下扇的扇缘亚相位于近岸水下扇的底部，地形平缓，沉积坡度较低，其主要沉积为粉砂岩、泥质粉砂岩及泥岩互层。在扇缘处，以细粒沉积和湖相泥岩为主。

近岸水下扇扇缘沉积动力较弱，主要发育块状泥岩相、块状粉砂质泥岩相（图版10）。

近岸水下扇扇缘整体岩性以泥岩和粉砂质泥岩为主，多见虫孔和炭屑。其岩石相组合主要为块状泥质粉砂岩相—块状泥岩相组合，整体水动力很弱（图3-7）。

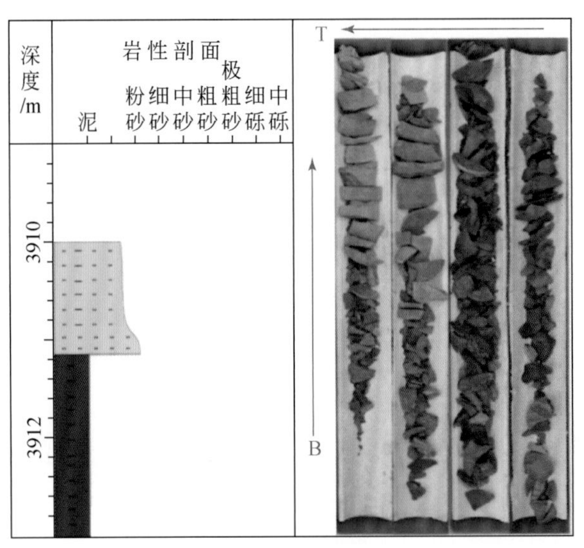


图3-7　近岸水下扇扇缘浅湖泥岩相组合图

近岸水下扇的扇缘CR曲线呈指状，齿化严重。在PY5-A井的扇缘沉积段中GR最大值为127.52API，最小值为108.56API，平均值为117.42API（图3-8）。

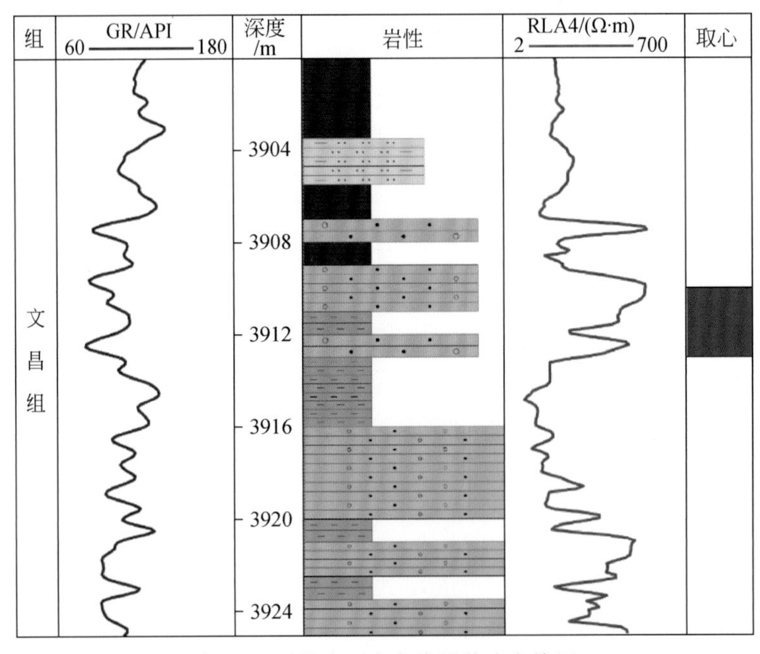


图3-8　近岸水下扇扇缘测井响应特征

## 六、近岸水下扇的沉积序列特征

PY5-A 井发育粗碎屑沉积层段，其中底部为一个向上变粗旋回，岩性由下部的灰色泥岩逐渐变为粉细砂岩，为水下扇扇缘沉积；下部为一个向上变粗再变细的复旋回，显示水

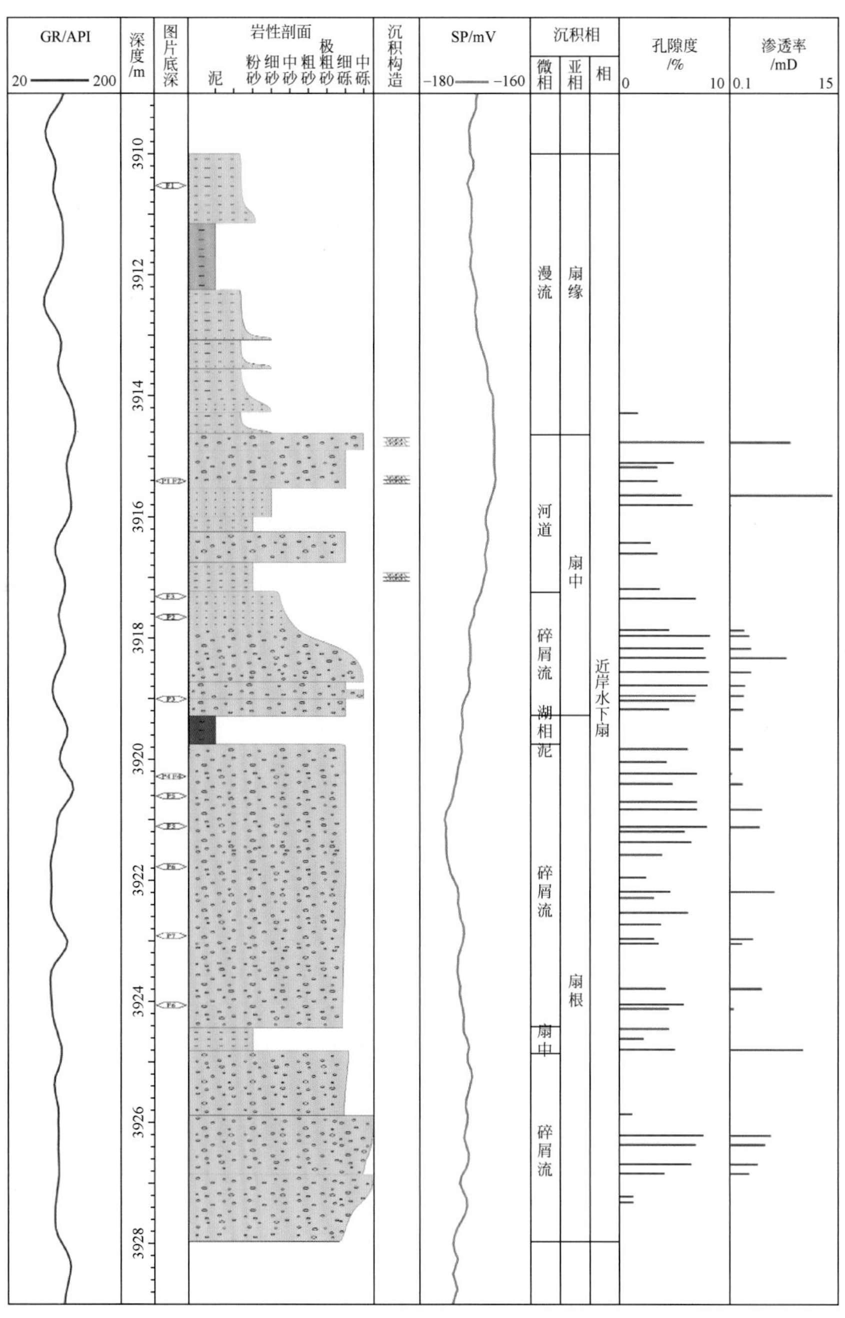


图 3-9　近岸水下扇沉积序列

SP 为自然电位测井

下扇扇体从扇缘到扇根逐步进积，然后从扇根到扇中的退积过程；中部为一段高 CR 段，但是录井显示为一套粗粒夹细粒泥质的沉积，为扇中沉积；上部为一套粗碎屑夹泥质沉积，在顶部左右略微变细，显示为水下扇扇根到扇缘的过渡（图 3-9）。该段岩心具有总体向上变细的趋势，显示沉积背景总体上由扇根向扇缘湖相沉积演变。在总体背景上发育多个向上变细的小旋回，代表了扇体不断后退的过程，在粗粒沉积之间夹有泥质沉积，显示河道和河道间微相在平面上频繁交替。

## 七、近岸水下扇的储层特征

通过对 PY5-A 井取心段和井壁 42 个砂岩薄片进行鉴定，其分类结果如图 3-10 所示，常见的岩石类型主要为岩屑长石砂岩、长石岩屑砂岩和岩屑砂岩。石英组分以单晶石英为主，含量占全部碎屑的 12%~52.5%，平均含量为 38.2%，总体上显示成分成熟度极低。长石组分占全部碎屑的 8%~50%，平均含量为 26.7%，显示了有较高长石组分的快速堆积特征。岩屑组分占全部碎屑的 13.6%~53.5%，平均含量为 35%，最常见的岩屑为火成岩岩屑，其次为变质岩岩屑，而沉积岩岩屑未见到，云母类矿物含量也较少，总体上也显示了很高岩屑组分和近物源欠改造的快速堆积特征。从岩屑类型含量和类型上看，可以确切地认为物源区为以岩浆岩为主，变质岩为辅的杂岩区。从上述砂岩成分特征和含量看，PY5-A 井绝大多数样品反映出较高的岩屑和长石含量，成分成熟度普遍低，杂基含量为 1.0%~17.0%，平均含量为 8.7%，胶结物主要为方解石、高岭石、伊利石、绿泥石和自生石英（以次生加大形式出现）。此特征与 PY5-A 井属于近岸水下扇沉积环境和沉积物欠改造的特征是相拟合的。

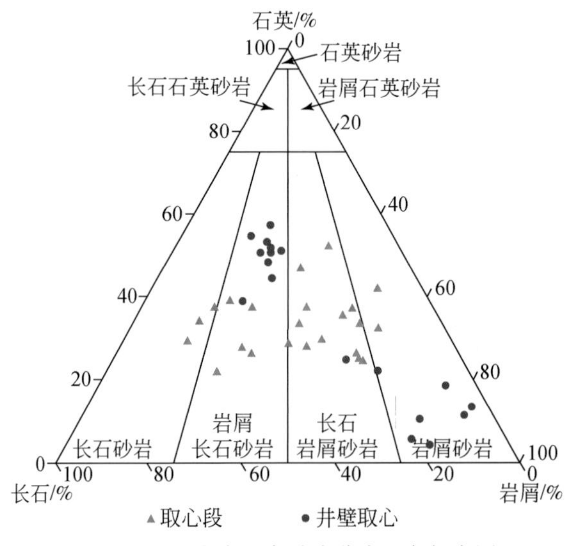


图 3-10　近岸水下扇砂岩分类三角投点图

PY5-A 井揭示的近岸水下扇储层原生粒间孔几乎不发育（图 3-11），剩余原生粒间孔也很少见，常见的孔隙类型主要为少量粒内溶孔和微裂缝。研究区储层次生孔隙形成期为中成岩 A 期—B 期，对面孔率的贡献值为 0 ~ 1%。由于岩屑含量高，且多呈塑性，故而埋深（目的层埋深为 3272 ~ 4150m）后压实作用强烈，化学胶结致密，使粒间孔难以保存而严重破坏储层质量。溶蚀孔隙在研究区发育较少，可见少量的长石溶蚀孔，但由于岩石成分中长石含量低，限制了长石的选择性溶蚀（图 3-12）。后期受构造活动影响产生较多期次的断层，故而岩石颗粒发育微裂缝及岩石间裂隙（图 3-13）。

(a) 正交光　(b) 扫描电镜局部放大

图 3-11　3915. 8m 岩石镜下，孔隙发育差，连通性差

(a) 单偏光　(b) 扫描电镜

图 3-12　3917. 35m 岩石镜下，长石粒内溶蚀

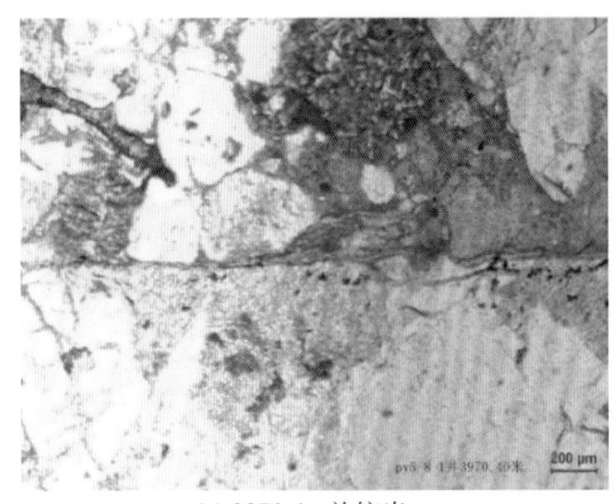

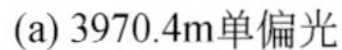

(a) 3970.4m单偏光　(b) 3370.3m正交光

图 3-13　岩石镜下微裂隙，裂隙平行分布

通过对 PY5-A 井取心段岩心储集物性的测量，近岸水下扇储层孔隙度为 1.2%～8.1%，大部分集中在 3.0%～6.0%，平均值为 5.0%（图 3-14），属于特低孔储层。渗透率极低，分布范围为 0.002～11.376mD，大部分集中在 0.1～0.5mD，平均值为 0.489mD，属超低渗储层（图 3-15）。

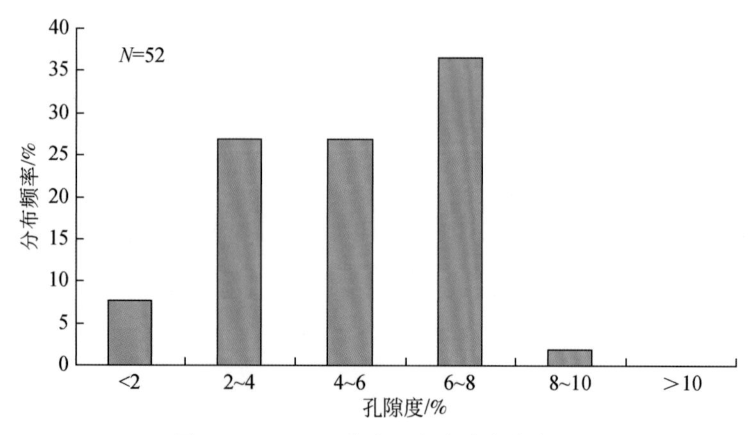


图 3-14　PY5-A 井取心段孔隙度分布图

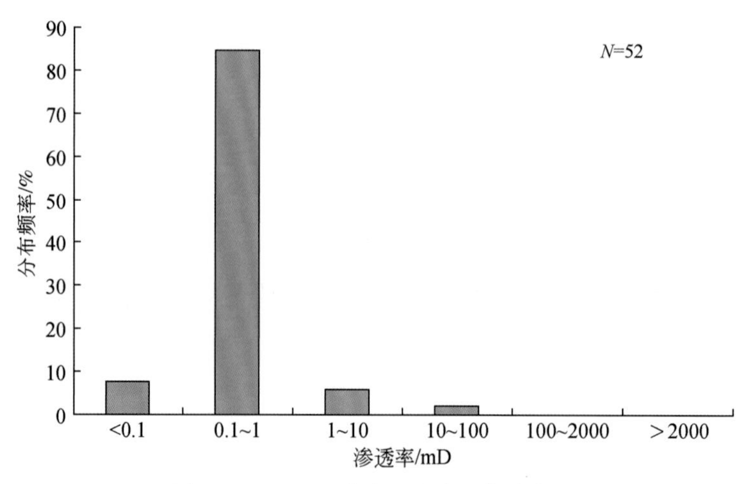


图 3-15　PY5-A 井取心段渗透率分布图

将物性数据按不同沉积亚相进行统计（表 3-1），可见扇根亚相的孔隙度和渗透率较低，孔隙度为 1.2%～8.1%，平均值为 4.8%，渗透率为 0.002～2.973mD，平均值为 0.33mD。扇中物性较好，孔隙度均值为 5.4%，渗透率最大值为 11.376mD，平均值为 0.783mD。扇缘处取样较少，且物性极差。物性的差异与沉积特征是密切相关的，扇根处多以碎屑流沉积为主，杂基支撑，孔隙度和渗透率较低；扇中处多为辫流河道沉积，颗粒支撑，物性较好，但总体仍属于特低孔超低渗储层；扇缘以细粒沉积为主，物性极差。

表 3-1　近岸水下扇不同亚相物性差异统计表

| 储层砂体成因类型 | | | 扇根 | 扇中 | 扇缘 |
|---|---|---|---|---|---|
| 样品数 | | | 32 | 19 | 1 |
| 取心段 | 孔隙度/% | 范围 | 1.2～8.1 | | 1.7 |
| | | 平均值 | 4.8 | 5.4 | — |
| | 渗透率/mD | 范围 | 0.002～2.973 | 0.004～11.376 | 0.002 |
| | | 平均值 | 0.33 | 0.783 | — |

# 第二节　辫状河三角洲沉积储层

辫状河三角洲是辫状河推进到水体（海、湖）中形成的一种粗碎屑三角洲。Mc Pherson 等（1987）将其定义为由辫状河体系流入停滞水体中形成的富含砂和砾石的三角洲，其辫状分流平原由单条或多条河流组成，是介于粗碎屑的扇三角洲和细碎屑的正常三角洲之间的三角洲，主要包括物源在遥远山区的辫状河三角洲（冲积扇模式）、辫状分流平原的辫状河三角洲（辫状平原模式）和冰川外冲平原辫状河三角洲（冰水扇模式）等（图 3-16）。在沉积盆地充填的过程中，辫状河三角洲一般发育在扇三角洲之后，随着源区高地的不断剥蚀，盆地部分充填，地形相对变缓，河流规模变大，扇三角洲转化为辫状河三角洲。辫状河三角洲可以划分为平原亚相、前缘亚相和前三角洲亚相。珠江口盆地钻遇的辫状河三角洲沉积主要发育在古近系陆相地层中。

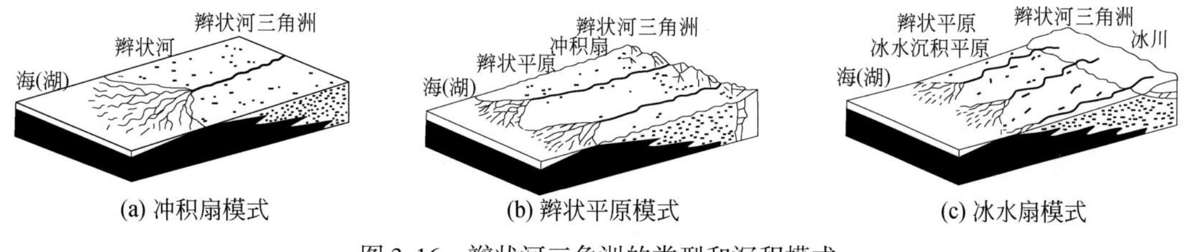


(a) 冲积扇模式　(b) 辫状平原模式　(c) 冰水扇模式

图 3-16　辫状河三角洲的类型和沉积模式

在古近系沉积时期，由于前期的补偿环境，剥蚀区逐渐侵蚀夷平，珠江口盆地大部分地区表现为准平原化，在大面积范围内发育河流—湖泊沉积环境，在凹陷周缘则发育冲积扇、扇三角洲或辫状河三角洲。其中，辫状河三角洲主要发育在断裂活动较弱的恩平组沉积时期，且识别出发育辫状河三角洲平原、辫状河三角洲前缘和辫状河前三角洲三个亚相。

## 一、辫状河三角洲的岩石相类型

在珠江口盆地古近系辫状河三角洲识别出了 14 种岩性，16 种沉积构造。由于岩性和沉积构造组合起来的岩石相种类太多，在辫状河三角洲研究中，把小中砾、大中砾及细砾岩统称为砾岩，把细砂、中砂、粗砂、极粗砂统称为砂岩，把含砾细砂、含砾中砂、含砾粗砂及含砾极粗砂统称为含砾砂岩，把粉砂岩、泥质粉砂岩、粉砂质泥岩及泥岩统称为细粒岩（图版 11 ~ 图版 13）。珠江口盆地古近系辫状河三角洲因其构造背景差异，发育了两种不同类型，分别是缓坡型辫状河三角洲和转换带辫状河三角洲。两者在岩石相组合类型上也有一定差异。

缓坡型辫状河三角洲沉积过程中河流动力是最为主要的控制因素，其沉积受重力的影响较小，在岩相上分流河道沉积以交错层理细砾岩、中砂岩和细砂岩为主；分流间湾则为深色泥岩间夹小型砂纹层理的极细—粉砂岩；三角洲的末梢以泥质沉积为主（图 3-17）。缓坡型辫状河三角洲当沉积水体较浅且河道发育程度较低时，发育浅水辫状河三角洲，其沉积特征与正常缓坡型辫状河三角洲基本近似，所不同的是沉积体多为朵状分布。

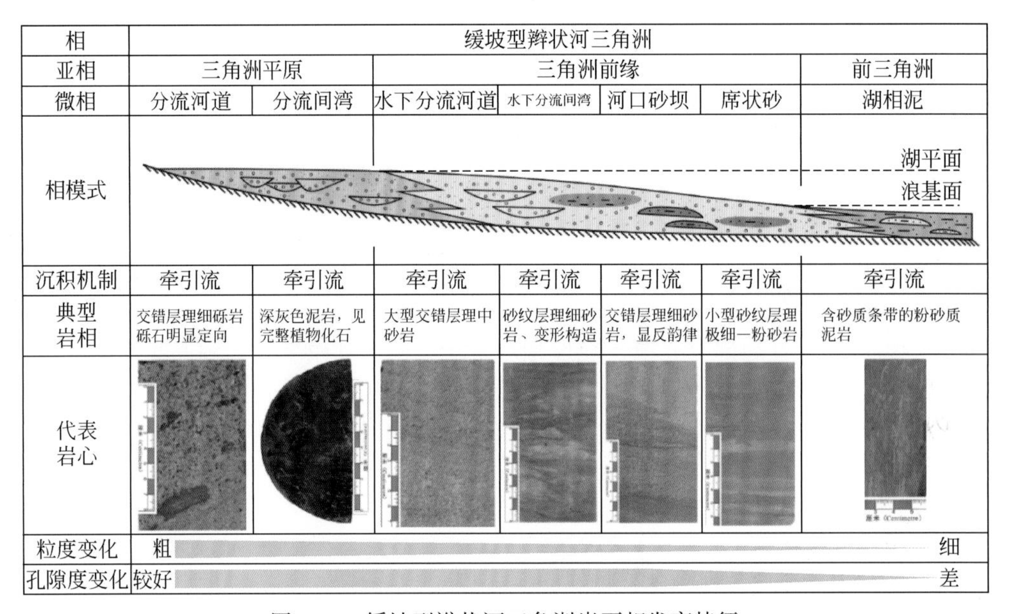


图 3-17　缓坡型辫状河三角洲岩石相发育特征

转换带辫状河三角洲由于受到断层的影响和控制，在三角洲前缘处坡度明显变大，导致在沉积过程中重力的影响明显增强。与缓坡型辫状河三角洲发育的岩石相类型有明显不同的是在三角洲前缘发育碎屑流，沉积有反韵律含砾泥质粉砂岩（图 3-18）。

### 1. 砾岩相

在珠江口盆地古近系辫状河三角洲发育 4 种砾岩相，分别为板状交错层理砾岩相、槽状交错层理砾岩相、叠瓦状砾岩相和平行层理砾岩相。

1）板状交错层理砾岩相

板状交错层理特征为：颜色为灰色、灰白色、杂色，岩性以细砾岩为主，砾石以石英质砾石为主，岩屑砾石及泥砾占比极少（图 3-19）。整体分选一般，砾石粒径为 2 ~ 12mm，磨圆度中等，呈次棱角—次圆状，砾石定向性明显，主要发育交错层理，角度在 10° ~ 15°。根据该层理倾向和倾角可以判断水流的方向和强度。

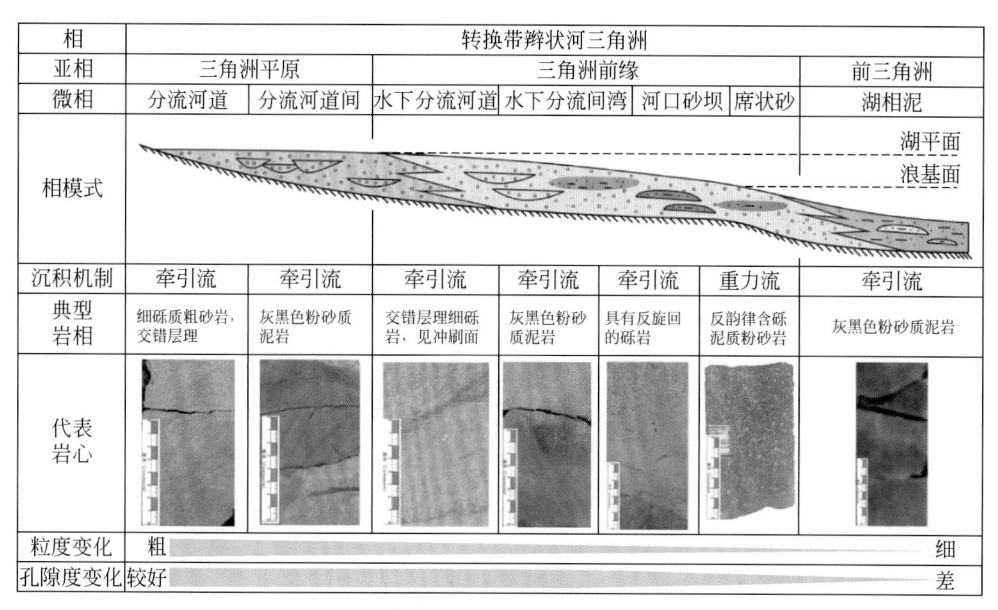

图 3-18　转换带辫状河三角洲岩石相发育特征

2）槽状交错层理砾岩相

槽状交错层理砾岩特征为：颜色为灰色、杂色，岩性以细砾岩为主，砾石以石英质砾石为主，岩屑砾石及泥砾占比极少（图 3-19）。分选差，砾石粒径为 2 ~ 10mm，磨圆度中等，呈次棱角状，砾石无定向性，层系底界面呈槽形冲刷面。

3）叠瓦状砾岩相

叠瓦状砾岩相特征为：颜色为棕褐色、灰色、杂色等，岩性以细砾岩为主，砾石以石英质砾石为主，岩屑砾石及泥砾次之（图 3-19）。分选差，砾石粒径为 2 ~ 20mm，磨圆度中等，呈次棱角—次圆状，砾石无定向性，发育叠瓦状构造。该岩石相可以判别水流方向，且属于强水动力成因。

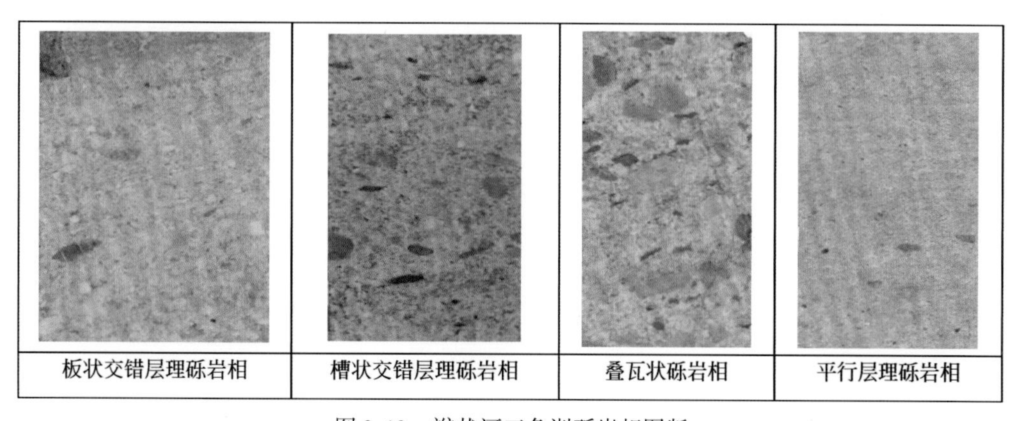

图 3-19　辫状河三角洲砾岩相图版

4）平行层理砾岩相

平行层理砾岩相特征为：颜色以灰白色、杂色为主，岩性为细砾岩，砾石成分以石英质为主（图 3-19）。分选较好，砾石粒径多为 2～5mm，磨圆度中等，多呈次棱角—次圆状，砾石表面层系近似水平。该岩石相反映的是强水动力成因。

**2. 砂岩相**

在珠江口盆地古近系辫状河三角洲发育砂岩相和含砾砂岩相。砂岩相包含 6 种，分别为砂纹层理砂岩相、交错层理砂岩相、变形层理砂岩相、平行层理砂岩相、块状层理砂岩相和逆粒序层理砂岩相。含砾砂岩相包含 3 种，分别为交错层理含砾砂岩相、块状层理含砾砂岩相和平行层理含砾砂岩相。

1）砂纹层理砂岩相

砂纹层理砂岩相基本特征是：灰—灰白色细砂—中砂岩，分选一般较好，成熟度中等（图 3-20）。砂纹层理形态多样，通常可见的有爬升砂纹层理、浪成砂纹层理、前积层及小型的砂纹层理等。该层理一般界面连续性差，形成的形态与水流方向有关。

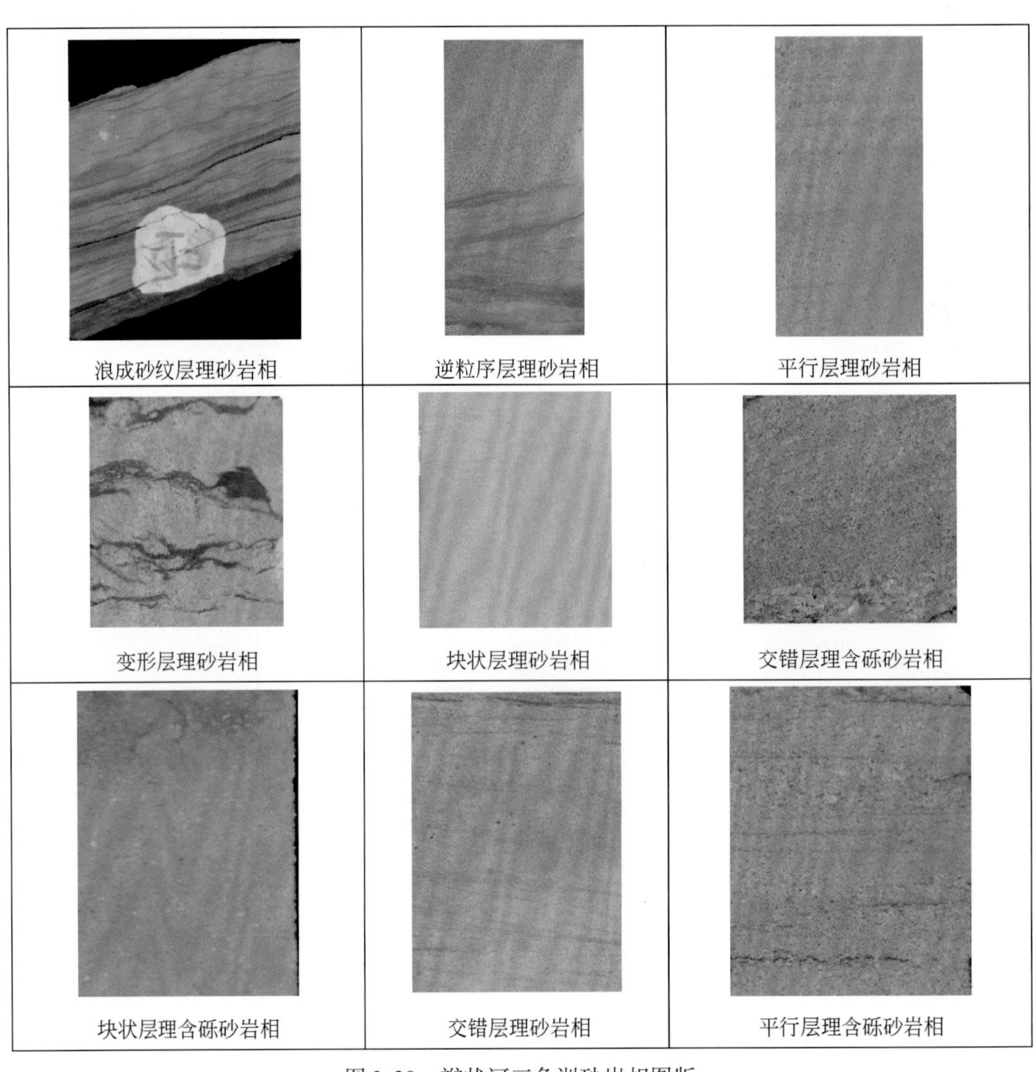


图 3-20　辫状河三角洲砂岩相图版

2）交错层理砂岩相

交错层理砂岩相基本特征是：颜色是灰色、灰白色，岩性为细砂岩、中砂岩和粗砂岩，分选较好，成熟度中等，角度不等（5°～30°）（图3-20）。它是由沉积介质（水流及风）的流动造成的。该岩石相反映了强水动力的高能环境。

3）变形层理砂岩相

变形层理砂岩相基本特征是：灰色、灰白色细砂岩、中砂岩，分选较好，成熟度中等（图3-20），其形态呈扭曲状。其形成因素多样，如超压、液化变形等。该岩石相反映了沉积速率较快。

4）平行层理砂岩相

平行层理砂岩相基本特征是：颜色为灰色、灰白色，岩性为细砂岩、中砂岩、粗砂岩，分选较好，成熟度中等，发育纹层近似水平（图3-20）。该岩石相反映了强水动力环境。

5）块状层理砂岩相

块状层理砂岩相基本特征是：颜色为灰色、灰白色，岩性为细砂岩、中砂岩、粗砂岩，分选较好，砂质较纯，成熟度中等，呈块状（图3-20）。该岩石相反映了沉积速率较快。

6）逆粒序层理砂岩相

逆粒序层理砂岩相基本特征是：颜色为灰色、灰白色，岩性以砂岩为主，多为细砂岩，夹泥质粉砂岩。整体岩性由下至上，粒度变粗（图3-20）。该岩石相反映了海退过程，沉积是进积型。

7）交错层理含砾砂岩相

交错层理含砾砂岩相基本特征是：灰色、灰白色含砾中砂岩和含砾粗砂岩，砾石粒径为2～8mm，分选差，磨圆差，砾石通常呈次棱角状，砾石定向性明显（图3-20）。该岩石相反映了强水动力的高能环境。

8）块状层理含砾砂岩相

块状层理含砾砂岩相基本特征是：灰色、灰白色含砾中砂岩和含砾粗砂岩，砾石分选差，呈次棱角状，粒径为1～10mm，砾石无定向性，呈块状（图3-20）。该岩石相反映了沉积物重力流快速堆积的高能环境。

9）平行层理含砾砂岩相

平行层理含砾砂岩相基本特征是：颜色为浅灰—灰色，岩性以含砾中砂岩和含砾粗砂岩为主，砾石分选一般，磨圆呈次棱角—次圆状，粒径为1～5mm，纹层呈近似直线相互平行（图3-20）。该岩石相反映了急流及高能环境。

### 3. 细粒岩相

在珠江口盆地古近系辫状河三角洲发育的细粒岩相分别是：生物扰动细粒岩相、变形层理细粒岩相、砂纹层理细粒岩相、块状层理细粒岩相和水平层理细粒岩相。

1）生物扰动细粒岩相

生物扰动细粒岩相基本特征是：颜色为灰色、浅灰色，岩性为粉砂岩、泥质粉砂岩或者粉砂质泥岩，岩石表面有不同的生物爬形的痕迹，如长条状虫孔、卷曲状等（图3-21）。

岩石表面破坏的程度，代表了生物扰动的强度，同时根据生物留下的痕迹可以判断沉积环境。该岩石相整体反映了水动力相对稳定且较弱。

2）变形层理细粒岩相

变形层理细粒岩相基本特征是：颜色为灰色、灰黑色，岩性为粉砂岩和泥质粉砂岩，主要发育泄水构造（图3-21）。该岩石相形成机制多为重力机制。

3）砂纹层理细粒岩相

砂纹层理细粒岩相基本特征是：颜色以灰色和灰黑色为主，岩性以泥质粉砂为主，层面是极其微小的层理，且层系之间是不连续的（图3-21）。该岩石相反映了一个弱水动力环境。

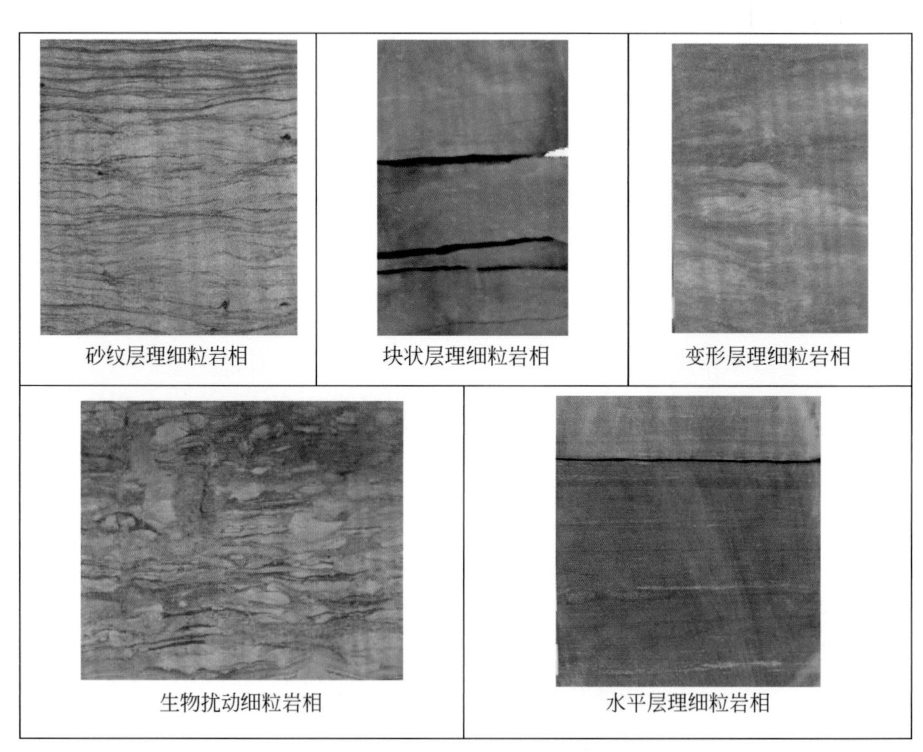


图3-21　辫状河三角洲细粒岩相图版

4）块状层理细粒岩相

块状层理细粒岩相基本特征是：颜色为灰色、灰黑色，岩性为泥岩、粉砂岩及泥质粉砂岩，岩石表面无任何层理（图3-21）。该岩石相反映了一个快速堆积的沉积环境。

5）水平层理细粒岩相

水平层理细粒岩相的基本特征是：颜色为灰色、黑色，岩性为泥岩、粉砂岩及泥质粉砂岩，岩石表面纹层平行或者近似平行（图3-21）。该岩石相反映了一个弱水动力沉积环境，多处在辫状河三角洲前缘水下分流间湾环境中。

## 二、辫状河三角洲平原亚相沉积特征

辫状河三角洲平原亚相包括分流河道沉积和分流间湾沉积，沉积物颜色杂、粒度粗。

**1. 分流河道沉积**

辫状河三角洲平原分流河道沉积主要由辫状砂坝和河床上的微小底部形态不断堆积而成。珠江口盆地钻遇的分流河道沉积主要为细砾岩、含砾粗砂岩和砂岩组成，砂砾岩层厚度大，砂体内部常见多个从砾岩、含砾粗砂岩转变为砂岩的向上变细旋回。发育平行层理，大型、中型板状、槽状交错层理，局部发育小型交错层理。

辫状河三角洲平原分流河道沉积发育的岩石相以大型板状细砾岩、槽状交错层理细砾岩及平行层理细砾岩为主（图版14、图版15）。辫状河三角洲平原分流河道粒度概率曲线显示以跳跃总体和悬浮总体为主，如图3-22（a）（b）所示，其中粒度曲线表现为一条大斜率直线，粒度集中，滚动和悬浮不发育，跳跃占主体也代表河道沉积，其中河道中的心滩等粒度概率曲线为三段式如图3-22（d）所示。

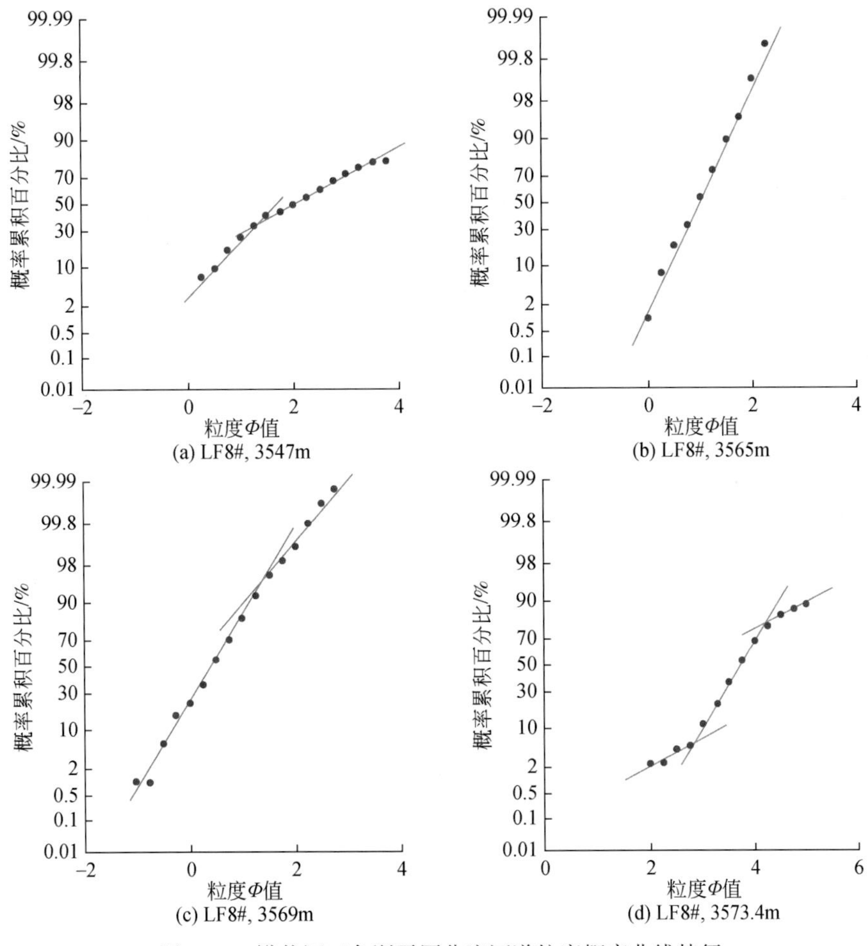


图3-22　辫状河三角洲平原分流河道粒度概率曲线特征

分流河道整体沉积水动力较强，呈现由强到弱的过程。该沉积特征也出现在典型井中。由下至上，发育含砾粗砂—细砾岩，中间及顶部夹薄层的粉砂岩。主要发育交错层理和平行层理。顶部见冲刷面。

分流河道 GR 曲线为高幅箱形。该测井曲线特征也出现在典型井中。其 GR 曲线顶底呈渐变式接触。测井曲线 GR 最大值为 255.52API，最小值为 94.56API，平均值为 107.42API（图 3-23）。

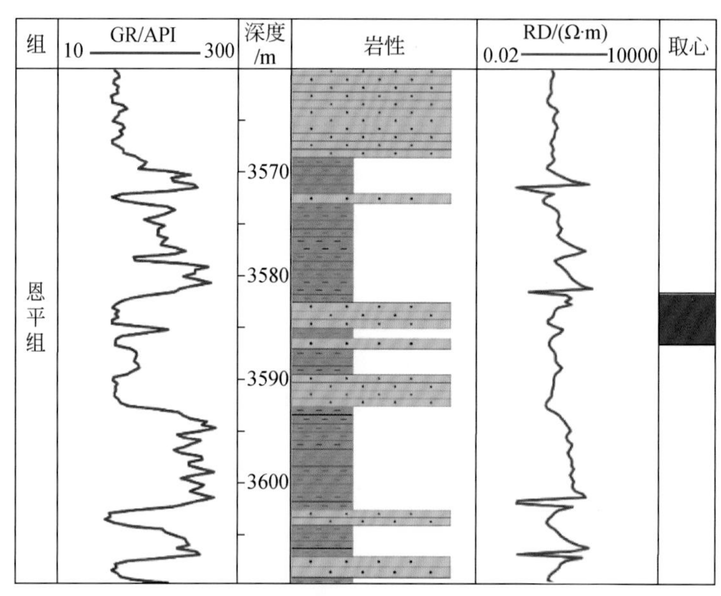


图 3-23　辫状河三角洲平原分流河道测井响应特征

RD 为深双侧向电阻率

## 2. 分流间湾沉积

分流间湾多发育在河道两侧低洼处，以泥质粉砂岩和粉砂岩沉积为主，发育块状层理和砂纹层理（图 3-24），夹薄煤层，发育生物扰动，岩石中多见炭屑（图 3-25）和虫孔。分流间湾的主要岩石相组合是块状泥岩相—生物扰动粉砂质泥岩相（$M_3M$—$M_3Bs$）组合，其整体岩性细且均一，整体水动力较弱。

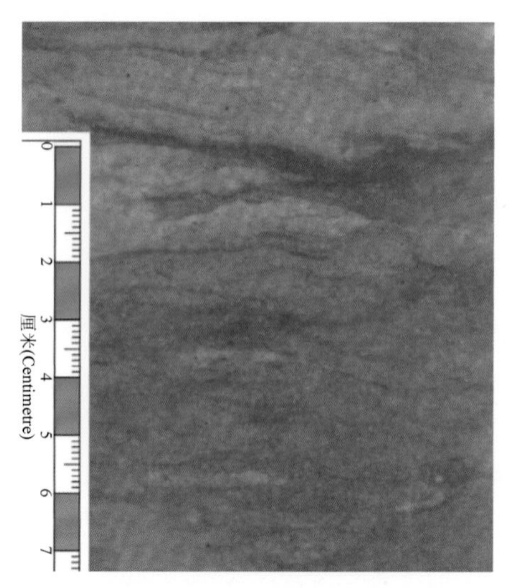


图 3-24　小型砂纹层理细砂岩，辫状河三角洲平原分流间湾沉积

图3-25　完整植物化石，三角洲平原沼泽沉积

分流间湾沉积的GR曲线呈密集齿形，顶底呈突变接触。该测井曲线特征也出现在典型井中（图3-26）。测井曲线GR最大值为123.45API，最小值为110.56API，平均值为115.42API。

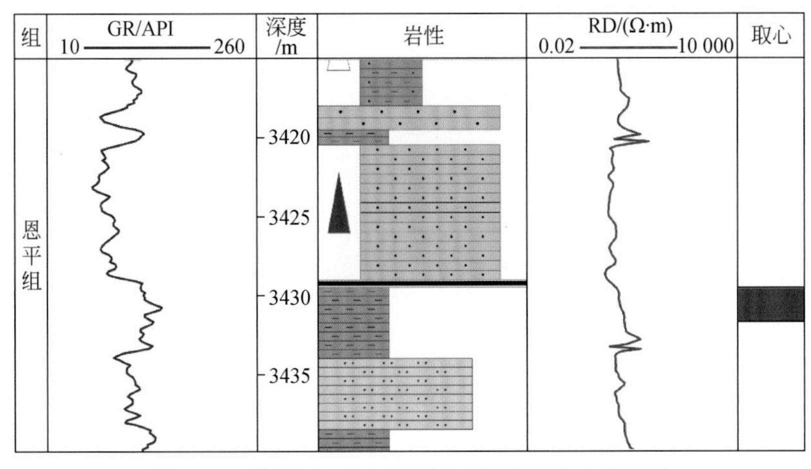


图3-26　辫状河三角洲平原分流间湾测井曲线特征

## 三、辫状河三角洲前缘亚相沉积特征

辫状河三角洲前缘亚相发育水下分流河道沉积、水下分流间湾沉积、河口砂坝沉积、席状砂沉积、辫状河三角洲前缘碎屑流沉积等微相。水下分流河道是辫状河道在水下的延伸部分，沉积特征与辫状河道极为相似，向上变细，单砂体厚度减薄；河口砂坝是辫状河挟带的泥沙在河口处沉积而形成的堆积体；席状砂为辫状河三角洲前缘连片分布的砂体，主要是由于波浪和其他水流对三角洲前缘的沉积物改造形成的砂泥岩互层；水下分流间湾沉积以悬浮沉降为主，沉积物粒度较细。

**1. 水下分流河道沉积**

水下分流河道沉积也具有单层厚度大、粒度粗的特点，但沉积物粒度相对于分流河道沉积变细，层内泥质夹层增多。岩性主要为含砾粗砂岩和中细砂岩，顶部见粉砂岩和泥岩，发育平行层理、低角度交错层理、块状层理，砂岩中软沉积物变形构造增多，具有较明显的层理规模向上变小、粒度向上变细的特征（图版 16 ~ 图版 19）。

水下分流河道沉积垂向上，呈下粗上细的正旋回。整体水动力较强，呈现由强到弱的过程。该沉积特征也出现在典型井中（图 3-27）。

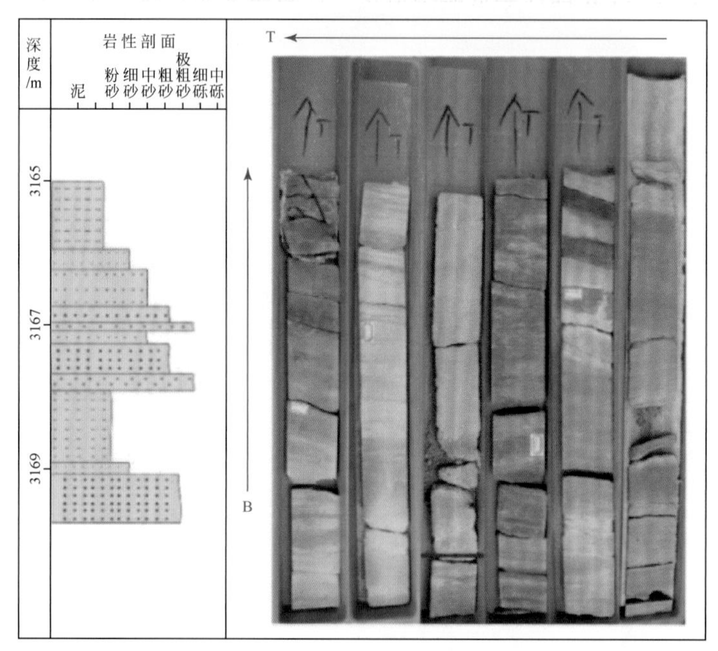


图 3-27　辫状河三角洲前缘水下分流河道岩石相组合图

水下分流河道 GR 曲线呈低幅，曲线形状呈钟形，顶底呈突变接触。该测井曲线特征也出现在典型井中（图 3-28）。其 GR 最大值为 157.56API，最小值为 85.62API，平均值为 95.50API。

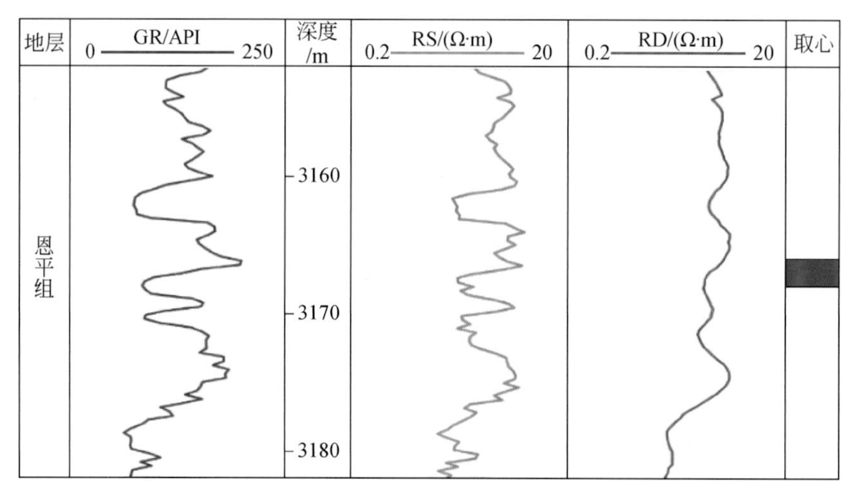


图 3-28　辫状河三角洲前缘水下分流河道测井响应特征

RS 为浅双侧向电阻率

### 2. 水下分流间湾沉积

水下分流间湾沉积为水下分流河道之间相对凹陷的海湾地区，与海相通。水下分流间湾沉积以粉砂岩和泥岩沉积为主，夹有薄层砂岩，发育小型砂纹层理、爬升层理、波状层理、递变层理，频繁出现砂泥质互层（图版20）。与水下分流河道沉积在垂向上交替出现。

水下分流间湾沉积 GR 曲线呈低幅微齿化，顶底呈渐变接触。该测井曲线特征也出现在典型井中（图3-29）。其 GR 最大值为187.62API，最小值为135.62API，平均值为146.50API。

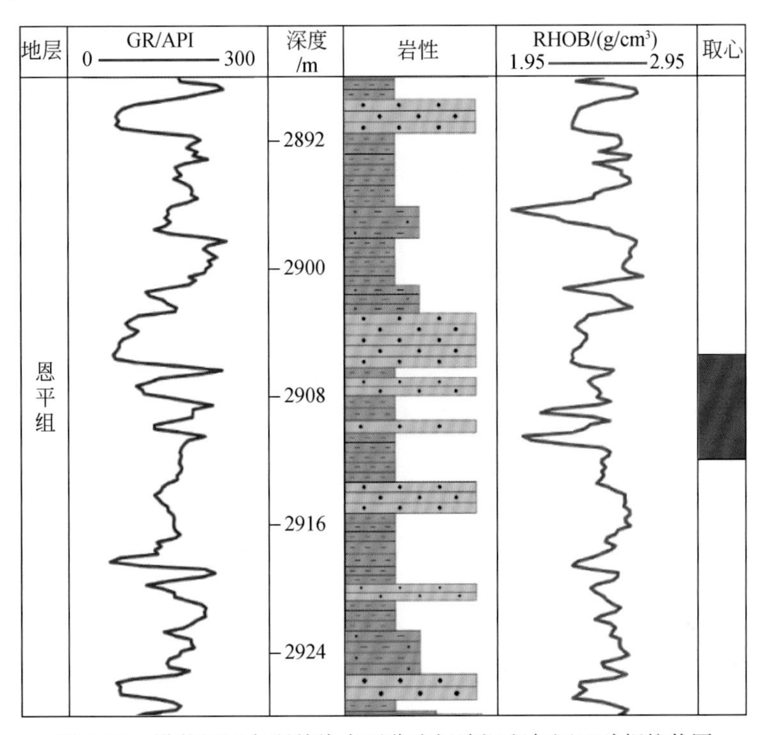


图3-29　辫状河三角洲前缘水下分流间湾沉积与河口砂坝柱状图

RHOB为岩性密度测井

### 3. 河口砂坝沉积

河口砂坝为中—厚层砂岩，也可见含砾砂岩和粉砂岩，在垂向上一般呈下细上粗的反韵律，发育平行层理和块状层理（图版21～图版23）。河口砂坝沉积水动力由弱到强；垂向上，整体呈下细上粗的反旋回特征。

河口砂坝 GR 曲线呈漏斗形和漏斗—箱形，微齿化。该测井曲线特征也出现在典型井中（图3-29）。其曲线 GR 最大值为153.62API，最小值为89.62API，平均值为106.52API。

### 4. 席状砂沉积

席状砂沉积为粒度较细的薄层砂岩，分选性较好，磨圆度高，浪成砂纹层理发育，测井曲线呈齿状特征，表现为厚层泥岩夹薄砂层（图版24、图版25）。

**5. 辫状河三角洲前缘碎屑流沉积**

辫状河三角洲前缘还发育碎屑流沉积，其岩性主要为细砾岩或者含砾砂岩，发育有块状层理、交错层理和粒序层理（图版26、图版27）。

## 四、前三角洲亚相沉积特征

辫状河三角洲前三角洲亚相主要发育泥岩和粉细砂质泥岩，颜色较深，有时见水平层理，发育大量软沉积物变形构造。常见滑塌成因的碎屑流和浊流沉积砂砾岩体包裹在前辫状河三角洲细粒沉积物或深水盆地泥质沉积中（图版28）。前三角洲于深水湖相泥岩在平面上呈渐变式分布，在垂向上呈互层状排列。

## 五、辫状河三角洲的储层特征

珠江口盆地钻井揭示的辫状河三角洲类型有缓坡型辫状河三角洲、转换带辫状河及浅水辫状河三角洲，其储层特征有所差异。

**1. 缓坡型辫状河三角洲**

缓坡型辫状河三角洲（以LF14地区为例）岩性以含砾粗砂岩、中砂岩为主，岩石薄片镜下鉴定和统计表明，砂岩成分成熟度指数Q/(F+Q)均大于2，说明砂岩成分成熟度较高，岩石类型以长石石英砂岩和岩屑石英砂岩为主，少数样品为长石岩屑石英砂岩［图3-30（a）］。碎屑颗粒组分中石英含量一般高于75%，为68.5%~89%；其次为长石颗粒，其含量为3.5%~15.5%，主要为钾长石系列；岩屑颗粒含量为3.5%~18%，个别岩屑砂岩样品中岩屑含量最高可达29.5%，岩屑类型主要为花岗岩，并含少量千枚岩和片岩岩屑。对不同沉积微相的岩性进行统计，结果表明三角洲前缘水下分流河道微相主要发育岩屑石英砂岩，其次为长石石英砂岩。河口砂坝和席状砂微相的岩屑石英砂岩和长石石英砂岩含量相当。碎屑颗粒的中值粒径主要分布在0.11~0.8mm，分选程度中等，颗粒以次棱角—次圆状为主，颗粒接触关系以点—线、线—线接触为主，局部呈凹凸接触。碎屑颗粒较纯净，泥质杂基含量一般小于5%，胶结物呈孔隙式和接触式胶结结构［图3-31（a）］，其含量变化大，为0.5%~10%，胶结物类型主要为方解石，其次为石英次生加大、自生黏土矿物及黄铁矿［图3-31（b）（c）（d）（f）（g）］。缓坡型辫状河三角洲（LF14地区）储集空间主要为残余原生粒间孔及少量粒内溶孔［图3-31（a）（c）（e）］，约占总面孔率的70%~80%，连通性好，是最主要的孔隙类型。残余原生粒间孔镜下表现为三角形、多边形或不规则形状，孔隙与颗粒之间的接触边界较平直，无典型的溶蚀港湾状结构，其内部常被少量的方解石、次生加大石英等充填。孔隙度主要分布在2.5%~14.6%，中值为10%，平均值为8.9%，渗透率主要分布在0.03~264mD，中值为1.94mD，平均值为13mD。远源高能环境是LF14地区有利储层发育的基础。储层沉积微相主要为辫状河三角洲前缘水下分流河道，同时，由于较远的搬运距离，储层砂岩中石英含量高，多超过80%，粒度较粗，以粗、中粒砂岩为主，且分选好，磨圆度较高，杂基含量很低，表现出高的成分成熟度和结构成熟度，储层抗压实性能强，有利于原生孔隙的保存。

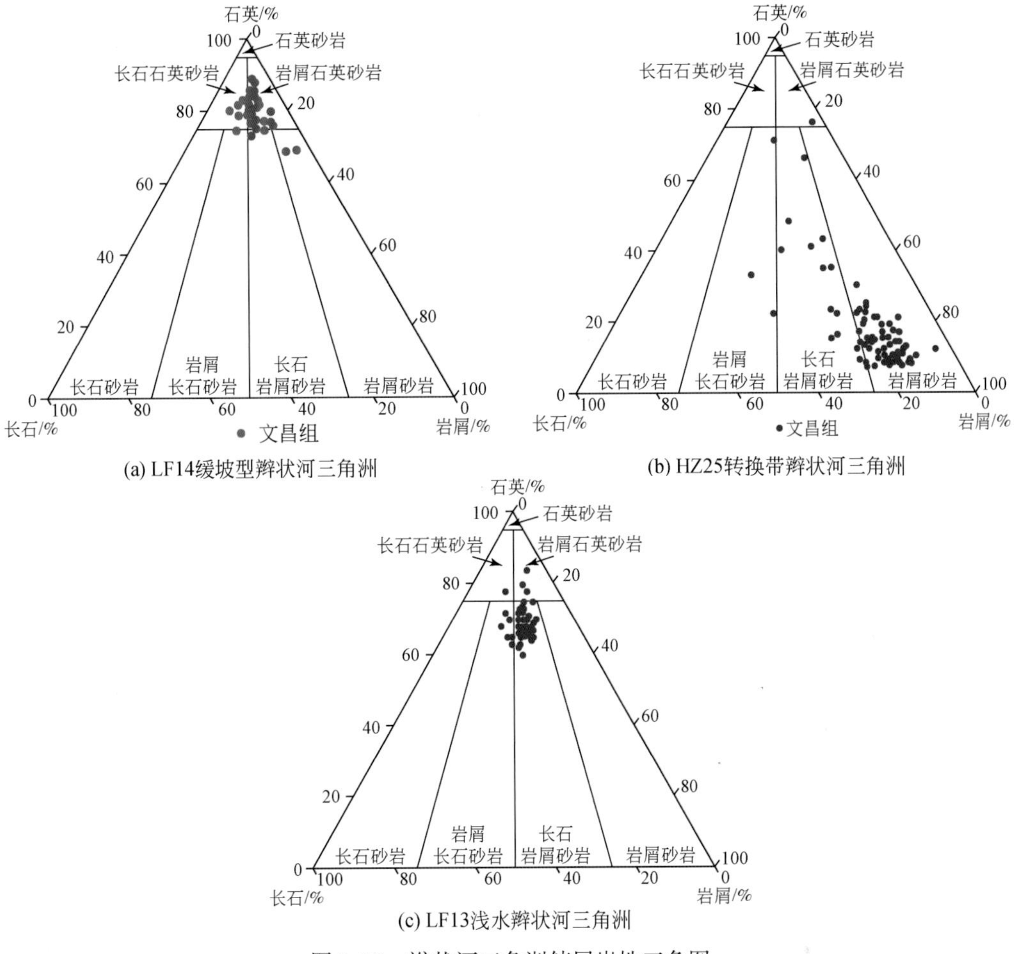


(a) LF14缓坡型辫状河三角洲

(b) HZ25转换带辫状河三角洲

(c) LF13浅水辫状河三角洲

图 3-30　辫状河三角洲储层岩性三角图

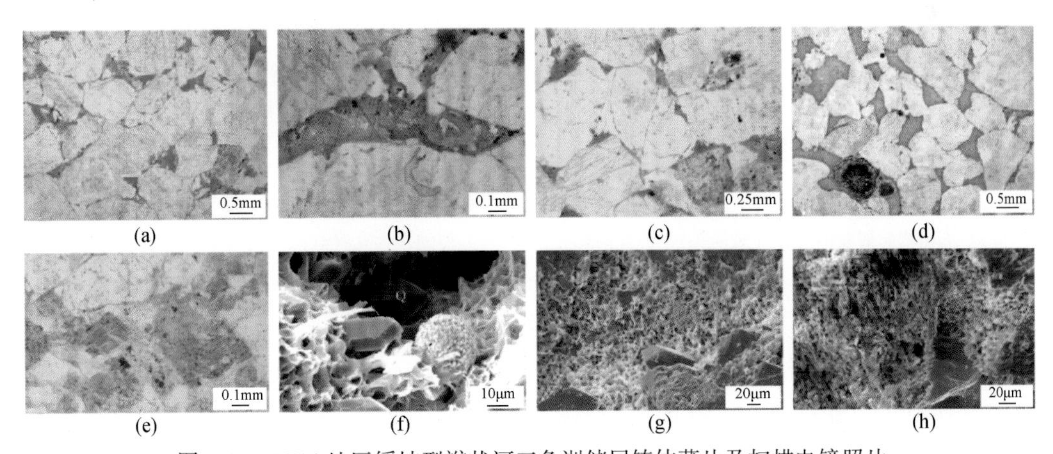

图 3-31　LF14 地区缓坡型辫状河三角洲储层铸体薄片及扫描电镜照片

(a) 中粗粒岩屑石英砂岩，残余原生粒间孔发育，埋深4156.7m，孔隙度 12.2%，渗透率264mD；(b) 砾质巨粒岩屑石英砂岩，钙质胶结，见黄铁矿，埋深4170.98m，孔隙度9.5%，渗透率1.78mD；(c) 含砾粗-巨粒岩屑砂岩，石英次生加大，埋深4157.25m，孔隙度9.4%，渗透率3.25mD；(d) 砾质粗-巨粒长石岩屑砂岩，方解石强烈胶结，埋深4158.75m，孔隙度5.7%，渗透率0.43mD；(e) 中粗粒岩屑石英砂岩，长石粒内溶孔、铸膜孔，埋深4167.74m，孔隙度9.7%，渗透率11.7mD；(f) 聚合体显微球状黄铁矿和丝片状伊利石、次生加大石英充填粒间孔隙，埋深4172.71m；(g) 充填在粒间及部分包覆在颗粒表面的蜂窝状伊/蒙混层，见次生加大石英，埋深4169.75m；(h) 长石颗粒溶蚀强烈，见充填在粒间及部分包覆在颗粒表面的蜂窝状伊/蒙混层，埋深4172m

### 2. 陡坡转换带辫状河三角洲储层特征

转换带辫状河三角洲（以 HZ25 地区为例）岩性以细砾岩和粗砂岩为主，部分为中砂岩和细粉砂岩。砂岩类型主要为岩屑砂岩和长石岩屑砂岩，少量为岩屑长石砂岩及岩屑石英砂岩［图 3-30（b）］。岩屑含量最高，平均为 45% 左右，主要为变质岩岩屑、花岗岩岩屑、泥岩岩屑及云母等；石英含量为 5.8%～85.3%，平均为 40%；长石含量为 2.3%～36.0%，平均为 14.5%，以长石为主（约占 90%），斜长石较少。砂岩的黏土杂基含量较高，平均为 7.2%；胶结物种类较多，有黏土矿物、方解石、白云石、硬石膏及硅质等，以黏土胶结物和铁方解石为主，胶结类型主要为孔隙式和接触—孔隙式。颗粒之间以线接触为主，部分为凹凸—线接触。转换带辫状河三角洲（HZ25 地区）的原生孔隙约占总孔隙的 40%（图 3-32），在铸体薄片中，碎屑颗粒大多呈线—缝合线接触，孔隙周围颗粒多压实紧密，部分孔隙被高岭石、方解石和石英充填、堵塞，导致颗粒间连通性差。HZ25 地区储层孔隙度主要分布在 0.1%～20.1%，中值为 12.68%，平均值为 11.9%，渗透率主要分布在 0.02～184mD，中值为 4.5mD，平均值为 7.44mD。有利储层储集空间类型以颗粒溶孔为主，残余原生孔隙约占 21%，胶结物溶孔发育较差，孔隙主要由颗粒溶孔和晶间孔组成，这是其渗透率相对偏低的主要因素。富含长石的物源为后期溶蚀提供了必备的物质基础。但近源快速堆积是 HZ25 地区转换带辫状河三角洲储层的主要特点。储层成分成熟度、结构成熟度均较低，砂岩粒度较粗，以粗砂岩、含砾砂岩和砾岩类为主，分选以差为主，杂基含量高。同时，从砂岩成分来看，砂岩中石英含量较低，而长石含量明显较高，这一特征决定其储层中的残余原生孔发育较差，但富含长石矿物的物源也为后期的强溶蚀作用提供了可能。

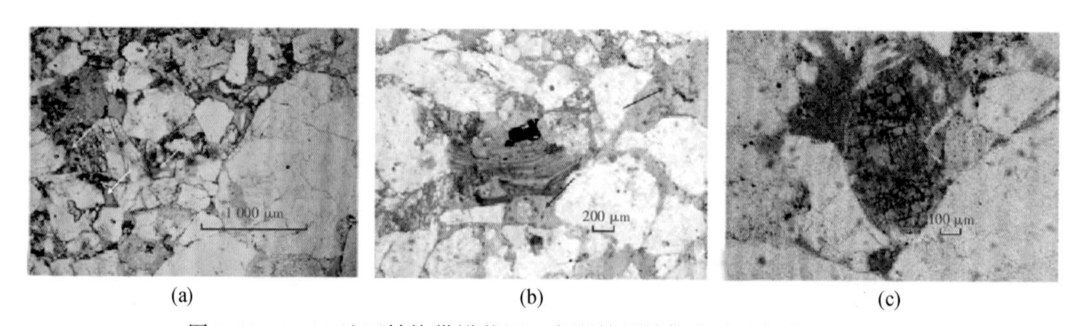

(a)　(b)　(c)

图 3-32　HZ25 地区转换带辫状河三角洲储层铸体薄片及扫描电镜照片

（a）火山岩岩屑粒内溶孔（黄箭头），原粒间孔（白箭头），溶蚀扩大孔（红箭头），3903.00m，单偏光；（b）以溶蚀扩大孔为主（红色箭头），3673.20m，单偏光；（c）铸模孔，3749.00m，单偏光。Mica 代表云母

### 3. 浅水辫状河三角洲储层特征

浅水辫状河三角洲（以 LF13 地区为例）岩性以中砂岩、粗砂岩为主，部分为细砂岩及少量泥质粉砂岩。砂岩岩石类型主要为长石岩屑砂岩，其次为岩屑长石砂岩，含少量长石石英砂岩和岩屑石英砂岩［图 3-30（c）］。根据取心铸体薄片分析资料，碎屑成分主要是石英和长石，石英含量为 60%～84%，长石含量为 5%～19%，岩屑含量为 9%～22%，云母含量为 0.5%～2.0%，碎屑颗粒的粒径主要分布在 0.25～0.5mm，颗粒分选中等，次

棱角—次圆状，以线—点接触为主。填隙物以高岭石、白云石为主，偶见硅质和黄铁矿。黏土矿物主要为高岭石和伊利石，相对含量较高，平均占31.8%~40.6%，其次为伊-蒙混层，平均相对含量占16.2%，少量绿泥石，砂岩骨架胶结类型基本上呈接触式胶结［图3-33（a）］。浅水辫状河三角洲（LF13地区）储层的孔隙类型按成因可划分为原生孔隙和次生孔隙。原生孔隙包括原生粒间孔和剩余原生粒间孔。次生孔隙类型多样，包括粒间溶孔、粒内溶孔、晶间孔、微孔等几类。在铸体薄片下看到的碎屑颗粒大多数呈点—线接触，反映砂岩受到中等的压实作用。虽然岩石遭受到较强压实改造，使原生粒间孔减少，但并没有达到极限程度，因此，仍保存有一定数量的原生粒间孔和剩余原生粒间孔。除压实剩余原生粒间孔外，也可见到充填剩余原生粒间孔，它们往往是早—中成岩阶段由高岭石、石英次生加大和黄铁矿等次生矿物充填后形成的剩余原生粒间孔隙［图3-33（b）］。据铸体薄片和扫描电镜观察，剩余原生粒间孔呈特征明显的三角形和多边形［图3-33（c）］。次生孔隙的成因类型较多，以粒间溶孔和粒内溶孔为主。据铸体薄片观察，大多数砂岩储层中的粒间溶孔是在发生压实成岩作用后，粒间溶孔变小，再通过对孔内充填的硅质胶结或伊利石杂基进行溶蚀而成［图3-33（d）］，部分粒间溶孔是由于长石强烈溶蚀后剩余少量长石残骸而使颗粒缩小和粒间溶孔扩大，形成溶扩粒间孔。粒内溶孔以沿长石解理发育的蜂窝状粒内溶孔为主［图3-33（e）］。据202块常规岩心物性样品分析资料统计，孔隙度分布范围为10.89%~21.67%，平均为16.96%，渗透率分布范围较宽，为3.25~1435mD，大部分集中在103~496mD，以发育中孔—中渗孔隙型储层为主，其次为高孔—中渗型储层，部分为低孔—低渗型储层，少量为特低孔—特低渗储层。储层中的储集和渗流空间主要依靠砂岩基质中的孔喉条件，但裂缝［图3-33（f）］对改善储层的局部孔渗性有重要贡献。

图3-33　LF13地区浅水辫状河三角洲储层铸体薄片及扫描电镜照片

（a）砂岩骨架呈接触式胶结，高岭石发育晶间孔，3328.95m，单偏光；（b）碎屑颗粒之间发育大量剩余原生粒间孔，3176.53m，粗-中粒长石岩屑砂岩，单偏光；（c）剩余原生粒间孔隙发育很好，3322.81m，中—粗粒长石岩屑砂岩，扫描电镜；（d）颗粒内部和边缘均见不同程度的溶蚀，3325.79m，细—中粒长石岩屑砂岩，单偏光；（e）沿长石双晶溶蚀，3179.57m，含砾巨—粗粒长石岩屑砂岩，单偏光；（f）颗粒表面有裂缝，部分颗粒之间具压嵌式胶结，3226.12m，单偏光通过对珠江口盆地古近系辫状河三角洲发育段的450个物性数据分不同地区和不同微相进行统计，结果如下。

古近系惠州井区（图3-34）转换带辫状河三角洲前缘水下分流河道储层物性最好，属于中孔低渗，辫状河三角洲前缘水下分流间湾储层物性最差，其孔隙度低于10%，渗透率低于0.1mD。古近系陆丰井区（图3-35）辫状河三角洲前缘水下分流河道储层物性最好，其孔隙度大于10%，渗透率在10～10000mD；其次是辫状河三角洲前缘河口砂坝；储层物性最差的是辫状河三角洲前缘水下分流间湾。古近系恩平井区（图3-36）储层物性整体属于中孔低渗，其辫状河三角洲前缘水下分流间湾储层物性最差。

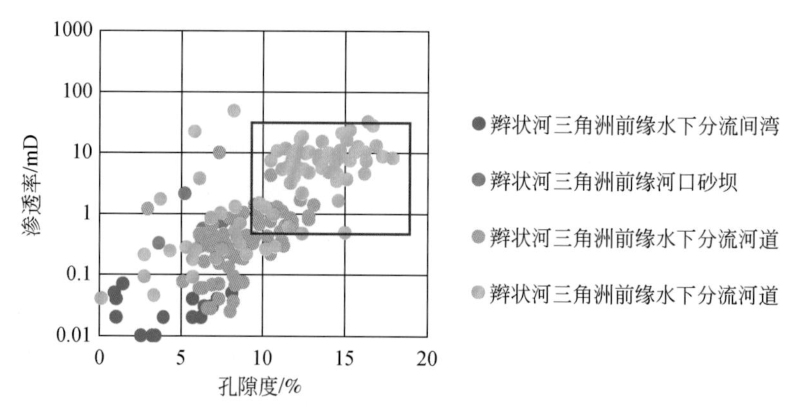


图3-34　古近系惠州井区沉积微相与物性关系

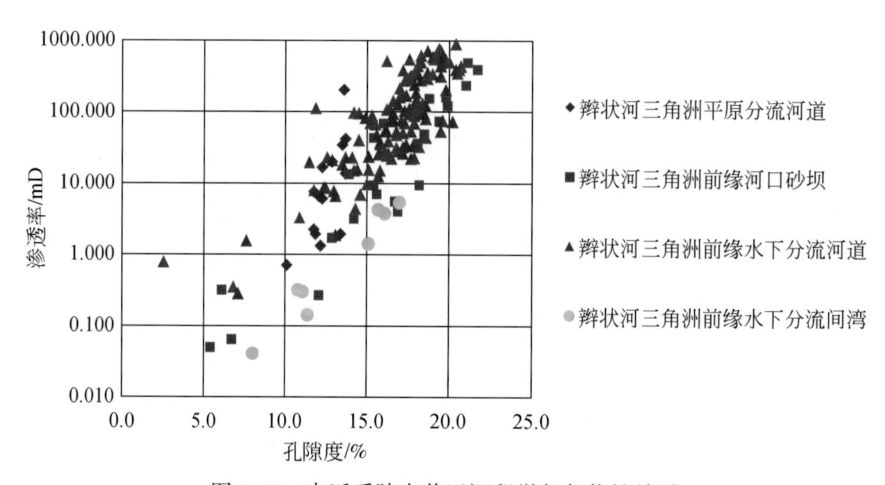


图3-35　古近系陆丰井区沉积微相与物性关系

#### 4. 不同类型辫状河三角洲储层差异

同时，统计不同构造位置的相同相带的岩心物性特征可知，在发育辫状河三角洲前缘水下分流河道微相的几个地区中，陆丰井区物性最好，其次是恩平井区，惠州井区物性最差（图3-37）；而辫状河三角洲前缘水下分流间湾物性明显差于水下分流河道，其不同地区物性差异对比显示仍为陆丰井区优于恩平井区，恩平井区优于惠州井区（图3-38）；辫

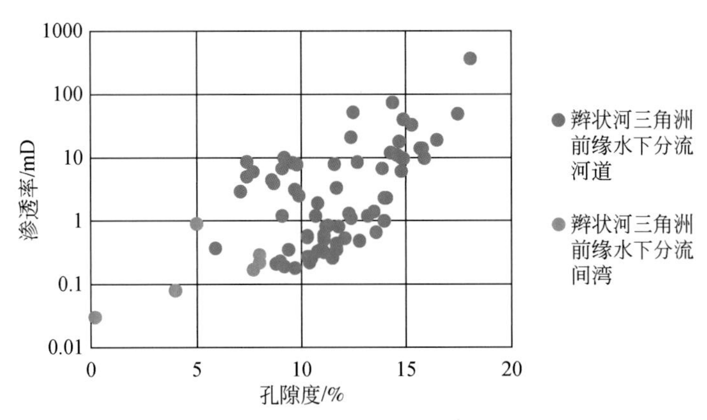


图 3-36　古近系恩平井区沉积微相与物性关系

状河三角洲河口砂坝在岩心中主要发育在陆丰井区和惠州井区，陆丰井区的物性明显好于惠州井区（图 3-39）。同一个相带，在不同井区，储层物性存在差异，说明储层物性不仅仅受相带控制，还可能与其他因素相关。

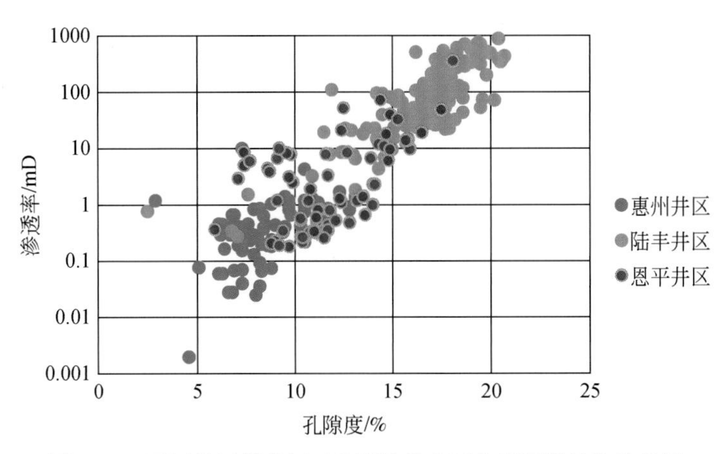


图 3-37　不同地区辫状河三角洲前缘水下分流河道的物性差异

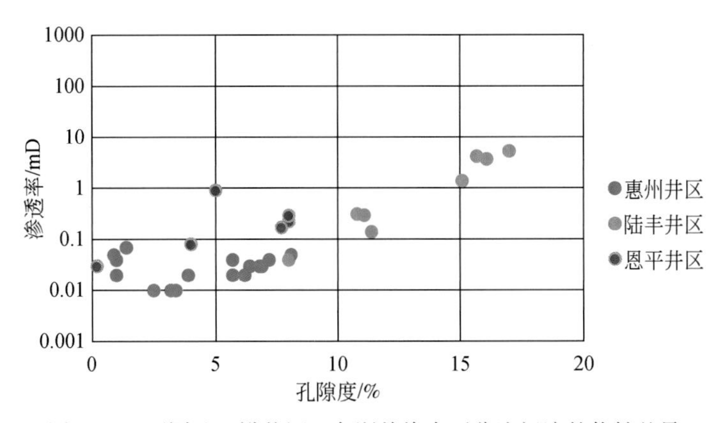


图 3-38　不同地区辫状河三角洲前缘水下分流间湾的物性差异

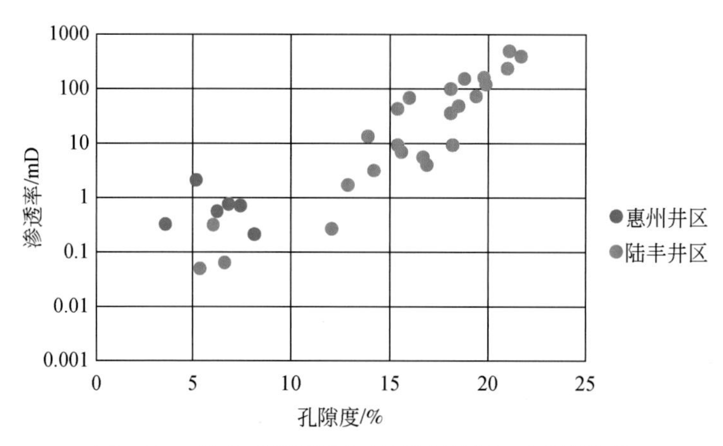


图 3-39　不同地区辫状河三角洲前缘河口砂坝的物性

# 第四章 珠江口盆地大型海相三角洲沉积储层

## 第一节 珠江口盆地三角洲沉积概述

三角洲体系是世界上油气储存规模最大的沉积体类型，因而一直以来都受到世界各大石油公司的青睐。珠江口盆地是我国目前存在的新生代以来最为典型的海相盆地，古珠江三角洲是南海北部陆缘区在宽陆架背景下发育的大型海相三角洲体系，从渐新世南海扩张时期开始发育，直至现今已延续约30Ma。在这漫长的地质历史时期中，随着海平面、构造运动及沉积物供给等诸多条件的不断变化，珠江三角洲在不同时期内发生了不同程度的摆动和进退，其叠合面积达$6\times10^4km^2$以上。该三角洲直接覆盖在珠江口盆地古近系文昌组和恩平组的烃源岩之上，从而使其具有得天独厚的石油地质条件。目前发现的西江-惠州油区、陆丰油区、番禺4洼油区、番禺低隆起气区及白云气区等大多数碎屑岩油气区均属于珠江三角洲沉积体系。30多年的勘探实践表明，古珠江三角洲体系也赋存着巨大的油气储量。

近年来，随着层序地层学等新兴学科的发展，尤其是对第四纪三角洲研究实例的增多，三角洲的分类方案也日趋复杂化。例如，Porebski和Steel（2003）依据三角洲与海平面的关系，将三角洲划分为内陆架三角洲、中陆架三角洲、陆架边缘三角洲和湾头三角洲四种主要的类型。影响三角洲沉积作用的自然因素十分复杂，三角洲和三角洲序列也具有多样性，这导致了三角洲的分类方案（表4-1）从一开始就很多（Fisher et al.，1969；Coleman and Wright，1975；Galloway，1975；Nemec and Steel，1988）。但是，更基本的三角洲类型仍然要归结到Galloway在1975年收集了30多个近代和古代海相三角洲的资料之后，按照主要的地质营力、沉积过程及三角洲的平面形态和砂体的展布方向划分出河控、浪控和潮控三种主要类型（图4-1）。Galloway的方案既能适用于现代三角洲的分类，也能应用于古代的三角洲体系，所以被大多数学者所接受。此三元成因分类方案中，不同类型的三角洲具有不同的砂体输送效率。通常河控三角洲向盆地方向搬运沉积物的能力最强，效率最高；潮控三角洲向盆地搬运沉积物的能力次之；而浪控三角洲向盆地方向搬运沉积物的能力最弱，沉积物主要沿平行岸线方向分散。

**表4-1 常见三角洲分类方案综合表**

| 分类依据（主控因素与特征） | 分类方案 | 学者代表 |
|---|---|---|
| 蓄水体性质 | 湖相三角洲、海相三角洲 | Bates（1953）；Fisher等（1969）；Smith（1991） |
| 形态特征 | 鸟足状三角洲、鸟嘴状三角洲、港湾状三角洲 | Fisher等（1969）；裘亦楠等（1982） |

续表

| 分类依据（主控因素与特征） | 分类方案 | 学者代表 |
|---|---|---|
| 水体深浅 | 深水三角洲、浅水三角洲 | Donaldson（1974）；Postma（1990） |
| 营力性质 | 河控三角洲、浪控三角洲、潮控三角洲 | Galloway（1975） |
| 营力相互作用 | 河控、河流—波浪相互作用、浪控、河流—波浪—潮汐相互作用及潮控五大类 | Reading（1985） |
| 河口作用类型 | 摩擦为主三角洲、惯性为主三角洲、悬浮为主三角洲 | Coleman（1976）；Friedman 和 Sanders（1978） |
| 发育部位 | 陆坡型三角洲、陆架型三角洲、吉尔伯特型三角洲 | Ethridge 和 Wescott（1984）；Mc Pherson 等（1987）；Colella 和 Prior（1990）；Postma（1990） |
| 粒度粗细 | 粗粒三角洲、细粒三角洲 | 薛良清和 Galloway（1991）；于兴河等（1994） |
| 供源体性质 | 扇三角洲、辫状河三角洲、正常三角洲 | Nemec 和 Steel（1988）；吴崇筠（1992） |
| 陆上沉积过程和海洋改造性质 | 扇三角洲、浪控扇三角洲、潮控扇三角洲、河控辫状河三角洲、浪控辫状河三角洲、潮控辫状河三角洲、河控三角洲、浪控三角洲、潮控三角洲 | 薛良清和 Galloway（1991） |
| 冲积物物源类型 | 冲积三角洲（河流三角洲、辫状河平原三角洲、冲积扇三角洲和碎石锥三角洲）与非冲积扇三角洲（火山碎屑三角洲和熔岩三角洲） | Nemec 和 Steel（1988）；Nemec（1990） |

按照不同的勘探要求及对砂岩储层研究的精细程度，不同的人对三角洲沉积体系相带的划分方案也不尽相同。其中有从岸上到水下依次划分三角洲平原、三角洲前缘及前三角洲三个相带的划分方案（Reading，1996；赵澄林和朱筱敏，2001），还有从岸上到水下依次划分为上三角洲平原、下三角洲平原、三角洲前缘和前三角洲四个相带的划分方案（Donaldson，1974；Coleman and Prior，1982；于兴河等，2007）。为了进一步突出三角洲前缘砂体的沉积特征，也有学者将三角洲前缘进一步划分为三角洲内前缘和三角洲外前缘（王俊玲等，1997；马英健等，2003；李元昊等，2009）。本书将工区发育的三角洲相划分为三角洲平原、三角洲内前缘、三角洲外前缘和前三角洲四个亚相。

关于珠江口盆地新近系海相三角洲沉积体系的研究，前人已经做了大量的研究工作，取得了一定的研究成果。石国平（1989）认为由于珠江口盆地与广海之间的通道较狭窄，造成了半封闭浅海内较强烈的潮汐作用，潮汐砂体十分发育，其中下中新统沉积早期（下珠江组）的水下潮汐三角洲砂体最为发育。施和生等（1999）认为珠江口盆地（东部）21 ~ 16.5Ma 的沉积环境随着地质时间的推移发生了很大的变化，由老至新，古珠江三角洲也由粗粒辫状河三角洲转变成正常的细粒三角洲，由以惯性因素为主变为以摩擦因素为主。赵宁和邓宏文（2009）认为惠州凹陷以南的东沙隆起在珠海组沉积时期为巨大障蔽岛，珠海组沉积时期古珠江三角洲体系提供的丰富砂质沉积物在该区经历了潮汐的强烈改造作用，以潮汐沉积作用为主。上述成果表明，珠江口盆地新近系海相三角洲沉积时间长，沉积动力多，沉积地形复杂。古珠江三角洲从渐新世南海扩张开始沉积，直到现今一

图 4-1　典型三角洲分类方案

直持续沉积。在沉积过程中受到河流、潮汐、波浪等多种地质营力的影响和控制，在不同时期、不同位置沉积特征都有较大的差异。河控三角洲在河流的影响和控制下水道化特征明显，常发育平行层理和板状交错层理的中—细砂岩；潮控三角洲则多因潮汐动荡水流发育波状层理和透镜状层理的泥质粉砂岩；浪控三角洲则因波浪的簸选在沉积物中保留有低角度交错层理，当出现风暴时还会形成丘状交错层理等（图 4-2）。只划分出河流作用为主与波浪-潮汐作用为主两个带，缺少河流-波浪-潮汐混合作用带。

从平面上看，恩平地区河控三角洲通常在地震切片上显示出大型分流河道的特征，且在主干河道末端具有明显的“鸟足状”分叉特征，岩心往往具有底冲刷的正粒序结构。番禺地区浪控三角洲与河控三角洲则形成较为鲜明的对比，其河道通常不发育，即使出现河道也少见河道分叉的现象，海岸砂脊的出现是浪控型三角洲最为有力的判别标志。惠州—东沙隆起地区受潮汐影响的三角洲在岩心上表现为明显的潮汐作用的沉积构造，地震切片上能明显看到一些潮道（图 4-3、图 4-4）。

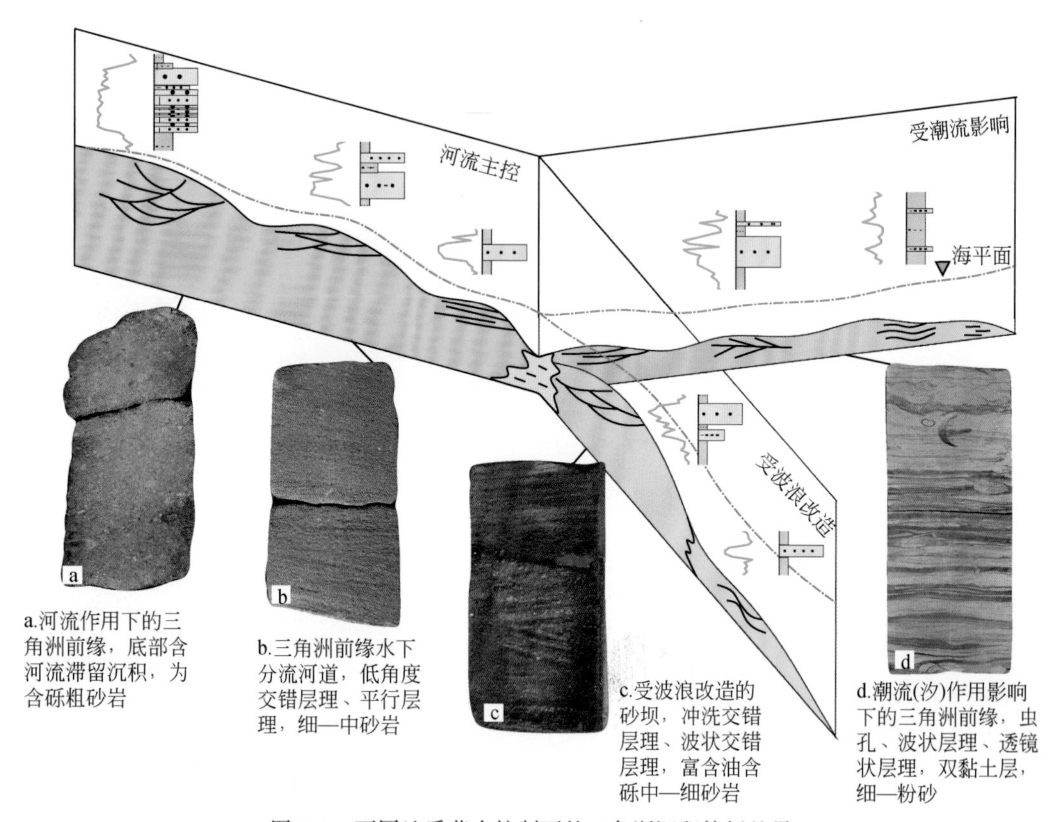


图 4-2　不同地质营力控制下的三角洲沉积特征差异

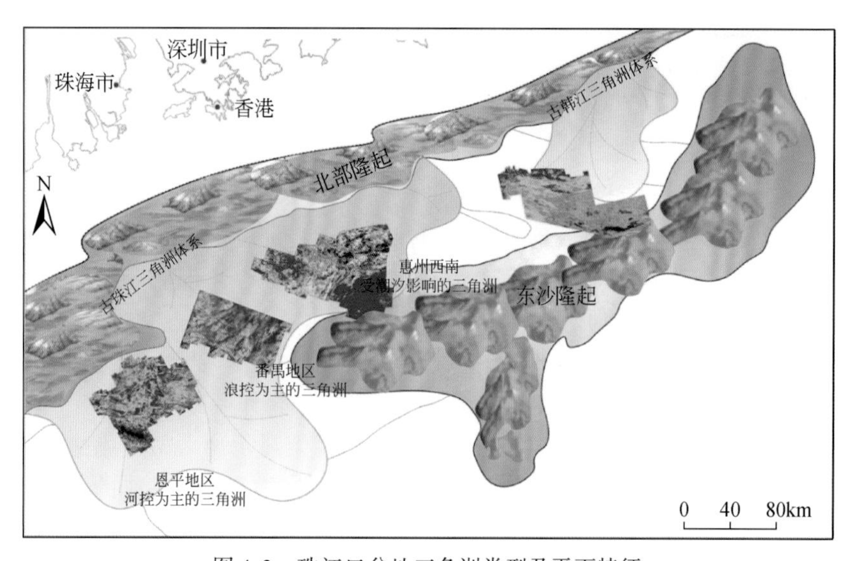


图 4-3　珠江口盆地三角洲类型及平面特征

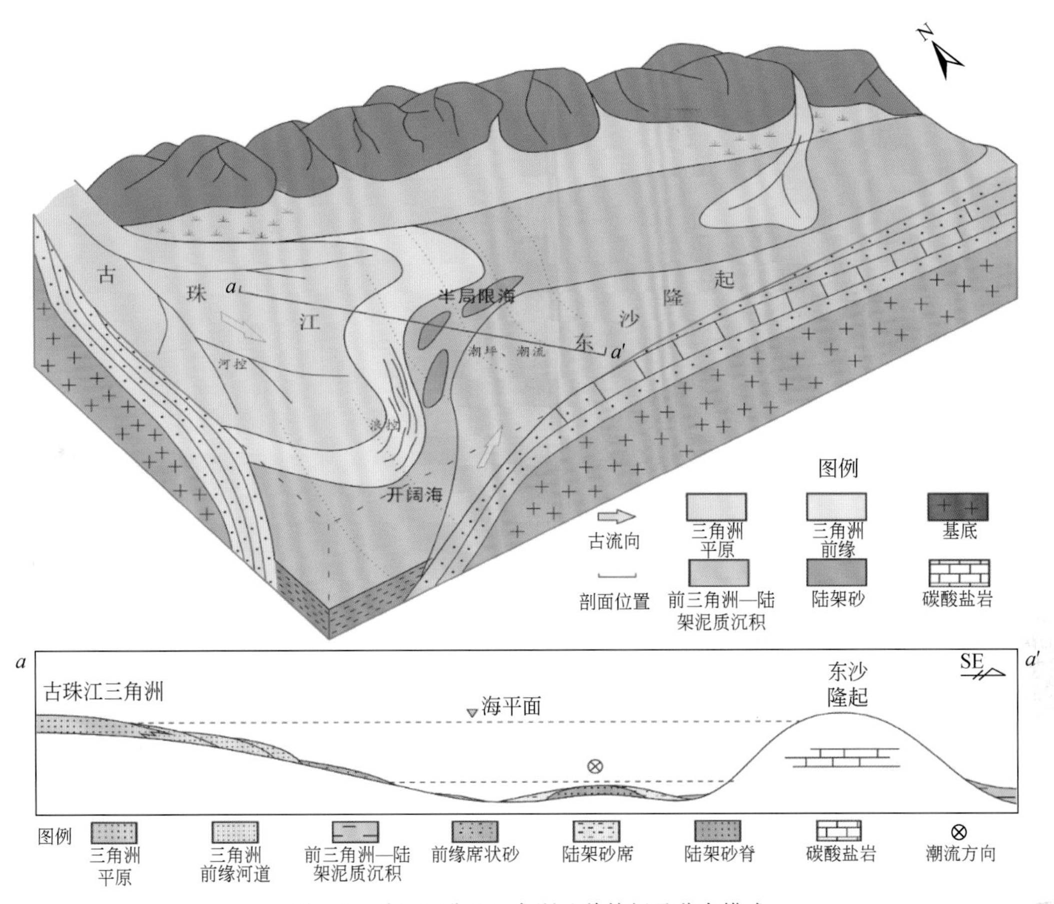


图 4-4 珠江口盆地三角洲地貌特征及分布模式

本书在前人研究的基础上，以岩心资料为基础，结合三维地震、测井曲线和分析化验资料，对珠江口盆地海相三角洲储层沉积学特征进行分析和总结。利用岩性组合标志，结合地震地貌学方法并通过与现代三角洲的典型沉积单元进行对比来识别三角洲的类型。按三角洲平原、三角洲内前缘、三角洲外前缘和前三角洲四分方案对三角洲亚相进行分述，其中重点阐述了分流河道、天然堤、决口扇、沼泽、分流间湾、水下分流河道、水下分流间湾、河口砂坝、远砂坝、席状砂、前三角洲泥等沉积微相。在对各微相分析的过程中，加入了河控、浪控及潮控等多种地质营力产生的特殊沉积特征。

## 第二节 海相三角洲岩石相类型

通过对珠江口盆地海相三角洲沉积的岩心观察和描述，总结出主要发育有 22 种岩石相，其特征如下。

（1）块状砾岩相：颜色呈浅灰—灰色，岩性以细砾岩、砂砾岩为主，单层厚度一般为 1～10m。砾石粒径一般为 0.5～0.8cm，最大可达 1.2cm，砾石多为石英质，且为次棱角—次圆状。块状构造，粒序变化不明显，颗粒支撑［图 4-5（a）］，这是强水动力、较快速堆积的产物。分流河道、水下分流河道及潮道中常见此类岩石相。

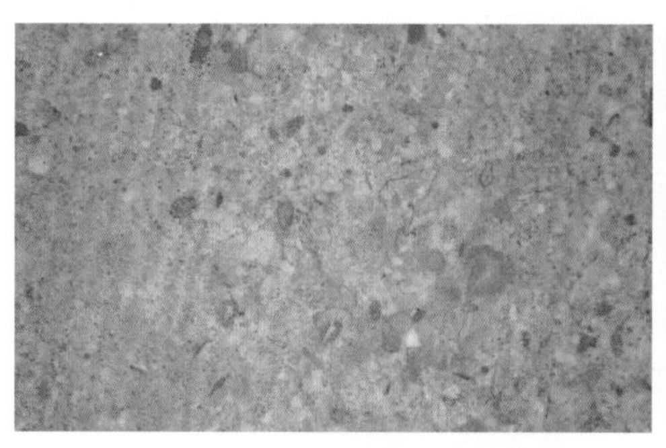

(a) 块状砾岩，粒序变化不明显，颗粒支撑

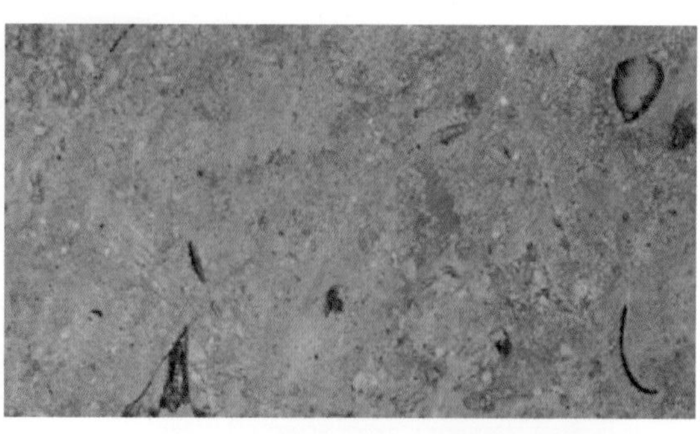

(b) 块状层理砂砾岩，含大量生物碎屑

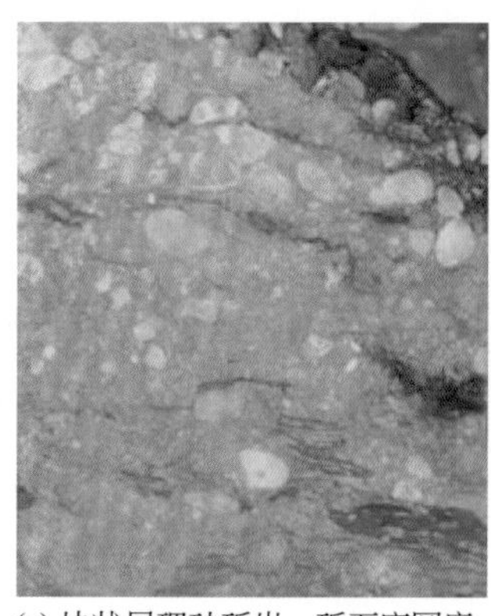

(c) 块状层理砂砾岩，砾石磨圆度中等—好

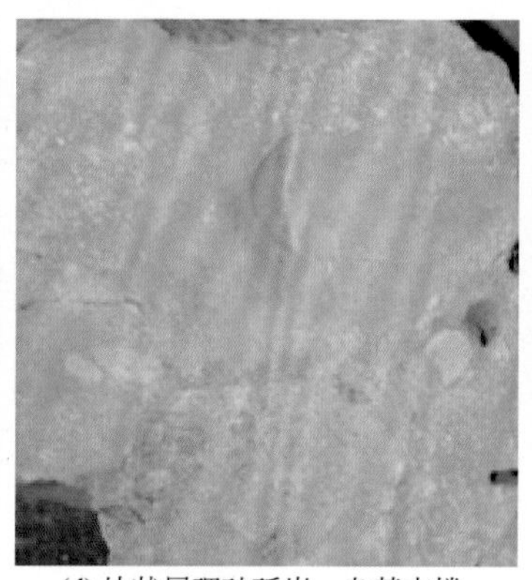

(d) 块状层理砂砾岩，杂基支撑

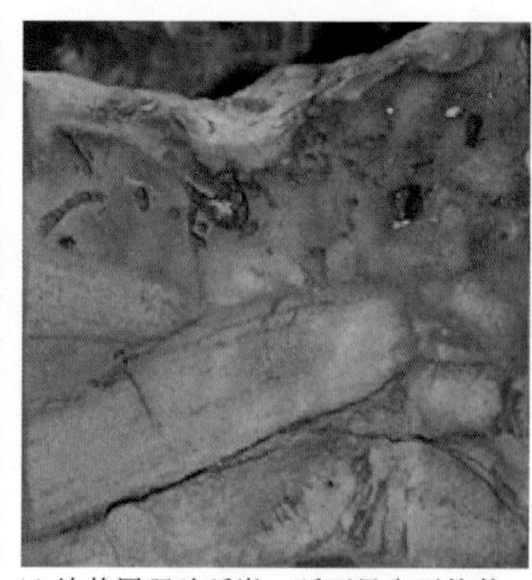

(e) 块状层理砂砾岩，砾石呈扁平片状，无明显定向

(f) 槽状交错层理砂砾岩①

(g) 槽状交错层理砂砾岩②

(h) 板状交错层理砂砾岩，由下至上粒度由粗变细

图 4-5　砾岩相示例

（2）块状层理砂砾岩相：岩性为浅灰—灰色砾质砂岩或砂质砾岩，含大量的砾石，沉积构造不明显，多为块状，有时隐约可见正粒序或逆粒序。砾石成分复杂，常见有石英质、生物碎屑、泥砾等。砾石的磨圆度为次圆状，且无明显定向排列［图 4-5（b）~

(e)]。该相带间还偶见泥质条带，这反映水动力较强，物源供给充分且稳定，常见于水下分流间湾和分流河道。

(3) 槽状交错层理砂砾岩相：颜色呈灰色，岩性主要为含砾砂岩、砂质砾岩，发育小型槽状交错层理。颗粒分选中等—差，次棱角—次圆状，砾石为石英质，偶见生物碎屑且多被溶蚀［图 4-5 (f) (g)］。此类岩石相多见于水下分流河道及河口砂坝。

(4) 板状交错层理砂砾岩相：颜色呈灰色、黄灰色或深灰色，岩性为含砾中—粗粒岩屑石英砂岩。颗粒分选较中等，次圆—次棱角状。砾石粒径为 0.2 ~ 1cm 不等。在此类岩石相中，偶见粒度由粗变细的正韵律［图 4-5 (h)］。该岩石相反映水动力条件较强，多见于三角洲前缘的水下分流河道和三角洲平原的分流河道。

(5) 块状砂岩相：岩性以浅灰色细砂岩、粉细砂岩为主，分选相对较好，磨圆度为次圆状，单层厚度较大，一般为 0.4 ~ 2m。层内隐约可见粒序变化，其中偶含海绿石［图 4-6 (a)］。这一岩石相无明显的沉积构造，反映沉积时的水动力条件较强，堆积速度快。

(6) 板状交错层理砂岩相：颜色呈灰色—深灰色，岩性主要为细砂岩，其次为中—粗砂岩。纹层厚度为 0.5 ~ 1cm，层系厚度为 0.5 ~ 1.5m，纹理呈连续、断续两种。局部井段此类岩石相还含有海绿石［图 4-6 (b)］。总体反映较强水动力条件，海绿石为后期的搬运沉积而并非原生。该岩石相常见于水下分流河道沉积环境。

(7) 低角度交错层理粉—细砂岩相：灰—黄灰色粉—细砂岩，具低角度交错层理，纹理呈断续状。砂岩分选好，磨圆度为次圆状［图 4-6 (c)］。该类岩石相反映水动力条件较弱，常见于河口砂坝、远砂坝及滨岸相的沿岸砂坝沉积环境中。

(8) 楔状交错层理砂岩相：以灰色中粒岩屑石英砂岩为主，偶含石英质砾石，具楔状交错层理。岩石颗粒分选中等，次棱角—次圆状，砾石粒径不等［图 4-6 (d)］。该类岩石相反映出水动力条件在沉积过程中发生了明显的变化，且水动力条件较强。这类岩石相多见于三角洲平原中的分流河道侧缘沉积。

(9) 冲洗交错层理砂岩相：又称双向交错层理，其岩性以浅灰色、浅黄灰色细砂岩为主，发育冲洗交错层理，纹层具两组相反的倾向［图 4-6 (e)］，反映水流具有双向性，水动力条件较强。常见于滨岸滩砂沉积中。

(10) 平行层理砂岩相：颜色呈浅灰色、灰白色，岩性以细砂岩为主，纹层厚度一般在 0.5 ~ 1.0cm，由相互平行且与层面平行的平直连续或断续纹理组成，纹理可由岩屑或暗色矿物显示［图 4-6 (f)］，常形成于水浅流急的水动力条件下，主要见于河口砂坝、分流河道或水下分流河道沉积中。

(11) 砂纹层理砂岩相：颜色呈浅灰—灰白色，岩性为细砂岩，发育小型砂纹交错层理，纹层不规则，呈断续或连续状，层理面上见细小植物碎屑、炭屑和丰富的云母片［图 4-6 (g)］，常与平行层理、块状层理及小型交错层理砂岩相共生，为水动力较弱的条件下沙波的迁移而成，可发育在水下分流河道、水下天然堤、远砂坝等微相沉积中。

(12) 水平层理粉砂岩相：岩性以灰色、深灰色粉砂岩或泥质粉砂岩为主，发育水平层理，纹层相互平行，并平行于层系界面，层理上可见细小植物碎屑和丰富的云母片［图 4-7 (a)］，常形成于浪基面以下或低能环境的低流态及物质供应不足的情况下，主要由悬浮物质缓慢地在垂向加积而成，可见于分流间湾、前三角洲及浅海陆架沉积环境。

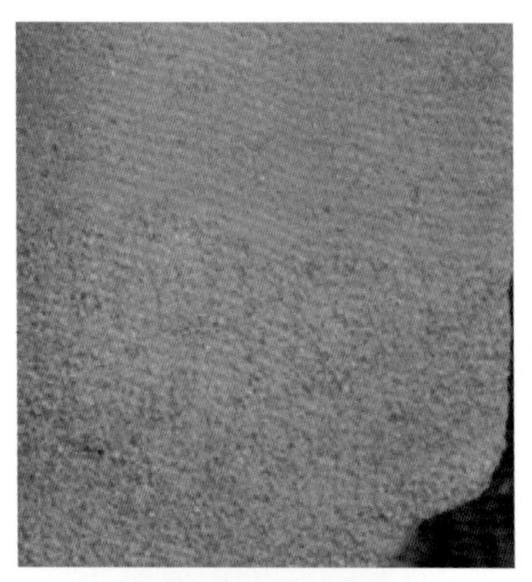

(a) 含海绿石块状砂岩

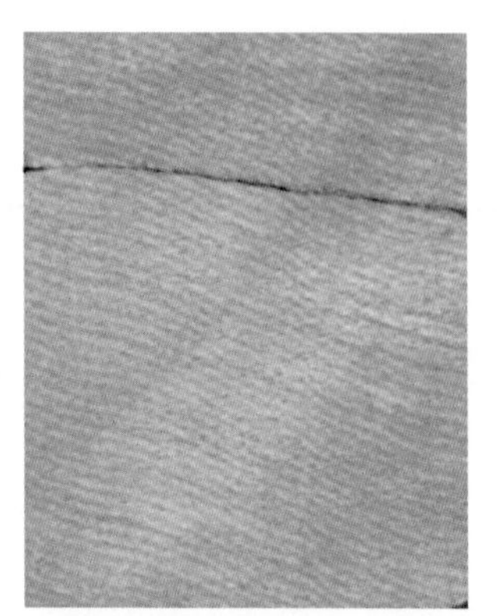

(b) 板状交错层理砂岩，含海绿石

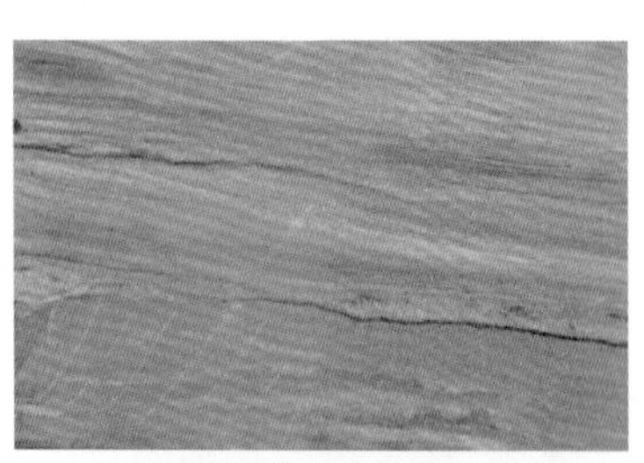

(c) 低角度交错层理细砂岩

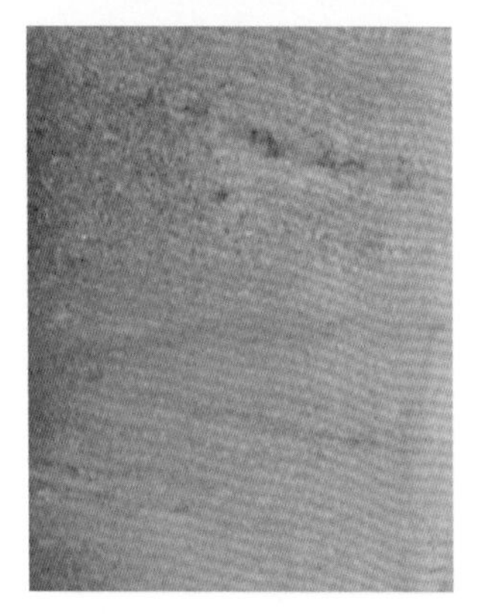

(d) 楔状交错层理砂岩，含石英质砾石

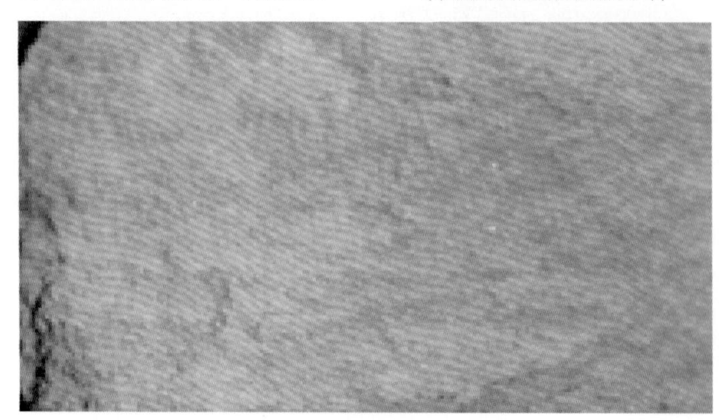

(e) 冲洗交错层理砂岩

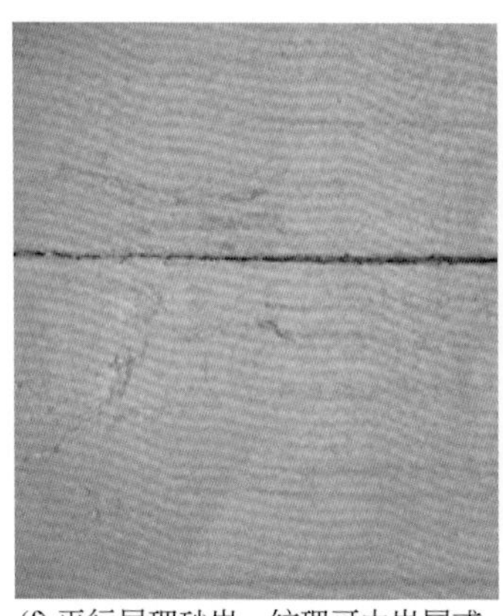

(f) 平行层理砂岩，纹理可由岩屑或暗色矿物显示

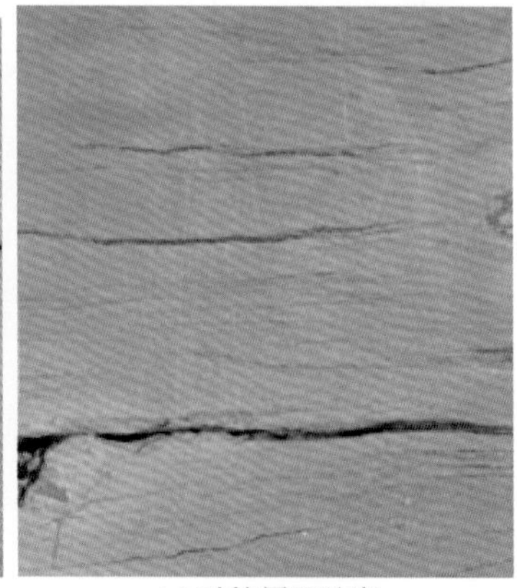

(g) 砂纹层理砂岩

图 4-6　砂岩相示例

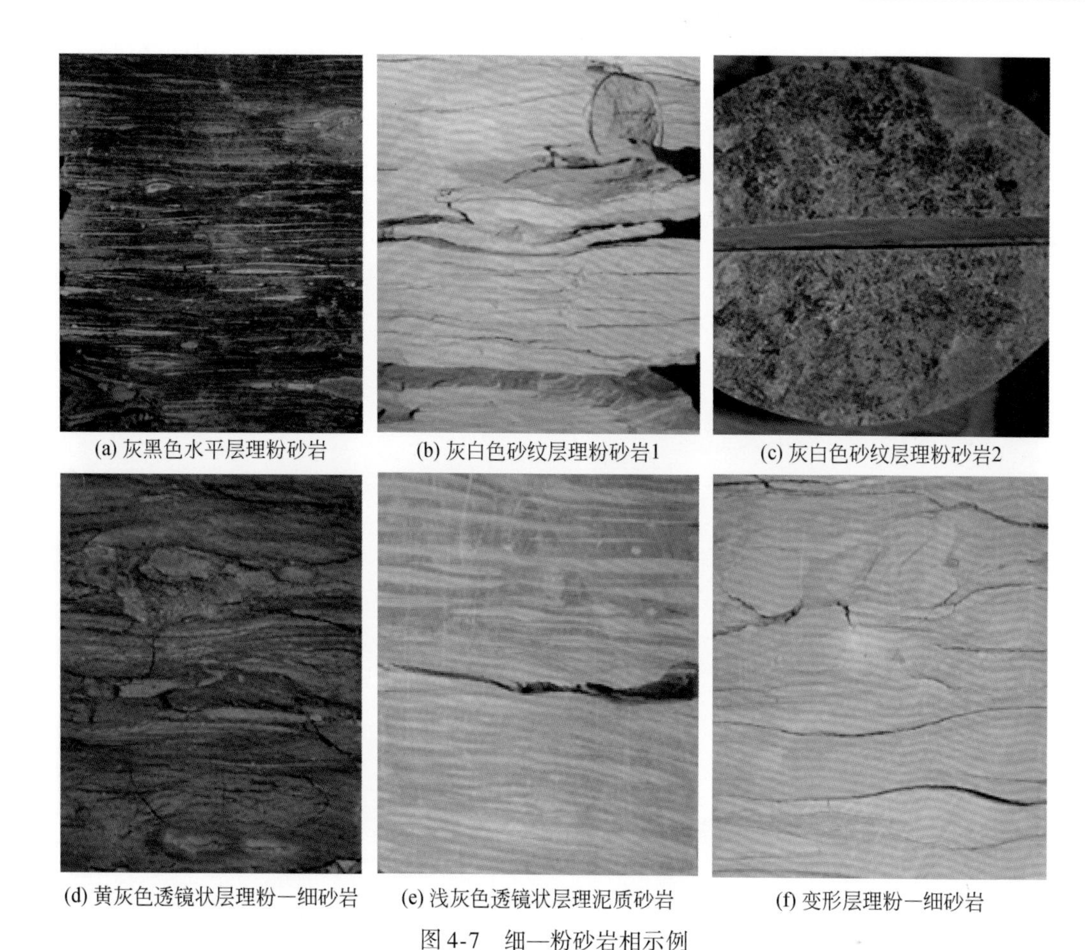

(a) 灰黑色水平层理粉砂岩 (b) 灰白色砂纹层理粉砂岩1 (c) 灰白色砂纹层理粉砂岩2

(d) 黄灰色透镜状层理粉—细砂岩 (e) 浅灰色透镜状层理泥质砂岩 (f) 变形层理粉—细砂岩

图 4-7 细—粉砂岩相示例

(13) 砂纹层理粉砂岩相：岩性以灰色、浅灰色、浅灰绿色粉细砂岩、粉砂岩、泥质粉砂岩为主，发育砂纹层理，纹层面不规则，呈断续或连续状，层面上可见细小植物碎屑、炭屑和云母片，常与平行层理、块状层理及小型交错层理砂岩相共生［图 4-7（b）（c）］，为水动力较弱条件下沙波的迁移而成。发育在水下分流河道、水下天然堤、远砂坝等微相沉积中。

(14) 复合层理粉砂岩相：岩性以浅灰色、浅黄灰色粉细砂岩、粉砂岩、泥质粉砂岩为主，发育砂包泥或泥包砂的透镜状层理、波状层理［图 4-7（d）（e）］，单层厚度不大。反映水动力条件较弱，多见于潮间带或三角洲前缘环境。

(15) 变形层理粉—细砂岩相：岩性以浅灰色粉—细砂岩和泥质粉砂岩为主，发育有典型的变形层理［图 4-7（f）］。该类岩石相多在沉积物未完全固结成岩状态下发生挤压、滑塌等，因此多为三角洲前缘河口砂坝、远砂坝沉积。

(16) 生物痕迹砂岩相：岩性为灰—浅灰色粉—细砂岩，发育有生物钻孔［图 4-8（a）（b）］、生物扰动［图 4-8（c）］及生物爬行迹［图 4-8（d）］等生物痕迹。该类岩石相的沉积环境处于水体较为平静、水深不大且适宜生物生存的临滨—过渡带。

(17) 生物钻孔泥岩相：岩性为灰—深灰色泥岩或粉砂质泥岩，发育有生物钻孔，且有些钻孔已被后期的砾石充填［图 4-8（e）］。该类岩石相多发育在前三角洲或浅海陆架沉积中。

（18）生物碎屑砂岩相：为浅灰—灰色细砂岩，其间含有大量的生物碎屑，有些介壳类生物化石保存完整［图 4-8（f）］。此类岩石相多发育在生物较为富集的滨岸或三角洲前缘沉积环境中，且根据生物化石（碎屑）的保存完整程度，可界定不同的水动力条件。

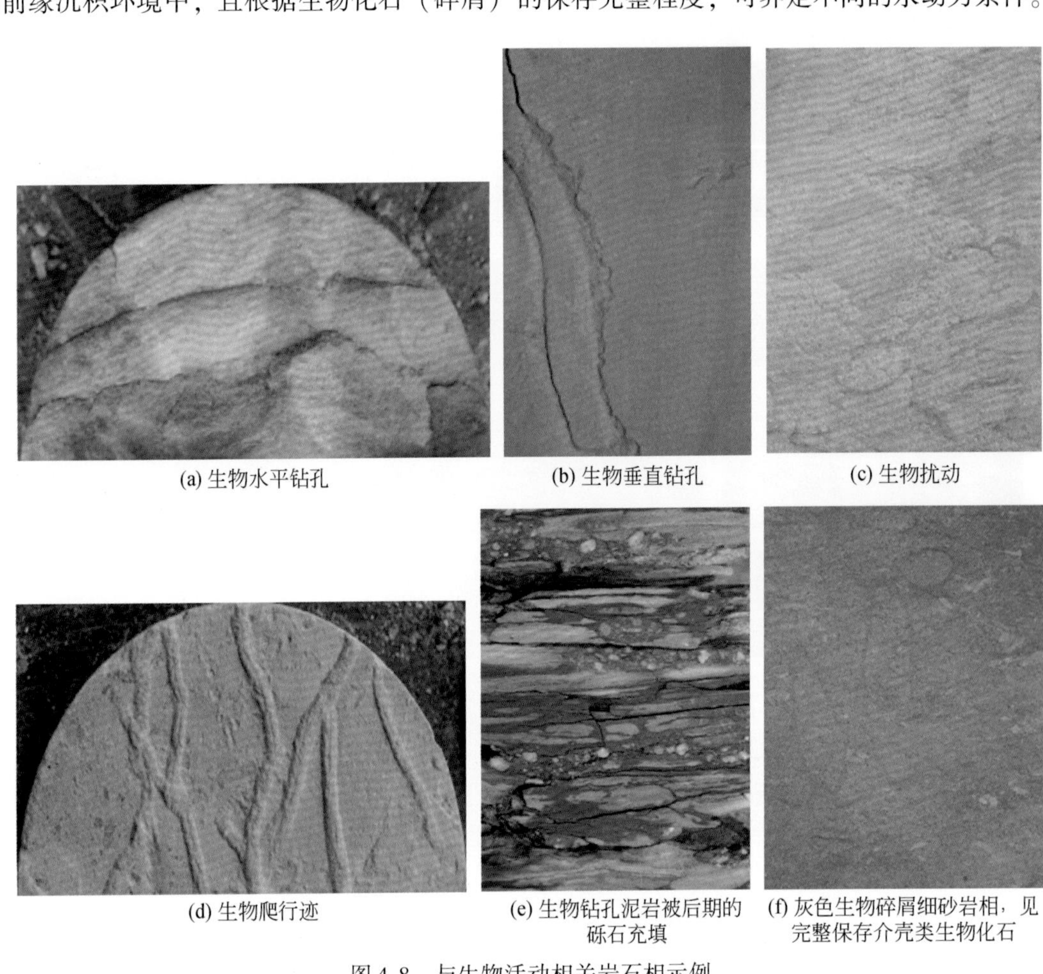

(a) 生物水平钻孔　(b) 生物垂直钻孔　(c) 生物扰动

(d) 生物爬行迹　(e) 生物钻孔泥岩被后期的砾石充填　(f) 灰色生物碎屑细砂岩相，见完整保存介壳类生物化石

图 4-8　与生物活动相关岩石相示例

（19）粒序层理砂砾岩相：以灰—深灰色砂砾岩为主，单层厚度一般 10 ~ 20cm。粒序变化明显，整体呈下粗上细的正韵律或下细上粗的反韵律。正粒序底部常见冲刷面，底部砾石较粗，一般砾径在 1 ~ 3.5cm，大者可达 4cm。上部为细砾岩，砾径一般为 0.5 ~ 0.8cm。向上可变为砾状砂岩或含砾砂岩［图 4-9（a）］。正粒序相反映水动力条件由强到弱的变化，常见于水下分流河道或河道侧缘的沉积。逆粒序则由下部较细的细—粉砂岩渐变过渡到上部的含砾中砂岩或含砾细—中砂岩［图 4-9（b）］。逆粒序反映水动力条件由弱到强的变化，多见于河口砂坝、远砂坝等沉积环境中。

(a) 正粒序砂砾岩

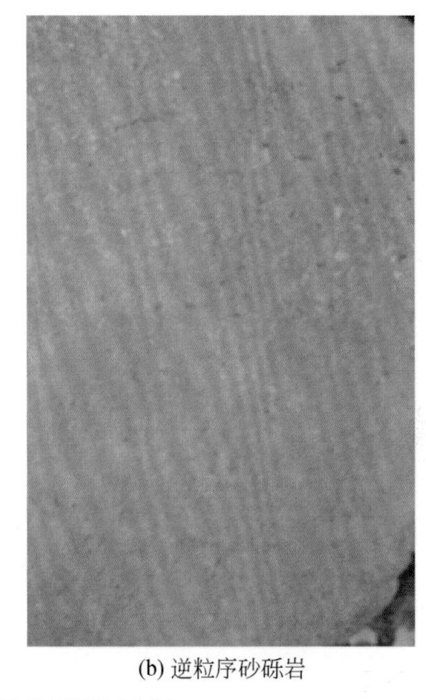
(b) 逆粒序砂砾岩

图 4-9　粒序层理岩石相示例

（20）杂乱堆积砂砾岩相：颜色呈灰色—浅灰色，岩性主要为砂质砾岩，单层厚度不大。块状构造，杂基支撑。砾石呈漂浮状，砾石粒径较大且不均一，一般为 1 ~ 3.5cm，大者可达 6cm，呈次棱角状，且无明显的定向排列（图 4-10）。该类岩石相底部常见冲刷面，多反映紊乱动荡的水动力环境，常见于风暴沉积中。

图 4-10　杂乱堆积砂砾岩相示例

（21）深色泥岩相：以深灰色、灰绿色、绿灰色、灰黑色、灰褐色泥岩为主，泥质较纯，具块状层理及水平纹理，层理发育的情况下可呈页理状［图 4-11（a）］，为弱水动力条件下或静水环境下的产物，常出现于滨浅海或前三角洲沉积中。

（22）浅色泥岩相：以浅灰色、灰色泥岩为主，泥质常含粉砂，常见植物碎片，呈块状，可见有铁质结核［图4-11（b）］。该类岩石相为水体较浅的弱水动力条件下的产物，常出现于三角洲平原分流间湾或潮坪沉积的泥坪沉积中。

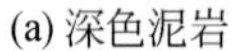
(a) 深色泥岩

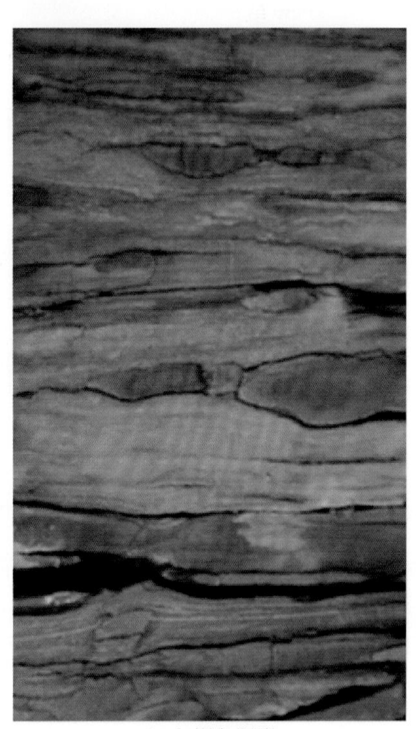

(b) 灰褐色泥岩

图4-11　泥岩相示例

# 第三节　三角洲平原亚相

三角洲平原亚相是三角洲的陆上部分，它与河流的分界是从河流大量分叉处开始，包括分流河道、天然堤、决口扇、沼泽、湖泊和分流间湾等。其中最主要的是分流河道砂沉积与沼泽的泥炭或褐煤沉积。二者的共生是三角洲平原沉积的典型特征。

## 一、分流河道

分流河道沉积是三角洲平原的主体，大量泥沙都是通过分流河道搬运至三角洲前缘的河口处沉积下来的。分流河道可以是曲流河、辫状河、网状河或顺直河，在上三角洲平原以辫状河为主，在下三角洲平原以曲流河为主。

## 1. 岩石学特征

分流河道本身的沉积具有一般河道沉积的特征，即以砂质沉积为主，向上逐渐变细，具有槽状、板状、波状交错层理，底界与下伏岩层常呈侵蚀接触。每条分流河道的沉积都为周期性水位变化的单向水流所形成的向上变细的正韵律层序，但比中、上游的河流沉积要细，且分选更好，底部多以中—细砂为主，向上逐渐变为粉砂或泥质粉砂及粉砂质泥，最上部为含有大量植物根系的粉砂和黏土层。其底界常具有冲刷面，砂层中有槽状、板状或波状交错层理，向上规模变小。

## 2. 岩相类型及其组合

通过对取心段岩心观察，发现三角洲平原分流河道微相中发育的岩石相有：底冲刷含砾砂岩相、块状层理砂岩相、平行层理砂岩相、板状交错层理砂岩相、槽状交错层理砂岩相（图版29 ~ 图版31）、楔状交错层理砂岩相、砂纹层理细砂岩相、块状层理粉砂岩相、复合层理砂泥岩相、水平层理粉砂岩相、块状泥岩相等。

在三角洲平原分流河道中常见以上岩石相呈现块状层理砂岩相—板状交错层理砂岩相—平行层理砂岩相—小型交错层理粉砂岩相—砂纹层理细砂岩相—波状层理粉砂岩相—水平层理粉砂岩相—块状泥岩相的组合（图4-12）。这种组合在西江区取心井段最为常见，岩性剖面底部多为冲刷面，自下而上依次出现块状层理砂岩相、板状交错层理砂岩相、交错层理砂岩相、块状层理粉砂岩相，向上逐渐变细，最终发育为块状泥岩相。在取心井段中，该组合常发育不完整，但总体上呈现向上变细的正韵律，反映了水动力条件由强变弱的特点。

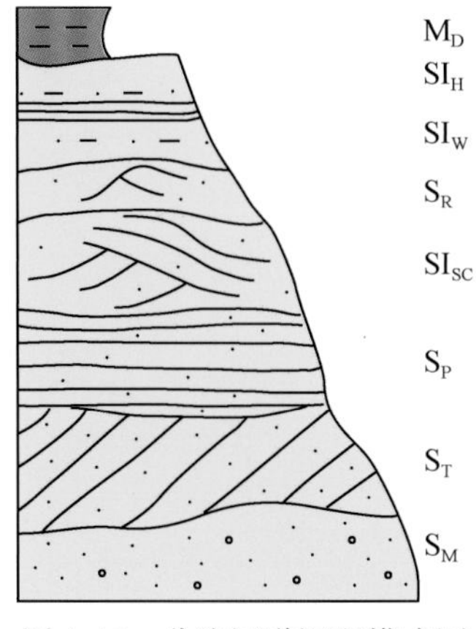


图4-12　分流河道沉积模式图

三角洲平原分流河道中由于单向水流的作用而形成正韵律沉积序列（图4-13）。河道下部水动力条件最强，沉积物粒度最粗，一般为中粗砂岩，底部往往含泥砾、砾石；由于水动力强，沉积物快速堆积，一般无明显层理构造，形成块状层理砂岩相。向上水动力有所减弱，但是沉积物粒度依然较粗，一般为中砂岩、细砂岩，偶尔含有砾石，在流水作用下发育板状交错层理、平行层理，形成板状交错层理砂岩相、平行层理砂岩相。由于河道的迁移或者废弃，河道上部水动力条件逐渐减弱，粒度变细，依次发育小型交错层理砂岩相、水平层理粉砂岩相、块状层理粉砂岩相、块状层理泥岩相。该微相砂岩样的粒度概率累积曲线为三段式，滚动总体累积概率占1%，粒度$\Phi$为-0.6～0.8，分选较差；跳跃总体粒度较粗，粒度$\Phi$为0.8～2.4，分选较好；悬浮总体累积概率为15%，分选中等(图4-14)。

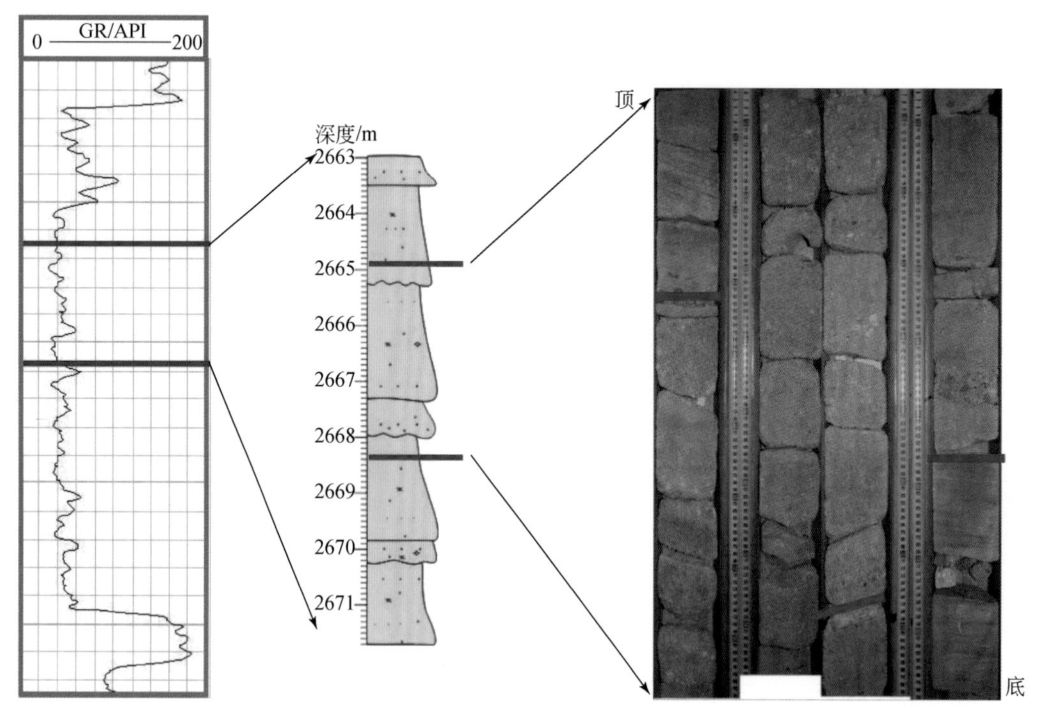


图4-13　分流河道沉积特征

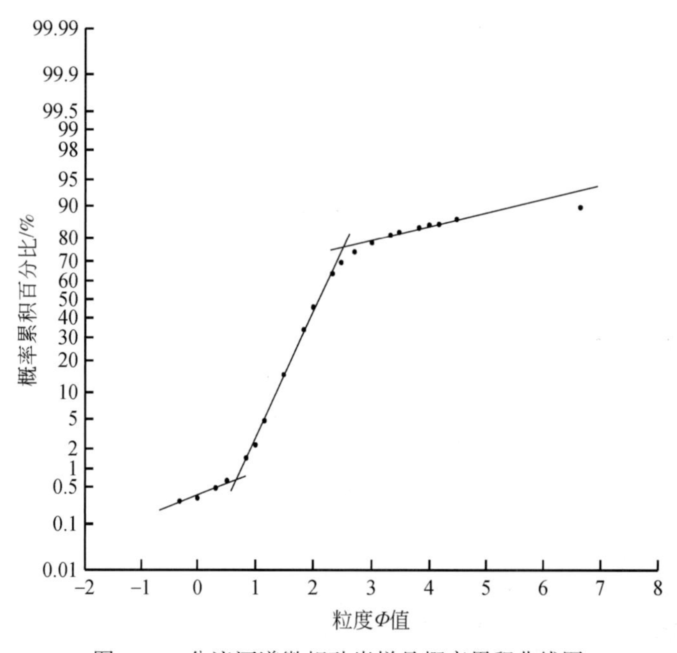


图4-14　分流河道微相砂岩样品概率累积曲线图

分流河道微相：GR 曲线呈显中到高幅度值，以齿化、微齿箱形和钟形为主，一般呈现多个箱形和钟形的叠置形态，底部多呈突变接触，偶见渐变接触，顶部呈突变或渐变接触，单层厚度一般为 0.5 ~5.5m 不等（图 4-13）。

河道砂体构成三角洲平原亚相的骨架，垂向上具有下粗上细的间断性正韵律特征，单层厚度较大，且多为中粗砂岩，底部往往含泥砾、砾石，分选较差，砂地比较高。横剖面上呈透镜状，沿河床呈长条状。此类砂体有较好的储集物性，特别是发育在低位体系域中的分流河道砂体，往往因为可容纳空间较小，常出现河道砂体之间的切割叠置，导致砂体的连通性较好，泥质的隔层和夹层较少。在高位体系域早期发育的三角洲平原分流河道则因可容纳空间较大，河道砂体间的泥质层较为发育，从而致使其砂体连通性减弱。

## 二、天然堤与决口扇

天然堤和决口扇位于分流河道的两侧。天然堤由洪水期挟带泥沙漫出淤积而成。天然堤位于分流河道两侧，向河道方向变陡，向外侧变缓。天然堤在上三角洲平原发育较好，向下游方向其高度减小，宽度增大。决口扇是在洪水期分支河流冲破天然堤，在分流间湾相对低洼处沉积扇状沉积体。

### 1. 岩石学特征

天然堤粒度比分流河道和决口扇细，以粉砂和粉砂质泥岩为主，水平层理和波状交错层理发育，也常见水流波痕、植屑、植茎、植根及潜穴等，生物扰动构造也很发育，有时可见雨痕和干裂等构造（图版 38）。由于洪水期与平水期的交替，天然堤的层序呈现出粉砂与粉砂质泥岩互层的特点。

决口扇沉积物粒度较天然堤粗，以粉砂岩和少量细砂岩夹薄层粉砂质泥岩所组成，发育有小型交错层理、砂纹层理，整体因决口进积形成下细上粗的沉积序列（图版 38）。

### 2. 岩相类型及其组合

通过对取心段岩心观察，发现三角洲平原天然堤微相中发育的岩石相有：砂纹层理细砂岩相、块状层理粉砂岩相、复合层理砂泥岩相、水平层理粉砂岩相、块状泥岩相等（图版 32、图版 33）。决口扇则较粗，发育平行层理砂岩相、板状交错层理砂岩相、砂纹层理细砂岩相、块状层理粉砂岩相。

在三角洲平原天然堤中常见以上岩石相呈现砂纹层理细砂岩相—块状层理粉砂岩相—水平层理粉砂岩相—块状泥岩相的组合。该组合常见有水平层理粉砂岩相和块状泥岩相互层，但总体上呈现向上变细的正韵律，反映了水动力条件由强变弱的特点。而决口扇多在富泥背景中，发育块状层理粉砂岩相—砂纹层理细砂岩相—小型交错层理砂岩相—平行层理砂岩相的岩石相组合。

从测井曲线看，天然堤的 GR 曲线多呈钟形，齿化严重。而决口扇的 GR 曲线多为漏斗形，微齿化，顶部因过渡到枯水期沉积为高 GR 的泥质，两者之间呈突变接触。

天然堤因发育有大量的砂泥互层，且砂质沉积多为细粒，其储集物性往往较差，不适宜作为储集层。决口扇储集物性较好，但其规模小，且多与河道砂体伴生，在储层预测时多与河道砂体同时描述与分析。

## 三、分流间湾

分流间湾占三角洲平原的90%。表面接近于平均高潮面，是一个周期性被水淹没的低洼地区，水体为淡水或半咸水，弱还原或还原环境，其沉积环境可进一步划分为沼泽和间湾。

沼泽中植物繁茂，多为芦苇等草本植物。但其中砂体不发育，多为暗色泥岩、泥炭或褐煤沉积，可夹洪水挟带的粉砂岩。常见的沉积构造有块状层理、水平层理、生物扰动，有时可见潜穴，常含有植屑、炭屑、植根、介形虫、腹足类及菱铁矿等（图版34）。

间湾为分流河道之间较低洼地区，前端与海连通，当三角洲向海推进时，它们最终多被决口扇、次三角洲或泛滥洪水带来的沉积物充填。岩性主要为泥岩、粉砂质泥岩、泥质粉砂岩，也可有细—粉砂岩透镜状砂体。分流间湾泥岩在层序上往往向下渐变为前三角洲泥岩，向上渐变为富含有机质的沼泽沉积。沉积构造以水平层理、透镜状及波状层理为主，生物扰动作用强烈，偶见海相化石（图版34 ~ 图版39）。

三角洲平原分流间湾的岩石相多见水平层理粉砂岩相、块状泥岩相及煤层。从测井曲线看，GR曲线多呈高GR的直线形，局部因含有薄层状或透镜状的粉砂岩导致GR曲线呈指形或齿化严重的直线形。分流间湾因发育有大量的泥岩或煤层，砂岩层较薄，其储集物性较差，多在还原环境中形成生油岩。

# 第四节　三角洲内前缘亚相

三角洲前缘是三角洲中砂岩的集中发育带，位于最低水平面至浪基面之间的斜坡地带，是河湖或河海共同作用最具特色的地带。三角洲前缘是三角洲的水下为主的部分，呈环带状分布于三角洲平原向海洋一侧边缘位于分流河道的前端（河口部位），是三角洲最活跃的沉积中心，是三角洲的主体。从河流带来的砂、泥沉积物在河口与海洋结合部位迅速地沉积。由于受到河流、波浪和潮汐的反复作用，砂、泥经冲刷、簸扬和再分布，形成分选较好、质较纯的砂质沉积集中带，构成了良好的储集层。三角洲前缘可进一步分为内前缘和外前缘两部分，三角洲内前缘亚相包括水下分流河道、水下分流间湾和河口砂坝。三角洲外前缘由远砂坝和席状砂组成。

## 一、水下分流河道

水下分流河道是三角洲平原分流河道向湖/海内的继续延伸，由于它位于水下，故称为水下分流河道。河流作用越强，水下河道越长，呈条带状垂直岸线分布。岩性剖面为多层小正韵律砂岩叠合而形成的砂体，周围泥岩为灰色、灰绿色至暗色含海相化石的海相泥岩，不同于下三角洲平原的分流河道（图版40 ~ 图版43）。当水下分流河道很发育时，在河道之间可出现水下分流间湾、水下天然堤等微相。

### 1. 岩石学特征

水下分流河道以砂质沉积为主，底部与下伏岩层呈冲刷侵蚀接触，下部多发育中—细砂岩，向上逐渐变为粉砂岩或泥质粉砂岩，顶部呈粉砂岩和黏土岩的薄互层。整体呈现下粗上细的正韵律。砂岩层中发育槽状、板状或波状交错层理，层理规模由下向上逐渐减小。

### 2. 岩相类型及其组合

通过对取心段岩心观察，发现三角洲前缘水下分流河道微相中发育的岩石相有：底冲刷含砾砂岩相、块状层理砂岩相、波状层理砂泥岩相、板状交错层理砂岩相、槽状交错层理砂岩相、楔状交错层理砂岩相、脉状层理砂岩相、砂纹层理砂岩相、水平层理泥质粉砂岩相、暗色泥岩相、透镜状层理泥岩相。

从剖面上看水下分流河道由下往上底部多为冲刷面，依次出现底冲刷含砾砂岩相、块状层理砂岩相、板状交错层理砂岩相、槽状交错层理砂岩相、砂纹层理砂岩相、水平层理泥质粉砂岩相、暗色泥岩相。该岩石相组合整体表现为，岩性粒度呈向上变细的正韵律变化，沉积构造规模向上减小，反映了水动力条件由强逐渐变弱的特点。通过岩心观察可以发现，该岩石相组合常出现发育不全的现象。不同部位，其单层正韵律的厚度不等，大多在0.55～1.91m。该岩石相组合反映了明显的河道特征，河道的底部常见冲刷面，并出现多期叠置现象。根据整体沉积背景来看，该岩石相组合反映三角洲前缘多期叠置的水下分流河道沉积微相特征（图4-15）。

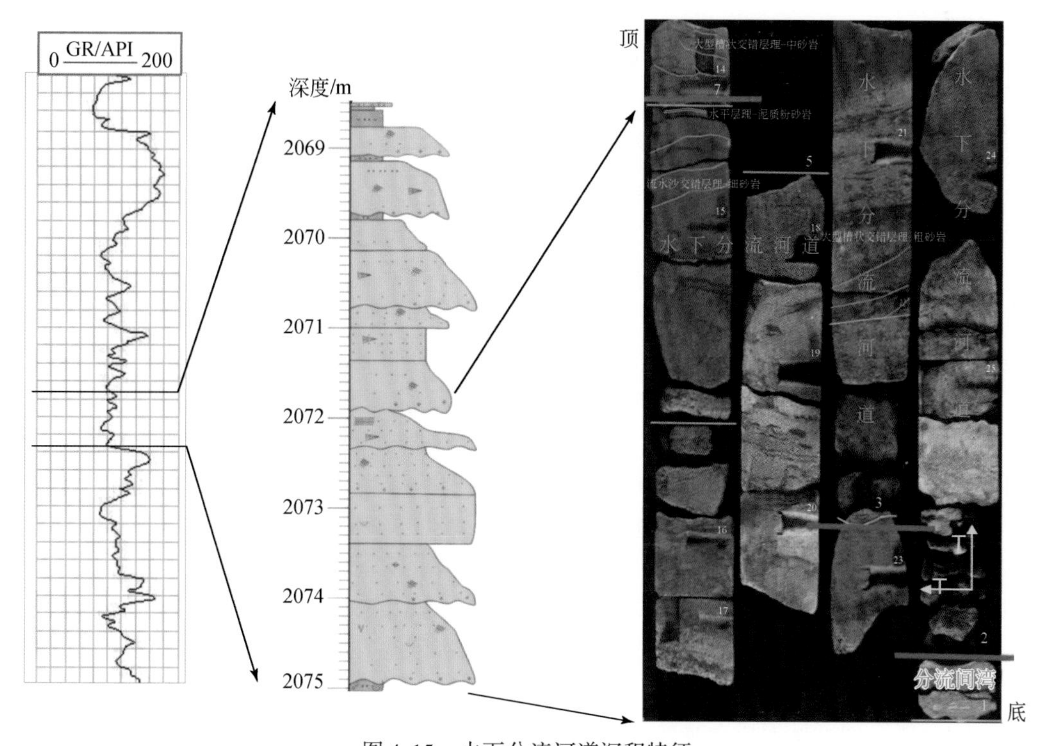


图4-15　水下分流河道沉积特征

该微相的粒度概率累积曲线为三段式，滚动总体累积概率为1%左右，粒度 $\Phi$ 为1～2.8，分选较差；跳跃总体累积概率为75%，粒度 $\Phi$ 为2.8～3.6，分选较好。悬浮总体累积概率为24%，分选较差（图4-16）。

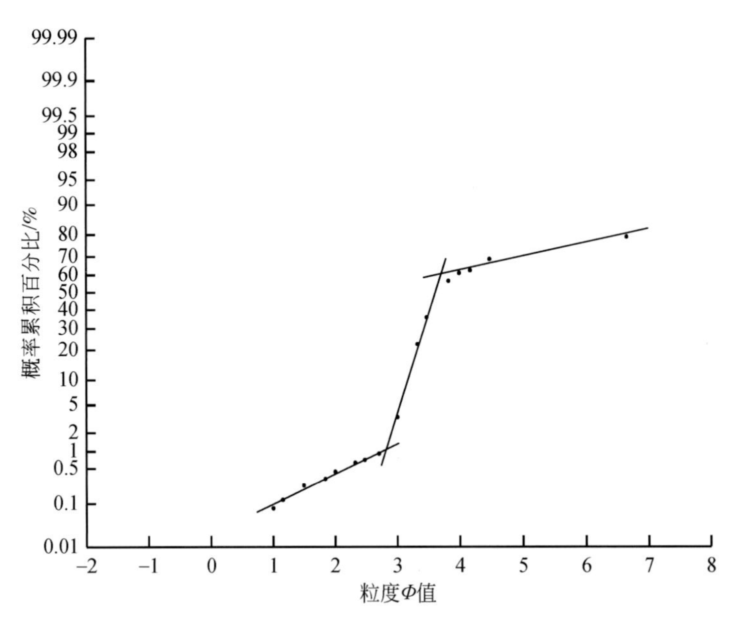


图4-16　水下分流河道微相砂岩样品概率累积曲线图

在新近纪，沉积水动力较为复杂，潮汐和波浪对古珠江三角洲供给的沉积物进行改造和再搬运，造成岩石相和岩石相组合有别于正常的河控三角洲水下分流河道。其中最为常见的是潮汐影响的水下分流河道。潮汐影响的水下分流河道沉积物以砂、粉砂为主，泥质较少，底部可为含砾砂岩或滞留砾石沉积，发育小型交错层理、平行层理及砂纹层理。该岩石相组合从下到上由交错层理含砾砂岩相、块状层理砂岩相、楔状交错层理砂岩相、脉状层理砂岩相、潮汐层理相、异岩相及暗色泥岩相组成。其中往往因河道的发育过程不同，个别岩石相发育不完整，但整体具有这一组合的特征。该组合粒度总体上呈向上变细的正韵律，反映了水动力条件由强逐渐变弱的特点。但是值得注意的是，泥质含量向上逐渐增多，脉状层理砂岩相和潮汐层理，频繁发育，交替出现，反映出潮汐作用的特征，局部可见双向交错层理、双黏土层、再作用面等明显的潮汐沉积构造（图版43）。

潮汐影响的水下分流河道岩石相组合呈多期的正韵律变化特征，不同部位，其单层正韵律的厚度变化不等，一般为0.15～1.4m。结合当时沉积背景来看，该岩石相组合代表三角洲前缘受潮汐影响的水下分流河道沉积微相（图4-17）。

结合岩石学特征，潮汐影响的水下分流河道处粒度概率累积曲线为三段式：滚动—跳跃—悬浮（图4-18）。从 $C$-$M$ 图（图4-19）中整体明显表现为牵引流的典型特征，以悬浮和滚动、递变悬浮等搬运方式为主。值得注意的是，在潮汐影响的水下分流河道微相中，也可出现多期河道的叠置，导致整个沉积缺乏暗色泥岩沉积，但在叠置的砂岩中可见局部的潮汐韵律层理。如图4-20所示，岩性变化可看出多期正韵律的叠置，而在每一期正韵律的上部，均可见泥质含量的增加，进而出现砂泥交互的潮汐韵律层理。

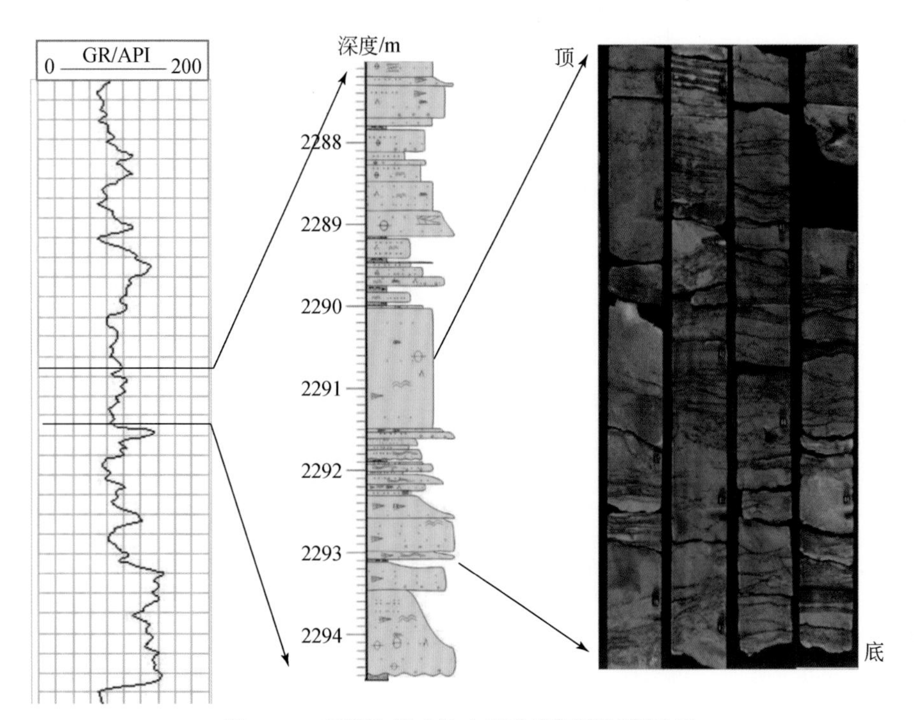


图 4-17　受潮汐影响的水下分流河道沉积特征

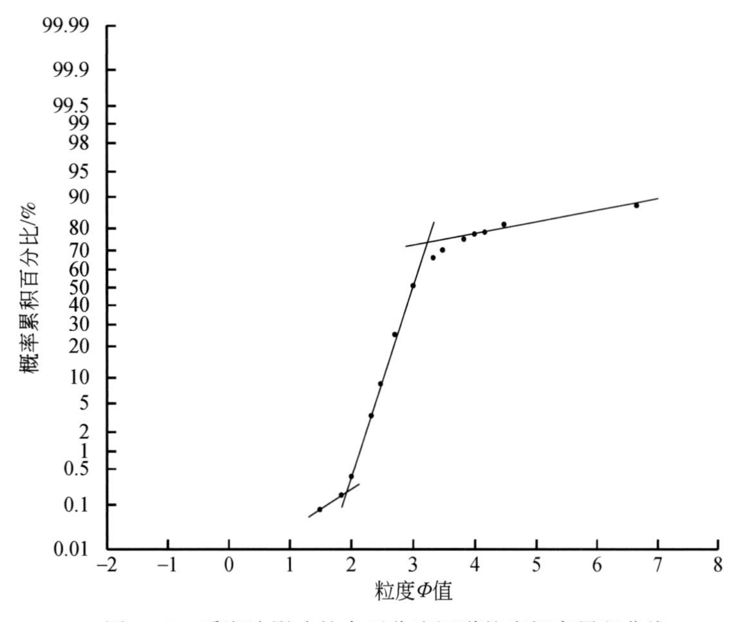


图 4-18　受潮汐影响的水下分流河道粒度概率累积曲线

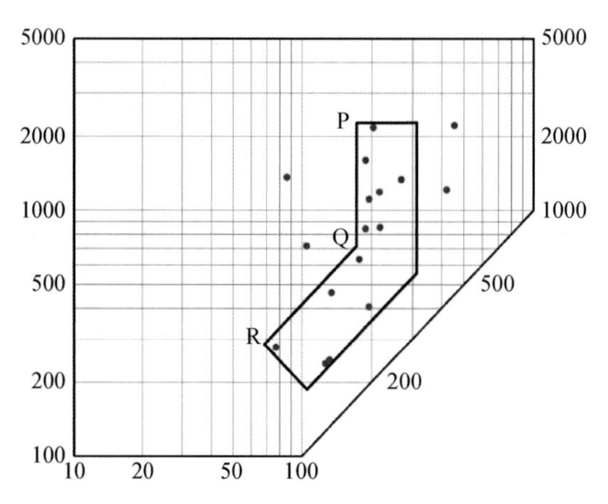


图 4-19　受潮汐影响的水下分流河道粒度 *C-M* 图

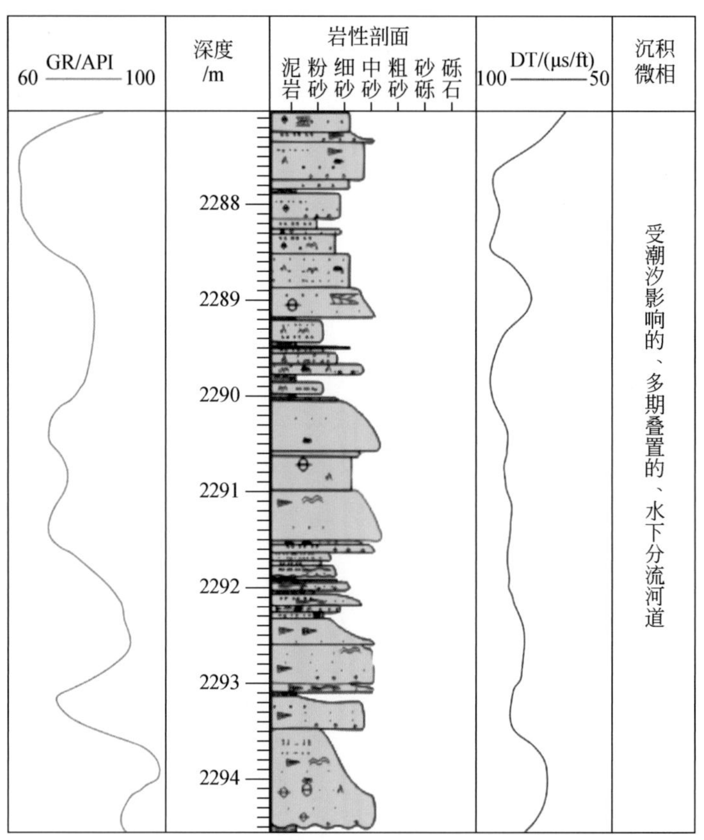


图 4-20　受潮汐影响的水下分流河道叠置

DT 为声波时差，1ft=0.3048m

从测井曲线特征来看，单个水下分流河道砂体的 GR 曲线特征体现为中—高幅钟形或箱形，多个水下分流河道砂体连续叠置呈中—高幅钟形、箱形及钟形+箱形的复合形的曲线形态，曲线为齿化、微齿化或光滑，顶底面突变接触，或底部呈突变接触，而顶部渐变接触。DT曲线形态与GR曲线大体呈镜像对称。

水下分流河道砂体构成了三角洲内前缘亚相的骨架，垂向上具有下粗上细的间断性正韵律特征，单层厚度较大，且多为中粗砂岩，底部往往含泥砾、砾石，分选较差，砂地比较高。横剖面上呈透镜状，平面上呈条带状。此类砂体形成于强水动力条件下由牵引流形成，砂岩储集物性好，且砂体多发育在支流间湾泥质背景中，可组成较为理想的储盖组合。

## 二、水下分流间湾

水下分流间湾为水下分流河道之间相对凹陷的海湾地区，与海相通。当三角洲向前推进时，在水下分流河道间形成一系列尖端指向陆地的楔形泥质沉积体。水下分流间湾以黏土沉积为主，含少量粉砂和细砂。砂质沉积多是洪水季节河床满溢沉积的结果，常为黏土夹层或呈薄透镜状，发育水平层理和透镜状层理，虫孔及生物扰动构造发育。该微相砂岩样的粒度概率累积曲线由跳跃和悬浮组成，主要特点是跳跃总体粒度较细、累积概率为90%，粒度$\Phi$为3.2～5；悬浮总体累积概率为10%，交界点的粒度$\Phi$为5（图4-21）。

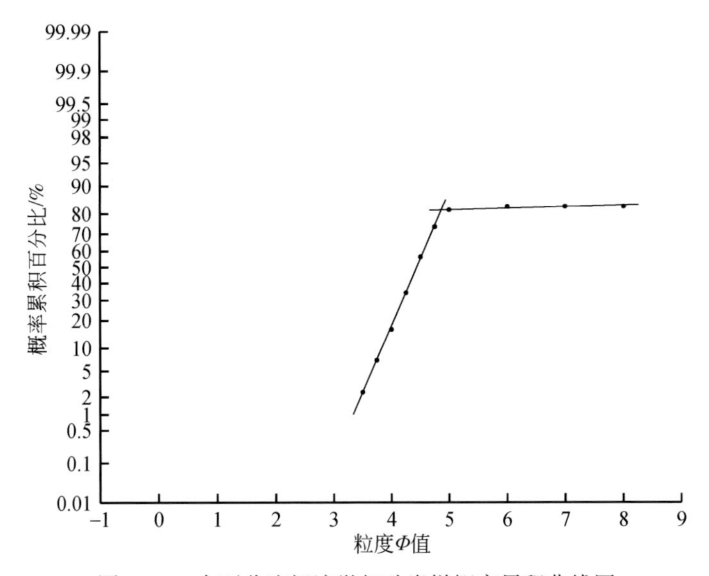


图4-21　水下分流间湾微相砂岩样概率累积曲线图

水下分流间湾以泥岩沉积为主，岩石相主要有深色泥岩相、复合层理粉砂岩相、生物钻孔泥岩相等。其岩石相组合特征表现为生物钻孔泥岩相、暗色泥岩相、复合层理粉砂岩相的组合，反映了整体水动力较弱的特点（图4-22）（图版44）。

从测井曲线看，三角洲内前缘水下分流间湾的GR曲线多呈高GR的直线形，局部因含有薄层状或透镜状的粉砂岩，导致GR曲线呈指状或齿化严重的直线形。水下分流间湾主要发育泥岩，间夹薄层的细砂岩和粉砂岩。整体而言该微相储集物性极差，因其处于弱水动力条件下的还原环境常发育烃源岩。

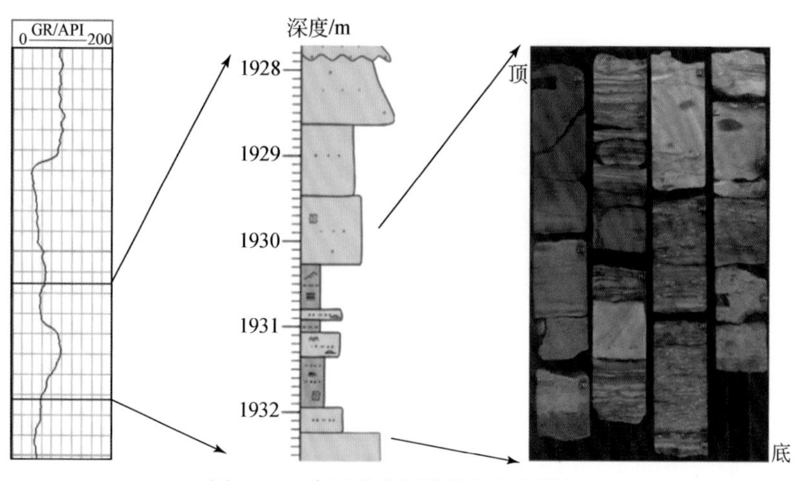


图 4-22　水下分流间湾微相沉积特征

## 三、河口砂坝

### 1. 岩石学特征

河口砂坝是三角洲中最具特色的砂体，它形成于河口区，由于河流入海后水流扩散、坡度减小，又受海水作用的影响，使所挟泥沙在主泓线两侧和前端形成弧形的堆积体。海水的冲刷和簸选作用，使泥质沉积物被带走，砂质沉积物被保存下来，故河口砂坝沉积物主要由分选好、质纯净的细砂和粉砂组成，具较发育的槽状交错层理，成层厚度为中、厚层，可见水流波痕和浪成摆动波痕。该微相生物化石稀少。三角洲废弃时，砂坝顶部可出现虫孔，以及河流和海洋搬运来的生物碎片。

### 2. 岩相类型及其组合

通过对取心段的岩心观察，发现有韵律层理砂泥岩相、水平层理粉砂岩相、砂纹层理粉砂岩相、平行层理砂岩相、块状层理砂岩相等。分析总结取心段的岩石相特点及其组合规律，可以得出：韵律层理砂泥岩相—水平层理粉砂岩相—砂纹层理粉砂岩相—平行层理砂岩相—块状层理砂岩相，该岩石相组合在惠州区取心段中较为常见，从剖面上看，自下而上依次出现韵律层理砂泥岩相、水平层理粉砂岩相、砂纹层理粉砂岩相、平行层理砂岩相、块状层理砂岩相（图版 45 ~ 图版 48）。从剖面上看，岩性有呈向上变粗的反韵律特征，该组合样式常有发育不全的现象；沉积物为分选好、质纯净的砂岩，下部多为泥质粉砂岩、粉砂岩，向上变为细砂岩、中粗砂岩等。下部为小型层理，向上层理规模变大，反映了水动力由弱变强的特点。该岩石相组合反映了河口砂坝微相的沉积特征（图 4-23）。

河口砂坝微相粒度概率累积曲线为三段式，滚动总体累积概率为 1%，粒度 $\Phi$ 为 0.5 ~ 1.5，斜率为 35°，分选中等；跳跃总体粒度中等，累积概率为 50%，粒度 $\Phi$ 为 1.5 ~ 3，斜率为 60°，分选较好；悬浮总体累积概率为 49%，分选中等。跳跃、悬浮两总体间的交界点的粒度 $\Phi$ 为 3（图 4-24）。

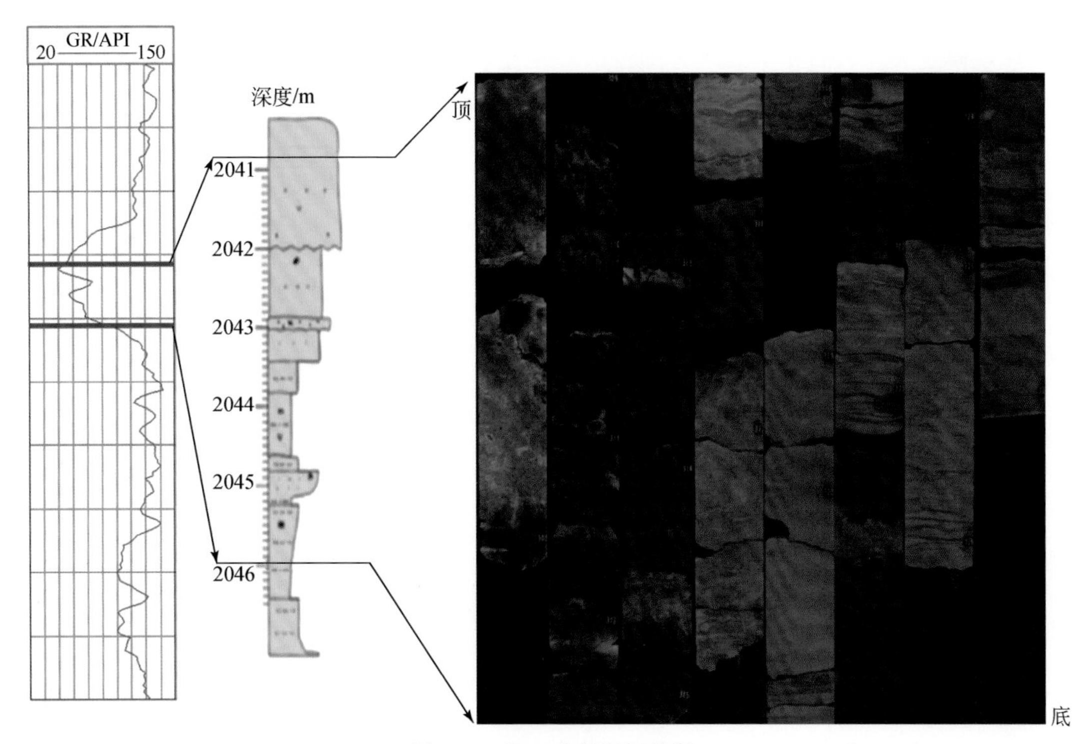


图 4-23　河口砂坝沉积特征

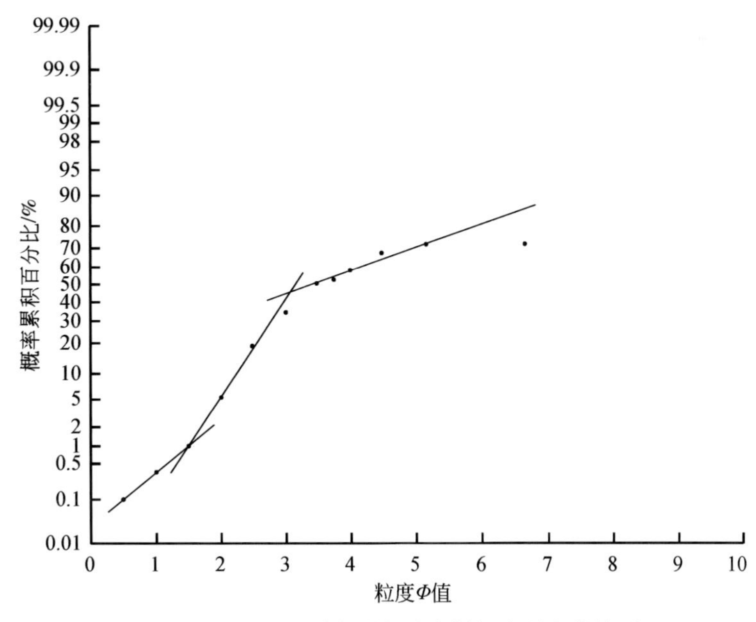


图 4-24　河口砂坝微相砂岩样概率累积曲线图

在潮汐作用较强的地区，因潮汐作用的影响，河口砂坝沉积物由分选好、质纯净的砂岩组成。下部多为粉砂质泥岩、泥质粉砂岩、粉砂岩，向上变为细砂岩，具下细上粗的反韵律。槽状交错层理、水平层理、砂纹层理、块状层理发育，下部为小型层理，向上层理规模变大。岩石相上表现为潮汐层理相泥岩相—砂纹层理粉细砂岩相—槽状交错层理细砂岩相组成的反韵律粉砂岩相—砂岩相组合。该微相中底部含生物化石较多。其概率累积曲线由跳跃和悬浮组成，主要特点是跳跃总体粒度较细，累积概率为85%，粒度 $\Phi$ 为1.8～3.3，分选较好；悬浮总体累积概率为15%，分选中等，交界点的粒度 $\Phi$ 为3.3（图4-25）。

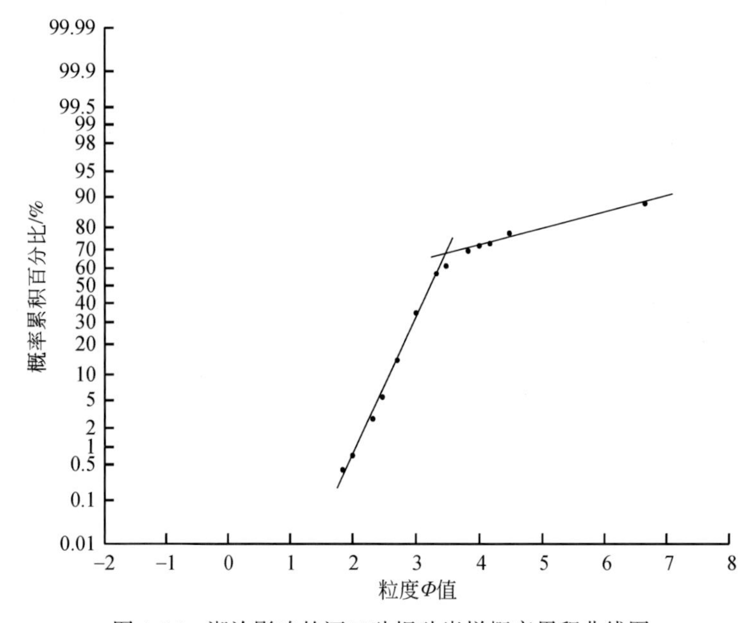


图4-25　潮汐影响的河口砂坝砂岩样概率累积曲线图

河口砂坝微相的测井曲线显示：GR曲线呈中—高幅漏斗状，幅度自下而上由低—中幅变为高幅，与粒度变化趋势一致，底部一般为突变接触，顶部为渐变或突变接触（图4-23）。

地处河水和海水的交锋地带，由于海水的冲刷和簸选作用，使泥质沉积物被带走，从而使河口砂坝微相沉积的砂体分选好、质纯净。下部多为泥质粉砂岩、粉砂岩、粉细砂岩，向上变为细砂岩、中粗砂岩，顶部常为含砂砾岩。具下细上粗的反韵律，发育交错层理，下部为小型层理，向上层理规模逐渐变大。单层厚度变化也较大，平面上略呈新月形、菱形或舌形，分布范围较广，砂体常随三角洲向海推进覆盖在浅海陆架泥之上。该微相发育砂体是较为有利的储集体，因其经长期的簸选，砂岩分选较好，原始物性较好。同时因海平面不断升降，河口砂坝砂体与前三角洲泥岩相伴生，形成较好的生储盖组合。

# 第五节 三角洲外前缘亚相

## 一、远砂坝

### 1. 岩石相及其组合

通过对取心段的岩心观察，发现有浪成砂纹层理粉砂岩相、灰色泥岩相、小型交错层理粉砂岩相、爬升波痕纹层粉砂岩相等。

岩石相组合上表现为浪成砂纹层理粉砂岩相—灰色泥岩相—小型交错层理粉砂岩相—爬升波痕纹层粉砂岩相组成的反韵律粉砂岩夹泥岩相组合。表明水动力逐渐增强，呈现进积的特点。该微相以出现由粉砂和黏土组成的结构纹层和由炭化植屑构成的颜色纹层为特征（图版49）。

远砂坝微相粒度概率累积曲线为一跳一悬夹过渡，由一个跳跃总体和一个悬浮总体夹一过渡段组成。跳跃总体粒度中等，累积概率为50%，粒度 $\Phi$ 为1.4～3.6，斜率为60°，分选较好；悬浮总体累积概率为25%，分选差；过渡段概率累积为25%，粒度 $\Phi$ 为3.6～4.8（图4-26）。

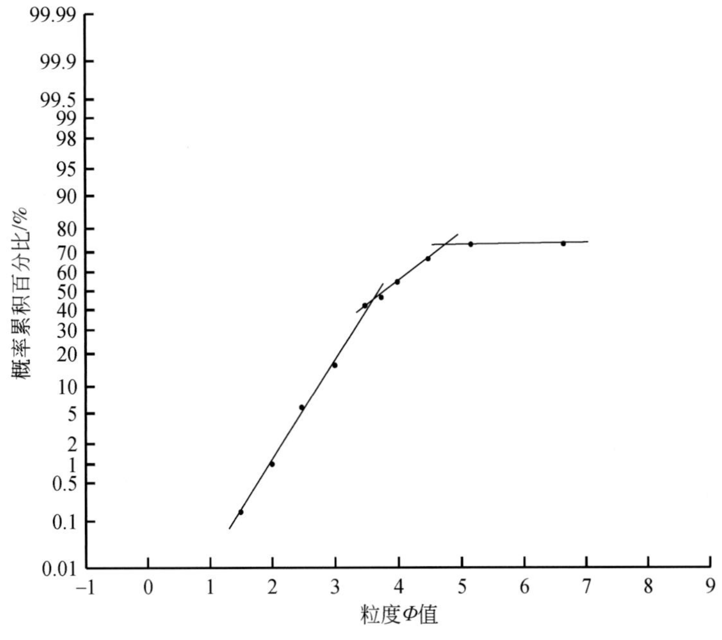


图4-26 远砂坝微相砂岩样概率累积曲线图

本区内潮汐影响的远砂坝发育有槽状交错层理、包卷层理，局部可见冲刷充填构造。岩石相上表现为潮汐复合层理砂泥岩相—水平层理泥质粉砂岩相—包卷层理泥质粉砂岩—砂纹层理粉细砂岩相—槽状交错层理细砂岩相组成的反韵律粉砂岩相组合。这表明水动力强度逐渐增强。潮汐影响的远砂坝砂岩样的概率累积曲线是两个跳跃总体和一个悬浮总体。跳跃总体粒度较细，累积概率为85%，粒度 $\Phi$ 为2.3～4.2，分选较好；悬浮总体累积概率为15%，分选较差（图4-27）。

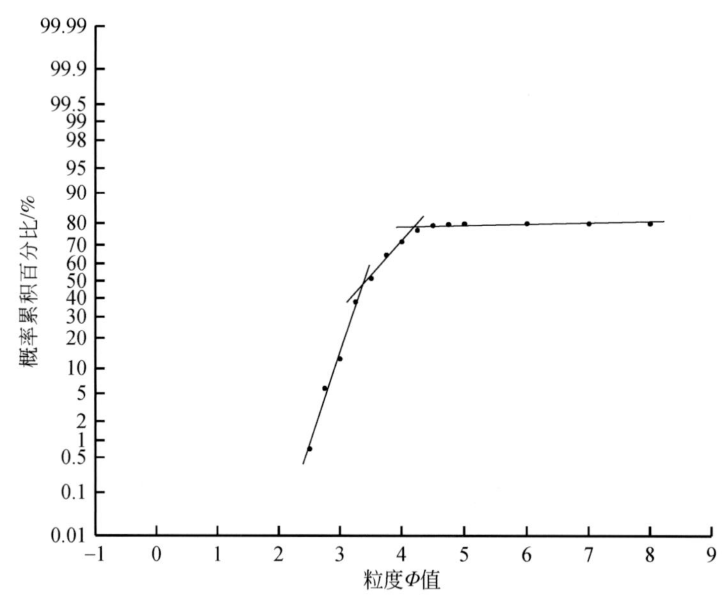


图4-27　潮汐影响的远砂坝微相砂岩样概率累积曲线图

**2. 测井相特征**

远砂坝微相：GR曲线呈异常中幅漏斗形，齿化严重，DT曲线呈齿化线形，与GR曲线大体呈镜像对称（图4-28）。

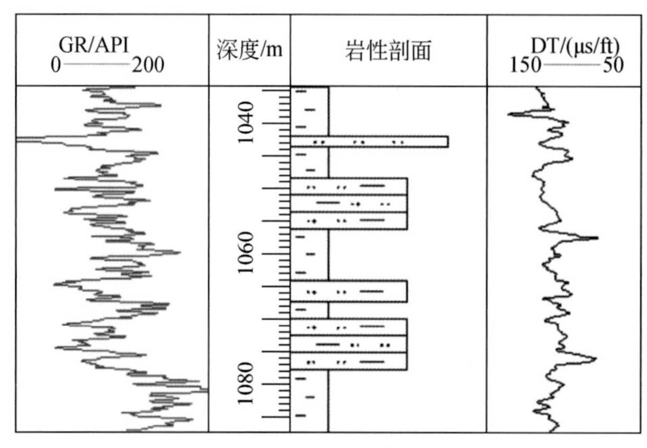


图4-28　远砂坝测井相特征

**3. 砂体发育特征**

远砂坝位于河口砂坝前方较远部位，沉积物较河口砂坝细，主要为粉砂，并有少量黏土和细砂。本区内该微相砂岩发育有多种交错层理和冲刷充填构造，其沉积特点与河口砂坝相似，只是沉积水动力更弱，以由粉砂和黏土组成的结构纹层和由植物炭屑构成的颜色纹层为远砂坝微相特征，有零星生物碎屑，见虫孔，砂地比较低。由于波浪作用的改造，在平面上其长轴多呈平行于岸线的椭圆状，且整体为延伸较远的层状，垂向上常分布在河口砂坝的下面，与河口砂坝一起构成向上变粗的完整序列。

## 二、席状砂

在海洋作用较强的河口区，河口砂坝、远砂坝受波浪和沿岸流的淘洗和簸选，并发生侧向迁移，使之呈席状或带状广泛分布于三角洲前缘，形成三角洲前缘席状砂。这种砂层分选好，质较纯，可成为极好的储层，其沉积构造常见有交错层理、波状层理，生物化石稀少（图版50、图版51）。若在潮汐作用的影响下，席状砂的分布却出现了明显的变化，呈现出垂直于岸线的砂脊状。就岩心特征来看，潮汐影响的席状砂砂质纯、分选好，广泛发育交错层理，生物化石稀少。岩石相为水平层理泥岩相与透镜状层理泥质粉砂岩相组合，其水动力条件较弱，砂泥呈频繁薄互层。

席状砂体向岸方向加厚，向海方向减薄。粒度概率曲线为两跳一悬式，由两个跳跃次总体和一个悬浮总体组成，反映了双向水流的沉积特点。其中跳跃总体粒度较细，累积概率为75%，粒度 $\Phi$ 为2.8～4.5，斜率分别为75°、65°，分选较好，两跳跃次总体的交界点的粒度 $\Phi$ 为3.3；悬浮总体累积概率为25%，分选较差。跳跃、悬浮两总体间的交界点的粒度 $\Phi$ 为4.5（图4-29）。

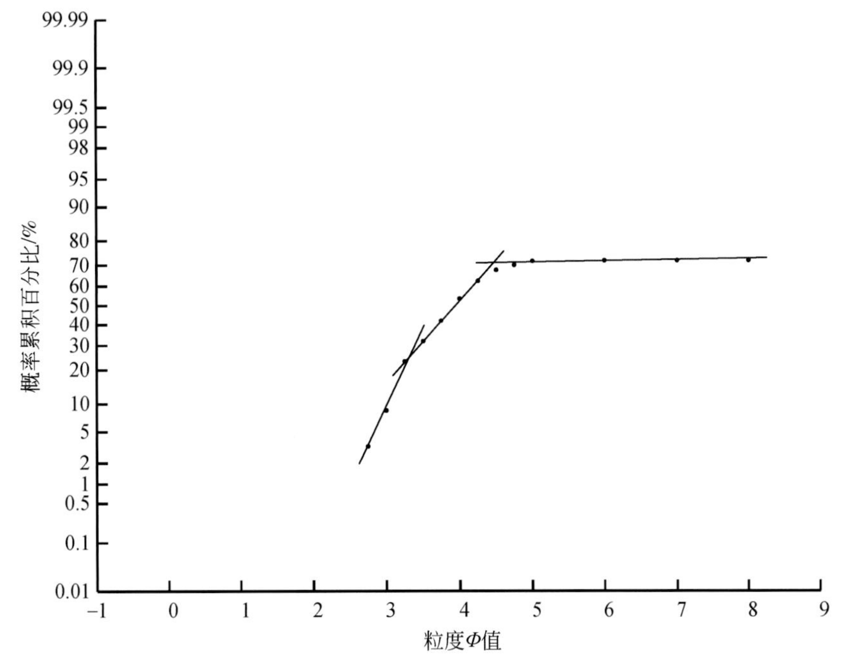


图4-29　席状砂微相砂岩样概率累积曲线图

### 1. 岩石相及其组合

席状砂微相主要发育平行层理砂岩相、砂纹层理砂岩相和复合层理粉砂岩相三种岩石相类型。该微相自下而上依次发育复合层理粉砂岩相、平行层理砂岩相、砂纹层理砂岩相的组合特征（图4-30），构成明显的细—粗—细完整的垂向沉积层序，反映了席状砂垂向上先反后正的复合韵律的特点。

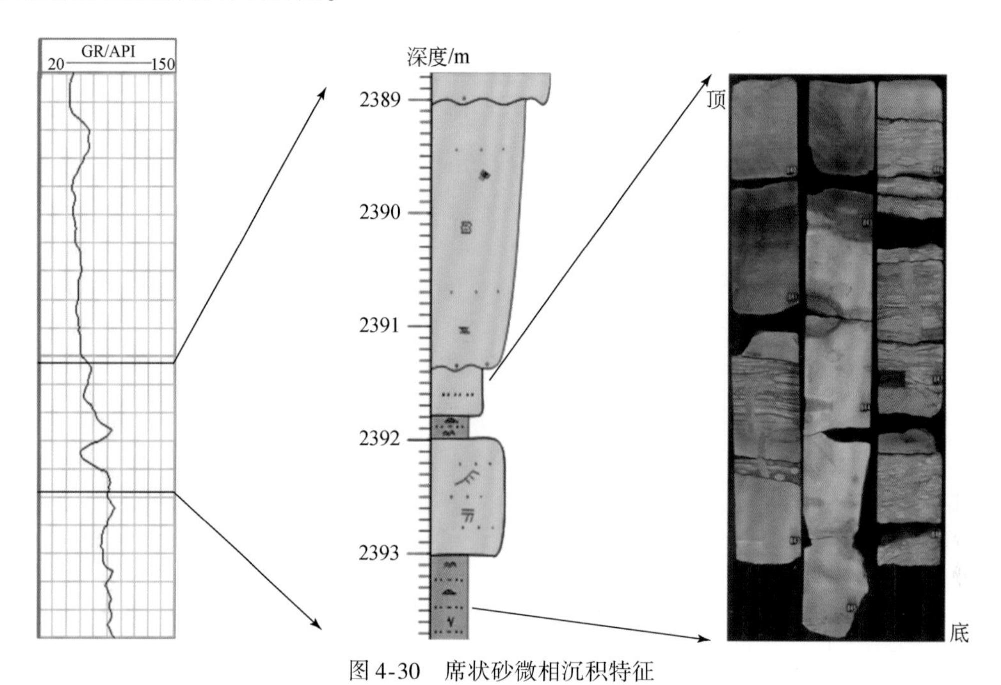


图4-30　席状砂微相沉积特征

### 2. 测井相特征

席状砂微相测井曲线表现为中幅指形，曲线幅度中—高异常，曲线光滑，齿中线向内收敛，曲线形态呈指状或钝指状，顶底一般均呈渐变接触，反映席状砂体厚度较薄，垂向上细—粗—细的沉积层序特征（图4-31）。

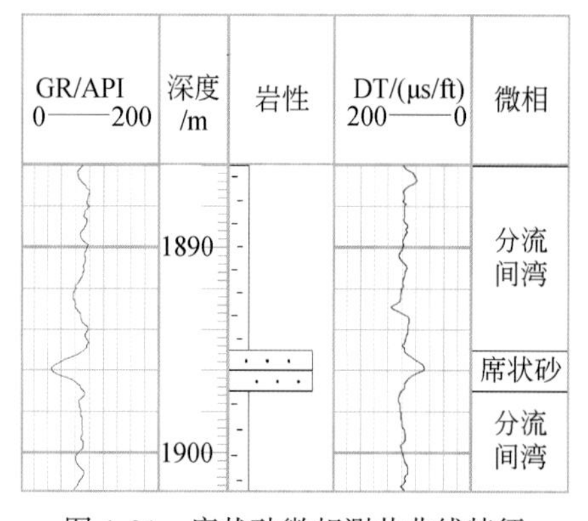


图4-31　席状砂微相测井曲线特征

### 3. 砂体发育特征

席状砂是一片表面平坦、厚度变化不大（一般小于2m）、粒度较细（以粉—细砂为主）、呈狭窄的带状分布、内部岩性和沉积构造相对一致的砂席。垂向上表现为细—粗—细的沉积层序特征，总体反映一个先反后正的韵律特点，具平缓的顶底界接口。横向上席状砂砂体逐渐变化，单层厚度较小，一般由细粉砂岩组成，向两侧渐变为泥岩，各个砂席侧向上或被泥质带隔开，或相互叠置切割相接，横向延伸范围一般为100m左右。席状砂是由波浪对河口砂坝、远砂坝的改造作用形成的，受波浪长期冲刷淘洗，砂质较纯，分选较好，储层物性也较好，能作为很好的储集层。虽然其厚度一般小于2m，但是其横向延伸达到100m左右，因此，其是很好的挖潜对象，也是岩性油气藏勘探的主要目标。

# 第六节　三角洲沉积序列特征

## 一、河控三角洲沉积序列特征

河控三角洲是在河流输入的沉积物数量比海水能量大得多的情况下所形成的，即沉积物供给充足情况下形成的三角洲。

河控三角洲的平面形态主要是朵叶状或鸟足状，具有侧向加积理所产生的透镜状砂岩及前积作用形成的河口砂坝沉积，二者的透镜状形式正好相反，即前者为下凹的透镜体，后者为上凸的透镜状。它们均可向连续岩层演变。

河控三角洲的沉积构造多为一系列具侵蚀面的块状层理。常见薄层透镜体或黏土、粉砂岩和黏土夹层的平行或波状纹理。小型到大型的对称或不对称的波浪、沙丘及槽状交错层理丰富。另外，一般高角度和单向水流分布是最常见的沉积特征类型。它们与前三角洲黏土伴生。生物扰动中等到较多，包括有关的动物群。可能存在贝壳层，富含铁的矿物结核，冲刷构造。

珠江口盆地在岩心中发育完整的从前三角洲—三角洲前缘—三角洲平原的沉积序列。因20世纪90年代以后取心多集中在目的层段，较少获取厚层的泥岩层段，在河控三角洲的取心段中常见三角洲前缘水下分流河道和水下分流间湾的组合发育，其典型的岩性为多套由粗到细的正韵律所组成（图4-32）。在该相带中水下分流河道和河口砂坝是本区内非常重要的储集砂体类型之一。

河控三角洲内前缘曲线以箱形、钟形为主；岩性以砂岩为主，泥质含量较少；地震剖面上主要为中强振幅、中频、中等连续、前积反射。外前缘曲线以漏斗形、指形为主；岩性以泥质岩为主，含少量粉砂岩、砂岩；地震剖面上主要为中—中弱振幅、中等连续、前积反射特征［图4-33（c）］。从均方根振幅属性平面图分析，作为河控三角洲主要的储集体类型之一的分流河道（或水下分流河道）多呈现出强振幅的特点（图4-33）。

河控三角洲沉积体系与油气生成和聚集有着密切的关系。三角洲前缘的河口砂坝、前缘席状砂、水下分流河道等都具有良好的储油性能。从砂体形态上看，除席状砂和分流河道砂体外，大多数的三角洲有利砂体呈透镜状产出，这就容易形成地层岩性油气藏。其中分流河道砂岩一般由于距离油源区远，不如其他砂体有利。

三角洲前缘是河控三角洲砂岩的集中发育带。此相区向海方向依次可出现水下分流河道、水下天然堤、水下分流间湾、河口砂坝、远砂坝及前缘席状砂等微相。而三角洲内前缘是三角洲前缘靠陆一侧的部分，它是连接三角洲平原与三角洲外前缘的过渡带，主要发育水下分流河道、水下分流间湾和部分河口砂坝等微相，三角洲的大部分砂体位于其中。

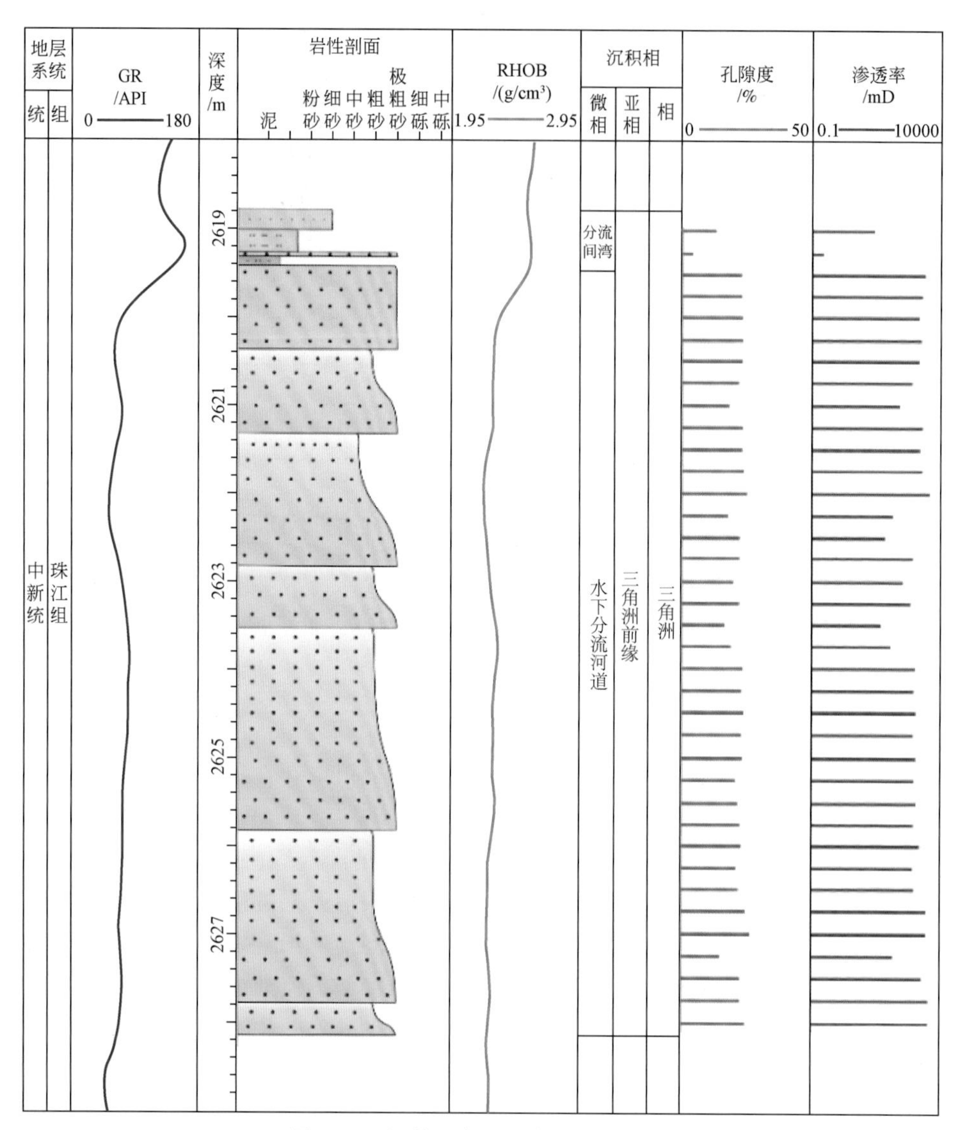


图 4-32　河控三角洲的典型沉积序列

三角洲外前缘是三角洲前缘靠盆地一侧的部分，为三角洲体系的最远端，主要发育河口砂坝、远砂坝和席状砂等微相，其砂质含量较低。

三角洲体系中的有利砂体包括水下分流河道、河口砂坝、远砂坝及席状砂。其中水下分流河道沉积在单井的测井曲线上往往成箱形或钟形，其砂体发育规模大、连通性较好、物性好，因而在油源供给充分的条件下其含油性较好。物性较差的河道间部位也可以对河道储层中油气的聚集起侧向封堵作用，而且随着三角洲朵叶体的不断迁移，水下分流河道也不断改道，以至于水下分流河道之上往往沉积有河道间的泥岩，因此形成良好的储盖组合。河口砂坝是由于河流带来的泥在河口处因流速降低堆积而成。其岩性主要由中—厚层状砂和粉砂组成，一般分选较好，质纯。研究区河口砂坝沉积往往呈朵叶状，其分布位置随海平面的升降变化不断发生变化。河口砂坝之上常沉积有因海平面上升而沉积的海相陆架泥

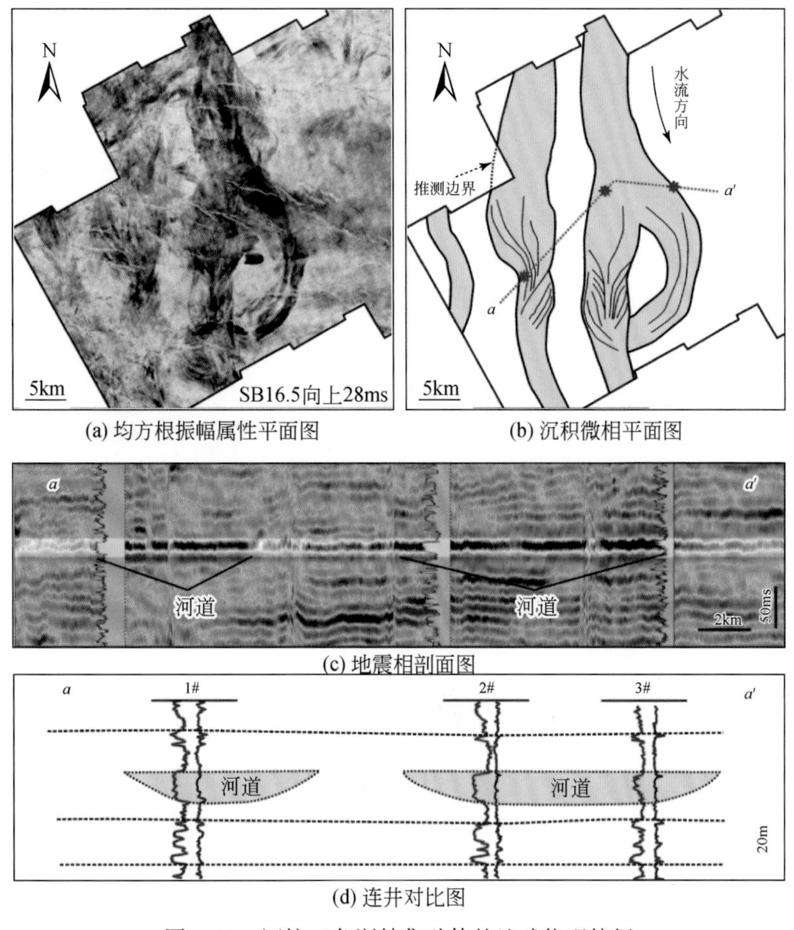


(a) 均方根振幅属性平面图　(b) 沉积微相平面图

(c) 地震相剖面图

(d) 连井对比图

图 4-33　河控三角洲储集砂体的地球物理特征

岩，从而形成有效封盖，成为良好的储集体。远砂坝与河口砂坝类似，常发育在河道的末端，沉积物粒度比河口砂坝细，主要由粉砂和少量黏土组成，仅在洪水期才有细砂沉积。席状砂是由三角洲前缘的河口砂坝经海水冲刷作用使之再分布于其侧翼而形成的，它的砂岩具有厚度薄、面积大的特征。由于这一类砂岩分选好，质较纯净，可形成极好的储集层。特别是当沉积地形略有起伏，或由于构造运动造成席状砂的上倾尖灭，则极易形成岩性圈闭。

HZ25-A 油田 L 系列砂层以三角洲前缘水下分流河道沉积为主，以 L30up 砂层最具特征，其储层厚为 9.2～10.6m，油层有效厚度为 9.2～10.6m（图 4-34）。岩性主要为深褐色含细砾粗砂岩—中砂岩，次圆状，分选好，夹多层灰色透镜状泥岩，发育平行层理、大型槽状交错层理，含生物介壳，生物钻孔丰富，GR 曲线表现为锯齿箱形。测井解释平均孔隙度为 18.6%，渗透率为 421.5mD。常规岩心分析，油层孔隙度为 11.0%～27.2%（平均孔隙度为 21.2%），空气渗透率为 24.6～2471.8mD（平均渗透率为 569.1mD），总体上属于中孔、中—高渗透率储集层，表现为很好的储集层。从地震反射剖面上看，L30low 层、L30up 层向东南至 HZ25-B 井方向，砂岩逐渐减薄并尖灭（图 4-35）。而 L30low、L30up 砂层位于 L40 砂层的上部，通过地震反射特征及单井层序分析，L40 层底部为层序界

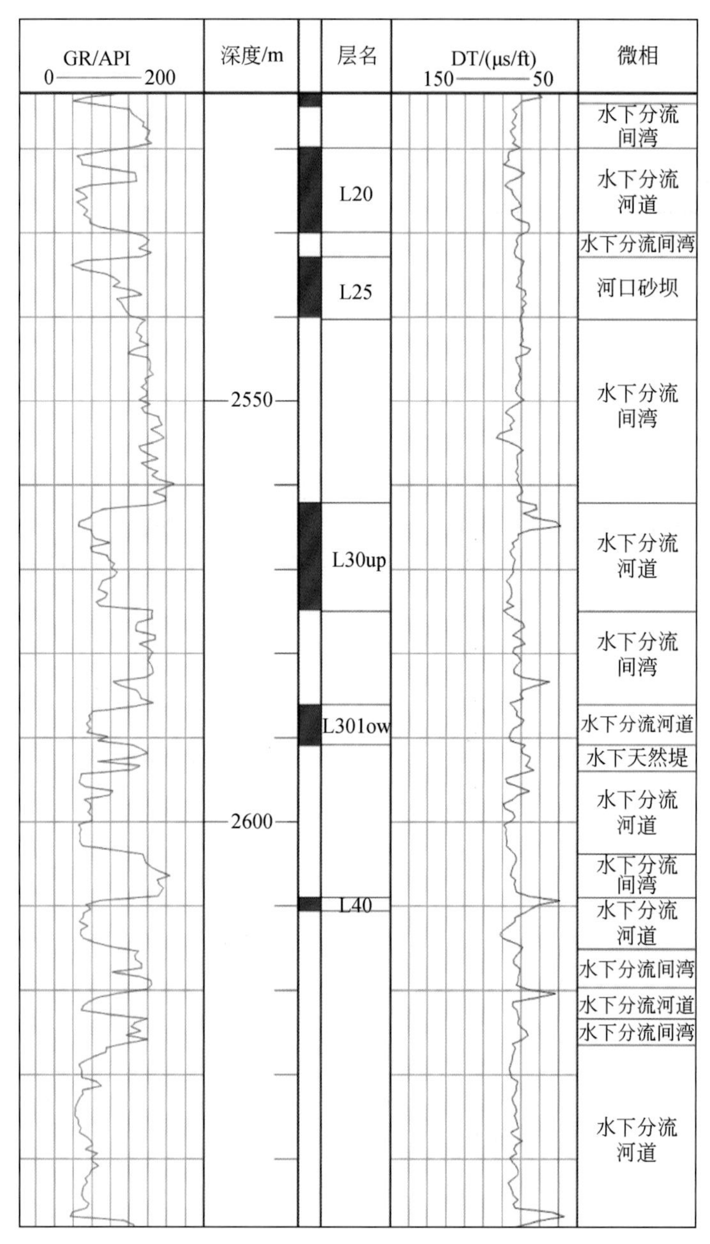


图 4-34　L 系列砂层沉积微相柱状图

面 SB21，由于该地区水体较浅、坡度较缓，海平面未下降到坡折之下，因此从 L40 层到 L30up 层时期，海平面一直处在一个上升的过程，而在物源供应相同的条件下，随着海平面的上升，三角洲前缘的朵体在海侵过程中呈退积形式出现，发育的沉积微相（水下分流河道末端）也逐渐向陆退却，形成向海尖灭的 L30low 和 L30up 水下分流河道砂体。

以惠州凹陷 HZ25 井区两口井为例，出油层段均为典型的三角洲沉积。K40up 层属于三角洲前缘河口砂坝沉积，其 GR 曲线呈箱形，岩性为浅灰色中—粗粒砂岩；K40low 层为三角洲前缘远砂坝沉积，其 GR 曲线呈漏斗形，岩性为黑褐色—灰褐色中—粗粒砂岩。

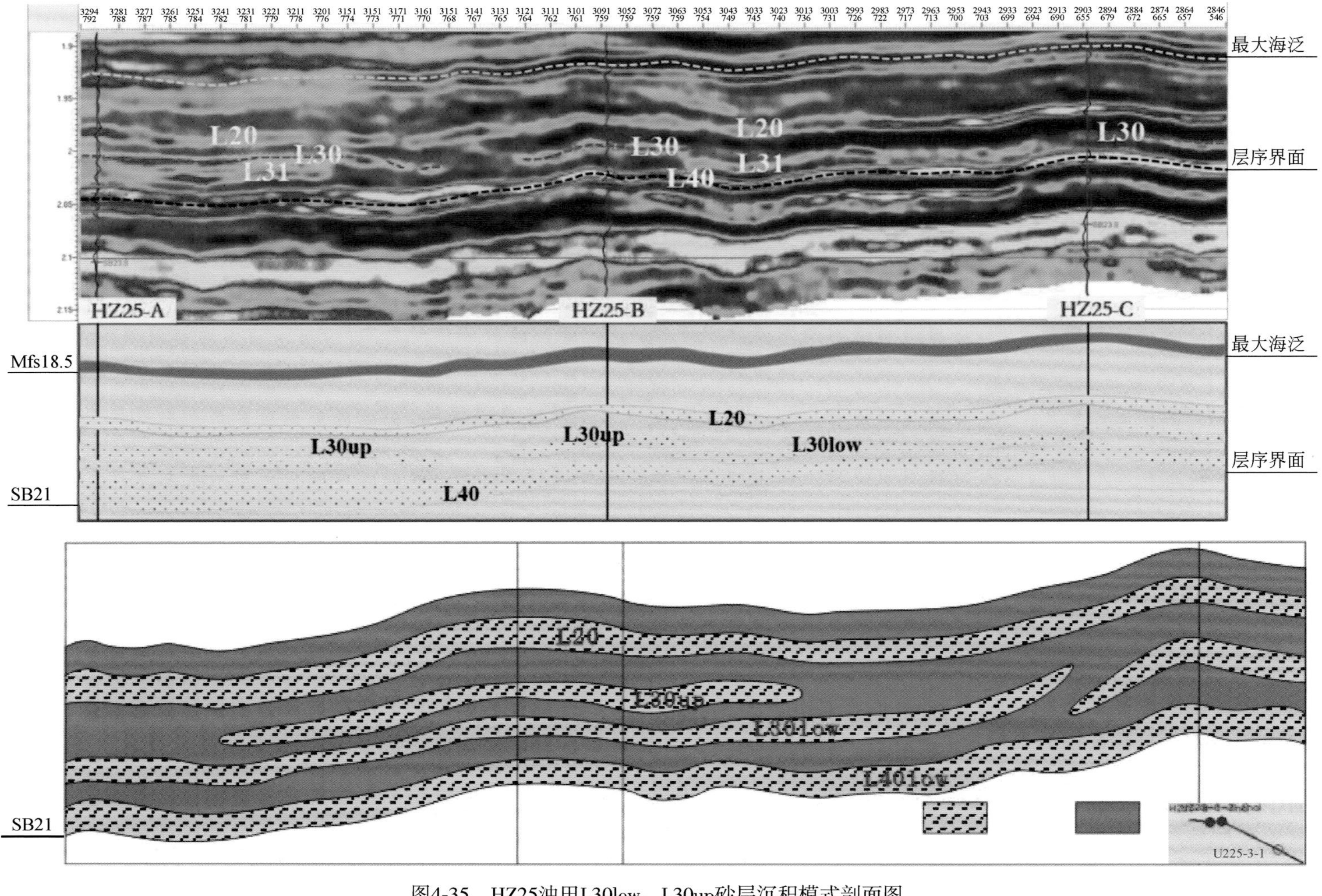


图4-35　HZ25油田L30low、L30up砂层沉积模式剖面图

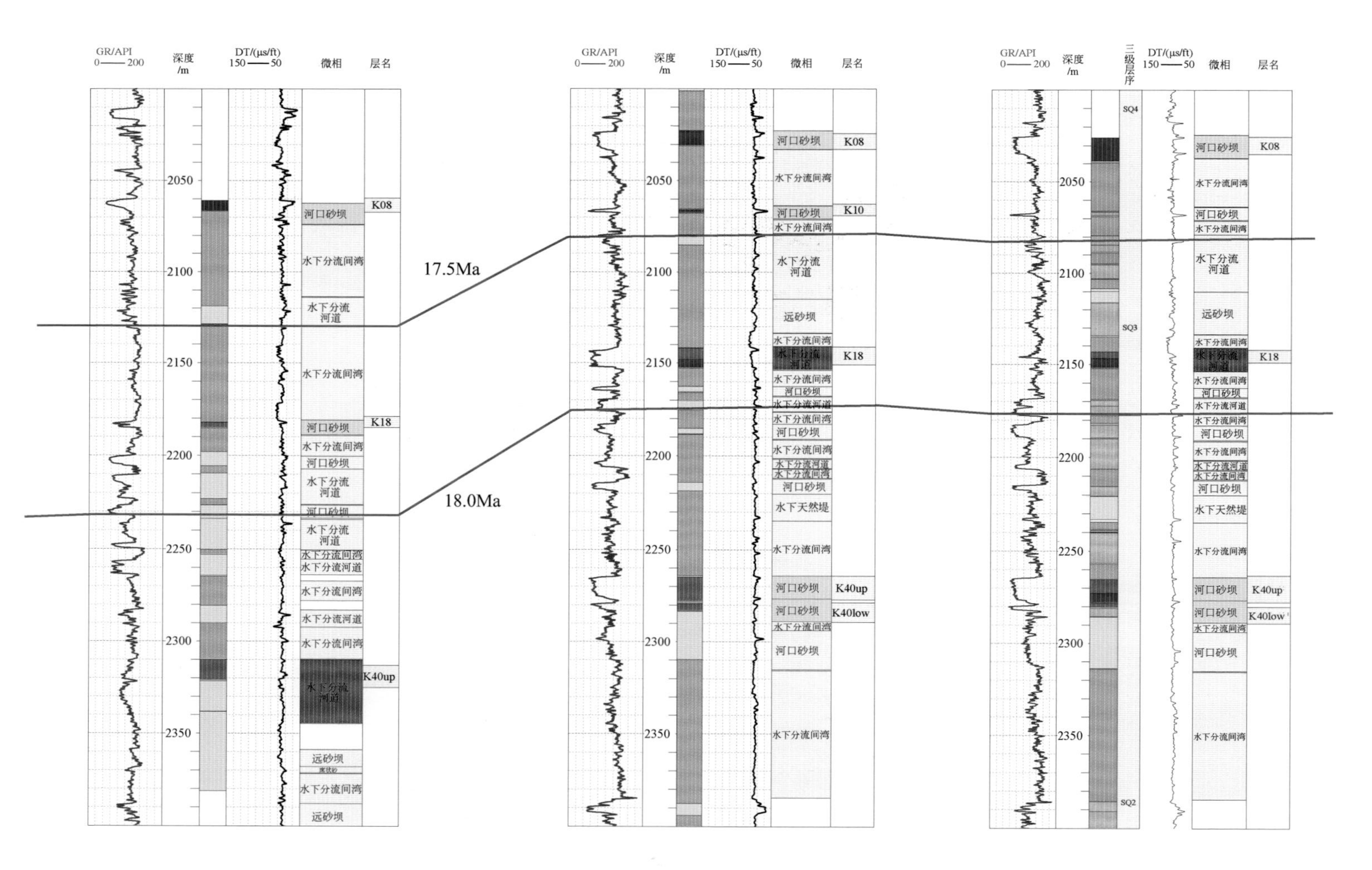


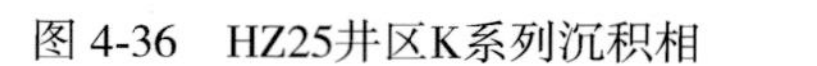
图 4-36　HZ25井区K系列沉积相

同样，HZ25 井区的 18.5～17Ma 的主要含油砂体也为三角洲沉积。如图 4-36 所示，在三角洲前缘相带，K 系列砂体以河口砂坝（K08、K10、K18、K40up、K40low）、水下分流河道（K18、K40up）为主。

## 二、浪控三角洲沉积序列特征

浪控三角洲一般只有一条或两条主河流入海，分流不多也不大（图 4-37）。河流输入海的砂、泥量少，砂泥比高，而且波浪作用大于河流作用。因此，由河流输入的砂、泥很快就被波浪作用再分配，于是在河口两侧形成一系列平行于海岸分布的海滩砂脊或障壁砂坝（图 4-38），而且在河口处有较多的砂质堆积，形成向海方向突出的河口，形似弓形和鸟嘴状。若波浪作用进一步加强，同时又有单向的强沿岸流，则会使河口偏移，甚至与海岸平行。在河口前面建造成直线形障壁岛或障壁砂坝，挡住河口形成封闭型的鸟嘴状三角洲。海洋有足够的波浪、沿岸流作用时，分流河挟带入海的碎屑物可以被很快地沿岸散开，阻止天然堤的生长和分流河道分叉，使三角洲保持一个稳定、圆滑的前缘，这时就形成弧形三角洲。在一些情况下，只有一对天然堤向前积，则形成尖头状三角洲。

浪控三角洲的沉积特征与滨浅海的障壁岛和浅海沿岸砂坝极为相似，沉积序列多呈反韵律，在岩心观察中难以有效区分。所不同的是在沉积构造上多见波浪改造形成的冲洗交错层理和小型的浪成砂纹层理。

在不同的位置和不同的层段，浪控三角洲的沉积序列有较大区别。在富砂区多为厚层砂体的叠置，且砂体的连通性较好，物性较高，在油气运聚条件较好的地区均有大量油气显示。在贫砂区，常见有下细上粗的反韵律，细粒段多为泥质，建有浪成砂纹层理，向上粒度逐渐增加，发育低角度交错层理的细—中砂岩，砂体中常有良好的油气显示（图 4-39）。

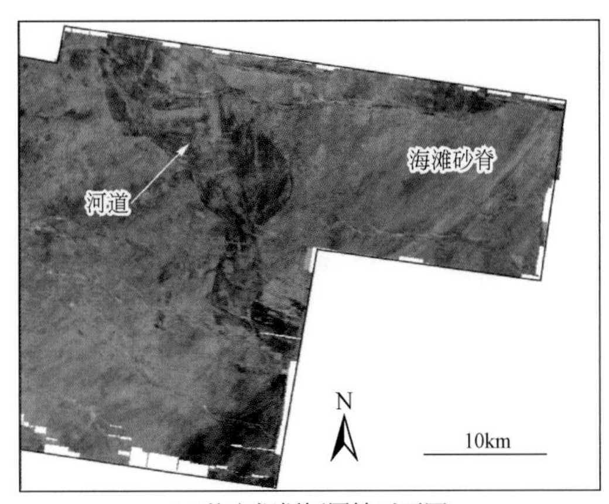


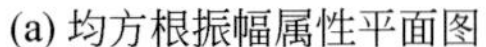

(a) 均方根振幅属性平面图

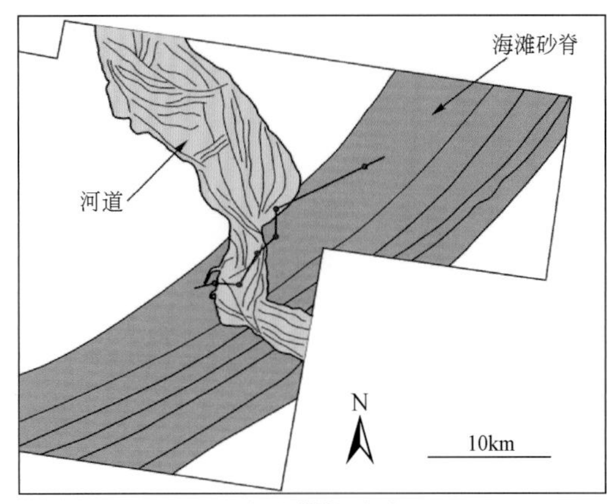


(b) 沉积微相平面图

图 4-37　浪控三角洲河道发育特征

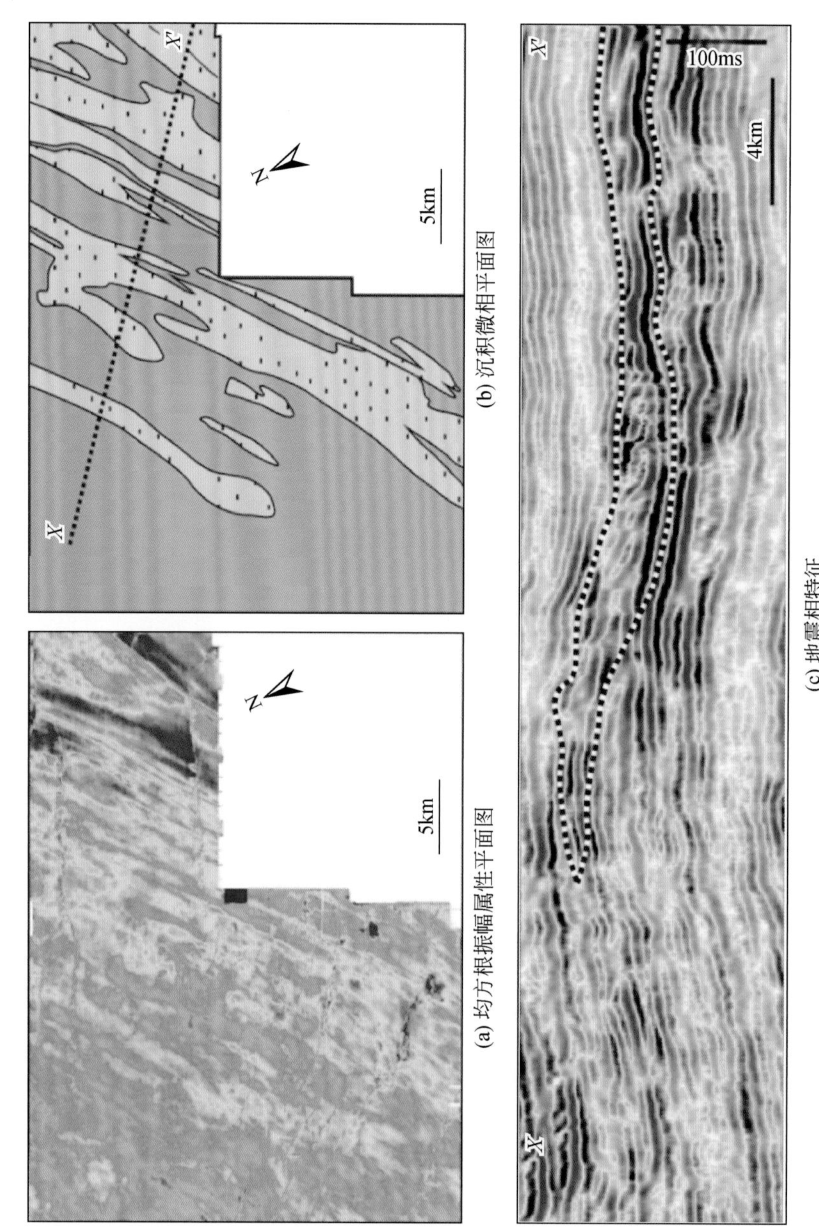


(a) 均方根振幅属性平面图

(b) 沉积微相平面图

(c) 地震相特征

图4-38　浪控三角洲障壁砂坝发育特征

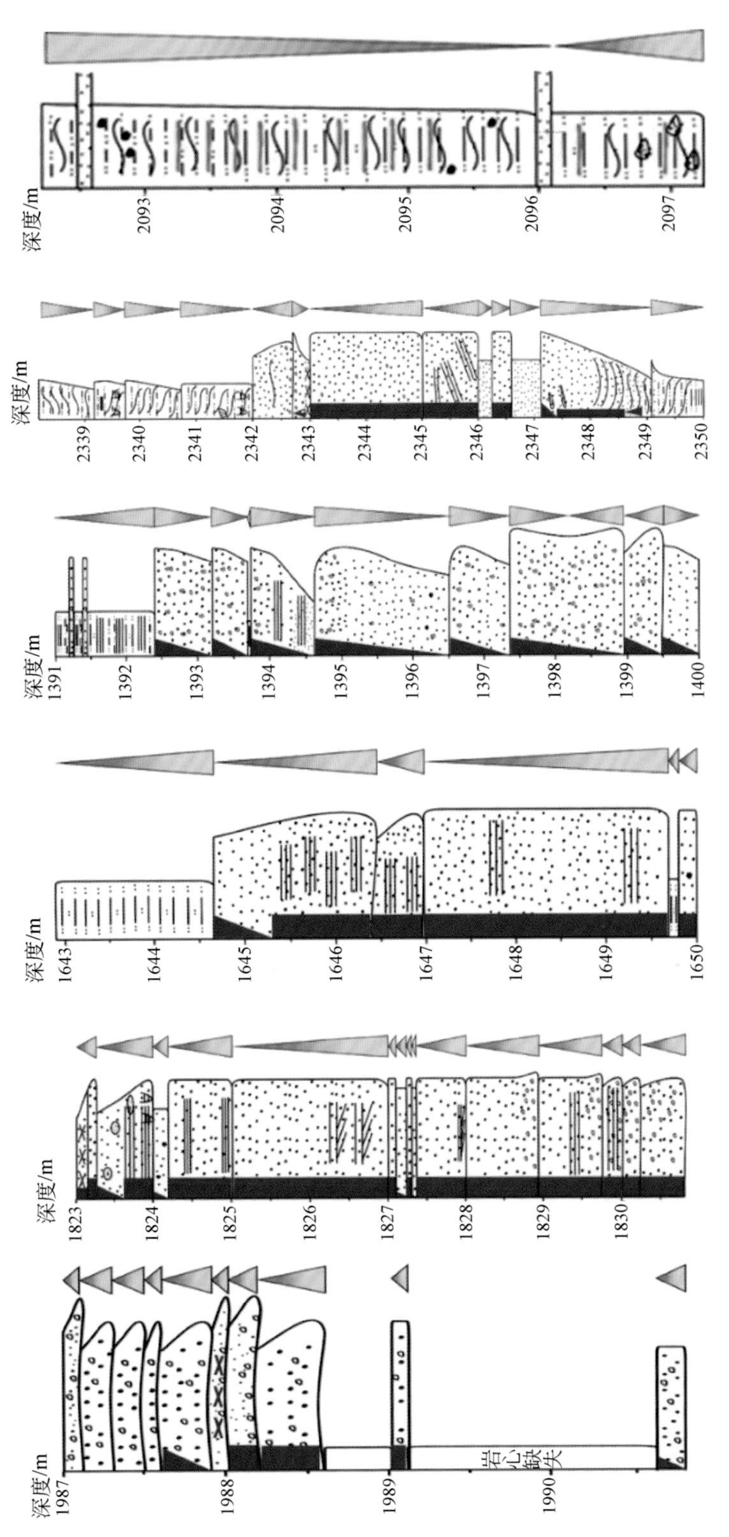


图 4-39　浪控三角洲的沉积序列

## 三、潮汐影响的三角洲沉积序列特征

由于海洋环境的水动力条件极为复杂，古珠江三角洲不仅受古珠江的水动力、沉积物供给的影响，同时还受到波浪、潮流等的破坏。当已沉积的三角洲砂体受波浪和潮流的破坏和改造后，重新再沉积下来，砂体的形态和物性会发生变化。

以惠州凹陷的三角洲沉积为例，在岩心观察时发现在该区部分井段的岩心上不仅见到了典型的三角洲沉积特征，还发现在三角洲沉积的背景下可见一些潮汐沉积的典型构造，如双向交错层理、潮汐韵律层、复合层理、泥质披盖和双黏土层等沉积构造（图4-40）。

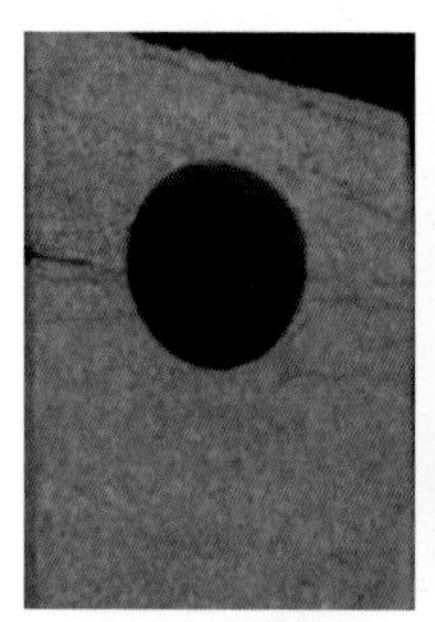
(a) 双向交错层理

(b) 潮汐韵律层构造

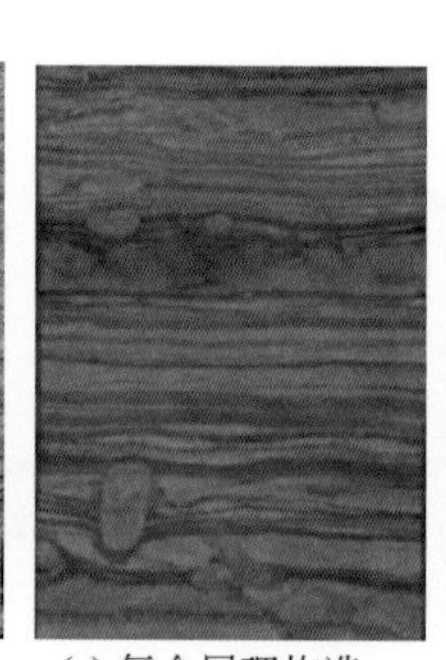
(c) 复合层理构造，见生物扰动和生物钻孔

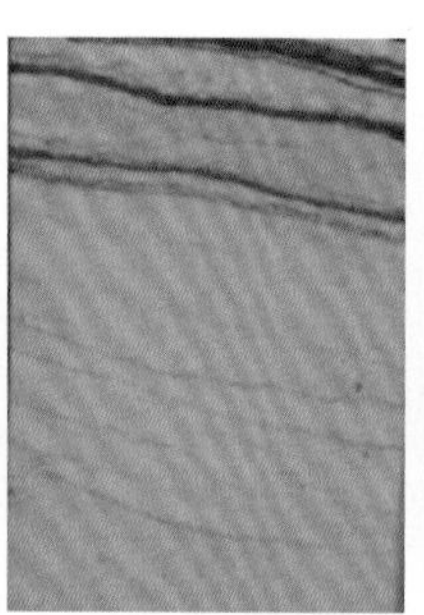
(d) 泥质披盖

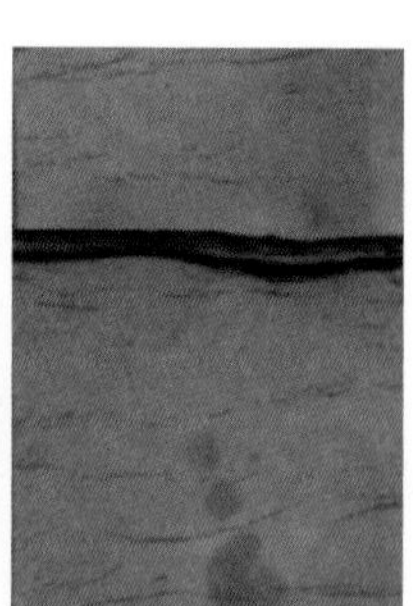
(e) 双黏土层

图4-40　潮汐沉积的典型沉积构造

双向交错层理构造是潮汐作用的主要指相性构造之一，主要以"人"字形交错层和羽状交错层理两种形式出现，一般是涨潮流形成的前积层与退潮流形成的前积层交互而成，在层面上层系相互叠置，相邻层系的细层倾向相反，代表了双向水流的变化特征。研究区中双向交错层理，大部分都表现为角度的突然变化，而少数有明显特征的双向交错层理呈现不对称的形态，其中一个方向的前积纹层倾角较大，另一个方向的倾角较小［图4-40（a）］。

潮汐韵律层构造为薄层的砂泥互层，发育水平层理，砂泥互层的厚度呈现周期性的变化，反映了潮水周期性的变化规律［图4-40（b）］。

复合层理构造也为砂泥互层，发育波状层理、透镜状层理，含有生物扰动和生物钻孔，当砂泥岩供应相当时，发育波状层理，当泥质含量较高时，发育透镜状层理，反映了潮汐水动力强弱交替变化［图4-40（c）］。

泥质披盖为一套砂岩层系的界面上沿着纹层方向覆盖的一层泥质沉积，是潮汐在涨潮和落潮的平潮期由于水动力条件变弱而形成的［图4-40（d）］。

双黏土层构造是指两套泥质沉积中间夹有一套薄层砂质沉积，涨潮潮流形成一套厚层砂岩层系后，在平潮期形成了一套沿砂岩前积层系分布的泥质沉积，为下黏土层；在退潮潮流的平潮期，由于水动力条件减弱沉积了上黏土层，形成了双黏土层构造［图4-40（e）］。

在地震属性平面图和地震剖面的反射特征上同样能见到破坏和再沉积的特征（图4-38）。研究区内最为明显的是惠州凹陷18Ma界面附近的K22砂体。图4-41中的地震属性为该砂体对应层位的均方根振幅属性平面图，亮色主要反映砂岩分布特征，暗色主要反映泥岩分布特征，从图4-41中可以看出研究区西北部砂体较发育，可以代表三角洲砂体的分布，西南部的砂岩基本不发育，为西南部的东沙隆起的沉积，在三角洲沉积与东沙隆起之间出现了多个北东走向的条带状砂体。结合当时的沉积背景，珠江组前期惠州凹陷发育三角洲沉积，惠州凹陷东南部主要沉积三角洲前缘砂体；随着海平面上升，东沙隆起西低东高，西部逐渐被淹没，成为水下隆起，海水由惠州凹陷东南进入，虽然珠江口盆地为低潮环境，但是由于东沙隆起水下部分的遮挡，惠州凹陷东南部潮流作用增强，潮流作用对三角洲前缘砂体的改造，形成了垂直于三角洲砂体延伸方向的条带状潮汐砂脊。由此可以说明河流是惠州凹陷三角洲的主控水动力条件，而潮汐作用主要是对三角洲前缘砂体的改造再分配。

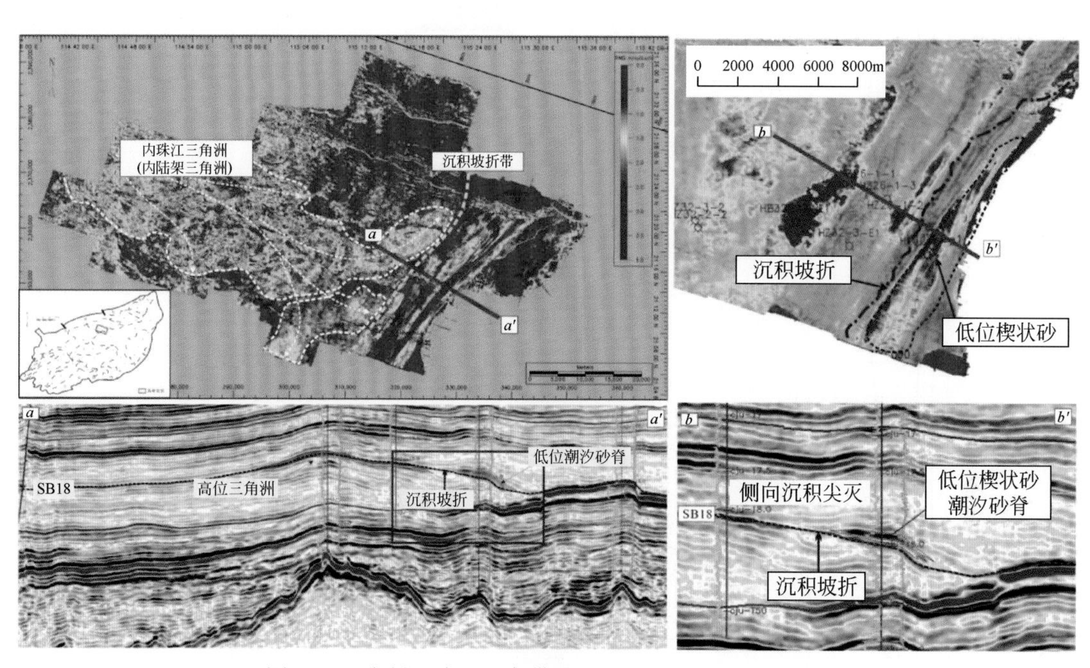


图4-41　惠州凹陷K22条带砂地震属性平面图与剖面图

从两条不同位置横切该条带砂的地震剖面上不难看出，在SB08之下发育一套高位的三角洲沉积，有明显的前积现象。而在界面处表现为削截和侵蚀沟谷充填。而在界面之上，在沉积坡折的下部发育有呈透镜状的砂体。这种砂体与沉积坡折上的三角洲沉积并不连通。而且在界面之上，沉积坡折带顶部并未发育有砂体，可见这类透镜状砂体是由于海平面下降对高位三角洲进行侵蚀，而重新沉积下来的。

从垂向岩石相组合来看，潮汐影响的三角洲与正常的河控三角洲较为相似。所不同的是在细粒的泥质沉积段（水下分流间湾等）中常见有粉砂质条带或纹层形成的透镜状层理和波状层理等多种潮汐复合层理，反映受潮汐作用影响，沉积水动力波动频繁。在水下分流河道和河口砂坝等富砂段，偶见泥质条带和纹层，系潮汐影响下水动力减弱沉积而成的泥质披覆或砂泥对偶层（图 4-42）。

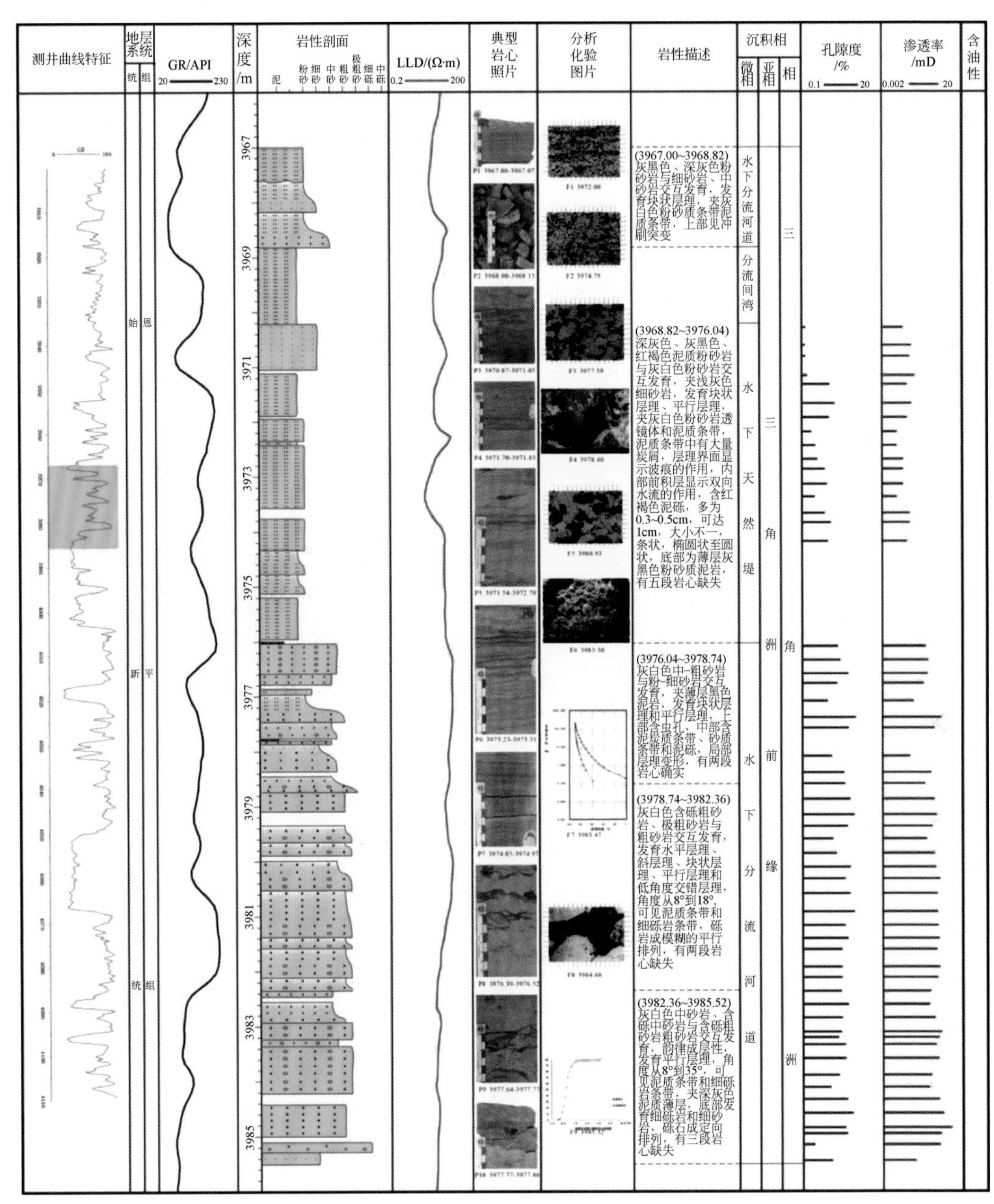


图 4-42　潮汐影响的三角洲垂向沉积序列图

LLD 为深侧向电阻率

# 第七节　海相三角洲的储层特征

根据岩心铸体薄片鉴定结果及统计，三角洲储层岩性以长石石英砂岩、长石岩屑砂岩为主。碎屑颗粒占 53.0% ~82.5%，主要为石英（占 63.5% ~88.5%）、长石（占3.5% ~29.0%）和岩屑（占 2.0% ~26.0%）。砂岩颗粒分选一般中等—好，磨圆度为次棱—次圆状。砂岩都以颗粒支撑、点-线接触的孔隙式—接触式胶结结构为主。起胶结作用的物质主要有杂基和次生矿物胶结物，前者主要为伊利石，后者类型丰富，常见的次生矿物胶结物为石英、铁白云石、高岭石、伊利石等，胶结结构主要为充填式胶结结构和石英次生加大胶结结构。需要指出的是，以伊利石为代表的杂基含量很低，而充填在粒间孔中的高岭石和次生加大的石英含量相对较高。全岩 X 射线衍射和黏土矿物 X 射线衍射分析结果表明，砂岩中石英含量占 62.0% ~83.0%，大部分储层岩石黏土矿物含量低于 5.0%，成分主要为高岭石（占 20.0% ~81.0%）和伊利石（占 16.0% ~55.0%），其次是伊-蒙混层（占 2.0% ~41.0%）。

孔隙类型按成因可划分为原生粒间孔、剩余原生粒间孔、粒间溶孔、粒内溶孔及裂缝等几类，主要为粒间孔（图 4-43），部分粒内和粒间溶孔，少量微孔（自生黏土及少量颗粒内溶蚀而成）、铸模孔等；砂岩储层面孔率为 11% ~31%，平均面孔率为 15.5%。储层孔隙发育，孔隙连通性较好。

(a) 1945.5m，单偏光

(b) 1945.5m，正交光

图 4-43　海相三角洲储层典型薄片照片（珠江组）

从压汞曲线分析结果来看（图 4-44），储层孔隙基本上分选中等，粗—略粗歪度，排驱压力（0.0132 ~0.138MPa）和中值压力（0.028 ~3.50MPa）较低，最大孔喉半径为 5.33 ~55.72μm，表明珠江组三角洲前缘储集性能较好。

根据大量岩心分析和测井解释结果，有效储层测井解释平均孔隙度为 15.2% ~26.8%，中值为 22.7%；平均渗透率为 13.1 ~6763.0mD，中值为 520.0mD，总体属于中孔高渗储集层（图 4-45）。

成岩作用类型主要有机械压实作用、胶结作用、溶蚀作用等。

### 1. 机械压实作用

根据铸体薄片鉴定和扫描电镜分析结果，砂岩中的碎屑多呈点-线接触。云母定向排列，并发生较强烈的弯曲变形，甚至折断（图 4-46）。机械压实作用强度反映在碎屑粒间体积大小变化的强弱，压实作用的结果可造成颗粒间的体积缩小，所以粒间孔隙体积的大小可直接反映压实作用的程度。经对胶结物及面孔率的统计，各类碎屑岩被保存的平均总

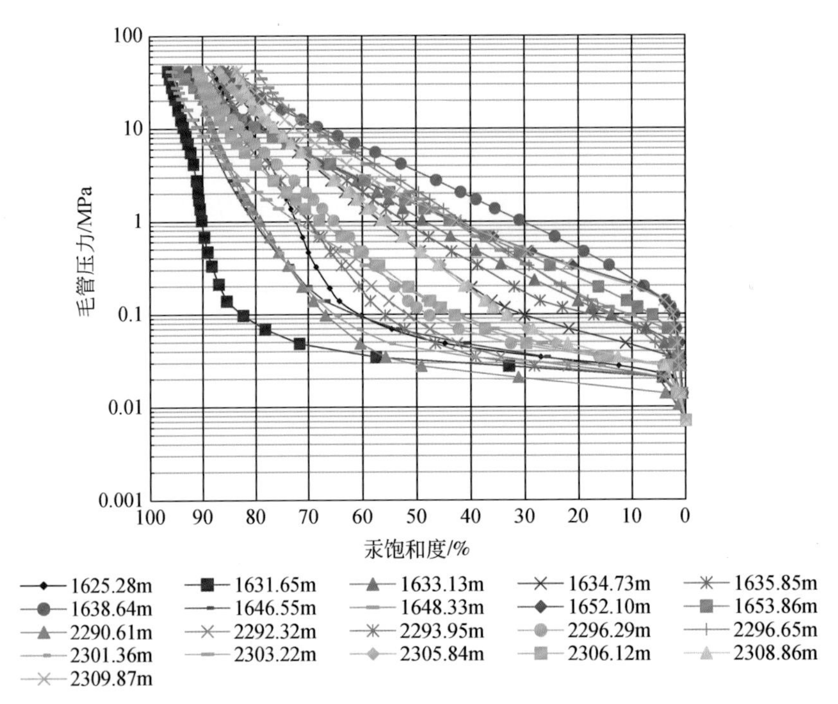


图 4-44　珠江组毛管压力曲线图

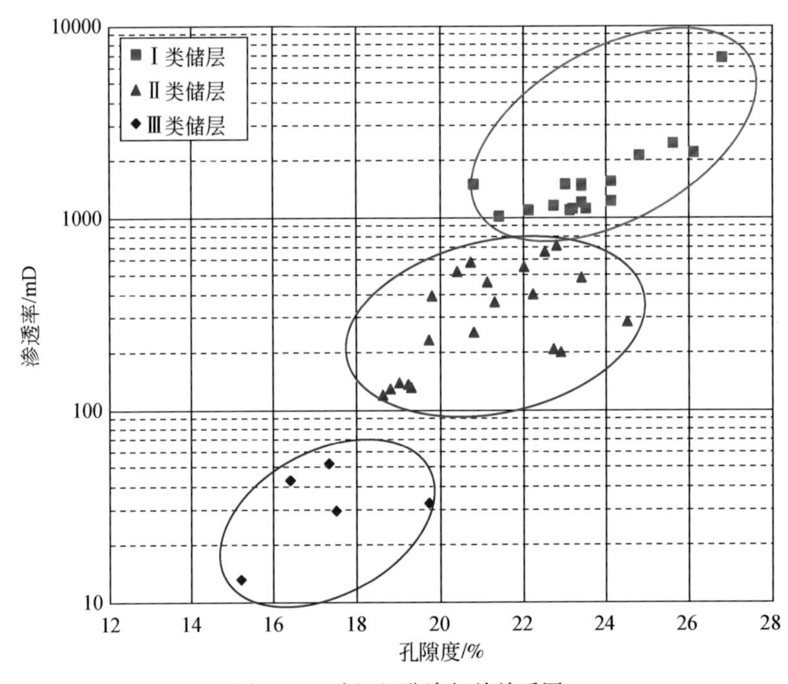


图 4-45　珠江组孔渗相关关系图

孔隙度体积为 16.77%，按原始孔隙度为 40% 和压实后的粒间总孔隙体积作为基数推算，由压实作用造成的原始粒间孔隙体积的损失在 20% ~26.5%，平均孔隙损失率为

23.23%，其机械压实作用总体属于中等至较强烈压实强度，压实作用是造成孔隙度降低的第一重要因素。

(a) 2570.78m，单偏光

(b) 2570.78m，正交偏光

图 4-46　砂岩机械压实作用

红色箭头为云母碎屑

**2. 胶结作用**

常见的胶结物按丰度排列依次为自生石英、铁白云石、高岭石、伊利石、黄铁矿和白钛矿等。在已有的鉴定资料中，虽然无法估算出各类自生矿物的含量和所占的比例，但根据扫描电镜资料仍可以得出自生石英及高岭石、伊利石的胶结作用是分布最广泛的胶结物。

1）自生石英

硅质胶结作用主要以石英加大边的形式出现。加大边多出现在石英颗粒的边缘，除了少量较明显的次生加大边外［图4-47（a）（b）］，在薄片中通常较难将其与石英碎屑颗粒分开。但在扫描电镜下观察，石英次生加大普遍，加大作用发生在早成岩阶段的 A→B 期，强度一般以Ⅰ—Ⅱ级为主，局部延伸到中成岩阶段 A 期的加大边可达到Ⅲ级，石英次生加大边呈与碎屑共轴生长状态，向粒间孔中心扩展并占据部分粒间孔隙［图4-47（c）（d）］。石英次生加大向粒间孔中心扩展并占据部分粒间孔隙，对砂岩的孔隙度虽然有一定的影响，但由石英次生加大形成的抗压实结构对粒间孔隙的保存非常有利。

砂岩通常为点、线接触，极少量为凹凸接触，无明显的缝合线接触，因此，无明显的证据表明硅质来源于化学压溶作用。溶蚀作用较强位置，硅质可能来自于砂岩内部长石和岩屑的溶蚀。有些薄片中，砂岩中完全不发育蒙脱石黏土矿物，而以高岭石、伊利石和伊-蒙混层为主。因此，砂岩中硅质的内部来源还可能包括蒙脱石向伊-蒙混层和伊利石矿物的转变过程所提供的硅。此外，硅质胶结物还可能具有外部物质来源，来自下伏泥页岩中蒙脱石向伊利石转化过程所提供的硅，通过多孔的砂岩储层向上迁移并以石英次生加大边的形式沉淀下来。

2）高岭石

由长石蚀变而形成的高岭石或由孔隙水沉淀结晶形成的高岭石都呈干净、透明和晶形很好的假六方柱、六边形板状和书页状、蠕虫状、手风琴状等晶形（图 4-48），具有热液蚀变成因特征，松散地充填于粒间孔和长石粒内溶孔中，对孔、喉有较强堵塞作用。

(a) 石英具次生加大边(红色箭头)。井深2569.73m，单偏光

(b) (a)的正交偏光

(c) Ⅱ-Ⅲ级石英加大边，井深2569.7m

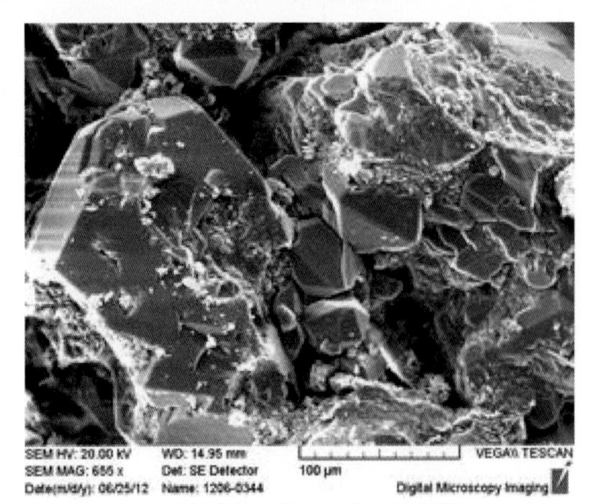


(d) Ⅱ-Ⅲ级石英加大边，晶间具片状伊利石，井深2570.78 m

图 4-47　自生石英加大的显微和扫描电镜特征

砂岩中较强的高岭石化作用是一种非常重要的成岩现象，高岭石化的普遍出现，说明地层内富含酸性热流体，由酸性热流体对富铝硅酸盐矿物组分（如钾长石）、泥质杂基和泥岩岩屑进行溶蚀（即热流蚀变作用），富铝硅酸盐矿物组分发生分解并沉淀高岭石。由于高岭石的形成时间较早，酸性水的来源与埋藏期有机质热演化成熟过程中排出的脱羧基酸性水有关。

3）伊利石

由黏土杂基蚀变而成的伊利石，或由弱碱性孔隙水沉淀结晶的伊利石，常呈平行片状、卷片状和丝带状集合体分布（图 4-49），常附着于粒间孔隙的颗粒表面形成伊利石膜，或半充填在粒间孔隙中，有时与晶簇状自生石英共生，对孔隙和喉道的堵塞作用较为严重，很严重的是可产生强烈的速敏性。

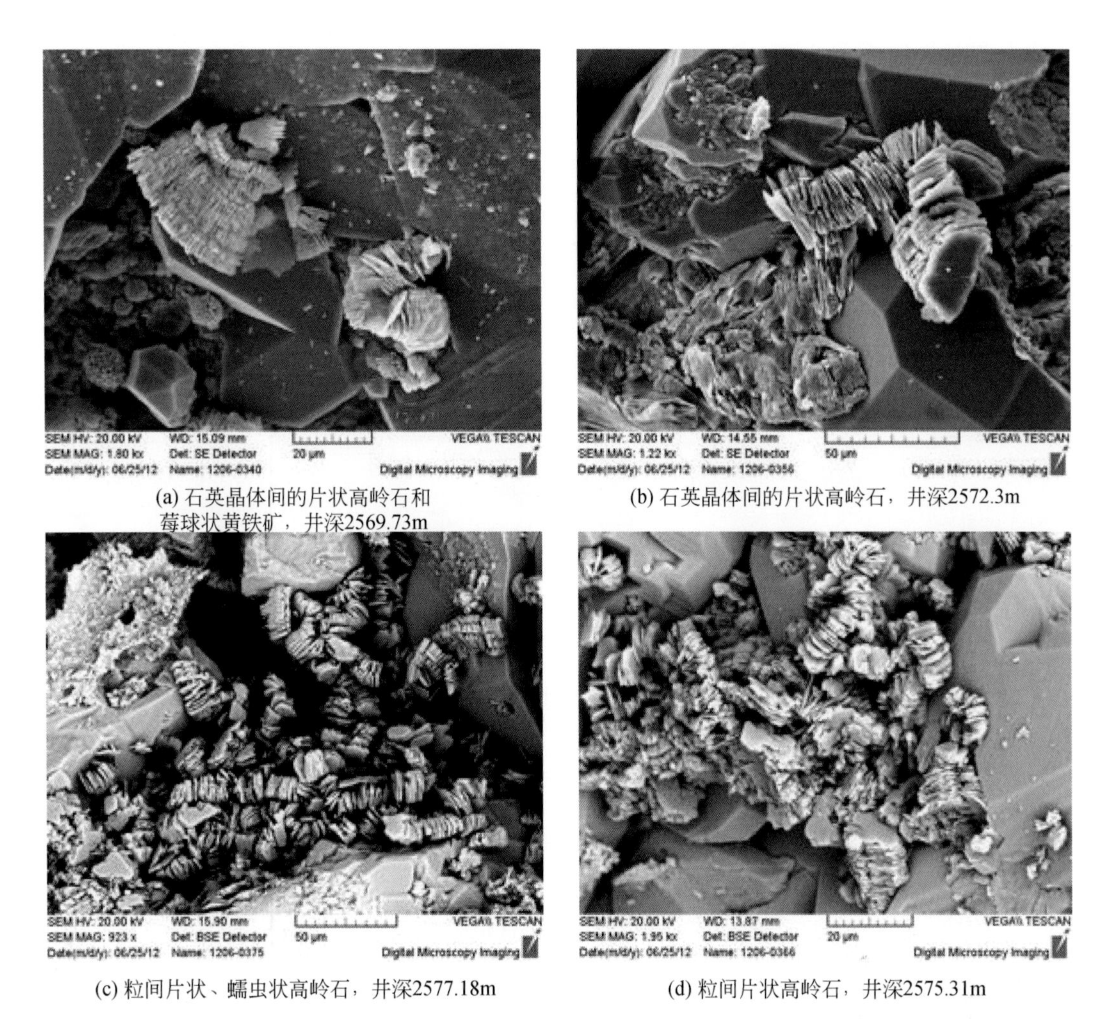

(a) 石英晶体间的片状高岭石和莓球状黄铁矿，井深2569.73m

(b) 石英晶体间的片状高岭石，井深2572.3m

(c) 粒间片状、蠕虫状高岭石，井深2577.18m

(d) 粒间片状高岭石，井深2575.31m

图 4-48　砂岩高岭石的扫描电镜特征

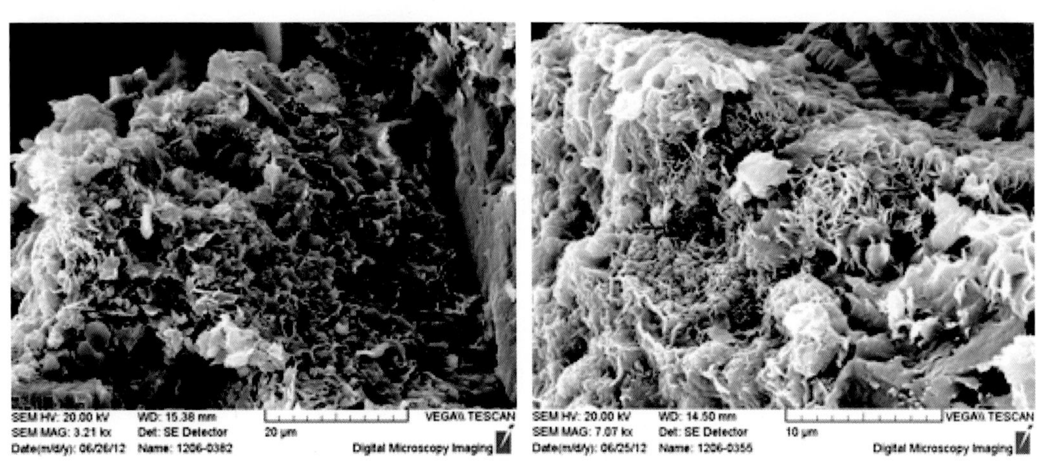

(a) 粒间片丝状伊利石和絮状伊-蒙混层，井深2578.6m

(b) 粒表片丝状伊利石和蜂窝状伊-蒙混层，井深2572.27m

图 4-49　砂岩伊利石的扫描电镜特征

4）黄铁矿胶结

黄铁矿一般呈粒状晶体或莓球状集合体充填于粒间孔隙（图 4-50），储集砂岩中较广泛分布。莓球状集合体由非常细小的微粒状或球状集合体构成。

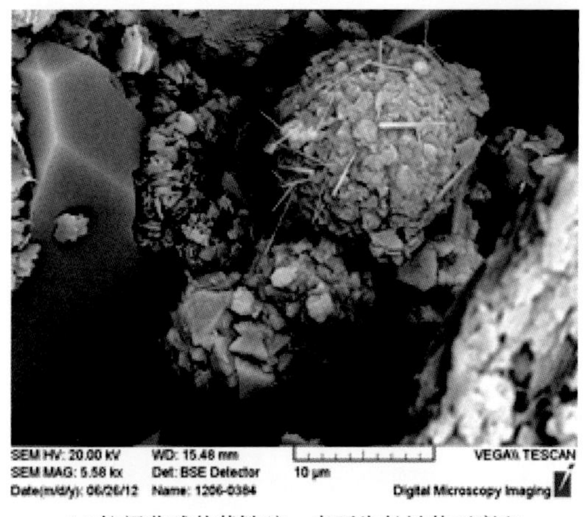


(a) 粒间莓球状黄铁矿，表面生长针状石膏和环状高岭石集合体，井深2578.60m

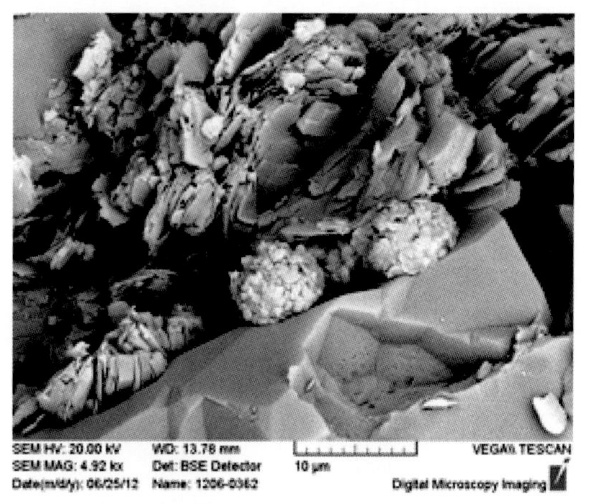


(b) 粒间莓球状黄铁矿和片状高岭石，片状高岭石具有被溶蚀的现象，井深2573.83m

图 4-50　砂岩黄铁矿的扫描电镜特征

### 3. 溶蚀作用

有利于原生孔隙保存和次生孔隙形成的成岩作用称为建设性成岩作用，常见的成岩作用主要有溶蚀作用。由溶蚀作用形成的粒内溶孔是最有效的储集空间（图 4-51），其形成机理或与近地表的大气水溶蚀，或与来自深部的有机酸热液溶蚀作用有关。

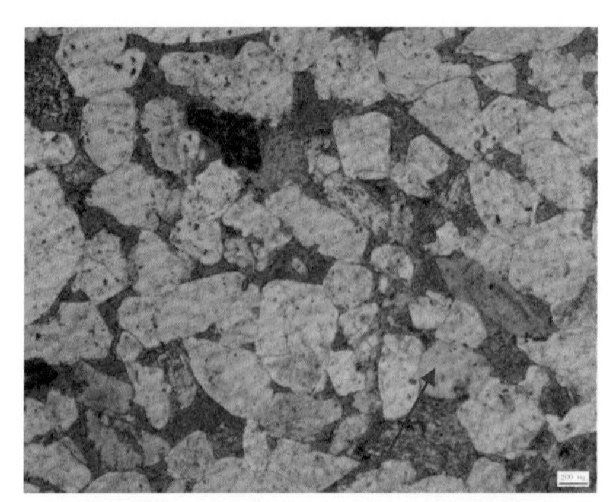

(a) 碎屑颗粒以粗粒为主，部分中粒。孔隙较好，连通性较差。见铸模孔(红色箭头)。井深2569.73m(−)

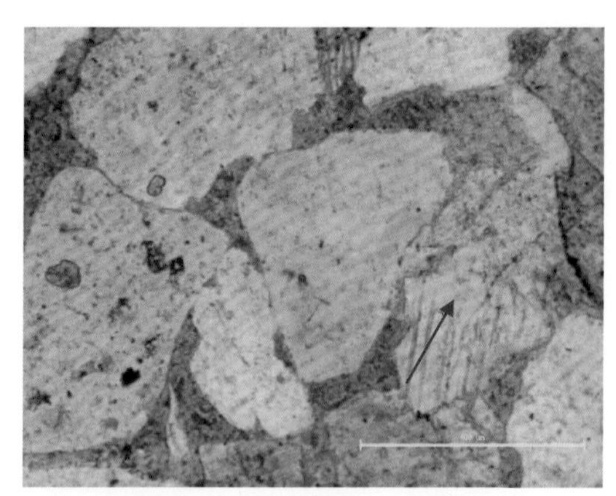

(b)部分长石颗粒发生溶蚀，形成粒内溶孔(红色箭头)。见火山喷出岩岩屑。井深2577.18m(−)

图 4-51　砂岩溶蚀作用特征

# 第五章　珠江口盆地碎屑滨岸—浅海沉积储层

## 第一节　珠江口盆地碎屑滨岸—浅海沉积储层概述

珠江口盆地已钻井揭示的滨岸—浅海相主要分布在东沙隆起周缘，东沙隆起三角洲物源较小，受波浪、潮流影响，容易形成滨岸—浅海沉积体系。通常依据有无障壁将其分成两大类，即无障壁型海岸沉积体系和有障壁型海岸沉积体系。无障壁型海岸与大洋的连通性好，海岸受明显的波浪及沿岸流的作用，海水可进行充分的流通和循环，又称为广海型海岸及大陆海岸。障壁型海岸由于沿岸的海中存在着一种障壁的地形，如砂坝、滩、礁等，使得近岸的海与大洋隔绝或半隔绝，致使海水处于局限流通和半局限流通的状况，这种海岸的波浪作用不明显，主要是受潮汐作用的影响。

滨岸—浅海和三角洲体系一样包括了多种沉积环境，它在平面上的分布与三角洲一样存在着分区性，即不同的亚相沉积特征有着明显的差异和特色。在珠江口盆地中既存在着无障壁型海岸，也存在有障壁型海岸沉积的产物，它们是构成珠江口盆地沉积环境多样性不可缺少的研究内容，为此本书依据其发育特点和总体沉积特征对其沉积类型进行了进一步划分，其划分方案见表5-1。

**表5-1　珠江口盆地滨岸—浅海沉积特征及沉积相划分**

| 相 | 亚相 | 微相 | 垂向层序特点 | 沉积特征 |
|---|---|---|---|---|
| 无障壁型海岸相 | 前滨 | 滩砂、滩砂水道 | 叠加渐变正韵律 | 粒度粗，以中粗砂岩为主，偶含砾，结构成熟度高，见冲洗层理，缺乏槽状交错层理，无泥岩 |
| | 临滨 | 沿岸坝、上临滨 | 以反韵律为主，次为正韵律，砂包泥为主要特征：砂岩>泥岩 | 粒度变化范围较大，以中细砂岩为主，结构成熟度中等偏好 |
| | | 下临滨 | 无韵律，砂岩<泥岩 | 粉砂质泥岩沉积 |
| | 滨外 | 滨外沉积 | 大套泥岩夹粉砂岩 | 以泥岩为主，质纯，色深，虫孔不发育 |
| 有障壁型海岸相 | 障壁坝 | 障壁坪 | 以反韵律为主，砂岩>泥岩 | 以中细砂为主，成熟度中等，可见生物介屑，岩性致密 |
| | 潮汐通道 | 潮汐水道 | 渐变正韵律，以砂包泥为特点，砂岩>>泥岩 | 以中细砂岩为主，成熟度中等，通常具有羽状交错层理 |
| | 潮坪 | 混合坪 | 无韵律，砂岩≈泥岩 | 以泥质粉砂岩或粉砂质泥岩为主，具有明显的复合层理，含菱铁矿结核及云母 |
| | 潟湖 | 潟湖泥、潮汐三角洲 | 无韵律 | 以深灰色薄层状粉砂质泥岩为主，生物扰动明显，含植物碎片，局部夹薄层反韵律砂岩 |

续表

| 相 | 亚相 | 微相 | 垂向层序特点 | 沉积特征 |
|---|---|---|---|---|
| 浅海相 | 陆架砂脊 | 砂脊、砂席 | 以反韵律为主 | 以细—粉砂岩为主，局部可见粗砂岩，常见一些交错层理 |
| | 陆架泥 | 陆架泥 | 无韵律 | 浅色泥岩、粉砂质泥岩 |
| | 风暴沉积 | 风暴岩 | 块状，无韵律 | 交错层理砂岩相—变形层理砂泥岩相 |

# 第二节　碎屑滨岸

## 一、滨岸沉积概述

碎屑滨岸是指不包括三角洲在内的、由浪基面之上延伸到冲积海岸平原、阶地、陡岸边缘的狭长的高能过渡环境地带，尽管在特定的时间内，碎屑滨岸的宽度是有限的，但由于岸线的侧向迁移，可以形成广布的碎屑滨岸沉积，是油、气资源储存的有利区带（Galloway and Hobday，1983）（图 5-1）。碎屑滨岸的特征取决于两个基本的能量因素，即波浪和潮汐，其与潮差存在着直接的关系，并且不同潮差类型条件下形成不同的海岸地貌形态（图 5-2）。

根据沉积环境及沉积物特征，即可将海相组划分为滨岸相、浅海陆架相、半深海相和深海相 4 个相。滨岸相又称海岸相或海滩相，位于潮上至波基面之间，此处海水反复进退，日光充足，生物繁多，潮汐、波浪和沿岸流作用强烈，温度和盐度变化较大，沉积物类型众多，包括无障壁型海岸相和有障壁型海岸相（障壁岛、潟湖相、潮坪相等）（冯增昭，1993；赵澄林和朱筱敏，2001；何幼斌等，2007；朱如凯等，2014）。

无障壁海岸相的沉积环境是无障壁遮挡、海水循环良好的开阔海岸带，发育广阔的滨海平原，主要受波浪和沿岸流的影响，水动力条件较强。按照海岸水动力状况和沉积物类型分为砂质或砾质高能海岸及粉砂泥质低能海岸两种类型。高能海岸环境以砂质类型居多，砾质者少见（图版 52 ~ 图版 54）；低能海岸带以潮流作用为主，为粉砂淤泥质，海岸坡度平缓，具有较宽阔的潮间带（潮滩）、潮上带（图版 55 ~ 图版 58）。它们的宽度随海岸地形的陡缓而定。在陡岸处宽度仅数米，在平缓海岸其宽度可达 10km 以上。古代海岸因岸线不断迁移，可形成宽而厚的砂质海岸沉积，成为油气储集的良好场所（冯增昭，1993；赵澄林，2001；何幼斌等，2007；朱筱敏，2008；高辉，2009；陈强，2011；朱如凯等，2014）。

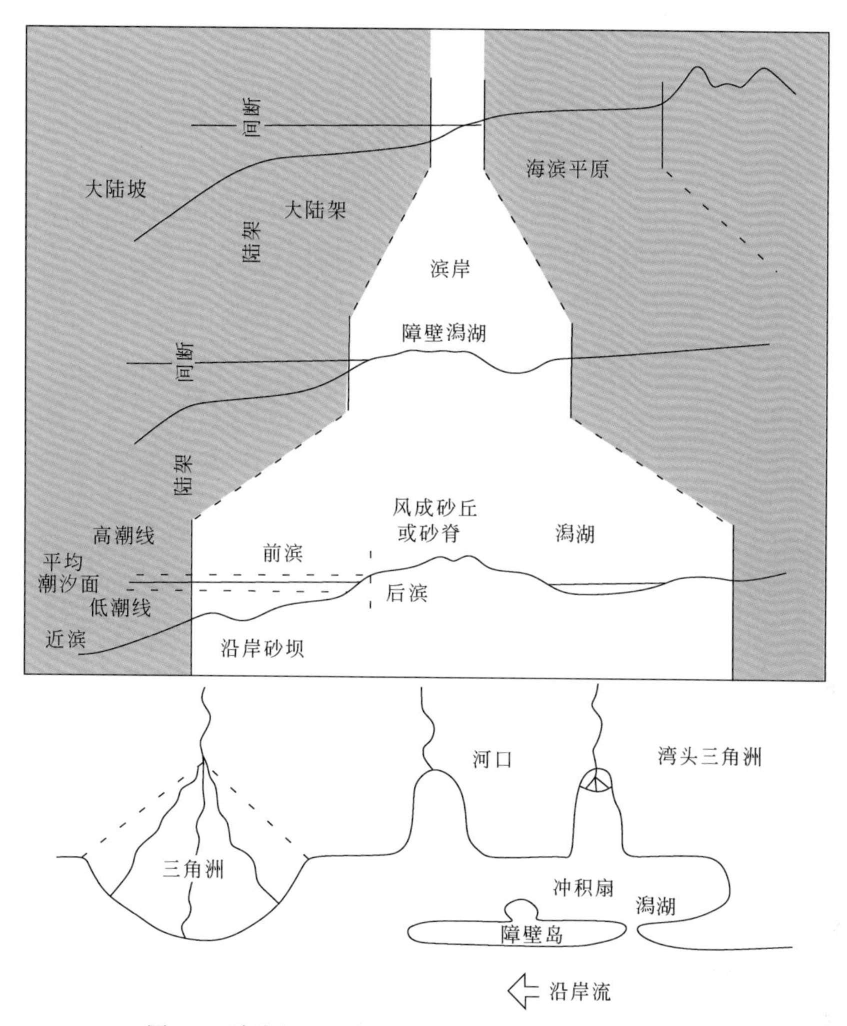


图 5-1　滨岸沉积示意图（Galloway and Hobday，1983）

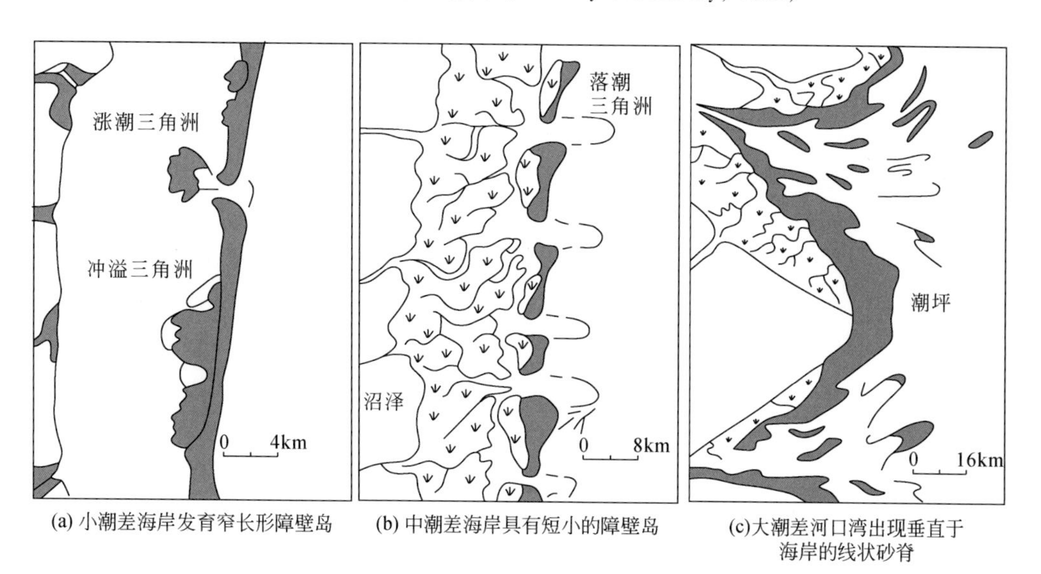


图 5-2　海岸砂体形态与潮差的关系

近20年来，随着珠江口盆地的研究深入及勘探开发的推进，不同学者对珠江口盆地的不同区域的珠海组、珠江组沉积体系展开了分析与研究，从不同的角度展开了珠江口盆地碎屑滨岸沉积的研究。施和生等（1999）认为珠江口盆地珠江组发育有障壁型和无障壁型两种滨岸沉积类型。赵宁和邓宏文（2009）对惠州凹陷西南部取心的岩性、物性及成岩特征进行了分析，认为珠江口盆地惠州凹陷珠江组下段以滨岸沉积为主。刘曾勤等（2010）从层序地层的角度分析了惠州凹陷珠江组下段的层序地层特征，认为惠州凹陷的滨岸类型主要为无障壁型。付振群等（2013）研究了珠江口盆地东沙隆起珠江组储层特征及主控因素后指出，珠江口盆地东沙隆起珠江组从下向上可划分出无障壁滨岸相、碳酸盐台地相和浅海相3类沉积相，无障壁滨岸相主要发育近—前滨砂质沉积。徐勇等（2016）认为白云凹陷上渐新统珠海组为浅海相，发育大型陆架边缘三角洲，下中新统珠江组—韩江组由晚渐新世的浅海陆架环境演变为陆坡深水环境，发育大型深水扇体系。黄月银等（2016）认为珠江组一段下部属滨岸沉积体系，而珠江组二段为潮坪沉积体系。

本书针对岩心中识别出的前滨和临滨两个亚相展开详述。

## 二、前滨

前滨位于平均高潮线与平均低潮线之间的潮间带，地形平坦，起伏较少，并逐渐向海倾斜。对称、不对称波痕及菱形波痕大量出现。极浅水的其他标志如冲刷痕、流痕、变形波痕、流水波痕、生物搅动构造也常见到。前滨下部沉积物分选比上部差，并含有大量贝壳碎片和云母等，贝壳排列凸面朝上，属不同生态环境的贝壳大量聚集。

从岩石相角度来看，通过岩心观察，在工区取心段中发现有冲洗交错层理砂岩相、低角度交错层理粉—细砂岩相、生物痕迹砂岩相、生物碎屑砂岩相等，同时可见砂岩分选较好，磨圆度为次圆状。冲洗交错层理反映水流具有双向性，水动力条件较强，是典型的指示滨岸相的沉积构造（图5-3）（图版59）。

从岩石相组合方面来看，发育有反韵律粉砂岩相—砂岩相组合，总体上向上变粗，该类岩石相组合的厚度不大，一般在2～4m，其上下层段的水动力强度变化比较明显，顶部多见上覆厚层砂体的侵蚀切割，形成冲刷接触。发现大量的生物碎屑，有些介壳类生物化石保存完整，同时砂岩分选较好，冲洗交错层理最为典型，主要反映出临滨亚相和前滨亚相的沉积特征。

该亚相以发育层序平直、低角度相交的交错层理为特征。该亚相的岩石相特征表现为块状层理细—中砂岩和块状层理细砂岩。两种岩石相呈正韵律砂岩相组合。纹层倾角取决于颗粒粗细，颗粒越粗倾角越大，反之则越小。从前滨过渡到上临滨，直至下临滨，水动力是逐渐减弱的，砂质岩层厚度减小，其百分含量在降低，同时分选性也变差，而泥质岩百分含量在逐渐升高。

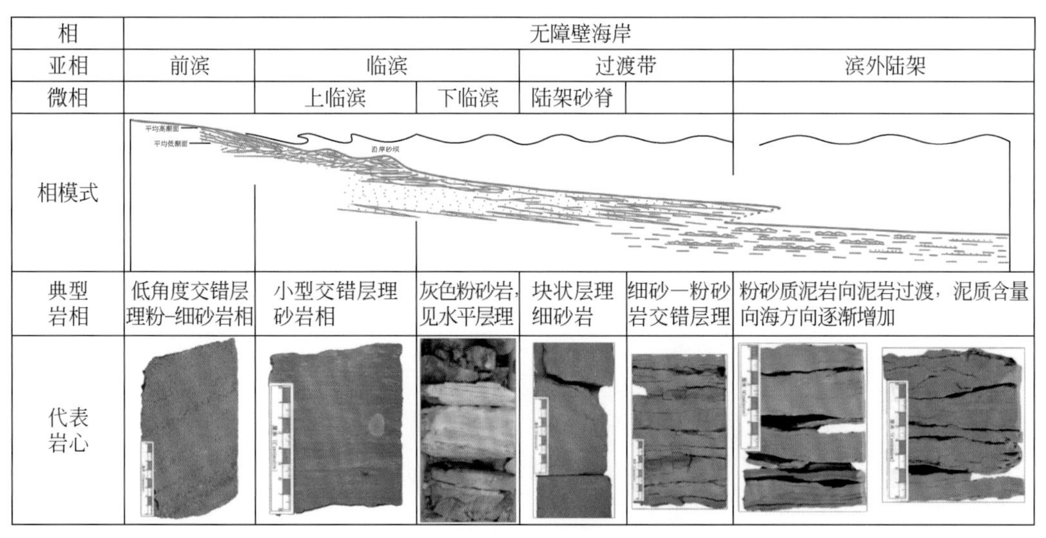


图 5-3　碎屑滨岸的岩石相组合模式

GR 曲线以中—高幅平滑的或微齿化的渐变正韵律箱形为主，也可见钟形或漏斗形，这反映了在波浪水动力作用较强的情况下，前滨亚相沉积分选性极好的厚层砂岩，表现出大套砂质沉积的特点，偶见薄层泥岩夹层（图 5-4）。由于其粒度的分选好，所以测井曲线的锯齿不太明显，砂岩中的泥质含量较小。

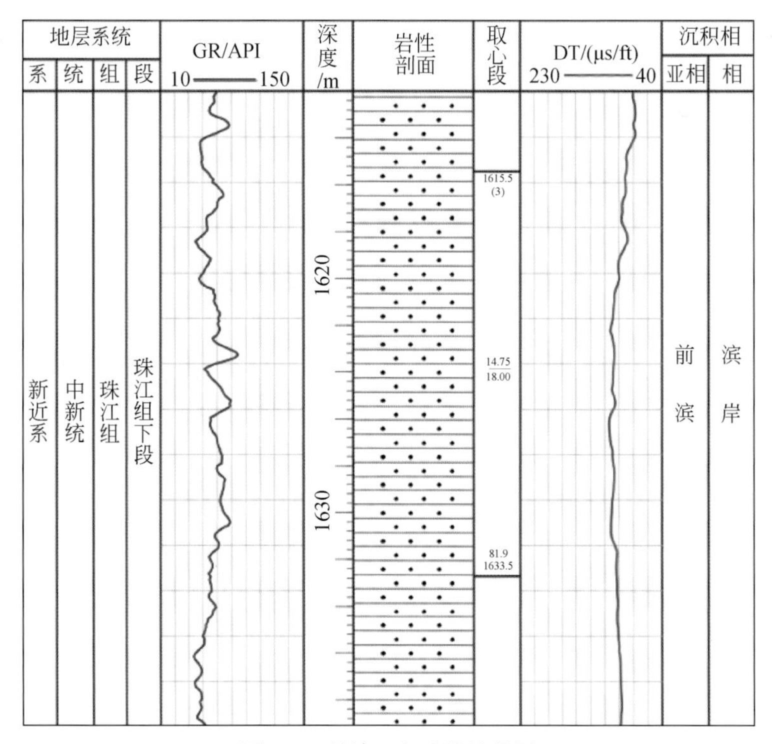


图 5-4　前滨亚相岩性柱状图

## 三、临滨

临滨也称近滨，位于平均低潮线至浪基面之间的地区（潮下带），与海底相交，它经常浸没于水下，与滨外带之间有不同宽度的过渡地带（图 5-5）。

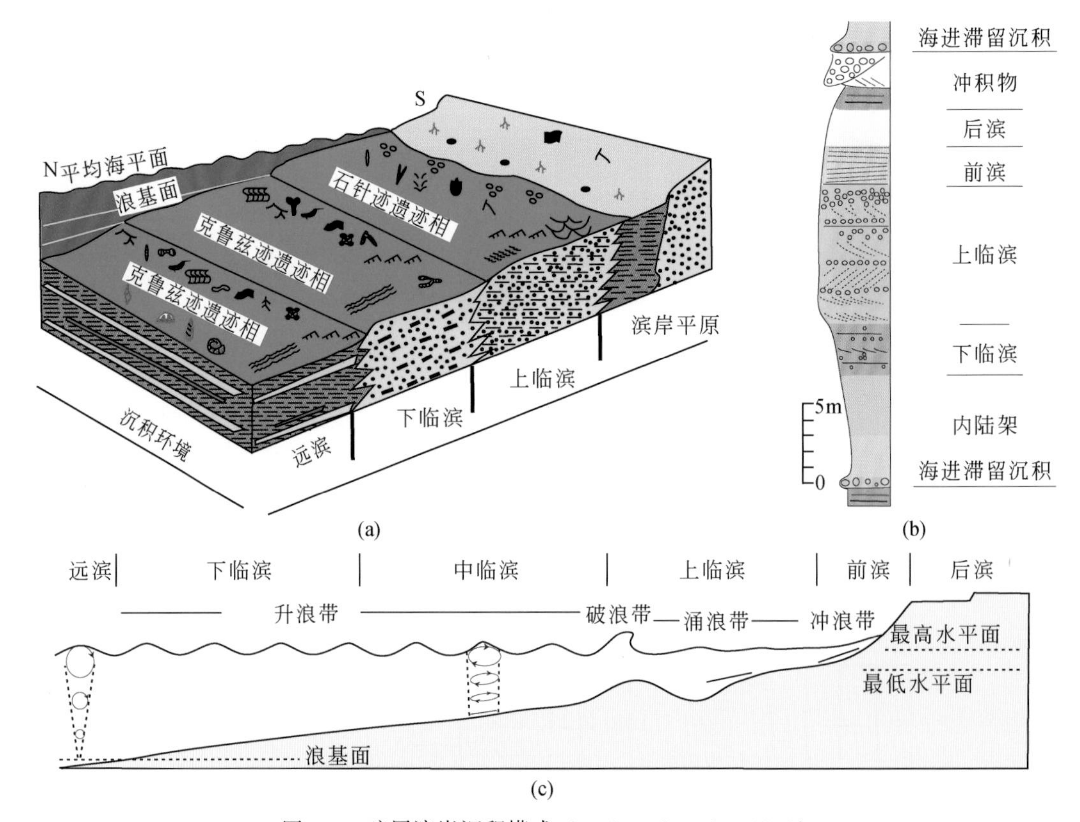


图 5-5　碎屑滨岸沉积模式（Dashtgard et al.，2012）

根据水动力条件的强弱，该亚相还可以进一步细分为上临滨和下临滨（图 5-6）。

本区上临滨的岩性主要为砂砾岩—含砾砂岩，砾石多为细砾，分选中等，发育水平层理和交错层理，含有孔虫、棘皮动物、苔藓虫等海相化石。该部分砂岩样概率累积曲线呈现跳跃和悬浮两个总体。跳跃总体粒度中等，累积概率为 90%，粒度 $\Phi$ 为 0.5 ~ 3，分选较好；悬浮总体累积概率为 10%，分选差；跳跃、悬浮两总体间的交界点的粒度 $\Phi$ 为 3（图 5-7）。

下临滨主要为泥岩、粉砂质泥岩和泥质粉砂岩，常发育块状层理和平行层理，向海方向平行层理逐渐减少，以透镜状层理为主，分选中等—好。该类砂岩样粒度概率累积曲线为双跳跃，由两个跳跃次总体组成，粒度较细，粒度 $\Phi$ 为 2.1 ~ 5.5，斜率分别为 75°、65°，分选较好，两跳跃次总体的交界点的粒度 $\Phi$ 为 3.2（图 5-8）。主要的岩石相类型包括：块状层理砂岩相、小型交错层理砂岩相、砂纹层理粉—细砂岩相、块状泥质粉砂岩相等。整体上构成一套由细到粗的反韵律沉积组合。

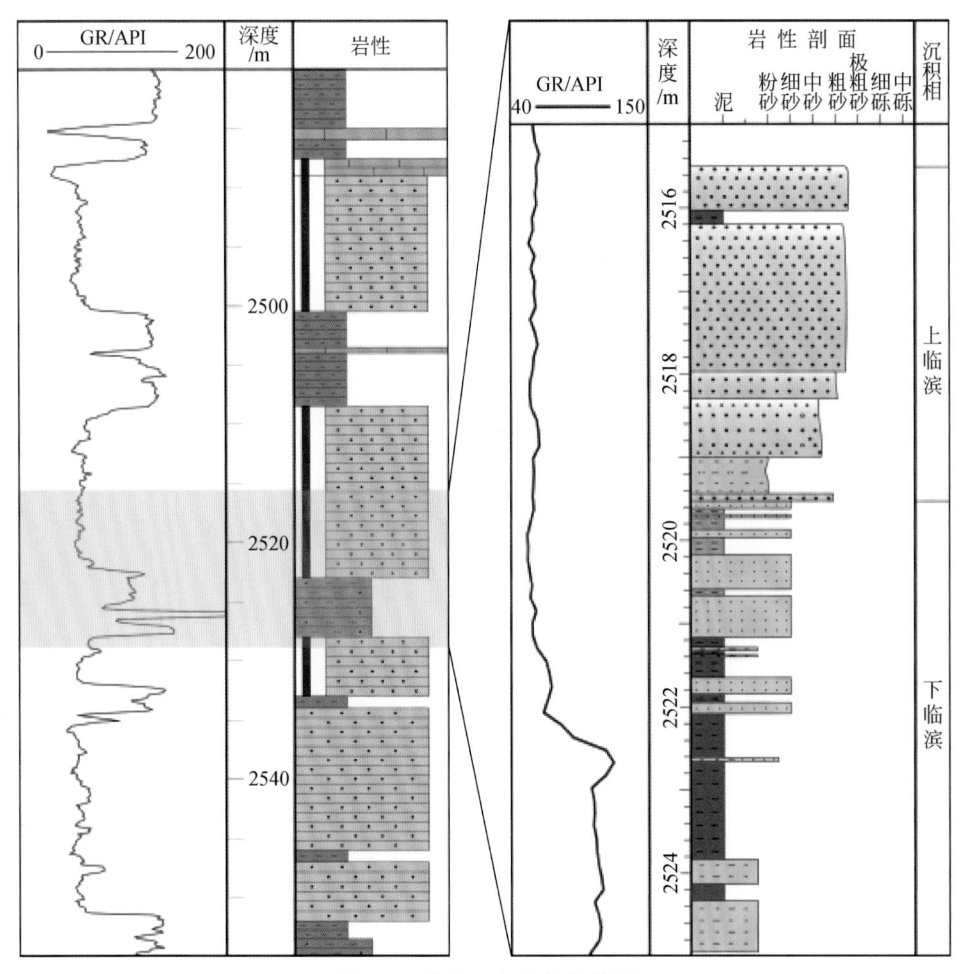


图 5-6　临滨亚相岩性柱状图

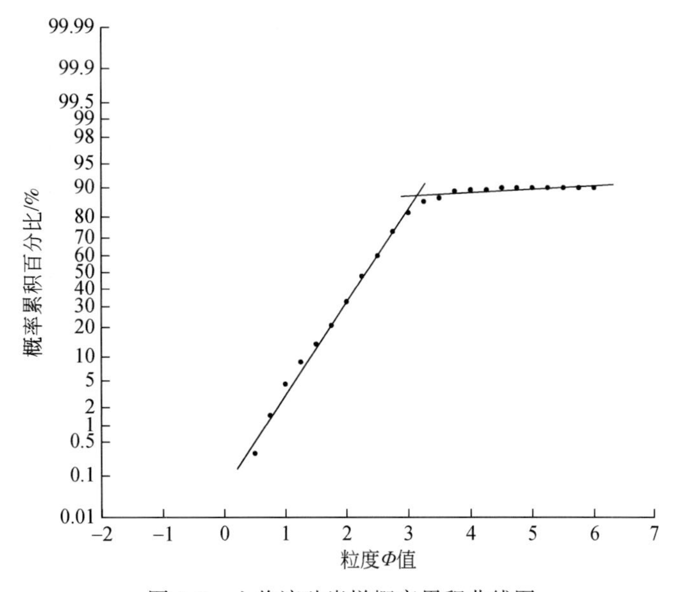


图 5-7　上临滨砂岩样概率累积曲线图

临滨亚相的完整岩石相组合自上而下依次出现含砾砂岩相、块状层理砂岩相、小型交错层理砂岩相、块状层理粉砂岩相的反韵律组合。该岩石相组合底部为冲刷面，见砾石。沉积以砂为主，分选较好，成分单一。构造简单，主要见块状层理和小型交错层理（图 5-3）（图版 60）。

从测井 GR 曲线特征上看，上临滨 GR 曲线为似箱形，以反韵律为主，其次为正韵律，砂包泥为主要特征，砂岩远远大于泥岩，粒度变化范围较大，以中砂岩为主，结构成熟度中等偏好。下临滨 GR 曲线为负向尖嘴形，齿化明显，无韵律，以粉砂质泥岩沉积为主。

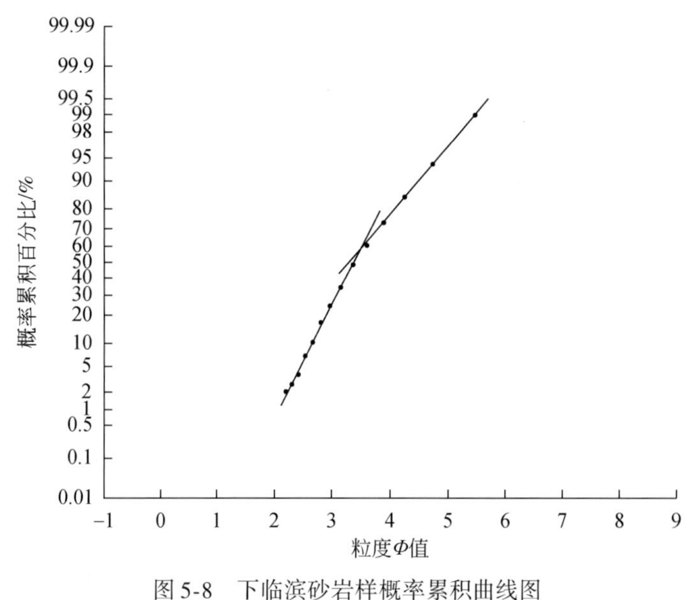


图 5-8　下临滨砂岩样概率累积曲线图

## 四、滨岸沉积储层特征

珠江口盆地的滨岸相沉积主要发育于东沙隆起周缘和惠州凹陷北部，其发育的层位主要为珠江组。滨岸相的沉积以砂质沉积为主，砂质颗粒的分选性好，磨圆度高，填隙物含量低，岩性均一、横向分布稳定。而随着海平面的升降，滨岸砂往往向海相的陆架泥岩过渡，因此形成了良好的储盖组合，是有利的油气储集区。惠州凹陷已钻探的井中就有在滨岸相中见有油气显示的例子。如图 5-9 所示，连井剖面中可见滨岸相沉积的砂岩上下多发育浅海陆架的泥岩，构成了良好的储盖组合。

根据滨岸沉积体系砂岩薄片鉴定结果，储层岩性主要为细—粗粒长石石英砂岩和长石砂岩，少量岩屑长石砂岩（图 5-10）；骨架颗粒总含量占岩石的 79. 9%，成分以石英为主（平均含量 53. 8%），其次是长石（平均含量 15. 3%）、岩屑（平均含量 4. 89%）和化石（平均含量 4. 17%），其中岩屑以火山岩岩屑为主。此外还有少量的海绿石和云母。

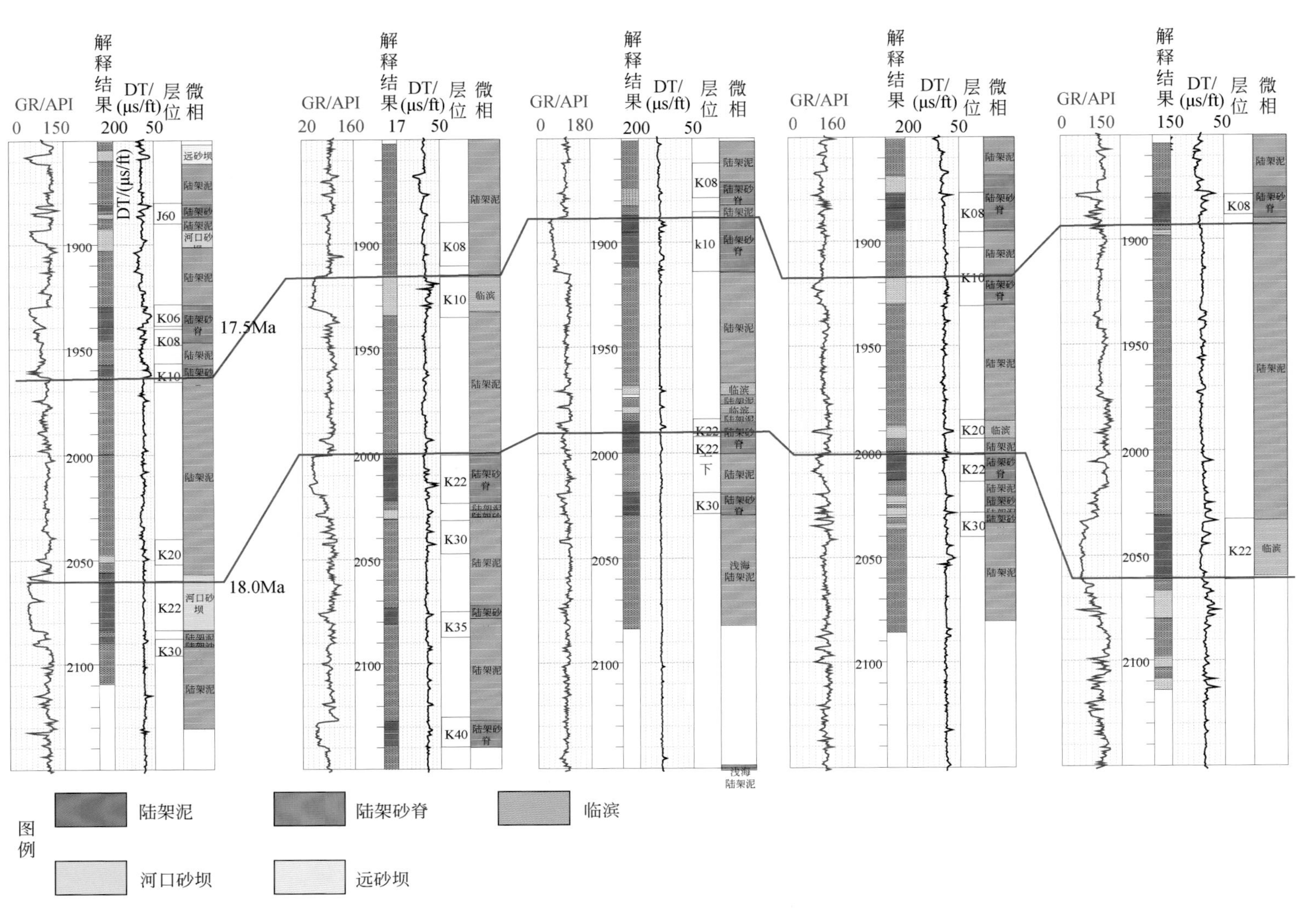


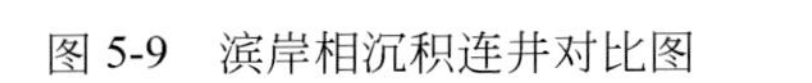
图5-9　滨岸相沉积连井对比图

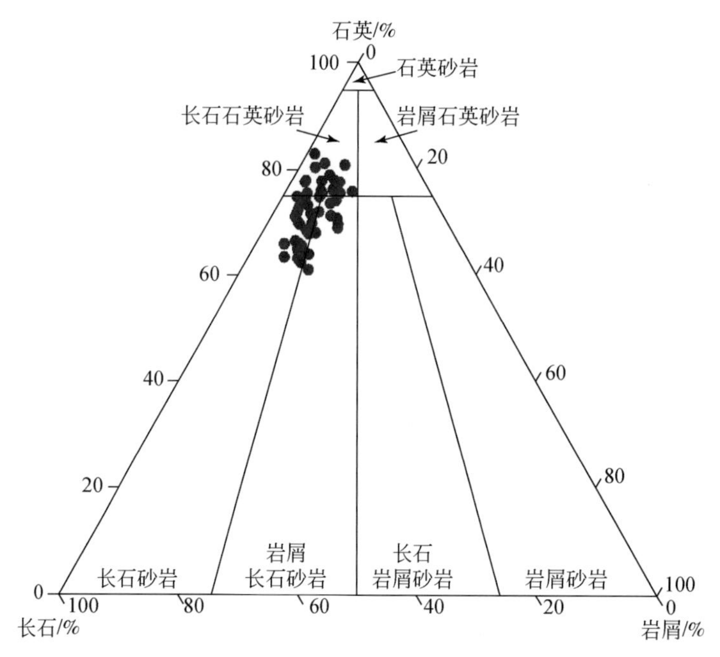


图 5-10　珠江组滨岸沉积体系砂岩储层分类三角图

填隙物主要有泥质和碳酸盐胶结物，泥质平均含量为 4.91%，局部含量较高。胶结物包括方解石、白云石、微晶灰岩和自生高岭石等，以钙质胶结为主，其中方解石平均含量为 4.51%、白云石平均含量为 8.44%。

滨岸沉积体系砂岩储层的储集空间类型以原生粒间孔为主（图 5-11），其次为次生溶孔（主要是长石和生物碎屑部分溶蚀形成），孔隙连通性好，岩心薄片分析面孔率为 12.0%～23.0%。

(a) 1638m，单偏光

(b) 1638m，正交光

图 5-11　陆丰地区珠江组滨岸沉积砂岩典型薄片照片

从空气-盐水毛管压力曲线图分析结果来看（图 5-12），砂岩储层表现为粗歪度、分选好、孔喉大的特点，储层具有良好的储集性能。

珠江组滨岸沉积体系具有较好的储层物性，储层岩心分析孔隙度为 12.3%～31.8%，

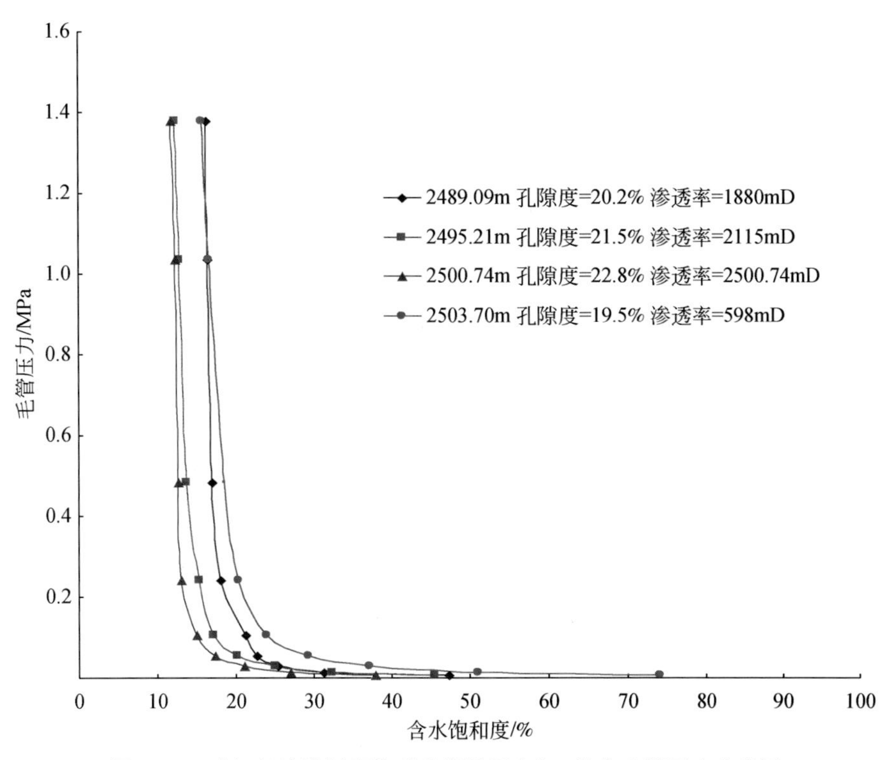


图 5-12 珠江组滨岸沉积体系砂岩储层空气–盐水毛管压力曲线图

中值为 22.6%，渗透率为 24～15250mD，中值为 2313mD；测井解释，油层平均孔隙度为 20.1%～24.8%，中值为 24.0%，平均渗透率为 1181～3307mD，中值为 1720mD。由砂岩油层岩心孔隙度和渗透率分布直方图（图 5-13）可见，其孔隙度主要分布在 20%～30%，渗透率则以大于 1000mD 为主，总体上属于中孔特高渗的储集层。

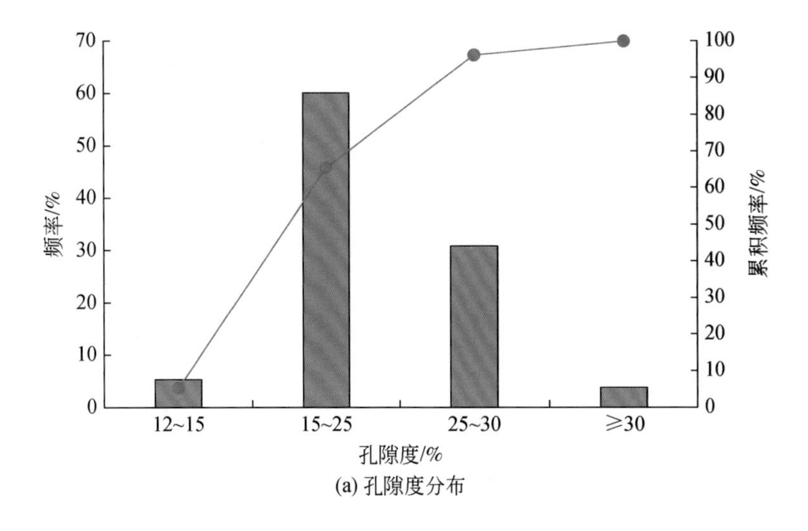


(a) 孔隙度分布

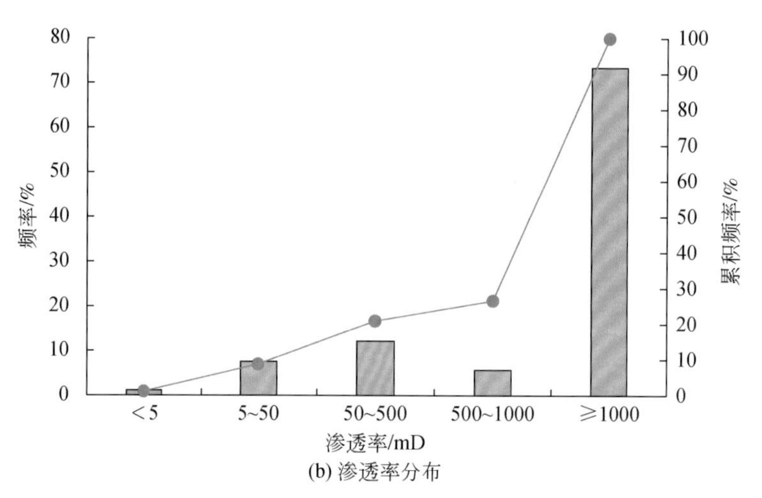

(b) 渗透率分布

图 5-13　珠江组滨岸沉积体系砂岩储层岩心孔隙度、渗透率直方图

# 第三节　碎屑浅海

## 一、浅海沉积概述

浅海沉积是水深大致为 20 ~ 200m 的海底沉积，主要分布在大陆架区，也称陆架沉积。浅海沉积物主要来自大陆，但在一些低纬度海区和外陆架，也可见到自生的碳酸盐沉积和生物沉积。浅海指正常浪基面（附近）以下至水深 200m 的较平坦的广阔浅水海域，平均坡度一般只有几分，不超过 4°。浅海的水动力包括波浪、洋流（离岸流）、潮汐流及密度流（风暴碎屑流）等。

浅海中 90% 以上的碎屑物来源于大陆。当不同粒级碎屑进入浅海时，海水的运动使颗粒下沉速度减慢，一些较细的颗粒处于悬浮状态，海流将这些悬浮物搬运到离岸较远的地区，较粗的颗粒沉积在近岸地区。因此从近岸到远岸，依次排列着砾石、粗砂、细砂、粉砂和黏土等。浅海带沉积物的特点是：近岸带颗粒粗，以砂砾质为主，具交错层理和不对称波痕，含大量生物化石，有良好的磨圆度和分选性，成分较单一；远岸带粒度细，以粉砂和泥质为主，具水平层理，波痕不发育，有时有对称波痕，分选好但磨圆度不高，成分较复杂（图 5-3）。

珠江口盆地岩心中碎屑浅海沉积可识别出陆架砂脊和陆架泥两个微相。

## 二、陆架砂脊

在一些部分封闭的海和隐蔽海湾（如朝鲜湾、波斯湾、加利福尼亚湾、马六甲海峡、台湾海峡等），沿着沉积物的搬运通路，沉积底形发生有规律的变化，从而形成大型线状砂脊和砂席。这种砂质沉积为潮流在海底流动所形成，其延长方向分别与潮流方向垂直和平行。潮流砂席可出现在深海海底，而潮流脊则主要分布在近岸浅水区；河口湾、海峡出口处、有大量泥砂分布的平原海岸的岸外浅水区，形成的流速为 2 ~ 9km/h（Stride，1982）。潮流脊最基本的特征是：与潮流方向一致的线状砂体，砂脊高 10 ~ 30m，长 1 ~ 20km，砂脊间隔以深槽，砂脊成平行状、放射状、雁行状排列。

潮流是主导潮流沉积和潮成地貌发育的第一要素。Belderson（1982）认为潮流砂脊发育的平均大潮近表最大流速为 60 ~ 150cm/s。Kenyon 和 Stride（1970）认为中潮位平均流速在 120 ~ 150cm/s 可形成与潮流方向一致的砂带。Off（1962）认为潮流速度在 50 ~ 200cm/s 最有利于潮流砂脊的发育。根据中国近海潮流砂脊发育的条件看，表层最大流速在 50 ~ 180cm/s 均可形成砂脊形态。流速过大，以侵蚀作用为主，物质难以沉积；流速过小，侵蚀搬运能力不足，大多形成形体小而垂直于潮流方向的砂丘。

一般而言，最大潮流流速大于 50cm/s 就可以对海底的松散沉积产生明显的作用。潮流对海底的作用可分为侵蚀作用和堆积作用两种，相应形成了侵蚀和堆积两种地貌形态。当最大潮流流速大于 150cm/s 时，潮流以侵蚀作用为主，形成不同规模的冲刷沟槽等负地形。当最大潮流流速介于 50 ~ 150cm/s 时，潮流以沉积作用为主，潮流将从侵蚀区挟带来的物质堆积下来，形成潮流浅滩。又因潮流性质不同，形成潮流砂脊和潮流砂席两类地貌形态。潮波传到近岸地区受岸线及局部地形的影响，由旋转潮流变为往复潮流。在往复潮流作用下形成潮流砂脊，在旋转潮流作用下形成潮流砂席。对滨外及开阔海域而言，适宜潮流砂脊发育的平均大潮流速为 100 ~ 150cm/s；对河口和近滨海域形成的潮流砂脊，适宜的流速偏低，平均大潮流速为 50 ~ 100cm/s。

Belderson 等（1982）认为随着潮流速度由大变小，底部地形将出现下列几部分的演替：①基岩或砾石；②顺潮流方向的砂带；③垂直潮流方向的砂波（砂丘）；④平坦的砂席；⑤零星的砂斑。在沉积物供应充足的情况下，底形形态丰富，砂脊和直脊型砂波多有发育，而在沉积物供应不足的情况，多发育新月形砂丘和零星砂斑。

珠江口盆地随着海平面的下降，较大面积的地区对前一层序的高位进行侵蚀，从而产生大量松散的沉积物（图 5-14）。这些沉积物在一定的潮流水动力场中，随着流速的变化，容易发生侵蚀、搬运和再沉积作用，从而形成潮汐砂脊。陆架砂脊的沉积物以泥质粉砂岩—粉砂岩为主体，且层理上多见水平层理和块状层理（图版 61）。

## 三、陆架泥

陆架泥岩广泛见于沉积物供给丰富、离岸有一定距离的海域，在我国黄海、渤海、东海区域就有全新世泥质沉积的广泛分布，其最大厚度可达 50m 以上。相对于粗颗粒沉积物而言，陆架细颗粒物质堆积区的水动力环境相对稳定，因此泥质沉积具有较好的连续性（图 5-15），对于气候演变、环境演化信息的提取而言，陆架泥质沉积往往被当作理想的地质记录之一。因为近岸和陆架的全新世泥质沉积较厚，所以具有形成高分辨率地质记录的潜力。但是，为了充分挖掘陆架沉积记录在高分辨率环境演化研究中的潜力，需要深入了解陆架泥质沉积形成的现代过程。

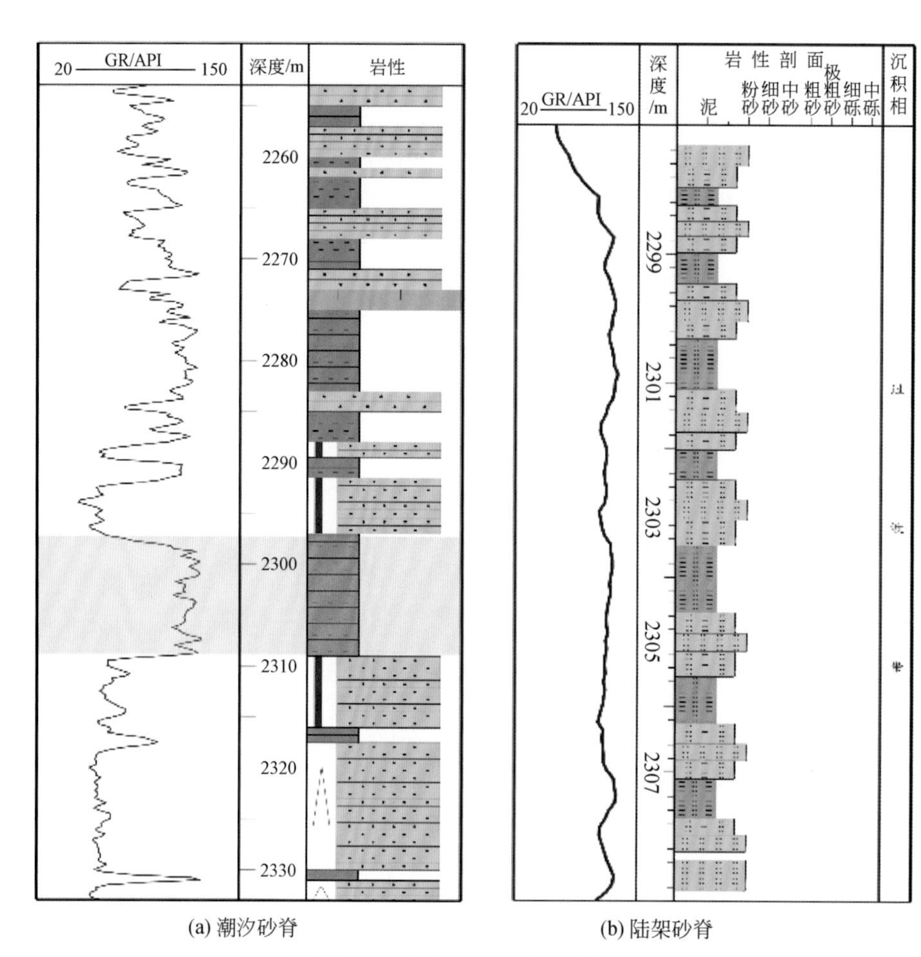


(a) 潮汐砂脊　　(b) 陆架砂脊

图 5-14　珠江口盆地陆架砂脊垂向分布特点

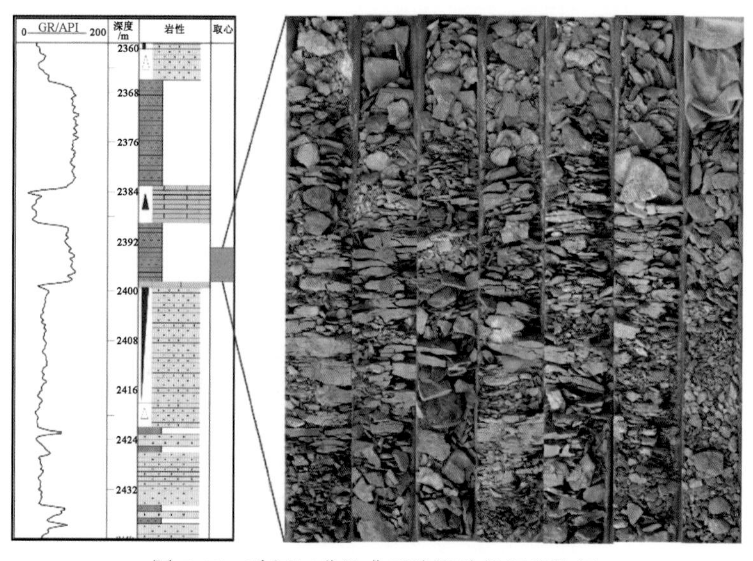


图 5-15　珠江口盆地典型浅海陆架沉积特征

## 四、碎屑浅海储集特征

浅海陆架相砂体主要为潮成砂脊，是三角洲沉积经过波浪改造、搬运在陆架中部再堆积而成的。陆架砂脊发育于海侵期，受潮流影响一般平行于潮流方向展布，呈现出“水道化”特征。陆架砂脊的岩性较细，以粉砂岩、泥质粉砂岩为主。典型的陆架砂脊沉积，总体上呈反韵律，底部为较纯净泥岩，向上逐渐变为粉砂岩、细砂岩、中砂岩，顶部发育中—粗砂岩，反映陆架砂脊为逐步进积型叠置。随着陆架砂脊的逐步向前迁移，砂体规模越大，厚度也越大。

珠江口盆地典型的陆架砂脊是在惠州凹陷南部发育的 K22up 砂体，该砂体形成于 SB18 和 SB17.5 之间，海平面开始上升期的退积沉积体。在地震剖面上，该砂体呈现出向东沙隆起延伸的连续性差的强反射特征（图 5-16）。

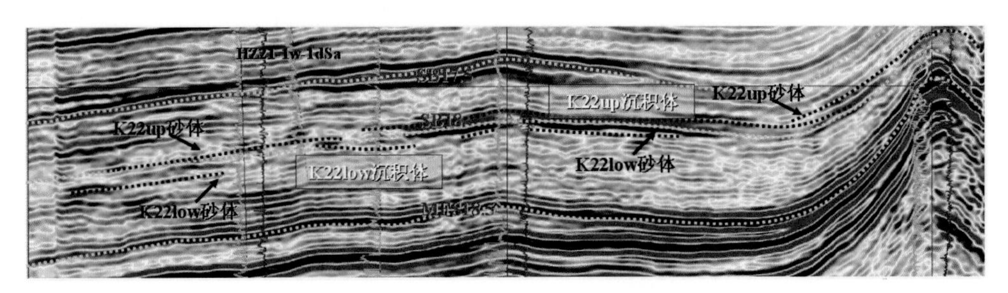


图 5-16　K22up 砂体的井—震剖面解释

在均方根振幅属性平面图上，K22 砂体在东沙隆起西侧出现强反射特征的近南北向连续性较好的条带状。它是随着海平面的下降，东沙隆起西侧波浪作用增强，对三角洲前缘改造，而形成的沿东沙隆起西侧展布的条带状砂岩（图 5-13）。

图 5-17　K22low 沉积体均方根振幅属性图

陆架砂脊的储集物性与前文中描述的潮控三角洲前缘相似，由于波浪和潮汐的不断簸选，导致其砂岩分选好，原始孔隙度较高，有良好的储集性能。加之，这类砂体沉积在厚层的海相泥岩中，在剖面上呈透镜状，平面上的延展性有限，因此有利于形成岩性圈闭。

# 第四节　潮　　汐

## 一、潮汐沉积

潮汐沉积是在潮汐作用的环境下形成的沉积物和沉积岩。潮汐沉积包括潮汐影响和潮汐主控两种类型。过去关于潮汐沉积的认识主要局限于滨岸沉积体系如潮坪沉积，随着现代潮汐沉积研究的深入，国内外学者在三角洲、河口湾、陆架、海湾或海峡等沉积体系（Dalrymple et al.，1984；Dalrymple and Rhodes，1995；Davis and Fitzgerald，2004），以及潮坪、潮汐水道、潮汐砂坝、涨潮/落潮三角洲、潮汐通道、潮沟等沉积相带内，均发现了潮汐作用标志（Dalrymple and Choi，2007）。由此可见，潮汐沉积并不仅限于潮坪沉积。

潮汐沉积的典型识别标志有双黏土层、浮泥。双黏土层是典型的潮汐作用标志，主要表现为两个厚的砂层和其上披覆的薄泥层，其中两个砂层的厚度不一致，分别代表了主要潮流和次要潮流的产物，其上覆的薄泥层则分别代表了两个憩水期的产物（Visser，1980；Nio and Yang，1991）。

浮泥是非常重要的判定潮汐影响的分流河道内部沉积的一个重要证据。从形态上看，其表现为厚度大于1cm的、缺乏生物扰动和纹层的纯净泥岩。该类泥岩主要出现在河道的底部，一般和粒度较粗的砂岩或者含砾砂岩伴生出现，形成了河道底部鲜明的、突变的差异性粒度特征。从其成因来讲，该类泥岩的形成与高浓度（>10g/L）的悬浮物聚集有关（Faas，1991）。通常在河口湾中部最大浑浊带或者三角洲平原河道向海一侧，易于聚集和形成高浓度悬浮絮凝沉积（Dalrymple and Choi，2007），其为浮泥的产生提供了物质基础。从水动力机制及形成过程来讲，其形成主要是受到大潮期间较强的潮差及潮流作用的影响。浮泥可以出现在多种类型的沉积环境中，当其出现在河口湾或者三角洲平原分流河道内时，可以将其作为较好的潮汐沉积的标志。

## 二、潮坪

在中新世初期，东沙隆起出露在海平面之上，形成障壁。水体处于相对封闭、风浪较弱的环境。加之，惠州凹陷海岸区在中新世较为平缓。因此，在中新世初期至中期海平面较低，东沙隆起出露的情况下，惠州凹陷发育潮坪相。潮坪一般可以分为潮上带、潮间带和潮下带。在岩心观察的基础上，可在惠州凹陷识别出潮间带中的砂坪、混合坪两个微相。

潮汐砂坪主要发育于潮间带，位于低潮线附近，水动力条件强、潮流能量高，以砂岩沉积为主，发育强水动力形成的沉积构造，主要有韵律层理、脉状层理、羽状交错层理、拉伸碎屑、碳质碎屑（图版62）。脉状层理是该相的典型识别特征，以被泥质披覆的浅灰色极细波状层理砂岩为主，泥岩厚度2～3mm，最大1cm厚，砂岩分选差，次圆状，杂基含量中到高。利用潮汐层理有规律的垂向重复韵律特征可研究季节性变化。

混合坪沉积发育于潮间带中部，其岩石类型主要为暗色泥岩、粉砂质泥岩、泥质粉砂岩和粉砂岩的薄互层，沉积构造以弱水动力的水平层理、透镜状、波状层理为主，偶见低角度交错层理、生物扰动、碳质碎屑、透镜状层理。该相厚度几厘米到3m不等，通常与潮道和潮汐砂坝相伴生。泥岩披覆的粉砂岩波痕和双黏土层，黏土层2～3mm，呈薄厚交替粉砂岩和黏土韵律沉积（图版63）。

## 三、潮汐水道

潮道是潮流自开阔海进入潟湖、潮坪的主要通道，又称潮汐水道。潮沟是在砂泥质潮滩上由于潮流作用形成的冲沟。潮道与潮沟的区别是前者规模大，发育在潮下带，而后者小得多且发育在潮间带上，并间歇性有水。潮汐汊道通常是指沟通潟湖和海洋的通道，有些地方把连接外海和半封闭港湾（或河口湾）的通道也叫潮汐汊道或潮汐通道。

潮汐水道主要发育在潮下带上部，岩性为细砂岩、粉砂岩，结构成熟度和成分成熟度高，沉积厚度大，发育块状层理、大型交错层理、再作用面、斜层理、双黏土层等沉积构造，可见双壳类生物碎屑。潮道底界面一般明显接触或有冲刷面，岩心观察上可见到多个含砾粗砂岩到细砂岩的正旋回，偶尔可见植物化石碎屑，旋回顶部细粒沉积物中可见双黏土层砂岩相及潮汐层理细粒岩相等，反映较强的潮汐作用的存在（图版64）。鉴于此，该微相常发育以下两种岩石相组合。

（1）块状层理含砾中—粗砂岩相—大型高角度单斜层理砂岩相—大型低角度单斜层理砂岩相—生物扰动块状细—粉砂岩相组合。该岩石相组合在本井取心段中较为常见，从剖面上看其底部多为冲刷面，自下而上依次出现含砾中—粗砂岩相、大型低角度单斜层理砂岩相、大型低角度单斜层理砂岩相、生物扰动块状细—粉砂岩相。在取心井段中，该组合也出现岩石相发育不全的现象，常见块状层理含砾中—粗砂岩相。该组合总体上呈向上变细的正韵律，反映了水动力条件由强逐渐变弱的特点。其单层正韵律的厚度不等，大多在1.5～3m。该岩石相组合往往是由于海平面下降，潮汐动力减弱，潮汐水道由底部冲刷向侧向加积转换，最终潮汐水道消失所致。

（2）大型低角度单斜层理砂岩相—生物扰动块状细—粉砂岩相—低角度交错层理细砂岩相组合。该类岩石相组合与前一岩石相组合相近，但粒度明显较前者小，这说明其水动力较前者弱。大型低角度单斜层理砂岩相是由于潮道迁移过程，砂体侧向加积形成。随着水体变浅，生物扰动开始发育，且最终因潮汐通道消亡，开始在浅水潮流作用下沉积低角度交错层理细砂岩相，直至下一期潮汐水道开始发育。该微相GR曲线呈箱形，低值，高幅度，曲线光滑。交错层理砂泥交替韵律特征是该相的典型识别特征。浅棕—深棕色细—中粒交错层理（15°～36°）砂岩被大量泥质披覆，砂岩层一般厚3mm～3cm，分选中等—差，次圆状，杂基含量低。

## 四、潮汐沉积储层特征

东沙隆起区为研究区重要的岩性圈闭分布区，珠江组沉积早期，东沙隆起处于障壁的环境下，海平面逐渐上升，这种古构造—沉积背景为潮汐发育提供了良好的古地理条件，现代和古代的潮坪出现在波浪能量低的中潮或大潮地区。研究区 L 系列沉积体的砂体普遍受潮汐作用影响，形成物性好的条带砂。

以珠江口盆地惠州凹陷 L30 砂体为例，L30 沉积体发育于 MFS18.5 和 SB21 之间的次一级海泛面附近，为海平面相对扩张期，沉积物供给速率小于海平面上升速率时期，产生退积沉积。地震剖面上可见明显的退积形态，东沙隆起区为多个连续性较差的强反射，向西侧过渡为连续性较好的强反射（图 5-18）。

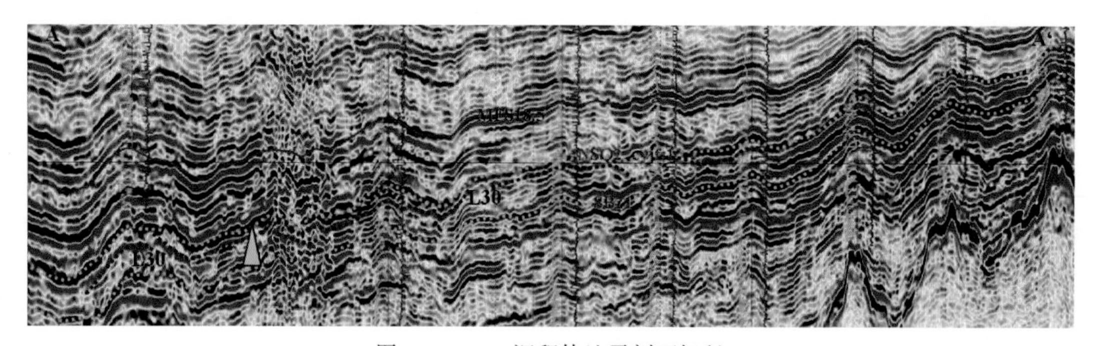


图 5-18　L30 沉积体地震剖面解释

L30 沉积体属性平面连续性较差，多个朵叶体相对孤立分布，盆地中部可识别出南北走向的沉积体展布边界，边界西侧的沉积体展布较连续，东侧多为孤立分布朵体。已钻井所钻遇的 L30 砂体在边界西侧多为厚层齿状箱形和漏斗状，边界东侧东沙隆起区，L30 砂体的岩心可见生物扰动特征和波状层理，指示潮汐沉积环境（图 5-19）。L30 沉积体钻遇油气显示井多分布在东沙隆起区，砂体连井剖面上可见多套砂体呈退积形态叠置，整体呈东西展布的楔形特征。

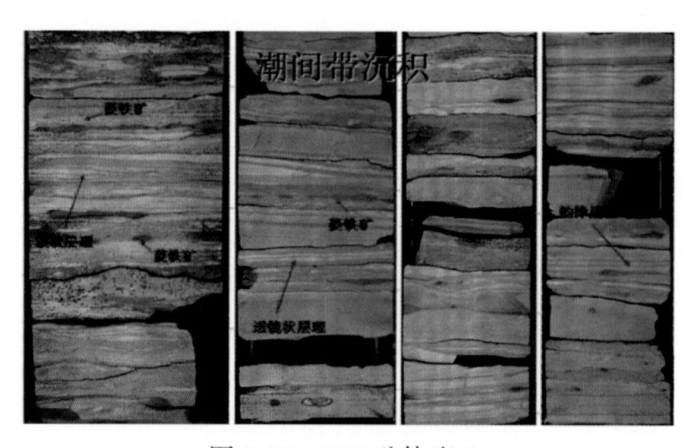


图 5-19　L30 砂体岩心

综合以上信息，珠江口盆地东沙隆起西北缘地区在珠江组沉积时期受到古地形的影响，潮汐作用的影响较大。在这个背景下，该地区发育有良好的潮汐沉积的砂体。这类砂体因受潮流反复簸选，其分选好，成熟度高，储集物性好，通过已钻井揭示其含油性较好。

# 第六章　珠江口盆地陆坡深水碎屑岩沉积储层

由大陆架向外延展，海底突然下落，形成一个陡峭的斜坡，这个斜坡叫大陆坡。大陆坡介于大陆架和大洋底之间，分布在水深200～2000m的海底，是联系陆地和海洋的桥梁，坡度较陡（几度至20多度），延伸范围较广（十几公里到几百公里），常常发育非常深的大峡谷（海底峡谷）。这些峡谷既是沉积物的搬运通道，又是沉积物的沉积场所，加上各种底流对陆坡沉积物的改造，以及陆坡的不稳定性形成的滑塌、滑动块体搬运沉积和水道末端形成的朵体沉积，一起构成了碎屑岩陆坡沉积体系。

在深海环境背景下，珠江组发育了以砂质碎屑流和浊流砂岩为主的深水扇内扇—中扇水道沉积体系，以及含灰质组分较多的细碎屑岩的外扇与盆地相沉积组合。更有意义的是，在珠江组深水扇与盆地的各种岩石相组合中，除了发育重力流沉积外，还广泛地发育丰富的牵引流沉积，它们与碎屑流、浊流和海底风暴等重力流及半远洋—远洋悬移沉积有着明显的区别。

## 第一节　珠江口盆地深水沉积概述

自浊流理论形成以来，伴随着深水油气勘探技术手段的发展，深水沉积研究已取得长足进展。总体上，深水沉积研究的发展可以分为两个阶段，即基于浊流理论的鲍马序列和海底扇沉积模式建立与发展阶段，以及基于碎屑流的斜坡沉积模式建立与发展阶段。

珠江口盆地白云凹陷与世界上大多数著名的深水油气盆地相似，但也有所不同（周蒂等，2007；庞雄等，2007a）。由ODP1148孔23.8Ma时的沉积速率和地球化学特征的突变（邵磊等，2005）及南海北部地震资料、微体古生物资料建立的珠江口盆地相对海平面变化曲线（秦国权，2002）证明，在渐新世末（约23.8Ma）发生的大规模南海运动作用下，南海扩张脊向南跃迁，珠江流域突然向西扩展，沉积物源区由东南沿海的海西—燕山期花岗岩分布区延伸到云贵高原及青藏高原东麓一带，物源供给量急剧增加。受南海运动的影响，位于白云凹陷南侧的陆架坡折带突变式地迁移到凹陷北侧，致使白云凹陷由珠海组的浅水陆架环境突变为珠江组的深水陆架—陆坡环境（庞雄等，2007b）。在海平面大幅度下降的低位期，古珠江大河跨越陆架进入陆架坡折带和上斜坡形成陆架边缘三角洲，大量沉积物经海底峡谷以重力流（浊流和碎屑流等）方式搬运到深海区快速堆积，先后形成盆地扇和斜坡扇两套砂体，与南非Karoo盆地非常类似（Flint et al.，2010）；深水扇体中的砂体都受到了活跃的内波、内潮汐和等深流、等深水牵引流的改造；之后，海侵开始，相对海平面快速上升，远洋沉积取代了深水扇，局部夹低密度浊流沉积，形成珠江组中、上部上百余米厚的厚层泥岩夹薄层粉砂岩相组合。南海北部自陆架坡折带形成之后不仅存在活跃的深水牵引流活动，而且对深水沉积物来源及沉积过程和改造过程有巨大的影响和控制作用。综上所述，本书提出白云凹陷珠江组深水体系沉积模式（图 6-1）。

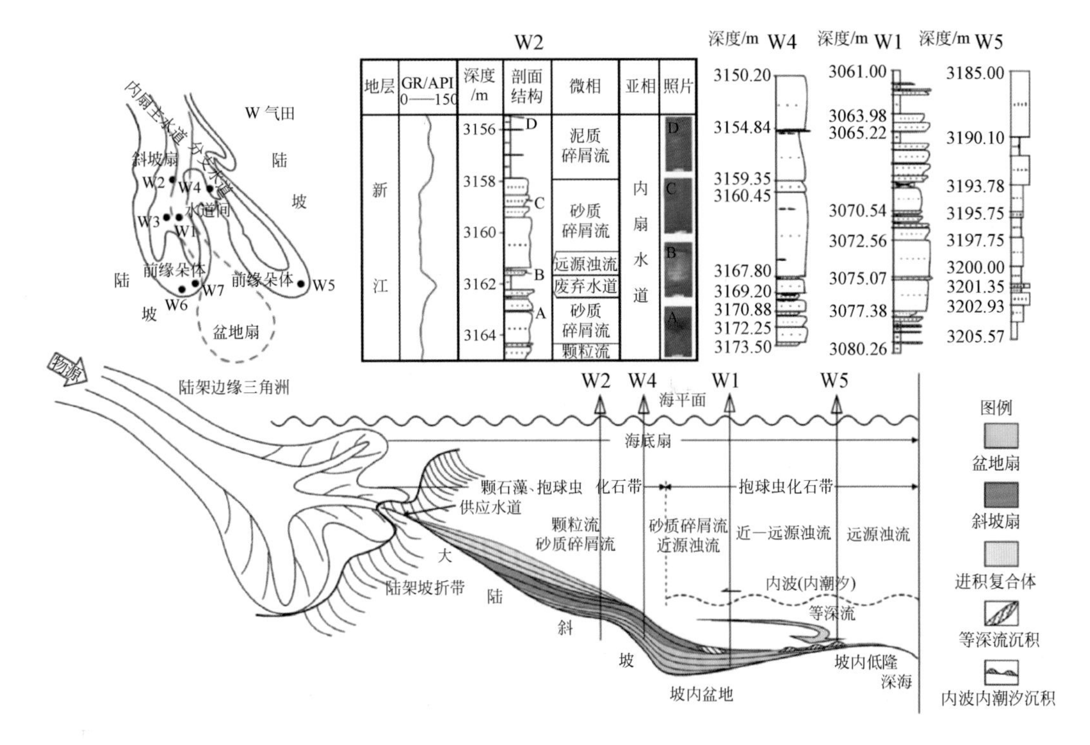


图 6-1 白云凹陷珠江组深水体系沉积模式图

## 第二节 深水浊积水道

深水浊积水道分布极其广泛，在全球多个深水盆地环境中大量发育。深水浊积水道是沉积环境中的重要组成，它既可以作为搬运通道，将沉积物从大陆架经过大陆坡搬运到深水盆地中去，也可以作为沉积物的沉积场所，将沉积物沉积下来。一般情况下，深水浊积水道常位于深水扇沉积体系的中下部，其上部与陆坡峡谷相接，下部以前端扇或朵体的形式终止，并伴生有内侧天然堤、外侧天然堤和阶地等沉积体，其平面形态可分为侵蚀深水峡谷区（顺直）、转换带（低弯曲度）、水道—天然堤复合体系（高弯曲、截弯取直）和远端朵体（较直的分支水道发育）4 个部分。

虽然水道的研究经历了几十年的发展，但是目前对于水道尚没有一个统一的、确切的定义。Multi 和 Normark（1991）认为深水浊积水道是由重力流流动形成的，具有伸长的负向地貌特征，它代表一个长期的沉积物搬运通道。水道形态和位置受侵蚀下切和沉积过程的控制，水道地貌可以是侵蚀成因或沉积成因，也可以是两者兼而有之。Janocko 等（2013）提出水道是沉积物重力流形成的通道，也是搬运重力流的通道。

在水道的基底会出现底部滞留沉积，这类似于河道中的底滞留沉积。它指示了水道的基底，一般为强振幅反射，是水道侵蚀的残余沉积。Mayall 等（2006）提出底部滞留沉积一般有三种类型：粗砂岩，砾石，泥碎屑团块和泥岩披覆。其中粗砂岩和砾石最为常见。

水道在不断的迁移和摆动后稳定下来，就会对最后的水道进行充填。Janocko 等（2013）对西非远滨水下弯曲水道带的最后时期水道充填展开研究。最后时期水道充填，预示着水道带废弃，水道充填的可能是砂质也可能是泥质，作为水道带的主要部分，决定了水道带结构要素的连通性。

珠江口盆地深水浊积水道主要发育在白云北坡，其岩性以含硅质小砾石或细砾质粗—巨粒岩屑砂岩为主，局部为砂质细砾岩，砂岩、砾岩中普遍发育有正粒序、逆-正粒序、逆粒序等多种递变层理和块状层理，底冲刷构造极其发育（图版 65、图版 66）。

## 第三节　深水浊积扇

深水浊积扇沉积，又称海底扇沉积，是在大陆坡与盆地平原间，由再沉积作用形成的锥状和扇状堆积体，主要由泥石流、浊流沉积及远洋沉积组成。扇的表面包括水道、天然堤和水道间的沉积。在纵向剖面上可分为扇根（内扇）、扇中（中扇）、扇缘（外扇）。

扇根以发育主补给水道或海底峡谷为特征，其主要作用是将砂砾输送到深水中去，水道充填由多层叠置块状砂砾岩组成，也可能被后来沉积的粗粒物质或很细的泥、泥岩充填。在扇根的前端斜坡上，发育粉砂质泥岩、斜坡水道砂、砂砾，以及滑塌、揉皱沉积物；在坡脚地带发育滑塌层和紊乱层泥石流、碎屑流沉积物。沿水流向下，依次出现泥石流、碎屑流沉积。在水道堤或阶地外缘，漫溢作用可发育 C—E 序列浊积岩。沉积物分布严格受地形控制，特别是砾岩，受水道的限制更严格，由于水道的迁移和加积作用，可使砂砾岩分布的宽度更大。本书所观察到的岩心尚未识别到这一亚相，但可以推测珠江口盆地肯定存在这类亚相，并具有较大的油气资源潜力。

扇中是浊积扇的主体，发育辫状分流水道，岩性为块状或具鲍马序列砂岩与泥岩互层。在辫状水道或河谷里，以卵石质砂岩或含砾砂岩和块状砂岩为主，不含或很少含有泥岩夹层。在大、小水道中，最常见的沉积是近源 A—E 序列和 B—E 序列的浊积岩。由于辫状水道的迁移和加积作用，卵石质砂岩和块状砂岩连续出现，形成孔隙度和渗透率都非常好的厚层油气储集层。

扇缘与扇中无水道部分相接，地形平坦，沉积物分布宽而层薄。由较薄粉—细砂岩与深水泥岩组成。沉积是 C—E 和 D—E 序列的典型浊积岩和深水黏土岩。

白云凹陷珠江组以细—中粒砂岩为主，部分为粗粒的长石岩屑砂岩和岩屑长石砂岩，少量为含硅质细砾或泥砾的粗—极粗粒岩屑砂岩，总体上具有成分成熟度较高—高的特征。该砂岩不仅具有逆粒序、正粒序层理，而且具有近源或远源浊积序列、滑塌变形构造、碟状泄水构造（图版 67、图版 68）。这些特征反映了珠江组砂岩属于深水环境，并且是由重力流块体搬运及快速卸载堆积而成的海底扇沉积体系。

# 第四节　陆坡沉积体系储层特征

从岩心观察的结果来看，珠江口盆地的深水重力流沉积粒度较细，分选性中等—差，层理构造不发育，仅发育块状层理［图6-2（a）］，偶尔见平行层理［图6-2（b）］和小型砂纹层理［图6-2（c）］。而且在深水区重力流沉积的岩心中很少发现古生物或古生物遗迹。深水地区的鲍马序列组合较为简单，主要为A—A序列、A—E序列（图6-3）。后来的沉积物对先沉积的物质不断冲刷，只留下了底部的厚层块状砂岩。当没有物源供给时，才能保留下泥质沉积。

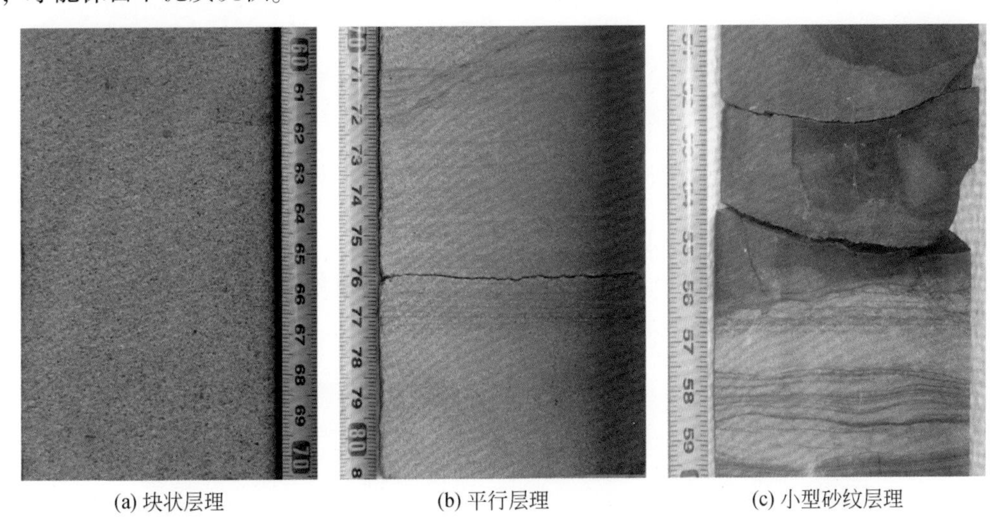

(a) 块状层理　(b) 平行层理　(c) 小型砂纹层理

图6-2　深水地区重力流沉积中的层理构造

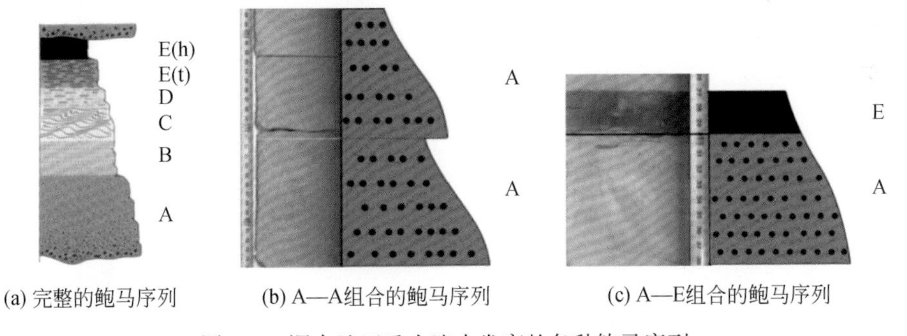


(a) 完整的鲍马序列　(b) A—A组合的鲍马序列　(c) A—E组合的鲍马序列

图6-3　深水地区重力流中发育的各种鲍马序列

从地震剖面和均方根振幅属性平面图上均能识别出重力流水道与盆底扇。图6-4为番禺三维区以21Ma为底界向上10～30ms的均方根振幅属性平面图，可以明显看出一通道状地质体。该地质体最窄位置为180m左右，最宽为1100m左右。上段平面长度为11000m，中段平面长度5800m，下段平面长度6200m。就形态看，上段振幅较周围弱，中段和下段振幅较周围强，特别是下段振幅明显加强。从发育位置和地形看，该地质体应为重力流水道的充填。在沿该水道逐步切地震剖面进行分析后，发现在剖面上该地质体确有侵蚀切割的特征，为典型的重力流水道。

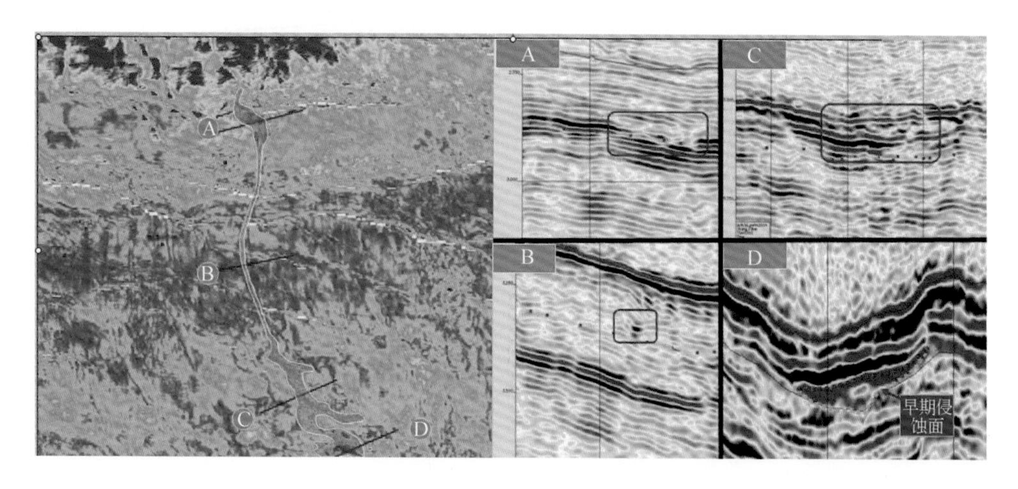


图 6-4　番禺三维区 21Ma 重力流水道

除重力流水道外，在深水区还有一些扇状的沉积（图 6-5）。在均方根振幅属性平面图中，这种扇体呈红色，为砂岩。而在剖面上，可见内部反射特征为典型的斜交型前积反射，而且出现非常明显的振幅异常现象。

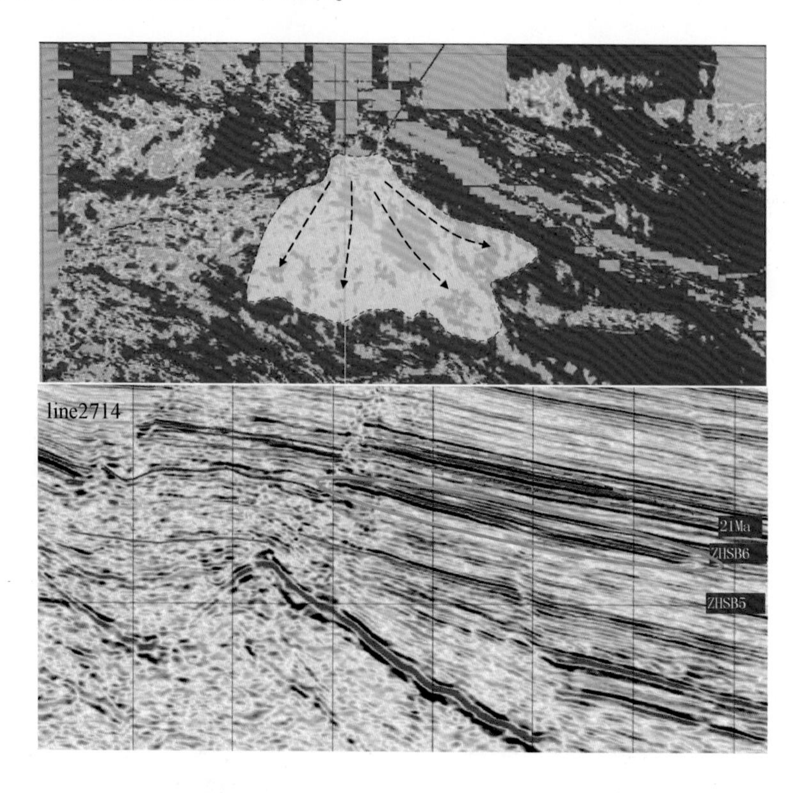


图 6-5　番禺三维区 ZHSQ6 斜坡扇

整体而言，深海—半深海环境的砂体发育较少，且砂体多呈水道状或扇状，是典型的重力机制成因。这类砂体的分选中等—差，物性中等。就储盖组合而言，这类砂体发育的背景是在陆架陆坡泥环境下，呈现泥包砂的沉积样式，有利于形成地层岩性圈闭。

根据铸体薄片和X衍射分析来看，珠江口盆地的深水重力流沉积砂岩主要为细—中粒岩屑长石砂岩和长石岩屑砂岩（图6-6）。岩石成分以石英为主（平均含量45.0%～50.5%），其次是长石（平均含量16.9%～20.5%）、岩屑（平均含量13.6%～17.5%），含云母和燧石，部分层段生物化石碎片含量较高，达0.7%～2.7%。碎屑颗粒以细—中砂岩为主，平均粒径为0.1mm，分选中等—好，呈次棱角—次圆状。胶结物以高岭石及自生矿物（石英、方解石、铁方解石、铁白云石和菱铁矿）为主；常见自生黄铁矿，但基本不参与成岩胶结作用。胶结结构多为铁白云石、铁方解石或方解石晶粒的充填式胶结结构和石英次生加大胶结。颗粒接触关系以点—线式为主，反映中等成岩压实作用。

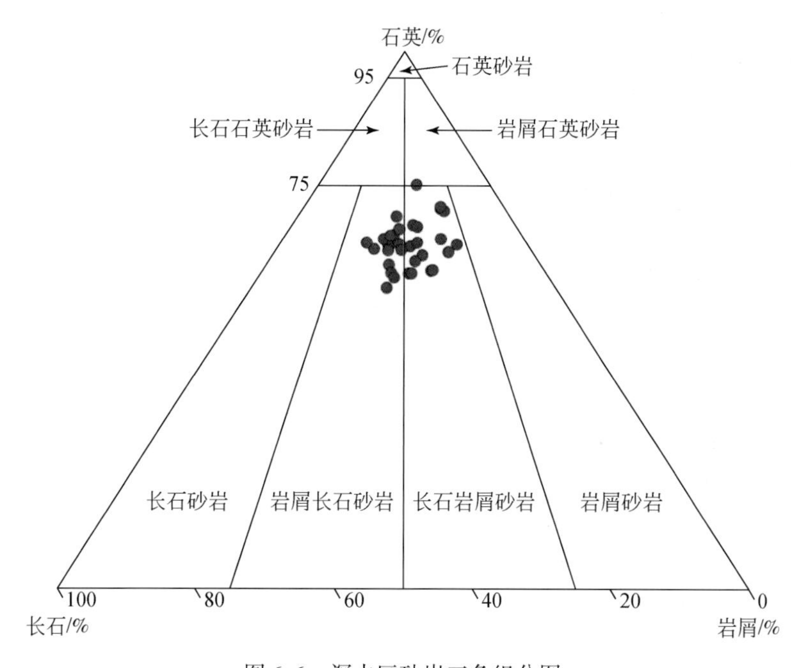


图6-6　深水区砂岩三角组分图

岩心数据表明深水区储层孔隙较发育，孔隙度最高达29.7%。结合铸体薄片和扫描电镜分析，研究区储层以原生粒间孔隙为主，其次为铸模孔和微孔，此外可见次生孔隙，如粒间溶孔、粒内溶孔和裂缝等，总体孔隙连通性较好（图6-7）。

由压汞曲线分析可知（图6-8），深水区储层总体储层孔隙分选好，具有排驱压力较低（0.0142～0.158MPa），中值压力较低（0.037～0.999MPa）的特点；中值孔喉半径为0.768～19.1μm，其中大于2.5μm的粗孔喉多占70%以上（图6-9），揭示深水区孔隙喉道分布相对均匀，储集类型较好。

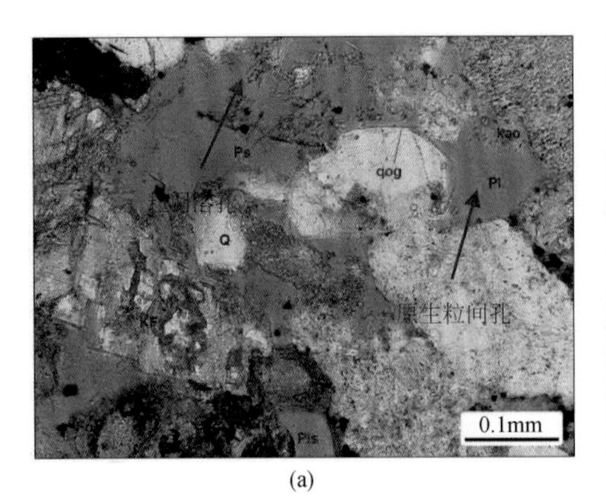


(a)

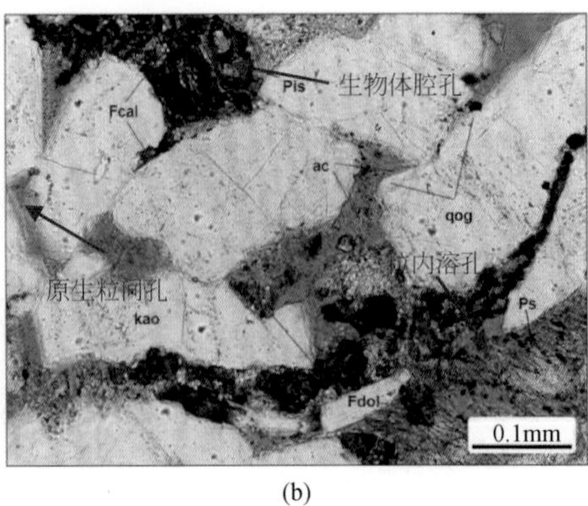


(b)

图 6-7　深水区砂岩储层孔隙特征

（a）长石岩屑砂岩，颗粒点-线接触，保存了较多的原生粒间孔，珠江组，3150. 73m；（b）长石岩屑砂岩，颗粒点-线接触，保存了较多的原生粒间孔和粒内溶孔，珠江组，3151. 75m

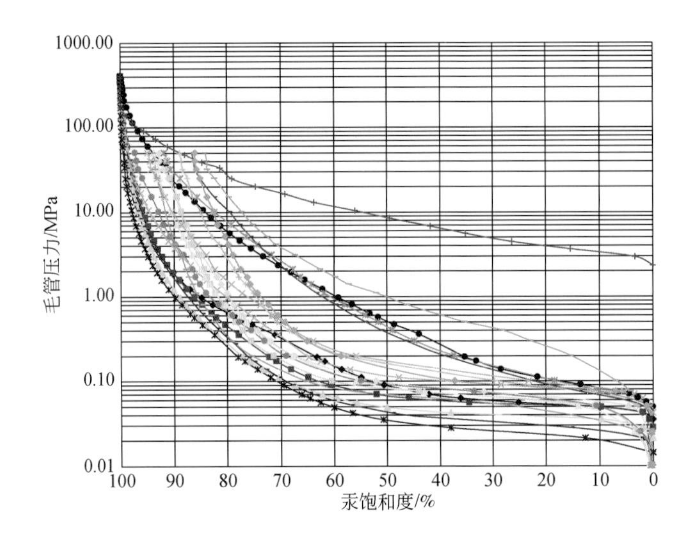


图 6-8　深水区储层毛管压力曲线

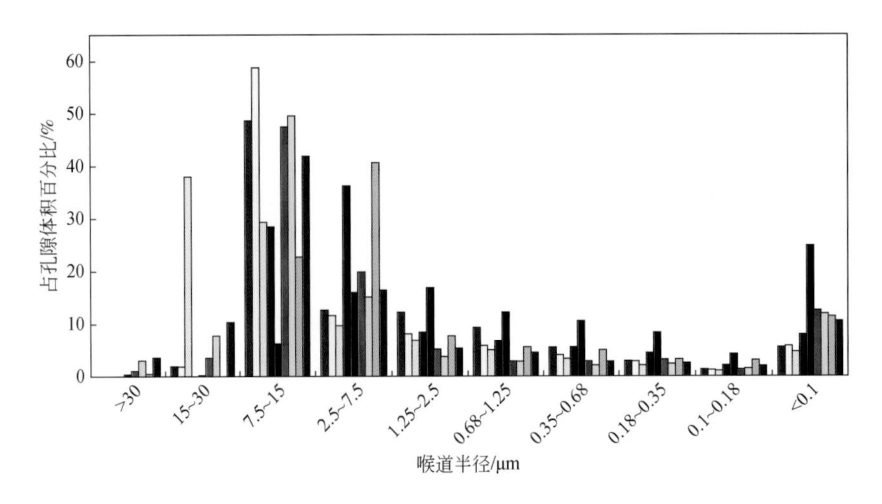


图 6-9　深水区储层孔隙喉道分布图

基于已钻多口钻井，综合测井、岩心分析等资料，开展荔湾3气田储层物性评价。研究表明，该区域储层物性受沉积相、泥质含量和钙质胶结物等因素影响。

珠江组在多井区均有储层发育，主要沉积深水扇浊积岩储层，横向地层厚度变化较大，主要受沉积物供给和沉积可容空间影响，总体呈西北向东南减薄的趋势。研究区西北部钻遇地层厚度最大，单井气层有效厚度36.3m，总体上各井揭示该储层物性较好。该储层以细—中砂岩为主，分选中等，岩心孔隙度为18.0%～24.0%（平均21.2%），渗透率为128.0～1024.0mD（平均356.7mD）；测井解释有效孔隙度为19.0%～25.0%（平均23.0%），渗透率为110.0～1049.0mD（平均654.0mD），泥质含量为6.0%～24.0%（平均13.0%），属中孔、特高渗、优质储层。

# 第七章　珠江口盆地碳酸盐岩沉积储层

碳酸盐岩在珠江口盆地的沉积最早始于晚渐新世，随海水第一次进入盆地，在盆地的局部地区发育了碳酸盐岩及生物礁，但分布范围有限。进入中新世后，由于盆地的进一步沉降，海水面积扩大，使得东沙、神狐暗沙隆起也逐渐没入水中，形成浅水台地。此时期气候温暖，生物极为发育，这些条件都有利于在台地之上大面积地发育碳酸盐岩和生物礁。

东沙隆起生物礁数量较多，主要分布于隆起西南部。珠江口盆地以东沙隆起珠江组碳酸盐岩发育较好，生物礁（滩）不仅数量多，而且规模大（陈国威，2003；魏喜等，2006；赵撼霆，2011）。珠江组主要发现了5种生物礁：台缘礁、台内点礁、环礁、块礁及陆架塔礁（米立军等，2016）。关于成岩作用特征和储层特征，前人认为东沙隆起珠江组的主要成岩作用是胶结作用（岳大力等，2005；郎咸国，2012），填隙物主要是亮晶方解石胶结物。研究认为溶蚀作用极大地改善了碳酸盐岩的储层质量，使之成为一套优质储层，大气水淋滤和后期的酸性流体溶蚀作用是其主要的形成机制（马永坤，2013）。目前对于碳酸盐岩的成因及分布规律、类型、成藏控制因素等认识不足，对碳酸盐岩储层条件及物性条件缺乏有效的预测手段，极大地限制了该地区对碳酸盐岩油藏的勘探。

## 第一节　珠江口盆地碳酸盐岩沉积概述

珠江口盆地东沙隆起东高西低，大面积缺失古近系。虽然和盆地一样经历了早期断陷的陆相充填和后期断拗的海相沉积时期，但是其所处位置和长期隆起对沉积有明显的控制作用，沉积演化较之盆地有其独特之处，突出表现为抬升剥蚀时间长，中新世早期发育碳酸盐台地。在渐新世—中中新世为碳酸盐台地发育期，该时期主要为持续沉降时期，早期断陷逐渐向拗陷（断拗）转化，产生区域性整体沉降。北西向剪切断裂活动停止，海水自西向东侵入。早期海侵限于东沙隆起西段，东段为剥蚀物源区。晚期整个隆起带被海水淹没，形成生物礁、生物碎屑滩发育的碳酸盐台地。晚中新世至今为碳酸盐台地淹没及陆架沉积期，东沙隆起整体快速沉降，断裂活动相对减弱。由于碳酸盐台地（含生物礁）生长速率小于隆起沉降速率，相对海平面上升淹没了碳酸盐台地，来自珠江三角洲的细粒碎屑物（泥质）大量沉积在隆起带上，碳酸盐台地掩埋在陆源碎屑沉积之下，向上过渡为非补偿的浅海陆架沉积，仅局部高点残存碳酸盐岩沉积（如东沙岛）。在南海北部深水区发育的白垩状结构抱球虫生物碎屑灰岩主要由深水抱球虫组成，含陆源碎屑和黏土矿物。经浊流或等深流搬运沉积而富集的抱球虫灰岩在南海北部深水区普遍存在并具有高孔的特点。

针对珠江口盆地东部碳酸盐台地的综合研究主要是在1987~1997年。在近10年的时间中前人做出了很多研究及成果。例如，朱伟林（1987）对早中新世中期碳酸盐岩及生物礁进行分类，并对碳酸盐岩、生物礁的特征提出了一套综合性的识别标志；岳大力等

(2005）对南海 LH11 油田发育的生物礁、生物碎屑滩两种沉积相进行了微相划分；李金有和郑丽辉（2007）推断出南海珠江口盆地东沙隆起珠江组碳酸盐岩有 7 个生长期次，跟海平面的变化有着密切的关系。珠江口盆地碳酸盐岩沉积成岩演化模式如图 7-1 所示。

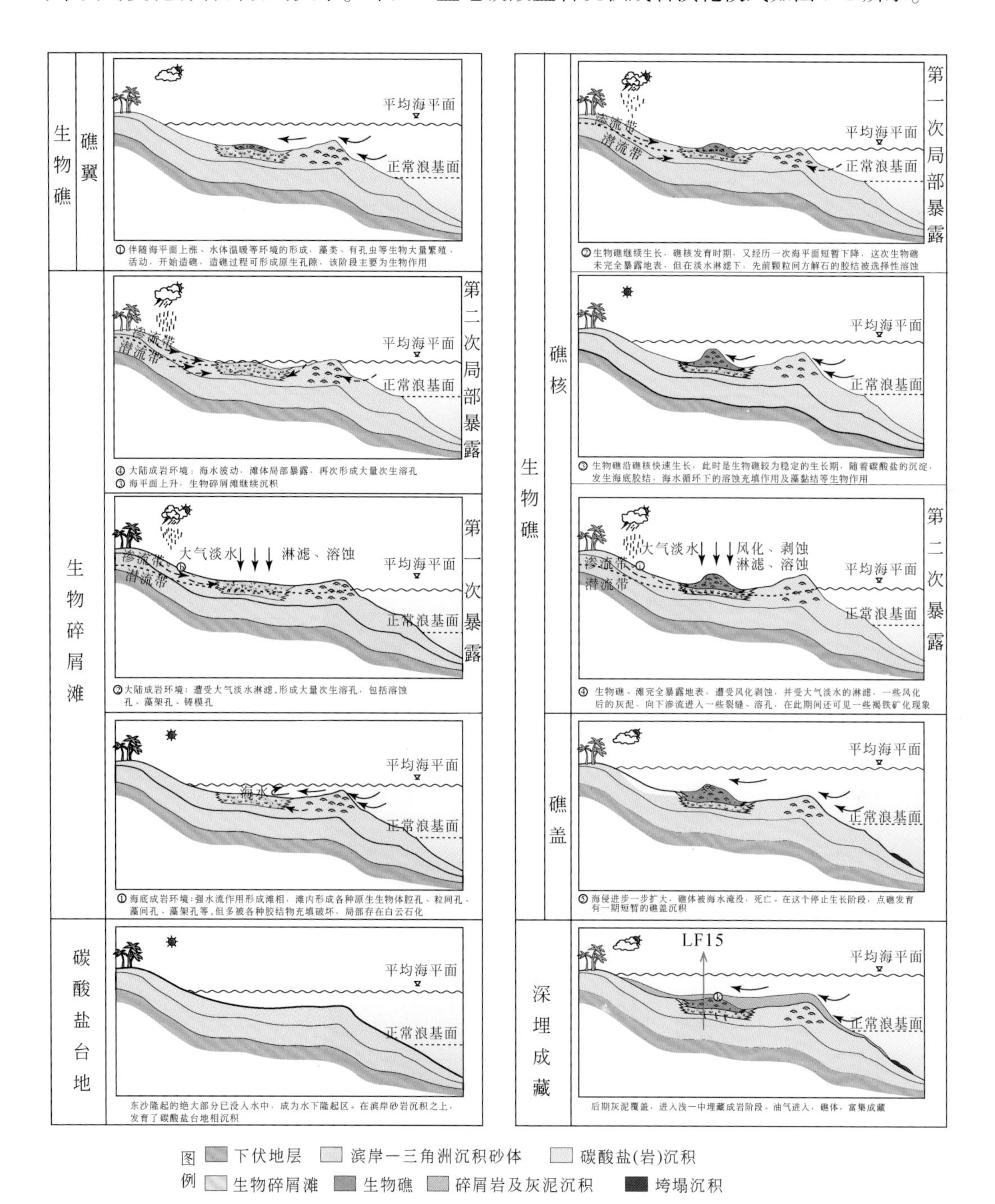


图 7-1　珠江口盆地碳酸盐岩沉积成岩演化模式

珠江口盆地主要为灰岩，灰岩岩石类型包括礁灰岩、颗粒灰岩及微晶灰岩。礁灰岩主要为珊瑚藻礁灰岩、分骨架岩、黏结岩及障积岩，造礁生物主要为珊瑚藻及少量珊瑚、苔藓虫、海绵、绿藻等，居礁生物为有孔虫、腕足类、腹足类、介形虫、棘皮动物等底栖生物。颗粒灰岩主要为生物碎屑灰岩，生物碎屑多为珊瑚藻、有孔虫、腕足类、腹足类、厚壳蛤、介形虫和棘皮动物等。微晶灰岩伴生较多生物碎屑，偶见海绿石等附生组合。珠江口盆地珠江组碳酸盐岩储层的岩石类型较为单一，主要为生物礁灰岩及生物碎屑滩灰岩，其岩石结构多为微晶或微亮晶结构。珠江口盆地珠江组碳酸盐岩储层储集条件优越，表现在以下四方面。一是珠江组灰岩储层有利储集相带——礁滩相灰岩发育，纵横向分布广泛；二是形成珠江组灰岩储层有效次生储集空间的溶蚀作用普遍较强；三是珠江组灰岩储层储集物性好；四是普遍见油。珠江组礁滩相灰岩储层主要发育在高位体系域，平面分布有地域特色，在流花、惠州及陆丰地区已发现珠江组灰岩油田4个。在盆地深水区中新统钻遇了具有白垩状结构的高孔低渗抱球虫生物碎屑灰岩，孔隙度高达30%，但渗透率小于1mD（图7-2）。这些沉积岩主要由深水抱球虫组成，含陆源碎屑和黏土矿物，抱球虫体腔

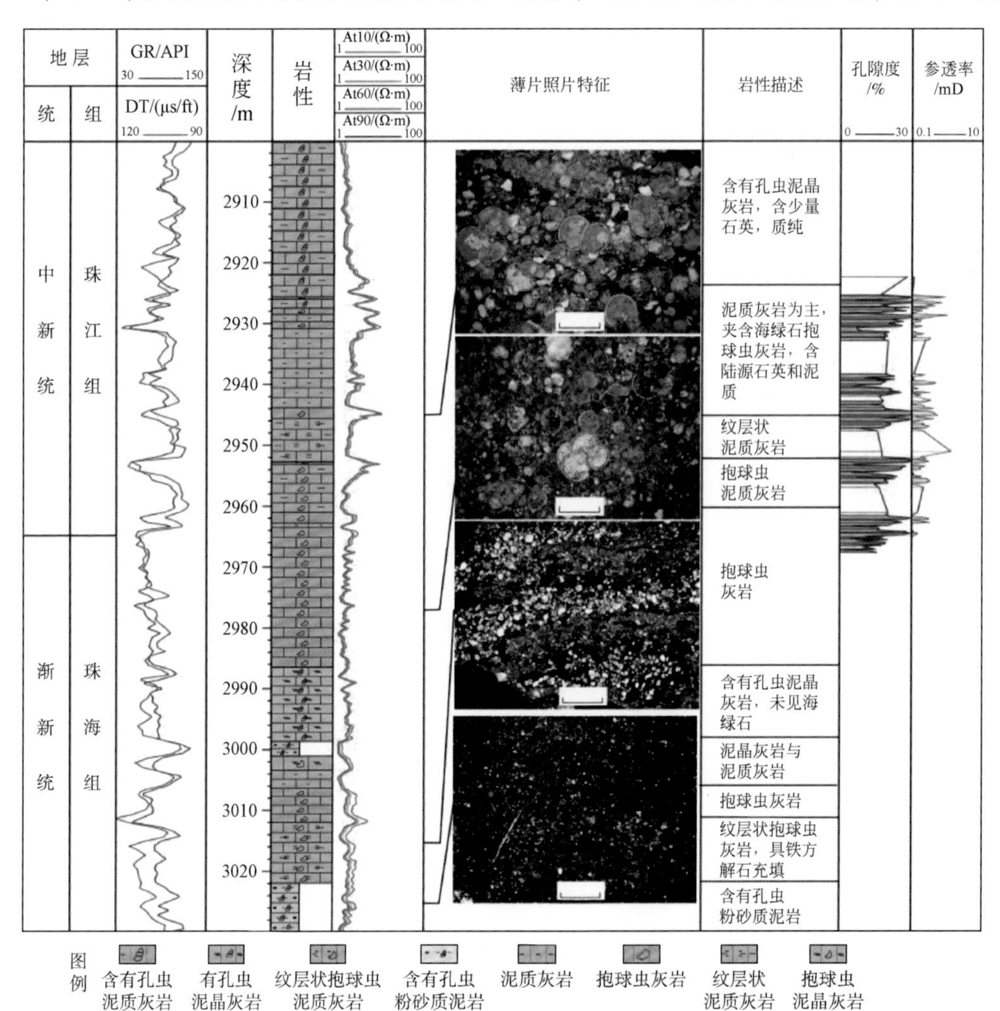


图7-2　珠江口盆地珠江组深水碳酸盐岩——抱球虫生物碎屑灰岩

孔是高孔隙的主要贡献者。由于各体腔孔独立，抱球虫壳体之间的黏土矿物及其他生物碎屑杂基使沉积岩整体孔隙连通性差。这种深水抱球虫生物碎屑灰岩经重力流及等深流改造分选，有可能形成高孔渗优质储层，有望成为南海深水勘探的新储层类型。

# 第二节 碳酸盐岩岩石学特征和沉积模式

## 一、碳酸盐岩岩石学特征

珠江口盆地碳酸盐岩发育颗粒灰岩和礁灰岩两类。颗粒灰岩可进一步分为内碎屑灰岩和生物碎屑灰岩；礁灰岩可分为黏结岩、障积岩和骨架岩。

### 1. 颗粒灰岩

颗粒灰岩是指颗粒含量超过50%的灰岩。颗粒主要有内碎屑和生物碎屑两种类型。因此研究区的颗粒灰岩可细分为内碎屑灰岩和生物碎屑灰岩。

1）内碎屑灰岩

内碎屑是指盆地内部弱固结或固结的碳酸盐岩沉积物，经过波浪、潮汐等海水流的作用破碎、冲刷和搬运而形成的颗粒。研究区碳酸盐岩地层中内碎屑灰岩分布较少，在LH11 井区有发育（图7-3），分选较差、磨圆度低，为强水动力环境作用的结果。

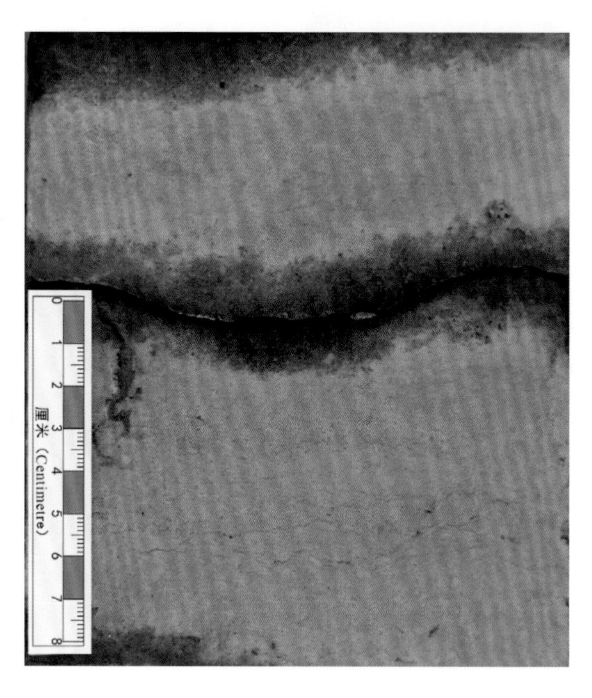


图7-3 珠江口盆地LH11井区珠江组内碎屑灰岩

2）生物碎屑灰岩

生物碎屑灰岩，是指生物碎屑颗粒超过50%的石灰岩。生物碎屑灰岩是珠江口盆地珠江组最常见的一种岩石类型，形成于浅水台地边缘浅滩沉积环境，生物碎屑包括珊瑚藻（红藻）、有孔虫、苔藓虫、珊瑚、绿藻、红藻、海绵、腕足类、腹足类、双壳类、介形虫和棘皮动物等，其中珊瑚藻屑最为普遍，有孔虫次之，个别钻井上具有较高的苔藓虫、绿藻等生物碎屑。

a. 珊瑚藻屑

珊瑚藻又名钙化藻，属红藻植物门，细胞壁中的灰岩使其叶状体异常坚硬，是海洋中常见的植物。

珊瑚藻屑是研究区薄片上最常见的生物屑类型，且颗粒含量较高，一般都在50%以上，反映珠江组沉积时期广泛发育珊瑚藻的沉积环境。珊瑚藻颗粒内部组分大部分是由镁方解石质的红藻屑颗粒构成，颗粒大小不等，形成泥晶或亮晶珊瑚藻屑灰岩（图7-4）。

图7-4　珠江口盆地珠江组生物碎屑灰岩中的藻团块

b. 有孔虫屑

有孔虫是一类原生动物，5亿年前就在海洋中，至今种类繁多，主要生长在浅海陆架之上较温暖的海水中，也有部分生长于冷海水环境，以底栖生活为主，少数为浮游生活。

研究区有孔虫屑颗粒非常发育，为第二大类生物碎屑颗粒类型，仅比珊瑚藻屑含量和分布要少。在研究区显微镜观察较多的有孔虫屑颗粒，其常常与珊瑚藻屑共同分布，但主要还是由大量有孔虫堆积而成的有孔虫颗粒灰岩更为常见，有孔虫含量丰富，个体较大时（如鳞环虫的个体可达数厘米）在岩心上可观察到有孔虫之间错综交织的堆积形态（图7-5）。

区域上生物碎屑灰岩泥晶基质含量较高，一般泥晶基质平均含量都在12%以上，最高达32%；亮晶胶结物含量较少，平均含量均未超过12%，且含量范围变化大，在研究区为0～48%。因此，珠江口盆地珠江组生物碎屑灰岩主要可分为泥晶生物碎屑（生屑）灰岩、亮晶—泥晶生屑灰岩、泥晶—亮晶生屑灰岩、亮晶生屑灰岩几种概括的岩石类型。进一步按生物门类细分，以两种及以上生物为主的生物碎屑灰岩，命名中将最主要的放在最后，次要的放前，含量小于10%的生物碎屑颗粒不再参与命名。

图 7-5　珠江口盆地珠江组生物碎屑灰岩中的有孔虫

### 2. 礁灰岩类

珠江口盆地礁灰岩类型丰富，其中以珊瑚、珊瑚藻最为典型，是最主要的造礁生物，同时也可见其他造礁生物，如绿藻、苔藓虫、海绵等。

以 Wright（1992）的三种成因分类（沉积作用、生物作用和成岩作用）为依据的石灰岩分类标准，将礁灰岩分为黏结岩、障积岩和骨架岩三类。

1）黏结岩

黏结岩是由分泌黏液的藻类通过沉淀、捕获和黏结碳酸盐岩颗粒物质形成的岩石。研究区内黏结岩发育较为普遍，均由珊瑚藻和泥晶基质组成，以皮壳状珊瑚藻黏结为主。被珊瑚藻包裹或缠绕的生物屑颗粒大小不一，颗粒间结构松散而富孔。黏结岩孔、缝充填常见三种类型，一是亮晶藻砂屑或灰泥充填藻格架间原生孔，灰泥充填较少，部分灰泥白云石化；二是藻灰岩溶缝中充填渗流黏土，这种类型一般主要出现在层序界面附近；三是裂缝或溶缝，大部分被泥微晶灰岩充填，泥微晶灰岩偶见白云石化。

在研究区中，藻黏结、藻纹层两种黏结岩细分类型均较为发育。

藻黏结灰岩在研究区以藻团、枝状珊瑚藻灰岩、皮壳状藻黏微晶海绵藻屑灰岩、珊瑚藻与苔藓虫互层生长的藻黏结岩和结核状藻黏结岩为成岩特征（图 7-6）。藻黏结灰岩的藻格架一般不超过 60%，藻类含量多于颗粒类含量。藻团形成于水动力动荡的环境，基本由结核状红藻组成，研究区发育直径为 4～12cm 不等长的藻团。

珊瑚藻与苔藓虫互层生长的藻黏结灰岩和皮壳状藻黏微晶海绵藻屑灰岩在研究区也较为发育，反映出珠江期造礁生物（珊瑚藻）和附礁生物（苔藓虫、海绵）之间共同生长的繁盛景象（图 7-7）。

图 7-6　珠江口盆地珠江组藻黏结灰岩（一）

图 7-7　珠江口盆地珠江组藻黏结灰岩（二）

2）障积岩

障积岩是指原地带根茎的生物通过阻挡作用将碳酸盐岩沉积物截获、堆积而成。研究区以珊瑚藻阻挡附礁生物有孔虫、棘皮动物、腹足类、腕足类生物碎屑形成障积岩，珊瑚藻体腔孔、生物碎屑颗粒粒间孔均被泥微晶灰岩充填，故在薄片上多显示泥微晶暗色充填结构，见缠绕或枝状结构，有时和黏结岩难以区分，岩心上可见结核状珊瑚藻礁结构（图 7-8），同时也反映较低的水体能量特征。

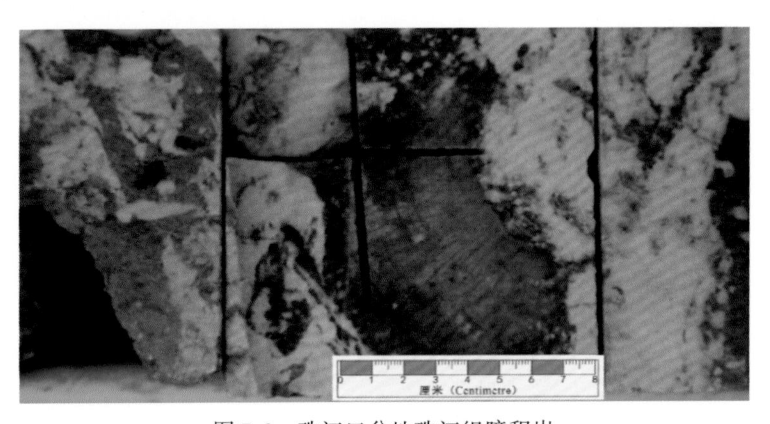


图 7-8　珠江口盆地珠江组障积岩

藻纹层灰岩中藻格架超过组分的60%，在研究区岩心上较易识别，以白色和灰色纹层结构出现（图7-8）；枝状、皮壳状和瘤状藻纹层灰岩在薄片鉴定中也较为常见。

3）骨架岩

骨架岩是由造礁生物构筑碳酸盐岩生物体，固定在海底上形成具有抗浪作用的生物礁。

由于本区缺乏岩心资料，在邻区流花和陆丰地区进行了岩心观察，结合薄片鉴定成果，总结出区域上生物礁骨架岩的造架生物主要为珊瑚、珊瑚藻和海绵三类。珊瑚骨架在岩心上易见生长的珊瑚个体和群体，不同切面可见放射状、支状和窗格状，且珊瑚在岩心上所占比例高，目测不低于80%（图7-9）。孔隙类型主要有三种，生物体腔孔、粒间孔和粒内孔，孔隙中常见以粒屑灰岩为主的充填物，重结晶作用强。

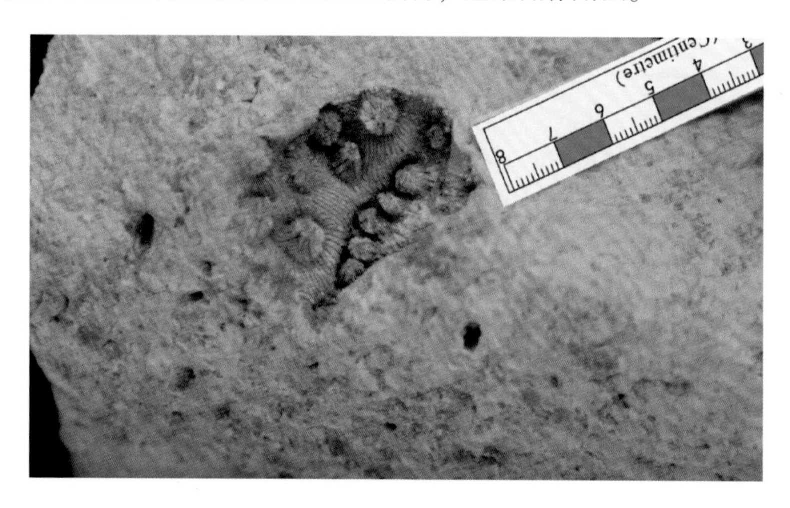

图7-9　珠江口盆地珠江组骨架岩

总之，研究区珠江组碳酸盐岩地层中岩石类型丰富，包括内源沉积岩、陆源沉积岩和混积岩。其中生物礁灰岩类和粒屑灰岩类型在研究区较为广泛和典型。礁灰岩可细分为三大岩类，即黏结岩、障积岩和骨架岩，造礁生物以珊瑚和珊瑚藻为代表。生物碎屑灰岩类岩石类型较多，在研究区以泥晶骨屑藻屑泥粒岩、泥晶藻屑骨屑泥粒岩、泥晶有孔虫泥粒岩、云质藻屑泥粒岩、亮晶骨屑藻屑砂砾屑灰岩为代表，其中前三种出现的频率最高，在研究区也是最多的粒屑灰岩类型。在惠州地区，珊瑚藻屑粒泥岩、生屑粒泥岩较为常见，是研究区典型的其他碳酸盐岩岩石类型。

## 二、碳酸盐岩沉积模式

碳酸盐岩的沉积模式主要有肖模式、欧文模式、拉波特模式、阿姆斯特朗模式、威尔逊模式、塔克模式（图7-10）等。

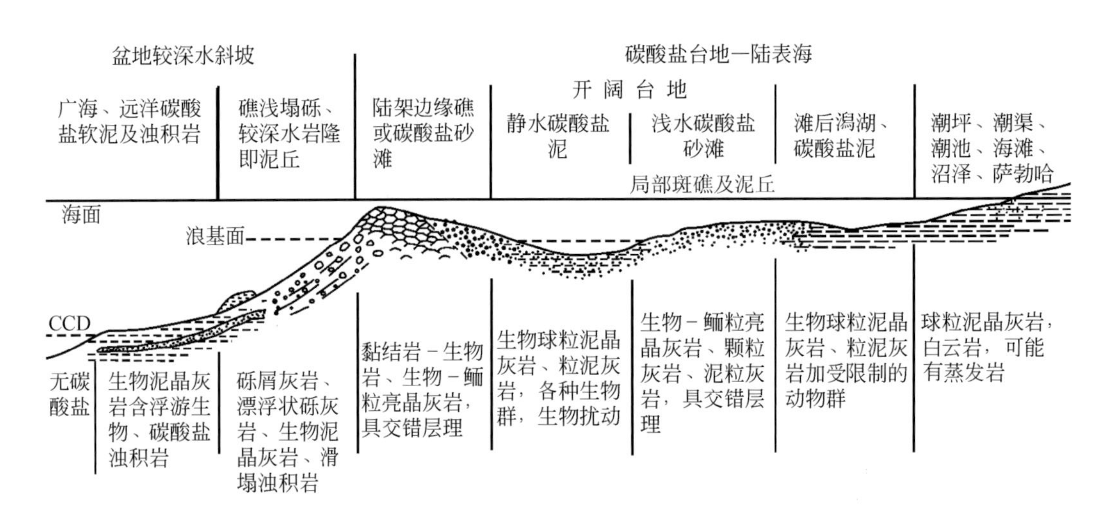


图 7-10　碳酸盐沉积环境及其沉积特征

珠江组早期在海滩相沉积环境上由于海侵作用，海水淹没整个隆起，成为浅水台地，因碎屑物质供应不足，早期发育一套碳酸盐台地沉积。受古地貌控制，地理位置不同，其沉积环境不一。东沙隆起珠江组厚度为400～900m，碳酸盐岩厚度变化大，尤其以流花地区碳酸盐岩厚度最大。综合研究区岩石类型与生物组合研究，对研究区的新生代中新统碳酸盐岩沉积相类型划分（图 7-11），可细分出开阔台地、台地边缘及台地前缘斜坡等沉积相类型，并对其沉积相及微相进行了划分（图 7-12、表 7-1）。

| 相 | 开阔台地 | | | 台地边缘 | | 台地前缘斜坡 | | 盆地相 |
|---|---|---|---|---|---|---|---|---|
| 亚相 | 台内礁 | 台内滩 | 台坪 | 台地边缘生物碎屑滩 | 台地边缘生物碎屑礁 | 陡坡 | 缓坡 | |
| 微相 | 黏结岩、障积岩、骨架岩 | 生物碎屑滩、砂屑滩 | 灰泥、有孔虫灰泥 | 生物碎屑(藻屑)滩 | 黏结岩、障积岩、骨架岩 | 塌积、斜坡灰泥 | 钙屑浊积、混积、斜坡灰泥 | 灰泥、有孔虫灰泥 |
| 相模式 | | | | | | | | |
| 典型岩相 | 灰白色藻灰岩，含大量藻团块 | 灰白色藻纹层灰岩，亮晶颗粒 | 泥灰岩风化严重 | 藻屑灰岩含生物介壳碎片 | 珊瑚礁灰岩 | 塌积珊瑚角砾 | 泥灰岩 | 抱球虫灰岩 |
| 代表岩心 | | | | | | | | |

图 7-11　珠江口盆地碳酸盐岩岩石相组合特征

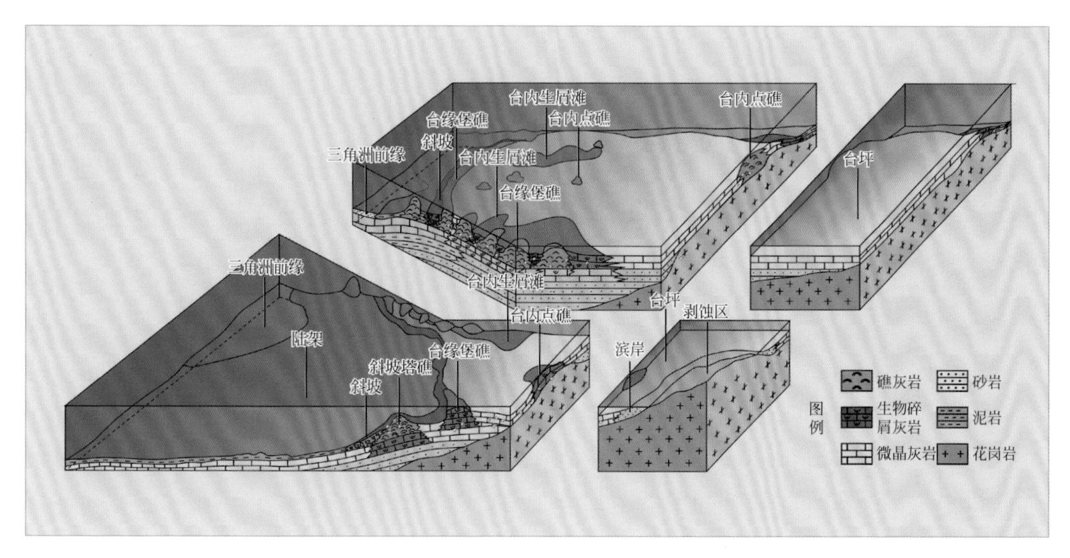


图7-12　珠江口盆地（东部）珠江组海侵体系域沉积模式

**表7-1　珠江口盆地碳酸盐沉积相划分方案**

| 相 | 亚相 | 微相 |
|---|---|---|
| 开阔台地 | 台内礁（点礁） | 黏结岩、障积岩、骨架岩 |
| | 台内滩 | 生物碎屑滩、砂屑滩 |
| | 台坪（滩间） | （含生物碎屑）灰泥、有孔虫灰泥、含泥灰泥 |
| 台地边缘 | 台地边缘生物礁 | 黏结岩、障积岩、骨架岩 |
| | 台地边缘生物碎屑滩 | 生物碎屑（藻屑）滩 |
| 台地前缘斜坡 | 缓坡 | 钙屑浊积、混积、斜坡灰泥 |
| | 陡坡 | 塌积、斜坡灰泥 |

# 第三节　碳酸盐沉积特征

## 一、开阔台地沉积特征

开阔台地是指发育在台地边缘礁、滩后的海峡、开阔潟湖及海湾环境沉积，水体能量一般较低。该环境水体较浅、盐度基本正常，适应部分生物生长，含较多灰泥，主要形成各类碳酸盐岩。据其内部海底地貌的差异可进一步划分沉积微相，主要发育台内礁（点礁）、台内滩、台坪（滩间）等。

**1. 台内礁亚相**

台内礁是发育于开阔台地内的生物建隆，又称点礁、补丁礁或斑礁，沉积环境为开阔台地，面积不大，多孤立分布于东沙隆起北部及西南部。

珠江口盆地（东部）珠江组台内礁以发育珊瑚藻礁为特征，根据岩石结构可细分出骨架岩、黏结岩及障积岩微相，其中黏结岩微相最发育。

骨架岩发育生物骨架结构，发育枝状和块状群体珊瑚（图版 69），局部见单体珊瑚，共生生物常见珊瑚藻、有孔虫、苔藓虫及棘皮动物等，粒间、粒内及生物体腔孔等多为亮晶胶结，少量灰泥及细小生物碎屑充填。

黏结岩以发育结核状藻团的藻黏结灰岩为主，但藻团直径明显较台地边缘黏结岩藻团直径小，多为 1 ~ 3cm，反映沉积水动力条件相对台缘黏结岩弱。造礁生物主要是珊瑚藻、苔藓虫，偶见绿藻，居礁生物以有孔虫、棘皮动物为主，偶见腕足类、介形虫。GR 显低值，曲线形态主要表现为箱形、微齿化特征，声波时差（AC）、密度（DEN）曲线形态多为锯齿状夹箱形。

障积岩也以枝状和瘤状珊瑚藻为主，但有孔虫、腹足类、腕足类、棘皮动物等居礁生物含量增加，生物体腔孔或粒间多充填灰泥。

台内礁经历了滨岸—礁基生物碎屑滩生长—斜坡瘤状灰岩（次级海侵）—珊瑚藻礁发育—浅海陆架淹没消亡的沉积序列。以点礁为例（图 7-13），该点礁发育在开阔台地内部局部较高部位，在滨岸砂质沉积基础上礁基为微晶含砂海绿石骨屑灰岩或微晶（含砂）骨屑藻屑灰岩（混积）生物碎屑滩，苔藓虫含量高，反映礁基沉积水深较大、沉积能量偏低。其间还有两次次级海侵形成的斜坡瘤状灰岩。点礁在生物碎屑滩及斜坡瘤状灰岩基础上发育起来，造礁生物主要为珊瑚藻，多形成直径 1 ~ 3cm 结核状藻团的藻黏结灰岩，藻团直径明显较流花地区小，反映陆丰地区藻礁形成水深偏大、能量偏低。后期海平面迅速上升，珊瑚藻生长受到抑制，礁体最终淹没死亡，被浅海陆架砂泥质沉积覆盖。

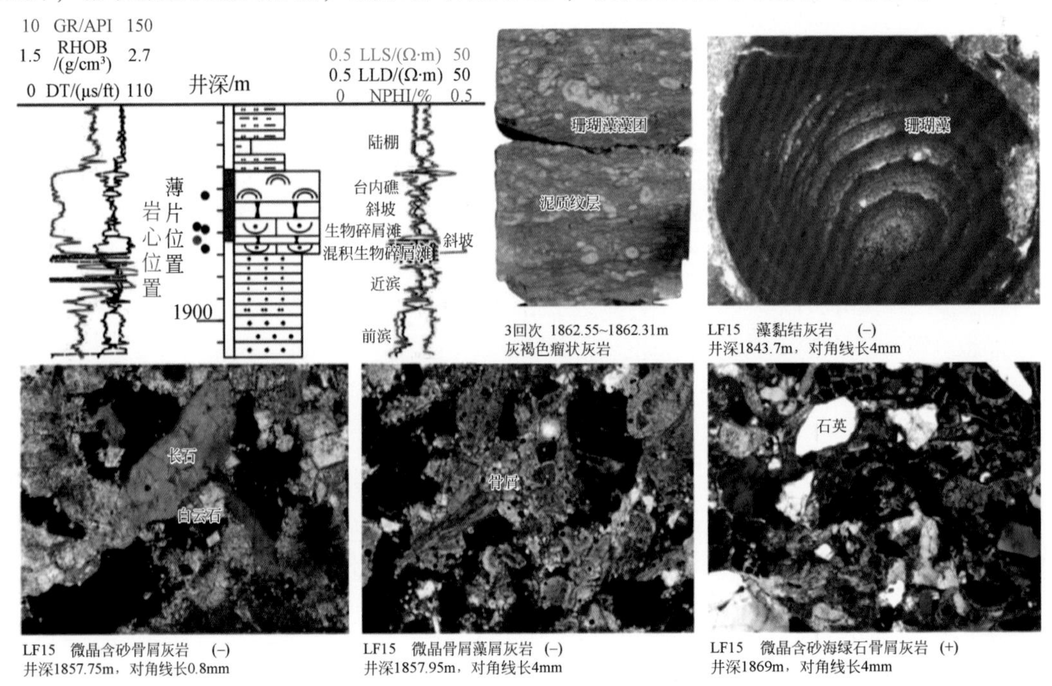


图 7-13　台内礁沉积序列

LLS 为浅侧向电阻率；LLD 为深侧向电阻率；NPHI 为中子孔隙度

### 2. 台内滩亚相

台内滩在开阔台地内局部地貌高地，或由于沉积作用、生物作用形成的隆起区，较易受到较强的波浪和潮汐作用的改造，进而形成以生物碎屑沉积为主，间夹砂屑滩的台内滩沉积体。台内滩内主要发育生物碎屑滩和砂屑滩，由珊瑚藻屑、有孔虫、棘皮动物等生物碎屑组成，颗粒含量较高，常见定向排列及破碎的砂屑。其中仍常见小型交错层理和波浪等浅水沉积构造（图版 70、图版 71）。在 LH11 地区及 HZ33 地区台内发育程度较高，这与研究区所在台地内部的位置、海底地貌和海水深度有关。研究区内仅在海底相对隆起的地方才有利于台内滩形成，浅滩的发育演化往往受海平面升降的控制。

### 3. 台坪亚相

台坪（滩间）为台地内部中—低能环境沉积区。岩性以微晶碳酸盐岩、微晶抱球虫碳酸盐岩、微晶有孔虫碳酸盐岩为主，由于四周遮挡，水动力弱，水体循环差，故台坪岩石的生物颗粒也比其他相带的小，泥质含量大。研究区主要沉积微相为微晶碳酸盐岩、微晶有孔虫碳酸盐岩（图版 72）。珊瑚藻和有孔虫是台坪沉积相的主要生物，生物颗粒较细小，且可见有孔虫呈定向排列。

## 二、台地边缘沉积特征

台地边缘发育于隆起中部，即从隆起往深水区过渡的地带。受生物形成环境和水动力条件不同的影响，主要发育台地边缘生物礁和台地边缘生物碎屑滩。

### 1. 台地边缘生物礁亚相

台地边缘生物礁位于台地边缘破浪带附近，海水循环良好、营养充足、珊瑚藻等造礁生物快速生长，常常沿台地边缘发育带状堡礁（又称堤礁）。向外海一侧过渡为台地前缘斜坡—陆架深水沉积，向台地一侧过渡为台地边缘浅滩—潟湖（台坪）沉积。台地边缘生物建隆形成的灰岩厚度最大，流花地区最大可达 562m。造礁生物主要有珊瑚藻（红藻）、珊瑚、海绵、苔藓虫、绿藻等，以藻类为主，并具缠绕结构、皮壳状结构和结核状结构等。GR 显低值，曲线形态呈箱形、微齿状特征，且幅度变化较均一；电阻率曲线幅度变化较大，多呈箱形—漏斗形、齿化特征。根据岩性可进一步细分为骨架岩、黏结岩和障积岩微相（图版 73、图版 74）。

骨架岩［图 7-14（a）］不常见，以枝状和块状群体珊瑚为主，局部为单体珊瑚。

黏结岩［图 7-14（b）］广泛发育，以皮壳状珊瑚藻黏结岩为主，按结构、构造可细分为藻纹层灰岩和藻黏结灰岩，以发育结核状藻团（又称红藻石）的藻黏结灰岩为主，藻团直径明显较台地内部黏结岩藻团直径大，多为 5～8cm，反映沉积水动力条件相对台地内部黏结岩强。藻纹层灰岩在灰岩顶部发育，为潮上相对低能形成的藻黏结灰岩。

障积岩［图 7-14（c）］不常见，岩性为藻黏结生屑灰岩，为底栖藻类通过阻碍各种生物骨屑或其他碳酸盐岩颗粒搬运使其滞留在其周围形成，底栖藻类以枝状和结核状珊瑚藻、苔藓虫为主。

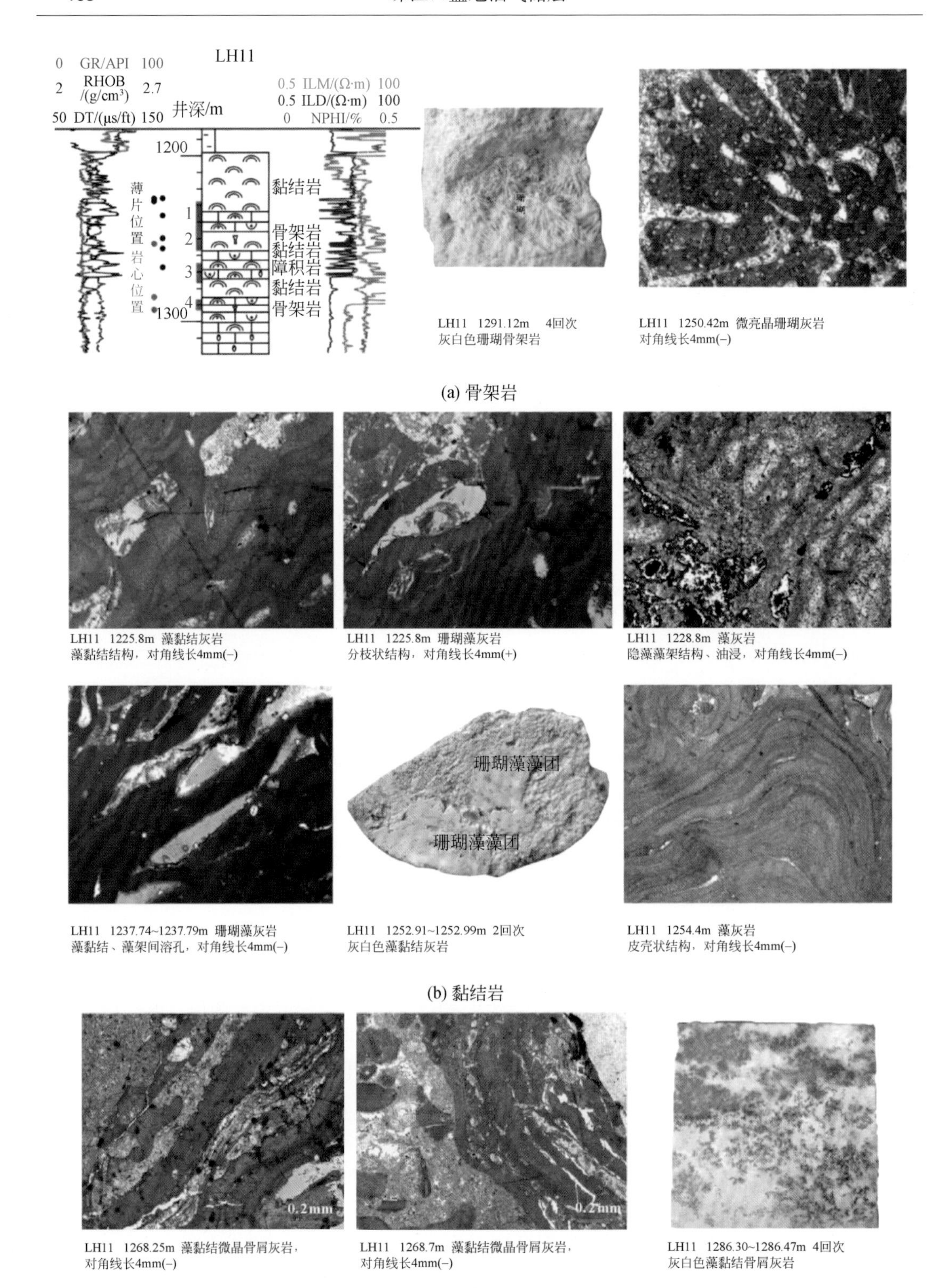


图7-14　台地边缘生物礁骨架岩、黏结岩及障积岩微相岩性特征

ILM为中感应电阻率；ILD为深感应电阻率；NPHI为中子孔隙度

### 2. 台地边缘生物碎屑滩亚相

台地边缘生物碎屑滩相位于开阔台地与台地边缘斜坡之间的转折部位，即台地边缘礁后的斜坡带。水深从 5 ~ 20m 到高出水面，海水循环良好，氧气充足，盐度正常，但对于成礁有一定的制约，礁体不能向上增生，只能侧向生长而形成一定的厚度。该环境受到波浪和潮汐作用的共同控制，水动力条件极强，各类生物随着波浪与潮汐作用，较容易破碎，生物碎屑滩较为发育。主要堆积的是以颗粒占绝对优势的台地边缘浅滩沉积体，略含少量灰泥组分。在条件适宜的时候可发育礁体，水体能量强弱的交替变化而形成礁滩互层（图版 75）。

珠江口盆地（东部）珠江组台地边缘浅滩主要由珊瑚藻、珊瑚、大有孔虫、有孔虫、腹足类、腕足类、介形虫等生物碎屑组成，颗粒含量可达 55% ~ 70%，见定向排列及破碎的砂砾屑。岩性以微（亮）晶藻屑灰岩、微（亮）晶骨屑灰岩、微（亮）晶有孔虫灰岩为主，珊瑚屑灰岩、海绵屑灰岩和绿藻屑灰岩局部出现。台地边缘生物碎屑滩 GR 显低值，曲线形态多呈箱形、微齿化特征，电阻率曲线幅度变化较大，且呈箱形—漏斗形、齿化特征（图 7-15）。

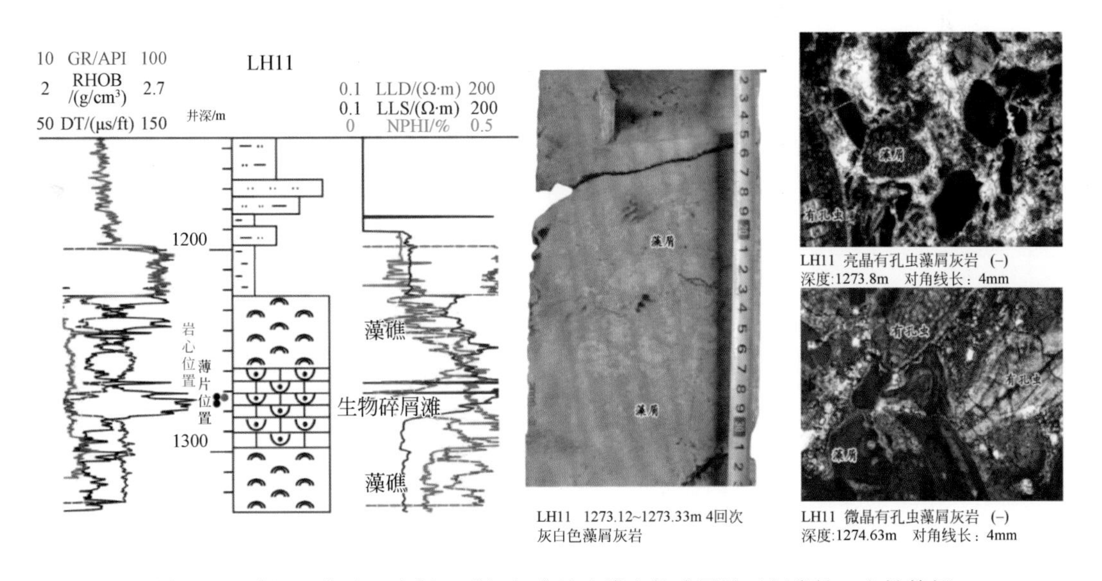


图 7-15 珠江口盆地（东部）珠江组台地边缘生物碎屑滩亚相岩性、电性特征

LLS 为浅侧向电阻率；LLD 为深侧向电阻率；NPHI 为中子孔隙度

## 三、台地前缘斜坡沉积特征

台地前缘斜坡位于台地边缘向海一侧浪基面下，坡度较大，在低能的斜坡灰泥沉积背景下还发育高能的浊积、塌积、混积及局部生物建隆，根据坡度及沉积特征可分为缓坡、陡坡及塔礁亚相。

#### 1. 缓坡亚相

缓坡坡度较小，相带较宽，发育在珠江组碳酸盐台地北侧陆丰地区，根据岩性可细分出钙屑浊积、混积、斜坡灰泥微相。钙屑浊积是物源来自台地的灰岩碎屑颗粒流沉积。混积是物源来自西北部古珠江三角洲的砂质、粉砂质、泥质与斜坡灰泥的混合沉积。斜坡灰泥是缓坡浪基面下的低能沉积。

#### 2. 陡坡亚相

陡坡坡度较大，相带较窄，发育在珠江组碳酸盐台地南西侧流花地区台地边缘（断层上盘）断层外侧（断层下盘），根据岩性可细分出塌积和斜坡灰泥微相。塌积是物源来自台地边缘碳酸盐岩（礁、滩）垮塌的沉积（图版76），在地震剖面上表现为杂乱反射，多发育在陡坡坡脚。斜坡灰泥是陡坡浪基面下的低能沉积。

#### 3. 塔礁亚相

塔礁是斜坡上的生物建隆，发育在珠江组碳酸盐台地西侧的惠州地区，根据岩性可细分为骨架岩、黏结岩、障积岩。

## 第四节　碳酸盐台地沉积序列与储层特征

### 一、碳酸盐台地沉积序列

#### 1. 取心段沉积序列

珠江口盆地东沙隆起地区在23.03Ma之前处于暴露剥蚀状态；在23.03Ma之后，随着珠江口盆地发生了区域性大规模的沉降，开始接受海相沉积。在持续海侵的大背景下，东沙隆起在中新世发育了珠江组碳酸盐台地，形成一个孤立镶边台地，多期碳酸盐岩叠置发育，总面积达到40000km$^2$。在碳酸盐台地发育期间，海平面经历了多次快速上升、相对稳定、缓慢下降暴露溶蚀又再次快速上升的循环。

东沙隆起珠江组碳酸盐岩主要为生物礁灰岩、生物碎屑滩灰岩，岩石孔隙结构多被微晶或微亮晶胶结，发现碳酸盐岩在高位体系域主要为生物礁灰岩及生物碎屑滩灰岩，在海侵体系域主要发育潟湖相、台坪相灰岩，偶夹台缘滩、台内滩相灰岩。生物礁灰岩及生物碎屑滩灰岩是本区主要的储层类型，往往发育大量的原生孔隙和次生孔隙，后期又容易受到暴露溶蚀的改造，物性条件极佳。台缘滩、台内滩相灰岩原生孔隙较差，受暴露溶蚀改造机会少，往往以埋藏溶蚀孔隙和裂缝为主。生物礁灰岩主要有骨架岩、黏结岩和障积岩，造礁生物大部分是珊瑚藻，偶见珊瑚、苔藓虫、绿藻、海绵等，居礁生物有大有孔虫、有孔虫、腕足类、棘皮动物、腹足类、介形虫等。骨架岩主要是珊瑚所形成的抗浪骨架，在岩心上可见枝状珊瑚格架，骨架间充填灰泥杂基及胶结物、生物屑等。黏结岩主要为藻纹状灰岩和藻黏结灰岩，主要组分为珊瑚藻、藻屑及泥晶基质，珊瑚藻多呈结核状藻团（即红藻石）及纹层状，其水动力条件较为动荡，内部结构比较松散且富有孔隙。障积岩为原地生长的生物，如珊瑚藻等，对生物碎屑及灰泥基质起到障碍或遮挡作用，水动力条件较弱，抗浪能力较弱，主要有藻黏微晶生屑灰岩、藻黏微晶—亮晶生屑灰岩。在流花井区大量发育礁灰岩和滩灰岩，且呈互层状产出。台缘滩灰岩和台内滩灰岩主要发育各种类型的生物碎屑灰岩。生物碎屑灰岩主要为骨屑（藻屑以外的其他生物碎屑）藻屑灰岩、有孔虫藻屑灰岩、藻屑有孔虫灰岩、藻屑骨屑灰岩等。生物碎屑主要有藻屑、大有孔虫、有孔虫、腕足类、腹足类、厚壳蛤、介形虫、棘皮动物等。随着由台缘相带往台内相带过渡，藻屑含量逐渐变少。

**2. 沉积序列**

珠江口盆地（东部）不同地区，由于古地貌及后期海侵时间的差异性，珠江口盆地（东部）流花、惠州及陆丰地区钻井沉积序列，特别是碳酸盐台地沉积厚度及发育时间，存在明显的差异性。

但珠江口盆地（东部）珠江组不同地区从下向上均可划分出三个沉积相单元，即滨岸相、碳酸盐台地相和陆架相，纵向沉积序列又有其共同性。

1）流花地区钻井沉积序列

流花地区位于东沙隆起西南坡高部位，珠江组碳酸盐台地沉积期次晚、厚度大（图7-16）。

a. 滨岸沉积时期

古地貌位置较高，随着海平面的逐渐上升，主要发育近—前滨砂质沉积。岩性以中—细砂岩夹薄层泥岩为主，砂质含量较高。

b. 碳酸盐台地发育时期

流花地区的碳酸盐台地生长经历了两个阶段。第一阶段，沉积水体较深，以台坪灰泥沉积为主，生物主要为底栖大有孔虫。第二阶段，随着海平面的持续上升，水体循环逐渐变好，能量增大，各种底栖生物和造礁生物开始大量繁殖，为台缘建隆的主要时期。这一时期，水体环境适宜，营养丰富，生物礁滩发育繁盛，形成巨厚生物层，加之海平面下降导致碳酸盐岩的频繁暴露，大量发育各种暴露标志。测井曲线主要表现为低GR值，曲线形态呈平直状、微齿化特征。

c. 浅海陆架沉积时期

随着海平面的持续上升，碳酸盐逐渐停止生长。这一时期的沉积物以泥岩或泥岩夹细—粉砂岩沉积为主。GR值随沉积环境的巨变，迅速增大，显高值，曲线形态主要表现为平直状、微齿化特征，向上逐渐转变为一次或多次中—低幅漏斗形或反齿形特征，包络线具后积式特点。

2）惠州地区钻井沉积序列

惠州地区位于东沙隆起西—西北坡低—较高部位，珠江组碳酸盐台地沉积期次中—较晚、厚度较大（图7-17）。

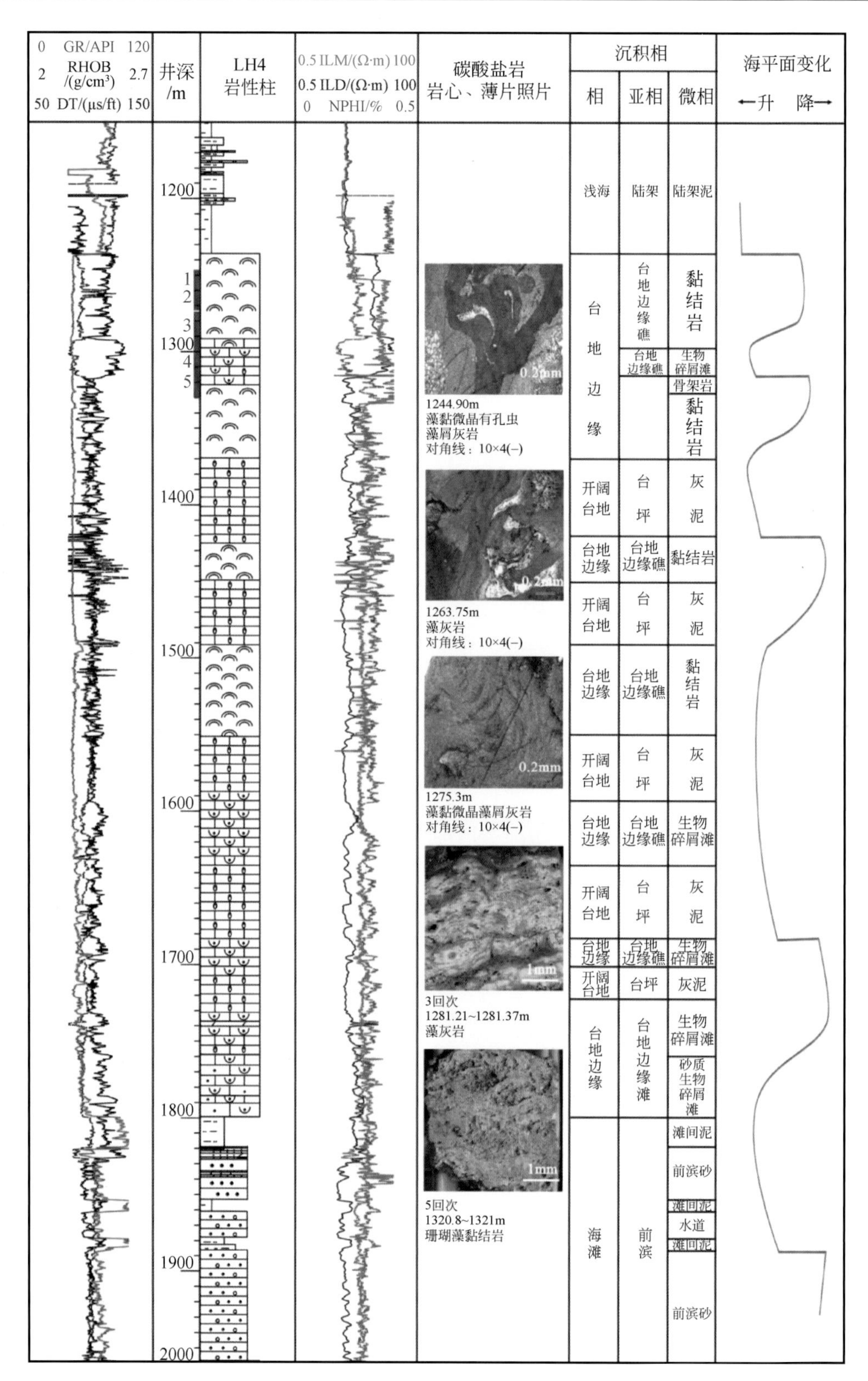


图7-16　珠江口盆地（东部）流花地区沉积序列

ILM 为中感应电阻率；ILD 为深感应电阻率；NPHI 为中子孔隙度

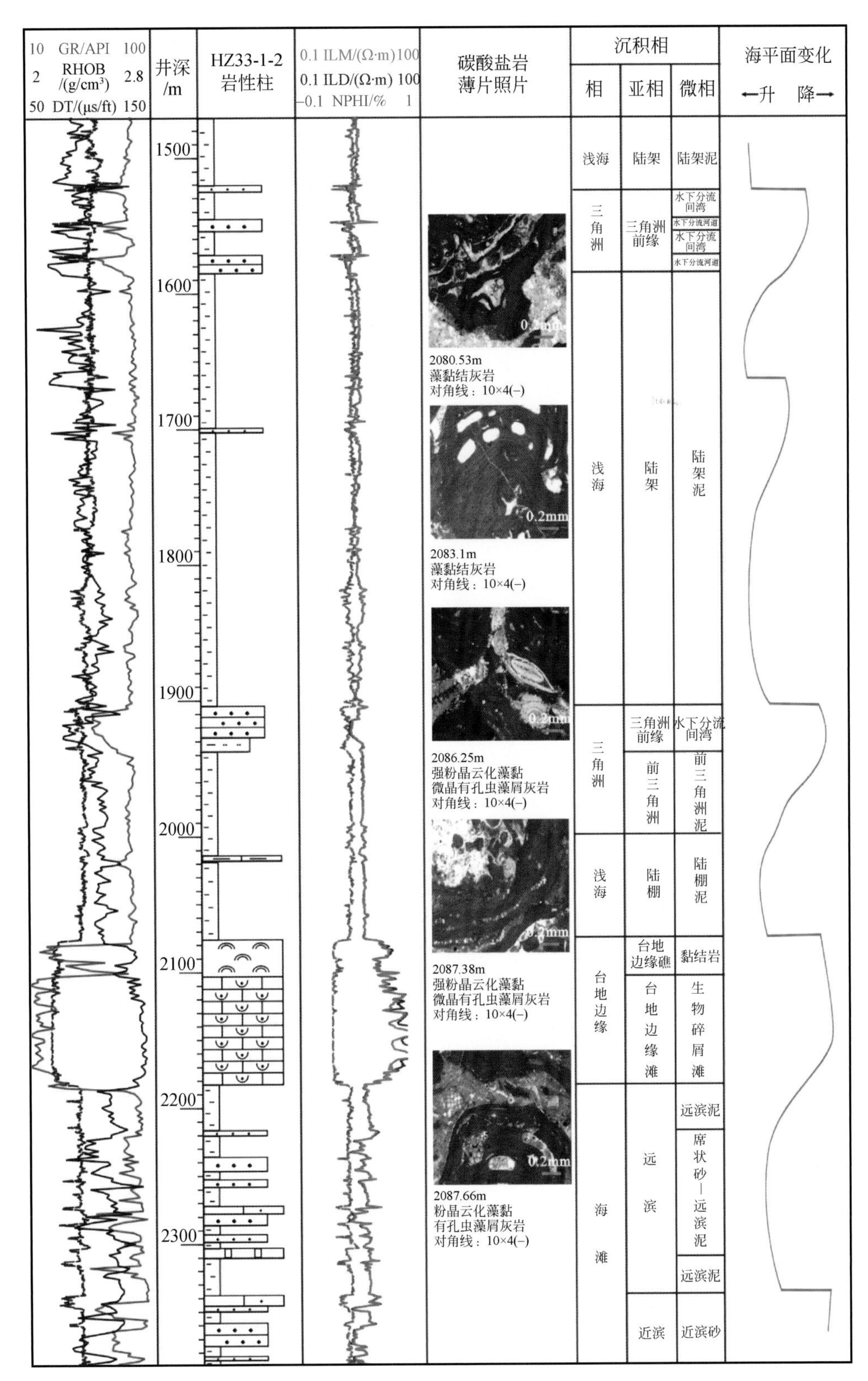


图 7-17 珠江口盆地（东部）惠州地区沉积序列

ILM 为中感应电阻率；ILD 为深感应电阻率；NPHI 为中子孔隙度

a. 滨岸沉积时期

惠州地区为古地貌的低势带，主要发育远滨—陆架沉积，由于水体环境较深，沉积物以泥岩、粉砂质泥岩夹粉砂岩为主，随着海平面的上升，泥质含量逐渐增多，砂质含量逐渐减少。测井曲线主要表现为高 GR 值，曲线形态呈中—低幅箱形—漏斗形，弱齿化特征。

b. 碳酸盐沉积时期

在滨岸碎屑硬底的基础上，广泛发育各类生物（如珊瑚藻及大有孔虫等），并形成以大有孔虫为主的生物碎屑滩。后期在生物碎屑滩硬底之上大量发育珊瑚藻、苔藓虫等造礁生物，底栖生物丰富。局部地区受西北面古珠江三角洲推进影响，发生碳酸盐的混积生长。测井曲线主要表现为低 GR 值，由于受陆源碎屑影响，曲线形态呈现箱形—齿形特征，而非平直状、微齿化特点。

c. 浅海陆架沉积时期

惠州地区停止碳酸盐的生长，沉积物以泥岩夹粉砂岩为主，随着海平面持续上升，泥质含量增高，砂质含量逐渐降低。测井曲线主要表现为高 GR 值，曲线形态呈平直状、弱齿化特征。后期随着古珠江三角洲不断南下推进，惠州西北部逐渐由浅海陆架沉积转变为三角洲水下沉积，沉积物以细砂岩和粉砂质泥岩为主。测井曲线主要表现为高 GR 值，曲线形态呈一次或多次中—低幅漏斗形或反齿型特形，包络线具后积式特征。

3）陆丰地区钻井沉积序列

陆丰地区位于东沙隆起北坡低部位，珠江组碳酸盐台地沉积期次早、厚度小（图 7-18）。

a. 滨岸沉积时期

受古地貌影响，主要发育近—前滨和远滨沉积，由南向北水体环境逐渐变深，沉积物逐渐由中—细砂岩过渡为细—粉砂岩和泥岩互层，分选也由差变好，泥质含量均逐渐增加。GR 曲线呈中—高幅箱形—指形特征，测井值向上均呈逐渐增大趋势。

b. 碳酸盐沉积时期

陆丰地区水体较深，为开阔台地沉积环境，沉积物主要为开阔台地灰泥。由于水体循环较好，底栖生物也相对丰富，其中苔藓虫尤其繁盛。局部古地形高势区，形成以苔藓虫为主的生物碎屑滩。这一时期，惠陆低凸起曾出露海面，发育一定规模的低位沉积，部分低位沙被挟带到陆丰北部地区，在碳酸盐沉积物上部沉积一套厚度逐渐减薄的细粒砂岩。GR 曲线总体为低值，受陆源碎屑影响，曲线形态呈现箱形—齿形特征，而非平直状、微齿化特点。

c. 浅海陆架沉积时期

陆丰地区以泥岩或泥岩夹细—粉砂岩沉积为主。测井曲线主要表现为高 GR 值，向上呈略微增大趋势，曲线形态呈平直状、微齿化特征。值得注意的是，LF33 隆起（火山岩古隆起）随着海平面的持续上升逐渐没入水中。由于水体循环通畅，营养物质丰富，各类居礁生物和珊瑚藻、苔藓虫等造礁生物迅速在隆起及其四周生长，形成规模较大的环礁。在成礁过程中，偶有古隆起经剥蚀、破碎作用而沉积少量玄武岩屑。测井曲线主要表现为高 GR 值，曲线形态呈箱形、微齿化特征。

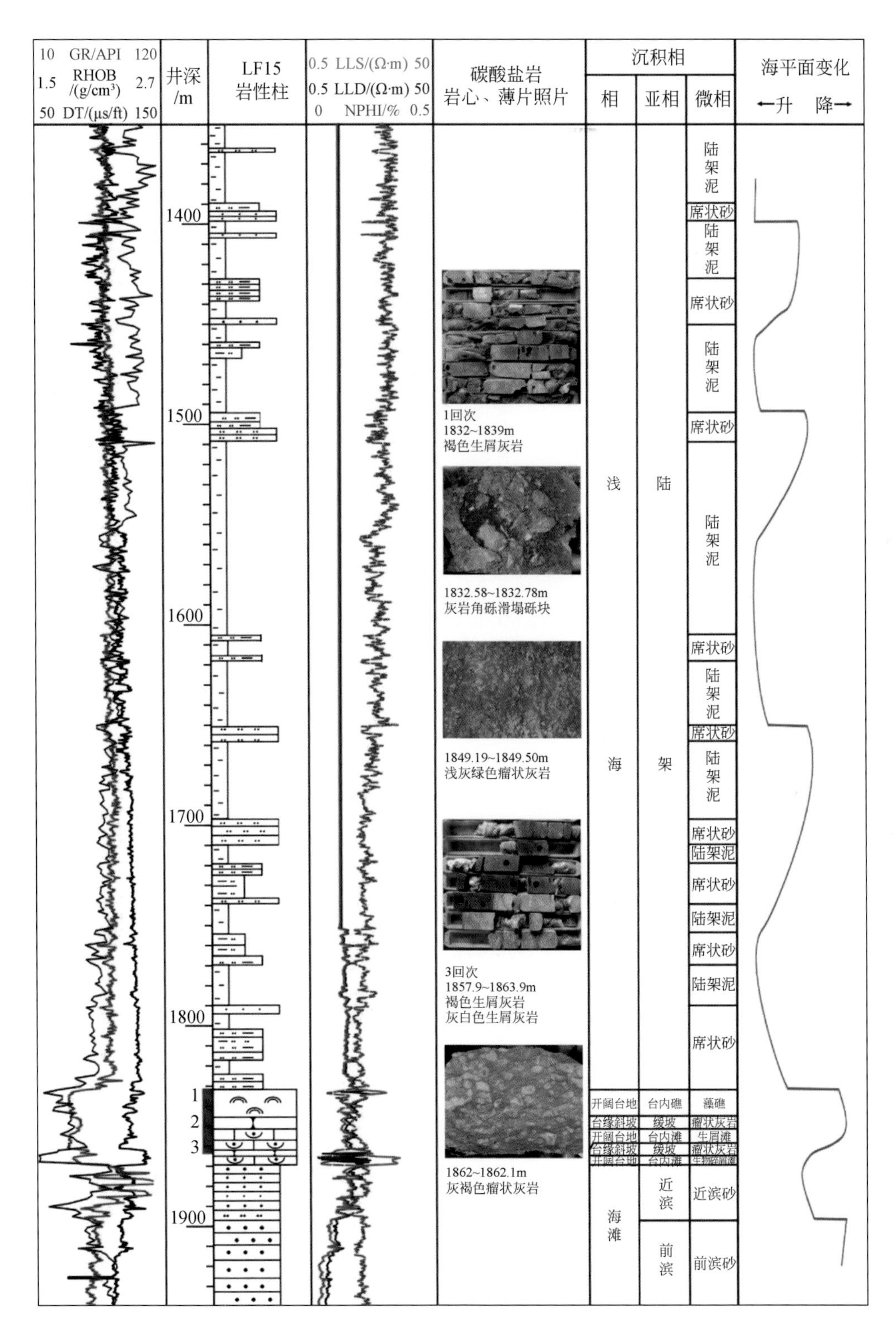


图 7-18 珠江口盆地（东部）陆丰地区沉积序列

LLS 为浅侧向电阻率；LLD 为深侧向电阻率；NPHI 为中子孔隙度

### 3. 流花、惠州及陆丰地区碳酸盐台地发育时间的差别

陆丰、惠州及流花地区位于东沙隆起不同部位，珠江组沉积古地貌依次由低到高，海侵淹没碳酸盐台地的时间依次由早到晚。因此，陆丰、惠州及流花地区碳酸盐台地消亡时间依次由早到晚，发育期次由少到多，厚度由小到大。

生物地层研究表明，流花、惠州及陆丰地区碳酸盐岩沉积时代明显不同。陆丰地区碳酸盐台地消亡最早。陆丰地区碳酸盐岩沉积时代仅限于阿基坦期。流花地区碳酸盐台地延续时间最晚。在流花地区各井中除见到阿基坦期底栖有孔虫外，还大量发现波尔多期的大有孔虫。据此确定流花地区碳酸盐沉积时代从阿基坦期延续至波尔多期。惠州地区碳酸盐台地消亡时间介于陆丰和流花地区之间。

因此，流花、惠州及陆丰地区珠江组碳酸盐台地发育时间呈现较为明显的期次关系，厚度也存在很大差别。

## 二、碳酸盐岩储层特征

珠江口盆地（东部）珠江组碳酸盐岩储层的岩石类型较为单一，主要为生物礁灰岩及生物碎屑滩灰岩，其岩石结构多为微晶或微亮晶结构。

### 1. 生物礁灰岩

珠江口盆地（东部）珠江组生物礁灰岩的造礁生物主要为珊瑚藻，还见珊瑚、苔藓虫、海绵、绿藻等。居礁生物有大有孔虫、有孔虫、腕足类、腹足类、介形虫、棘皮动物等。生物礁灰岩岩石类型主要有骨架岩、黏结岩和障积岩。

骨架岩主要是珊瑚所形成的抗浪骨架，于岩心上可见枝状珊瑚格架，骨架间充填灰泥杂基及胶结物、生物屑等。

黏结岩主要包括藻纹层灰岩和藻黏结灰岩，主要由珊瑚藻、藻屑及泥晶基质组成，珊瑚藻多呈结核状藻团（即红藻石）及纹层状，其水动力条件较为动荡，内部结构比较松散且富有孔隙。

障积岩为原地生长的生物，如珊瑚藻等，对生物碎屑及灰泥基质起到障碍或遮挡作用，水动力条件较弱，抗浪能力较弱，主要有藻黏微晶生屑灰岩、藻黏微晶—亮晶生屑灰岩。

流花地区珠江组发育规模较大的台地边缘堡礁。岩性主要为藻黏结灰岩，珊瑚藻多为结核状团块或枝状，珊瑚大量发育，底栖有孔虫个体较大，局部定向排列，多发育在层序暴露面以下的高位体系域。

惠州地区珠江组发育规模较大的台地边缘堡礁及台缘斜坡塔礁。岩性以珊瑚藻黏结灰岩为主，常见有孔虫，还见皮壳状珊瑚藻黏结岩、海绵珊瑚灰岩，含丰富的壳状、节状及结核状珊瑚藻及大有孔虫。

陆丰地区仅发育台内点礁，岩性也为藻黏结灰岩，礁体发育时间短暂，厚度小。

### 2. 生物碎屑滩灰岩

生物碎屑滩灰岩是珠江组碳酸盐岩储层主要岩石类型之一，生物碎屑主要有藻屑、大有孔虫、有孔虫、腕足类、腹足类、厚壳蛤、介形虫、棘皮动物等。岩性主要为骨屑（指藻屑以外的其他生物碎屑）藻屑灰岩、有孔虫藻屑灰岩、藻屑有孔虫灰岩、藻屑骨屑灰岩等生物碎屑灰岩。

生物碎屑灰岩中的藻屑、骨屑、有孔虫大多破碎，反映沉积环境能量较高。生物碎屑分选较好，粒间、粒内溶孔发育，孔隙内常充填灰泥或亮晶方解石，普遍具有世代结构。

流花地区珠江组发育规模较大的台地边缘生物碎屑滩，垂向上多与生物礁灰岩互层，多发育在层序暴露面以下的高位体系域。

惠州地区珠江组发育规模较大的台地边缘或台内生物碎屑滩，主要为藻砂屑灰岩，垂向上多与生物礁灰岩互层。

陆丰地区发育台内生物碎屑滩，主要岩性为微晶—亮晶藻屑有孔虫灰岩，厚度小。

## 三、成岩作用

珠江口盆地（东部）珠江组灰岩储层主要经历了以下成岩作用改造，即压实作用、压溶作用、胶结作用、溶蚀作用、生物作用、白云石化作用、大气淡水淋滤作用、重结晶作用等。其中，对储层起建设性作用的主要有溶蚀作用和大气淡水淋滤作用，起破坏作用的有压溶作用、压实作用、胶结作用及重结晶作用，具有双重作用的是多期白云石化作用。

### 1. 压实及压溶作用

由于沉积时代新、埋深浅，压实作用在珠江组灰岩表现不明显，多为中等偏弱，在泥质岩中，泥岩呈纹层状结构。在部分生物碎屑灰岩内表现有孔虫、骨屑等半定向—定向排列，有孔虫、介屑等有不同程度的破裂，包括介屑生物壳裂成缺口等，对孔隙起到破坏作用。

珠江组灰岩压溶作用发育程度中等偏弱，见缝合线及微裂缝。缝合线以尖峰状较为多见，组合类型多为纹层状缝合线及马尾状缝合线等，在微晶生屑灰岩或藻纹层状灰岩内多见，在藻黏结灰岩中不常见（图 7-19）。流花地区油层下段见缝合线密集层，缝合线相互交切呈花斑状，岩石致密，这种压溶作用是破坏孔隙的重要因素。尤以流花 11 地区较为突出，发育较多水平纹层及缝合线，生物碎屑呈齿状接触，为水动力条件较弱、泥质含量较高的台坪（潟湖）沉积，受上覆地层压实压溶作用形成。

### 2. 胶结作用

胶结作用是孔隙流体在孔隙或裂缝沉淀出矿物质（胶结物），使松散的沉积物固结成岩的作用。胶结作用大大降低了储层孔隙度，是珠江组灰岩较为发育的一种破坏性成岩作用，贯穿各个成岩阶段，作用强度为中等偏强，致使原生粒间孔、生物体腔孔等丧失殆尽。

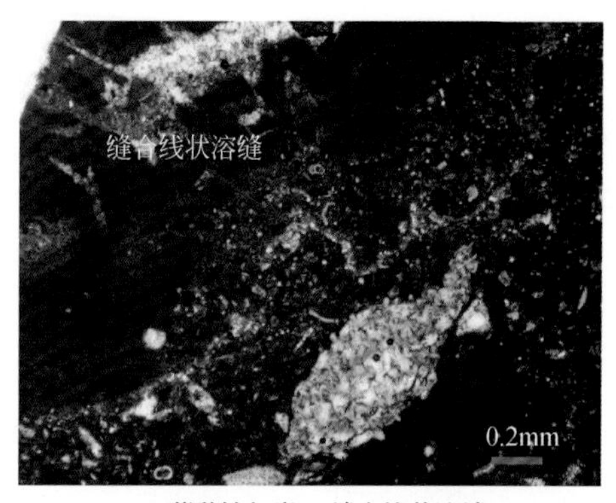


(a) 藻黏结灰岩，缝合线状溶缝

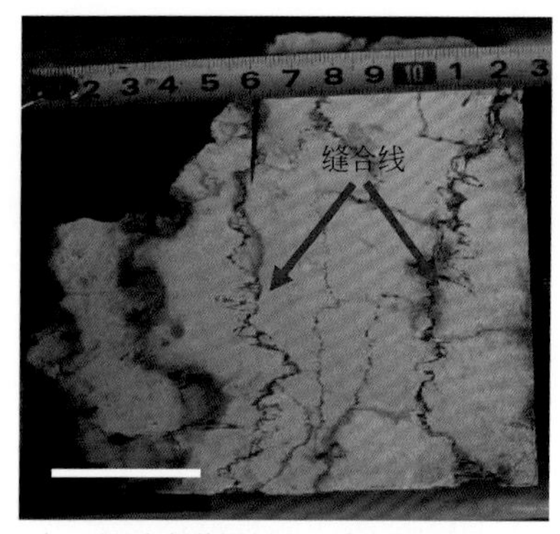


(b) 白色藻屑灰岩，缝合线构造

图 7-19　珠江组灰岩储层压溶作用

珠江组经历的成岩环境主要有海底成岩环境、大气淡水成岩环境、混合水成岩环境及浅埋藏成岩环境。胶结物常见的粒度有粉—细晶、粗晶、自形、半自形结构，成分以方解石为主，白云石次之。

胶结物世代性明显，第一世代纤状方解石，垂直于有孔虫或藻屑边缘以栉壳状等厚环边生长，环带数 1，环带厚 0.02 ~ 0.04mm，其原始成分为无铁方解石，多形成于海底成岩环境。第二世代为细晶方解石，沿着第一世代纤状方解石生长。多期亮晶胶结充填后，致使原生孔隙大量消失，破坏性强（图 7-20）。

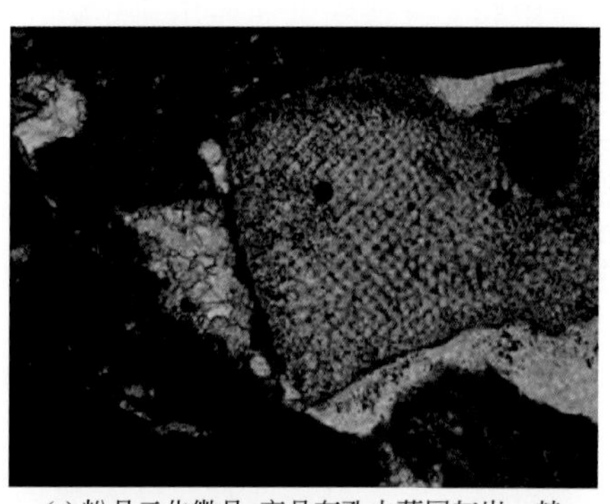

(a) 粉晶云化微晶-亮晶有孔虫藻屑灰岩，棘屑二次胶结：一世代含基质，二世代为亮晶

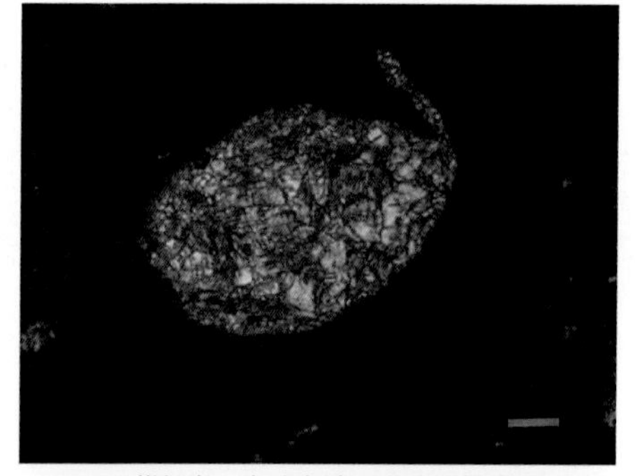

(b) 藻灰岩，生殖窠被一世代无铁微晶方解石及二世代含铁细晶方解石胶结

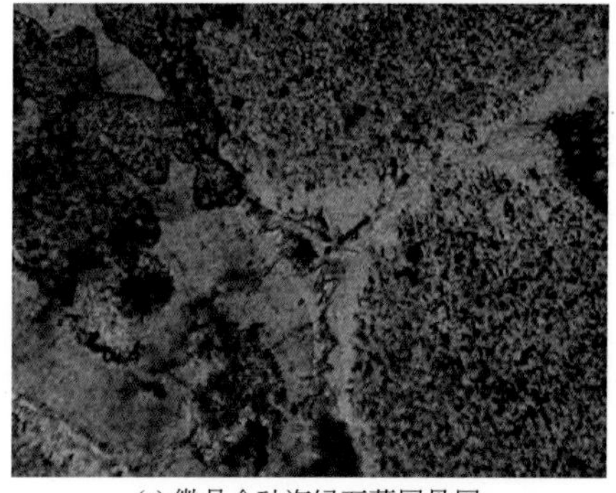

(c) 微晶含砂海绿石藻屑骨屑灰岩，颗粒边缘等厚环边胶结

(d) 粉晶云化藻粘有孔虫藻屑灰岩，亮晶方解石胶结

图 7-20　珠江组灰岩储层胶结作用

### 3. 溶蚀作用

溶蚀作用在珠江组灰岩具有较广的普遍性，多发育在层序暴露界面之下的高位体系域，作用程度较强，是最重要的建设性成岩作用，主要包括同生期、表生期大气淡水淋滤和埋藏期溶蚀。

a. 同生期、表生期大气淡水淋滤

同生期沉积物沉积不久还未（或弱）固结成岩，海平面下降造成礁体和滩体暴露，受到大气淡水淋滤作用，沉积岩中不稳定组分发生选择性溶蚀，形成大小不一、形态各异的溶孔（粒内溶孔、粒间溶孔、铸模孔等）、溶缝（缝合线状溶缝）（图 7-21）。这些孔隙多互不连通，面孔率较高，超过 15%。

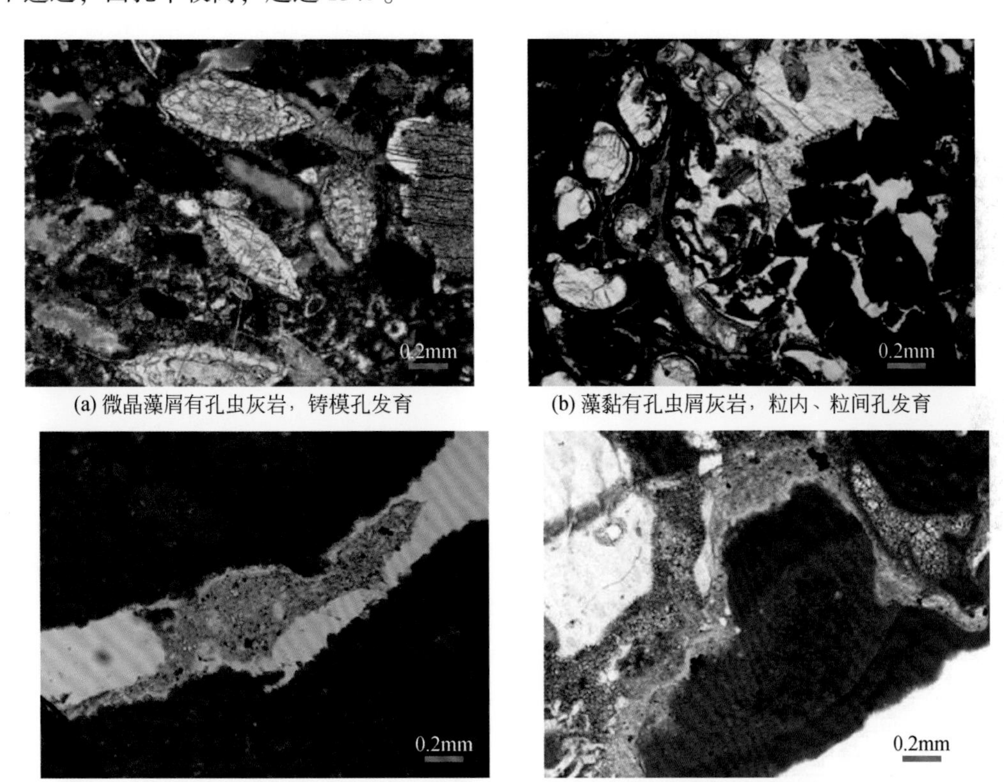


(a) 微晶藻屑有孔虫灰岩，铸模孔发育　(b) 藻黏有孔虫屑灰岩，粒内、粒间孔发育

(c) 藻黏微晶-亮晶骨屑、藻屑灰岩，溶缝中有渗流黏土　(d) 微晶骨屑灰岩，溶缝中有渗流黏土

图 7-21　珠江组灰岩储层同生期、表生期大气淡水淋滤作用

表生期固结成岩的礁滩灰岩暴露及喀斯特化（岩溶）。大量的大气淡水开始沿溶缝、节理及孔隙构成的网络状渗流带向下渗流溶蚀，使渗流带的方解石等不稳定矿物发生充分溶解，导致大规模溶蚀孔洞体系发育和新一轮淡水方解石、淡水白云石、石膏充填、胶结，主要由风或短暂地表径流搬运来的黏土和粉砂随大气淡水经由发育的溶蚀孔洞缝体系下渗到渗流带。长期的暴露还使灰岩与大气环境充分接触，导致渗流带还原性矿物氧化。总体来说，表生成岩环境的矿物稳定化过程比同生期更为强烈和彻底，导致渗流带的岩石结构发生强烈改造。

流花地区在层序界面普遍见暴露标志，界面之下的高位体系域灰岩同生、表生期大气淡水淋滤作用较强烈。部分井灰岩遭受 3 次暴露，溶蚀作用强烈，造成孔隙类型多样，有些被溶蚀呈蜂窝状，原始结构全部破坏。

珠江组灰岩同生期、表生期大气淡水淋滤作用具有一定层位性，主要分布于流花地区及惠州及陆丰地区。

b. 埋藏期溶蚀

埋藏溶蚀是在成岩作用后期（浅—中埋藏）发生的溶蚀现象，是沉积成岩组分与有机质演化所产生酸性流体或其他成岩流体单一或共同混合形成的热性酸性流体对围岩的溶蚀。其结果是在深部岩石中形成一定数量的孔、洞、缝。

在埋藏条件下，孔隙流体溶解珠江组灰岩中的碳酸钙物质，这种溶解作用常沿缝合线、微裂缝、构造缝及早期的粒内、粒间孔、缝发生，形成溶蚀扩大溶孔、溶缝，还有岩心上所见的较大溶孔充填物和构造裂缝充填物内的溶孔（图 7-22）。

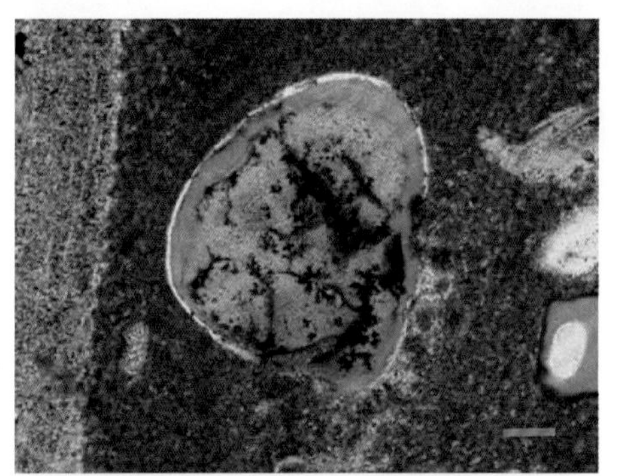

(a) 微晶含砂骨屑灰岩，海绿石被溶蚀

(b) 微晶含砂骨屑灰岩，长石被溶蚀

(c) 微晶含砂骨屑灰岩，海绿石被溶蚀

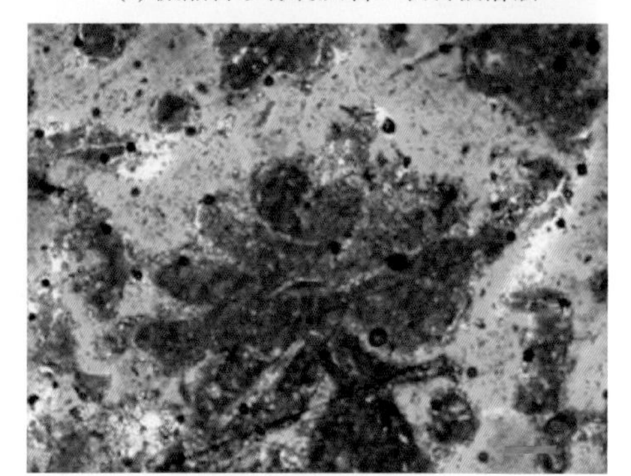

(d) 藻灰岩，珊瑚骨屑被强溶蚀

图 7-22　珠江组灰岩储层埋藏期溶蚀作用

珠江口盆地珠江组碳酸盐岩储层储集空间类型主要包括孔隙和裂缝。孔隙分为原生孔隙和次生孔隙，裂缝分为构造缝、溶蚀缝及压溶缝。在孔隙发育的基础上，裂缝起到了很好的连通作用，缝洞体系形成碳酸盐岩储层的连通网络。

原生孔隙主要是沉积时期形成的与岩石结构关系密切的孔隙。珠江组灰岩原生孔隙主要包括原生粒间孔、剩余原生粒间孔、生物体腔孔、藻间孔、藻架孔等（图 7-23）。

(a) 微晶有孔虫藻屑灰岩，粒间孔发育　(b) 微晶藻屑棘屑有孔虫灰岩，剩余原生粒间孔

图 7-23　珠江口盆地珠江组灰岩储层原生孔隙类型

次生孔隙形成于沉积之后，是在成岩、后生及表生阶段改造过程中产生的孔隙，对碳酸盐岩储集性具有重要意义。珠江组灰岩次生孔隙主要包括粒间溶孔、粒内溶孔、铸模孔等（图 7-24）。

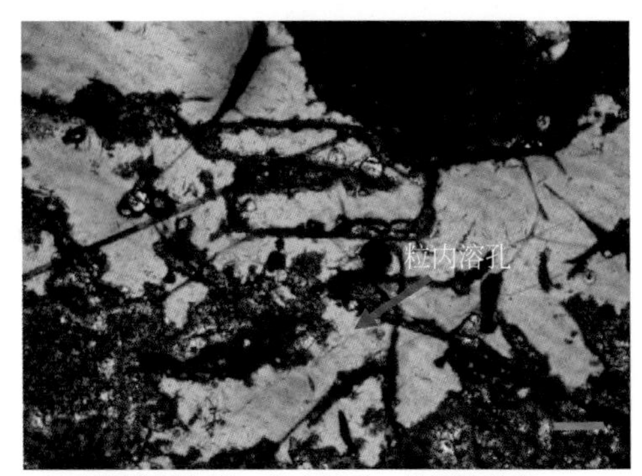


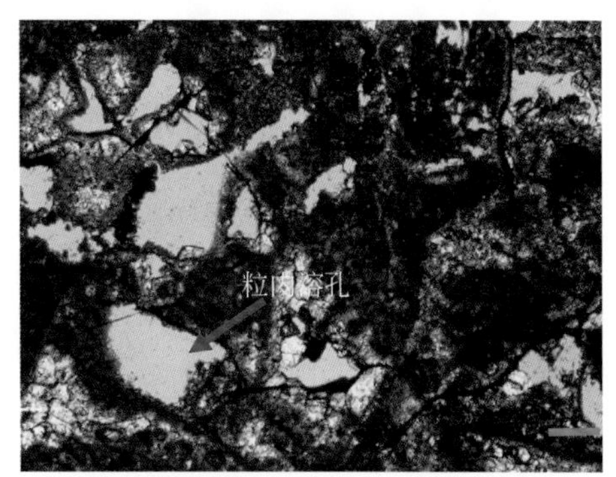


(a) 骨屑藻屑灰岩，粒内溶孔、铸模孔发育　(b) 骨屑藻屑灰岩，粒内溶孔、铸模孔发育

图 7-24　珠江口盆地（东部）珠江组灰岩储层次生粒内溶孔

碳酸盐岩储层中的裂缝既是储集空间，也是重要的渗滤通道。珠江口盆地（东部）珠江组灰岩储层裂缝类型包括构造缝、压溶缝及溶蚀缝（图 7-25）。溶蚀缝为构造裂缝、压溶缝经溶蚀扩大而形成，缝壁不规则，或与溶孔连通。这类裂缝形成时间较晚，常见较好的缝体，且缝体较宽。溶蚀缝包括肉眼可见的垂直分布溶缝和镜下观察到的微溶缝。垂直溶缝一般发育于较致密的岩石中，局部与溶孔相连。微溶缝在孔隙发育层中普遍存在，微细而弯曲，多与孔洞相连。两者均起通道作用，使岩石渗透率增大，可作为油气储集空间及渗滤通道。

珠江口盆地（东部）珠江组灰岩储层纵向上储层物性有明显的分带性，好差相间，岩心孔隙度分布在 8.0% ~38.0%，中值为 22.8%；渗透率分布在 0.1 ~6270.0mD，中值为 352.1mD，油田总体上属于高孔、中渗储层（图 7-26）。流花地区珠江组生物礁滩灰岩厚度大，孔隙度和渗透率都较高。

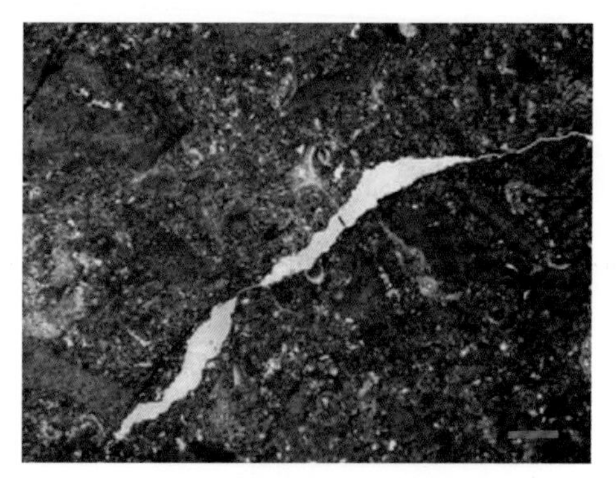

(a) 微晶藻屑骨屑灰岩，溶缝发育

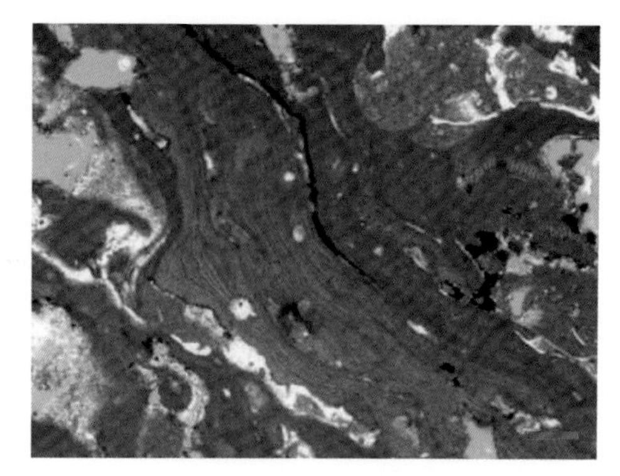

(b) 藻黏结灰岩，溶缝溶孔发育

图 7-25　珠江口盆地（东部）珠江组灰岩储层溶蚀缝

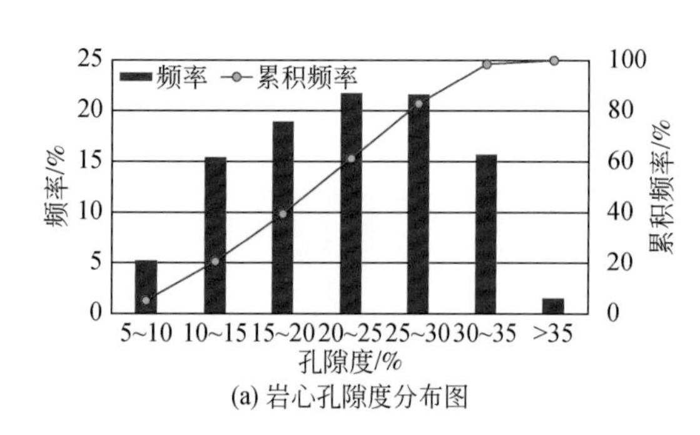


(a) 岩心孔隙度分布图

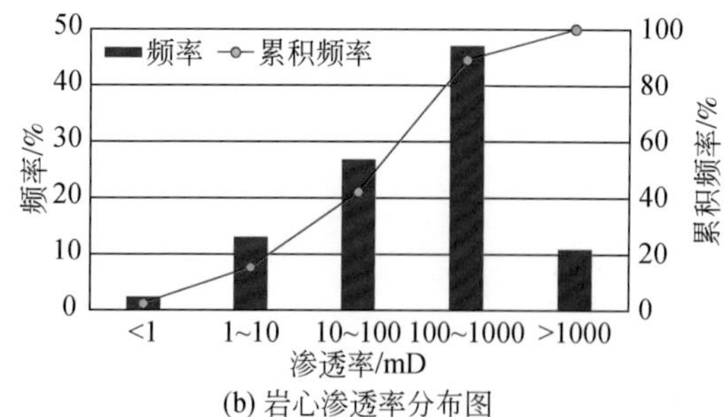


(b) 岩心渗透率分布图

图 7-26　珠江口盆地（东部）灰岩孔隙度和渗透率分布图

根据岩性、物性、孔隙结构类型、孔隙结构参数、毛压曲线特征及孔隙类型将珠江组灰岩储层划分为四类（图 7-27）。

Ⅰ类储层岩性为生（藻）屑灰岩、藻黏结灰岩，岩性疏松，溶孔发育。孔隙度大于 20%，渗透率为 100mD 至几千毫达西，孔隙结构类型为宽短型，孔隙结构参数 Pc50<20、Rd>25μm、Dm>5μm、$1/D>0.2\Phi$、小于 0.1μm 喉道半径控制的孔隙体积小于 30%、小于 10μm 喉道半径控制的孔隙体积大于 20%。毛压曲线为两个不明显的平缓段及座椅式，较粗—细歪度。孔隙类型为孔隙型、溶洞—孔隙型。

Ⅱ类储层岩性为藻黏结灰岩、生（藻）屑灰岩，孔隙较发育。孔隙度为 15%～20%、渗透率为 10～200mD，孔隙结构类型为混合—狭窄型，孔隙结构参数 Pc50 为 20～70、Rd 为 10～35μm、Dm 为 2～5μm、$1/D$ 为 $0.1\sim0.2\Phi$、小于 0.1μm 喉道半径控制的孔隙体积为 20%～50%、小于 10μm 喉道半径控制的孔隙体积小于 10%。毛压曲线为有平缓段或无平缓段，分布图为细级形成峰值或连续渐变分布。孔隙类型为过渡型。

Ⅲ类储层岩性为藻黏结灰岩、生（藻）屑灰岩，岩性较致密。孔隙度为 8%～15%，渗透率小于 40mD，孔隙结构类型为混合—狭窄型，孔隙结构参数 Pc50 为 20～100、Rd 为 10～25μm、Dm 为 2～5μm、$1/D<0.1\Phi$、小于 0.1μm 喉道半径控制的孔隙体积为 10%～60%、小于 10μm 喉道半径控制的孔隙体积为 0～10%。毛压曲线为无平缓段及反向、分

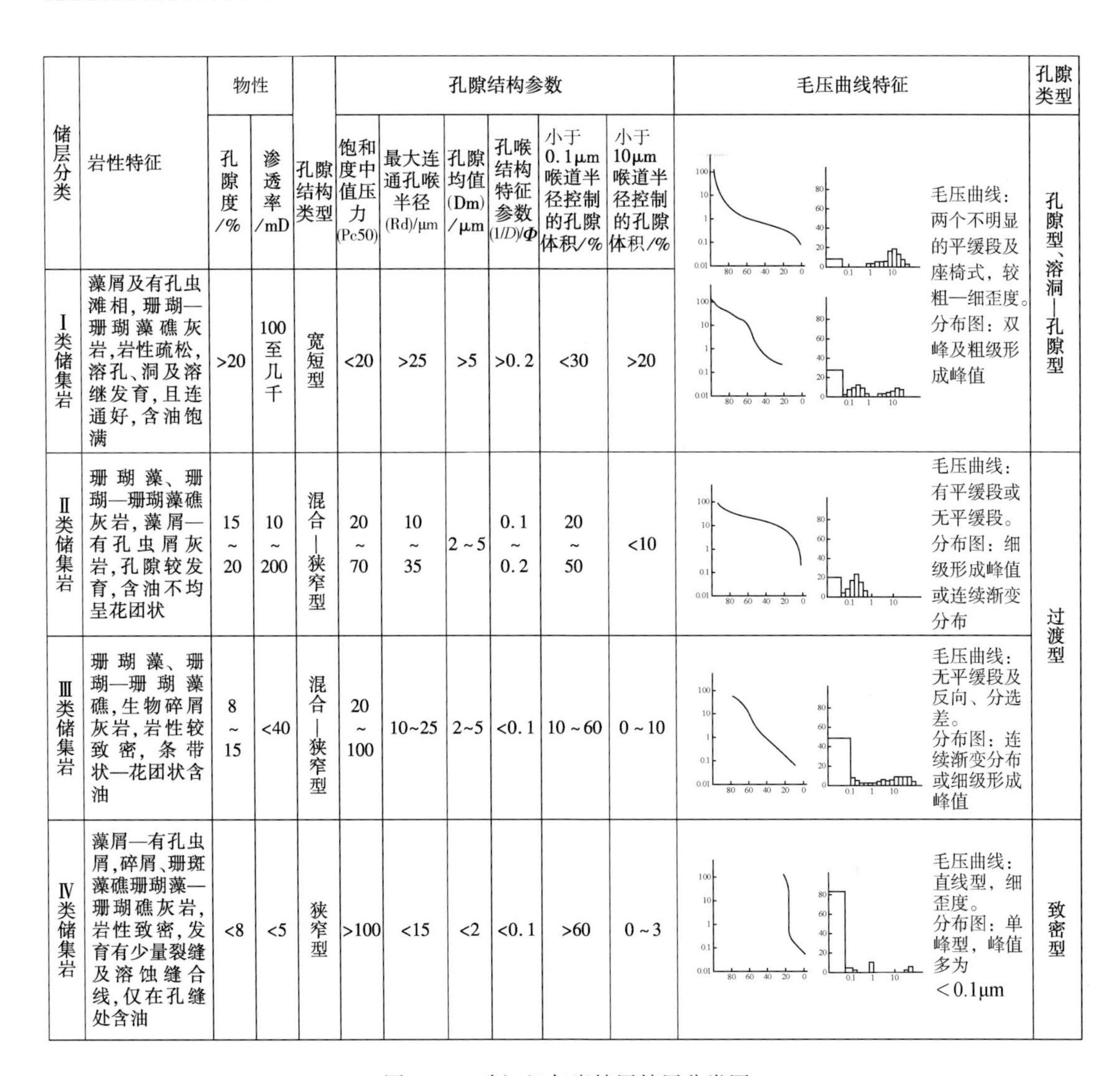

| 储层分类 | 岩性特征 | 物性：孔隙度/% | 物性：渗透率/mD | 孔隙结构类型 | 孔隙结构参数：饱和度中值压力(Pc50) | 孔隙结构参数：最大连通孔喉半径(Rd)/μm | 孔隙结构参数：孔隙均值(Dm)/μm | 孔隙结构参数：孔喉结构特征参数(1/D)/Φ | 孔隙结构参数：小于0.1μm喉道半径控制的孔隙体积/% | 孔隙结构参数：小于10μm喉道半径控制的孔隙体积/% | 毛压曲线特征 | 孔隙类型 |
|---|---|---|---|---|---|---|---|---|---|---|---|---|
| Ⅰ类储集岩 | 藻屑及有孔虫滩相，珊瑚—珊瑚藻礁灰岩，岩性疏松，溶孔、洞及溶继发育，且连通好，含油饱满 | >20 | 100至几千 | 宽短型 | <20 | >25 | >5 | >0.2 | <30 | >20 | 毛压曲线：两个不明显的平缓段及座椅式，较粗—细歪度。分布图：双峰及粗级形成峰值 | 孔隙型、溶洞—孔隙型 |
| Ⅱ类储集岩 | 珊瑚藻、珊瑚—珊瑚藻礁灰岩，藻屑—有孔虫屑灰岩，孔隙较发育，含油不均呈花团状 | 15~20 | 10~200 | 混合—狭窄型 | 20~70 | 10~35 | 2~5 | 0.1~0.2 | 20~50 | <10 | 毛压曲线：有平缓段或无平缓段。分布图：细级形成峰值或连续渐变分布 | 过渡型 |
| Ⅲ类储集岩 | 珊瑚藻、珊瑚—珊瑚藻礁，生物碎屑灰岩，岩性较致密，条带状—花团状含油 | 8~15 | <40 | 混合—狭窄型 | 20~100 | 10~25 | 2~5 | <0.1 | 10~60 | 0~10 | 毛压曲线：无平缓段及反向、分选差。分布图：连续渐变分布或细级形成峰值 | 过渡型 |
| Ⅳ类储集岩 | 藻屑—有孔虫屑，碎屑、珊瑚藻礁珊瑚藻—珊瑚礁灰岩，岩性致密，发育有少量裂缝及溶蚀缝合线，仅在孔缝处含油 | <8 | <5 | 狭窄型 | >100 | <15 | <2 | <0.1 | >60 | 0~3 | 毛压曲线：直线型，细歪度。分布图：单峰型，峰值多为<0.1μm | 致密型 |

图 7-27　珠江组灰岩储层储层分类图

选差，分布图为连续渐变分布或细级形成峰值。孔隙类型为过渡型。

Ⅳ类储层岩性为生（藻）屑灰岩、藻黏结灰岩，岩性致密，发育少量裂缝及溶蚀缝合线。孔隙度小于 8%，渗透率小于 5mD，孔隙结构类型为狭窄型，孔隙结构参数 Pc50>100、Rd<15μm、Dm<2μm、$1/D<0.1\Phi$、小于 0.1μm 喉道半径控制的孔隙体积大于 60%，小于 10μm 喉道半径控制的孔隙体积为 0~3%。毛压曲线为直线型，细歪度，分布图为单峰型，峰值多为<0.1μm。孔隙类型为致密型。

流花地区油藏珠江组灰岩储层以Ⅰ类储层为主，占总油藏厚度 70% 以上，储集性能最差的Ⅳ类储层仅占 1%~5%。

# 结 束 语

通过对珠江口盆地5169.27m岩心进行精细观察与描述，从沉积物颗粒的成分、磨圆度、分选性、排列方式及沉积构造的类型逐步深入到岩石相类型、岩石相组合、沉积微相类型、沉积相模式，分析不同沉积环境的储层发育特征。

珠江口盆地古近纪沉积充填演化过程中形成了非常丰富的沉积相类型。发育典型的陆相湖盆的近岸水下扇—辫状河三角洲沉积。近岸水下扇常见块状层理杂基—颗粒支撑中砾岩相、交错层理杂基—颗粒支撑中砾岩相、交错层理颗粒支撑细砾岩相等，进一步划分出扇根、扇中和扇缘三个亚相。辫状河三角洲发育在断裂活动较弱的恩平组沉积时期，可识别出辫状河三角洲平原和辫状河三角洲前缘两个亚相。

珠江口盆地新近系海相三角洲沉积时间长，分布范围广，沉积动力复杂。古珠江三角洲从始新世南海扩张开始沉积，直到现今一直持续沉积，在沉积过程中受到河流、潮汐、波浪等多种沉积营力的影响，在不同时期不同位置都有较大的差异。珠江口盆地具有宽缓陆架的特点，三角洲沉积在盆地不同位置有不同特点，当海平面较高时，三角洲沉积集中在陆架区域，在该区域海洋动力会对三角洲的沉积起到一定的影响和控制；当海平面较低时，三角洲沉积在陆架边缘，陆源碎屑物质越过陆架坡折后会在重力的影响和控制下向深水发生搬运和再沉积。

前滨发育冲洗交错层理砂岩相、低角度交错层理粉—细砂岩相、生物痕迹砂岩相、生物碎屑砂岩相等，同时可见砂岩分选较好，磨圆度为次圆状。这些岩石相形成了反韵律粉砂岩相—砂岩相组合，总体上向上变粗。岩石相组合的厚度一般在2～4m，其上下层段的水动力强度变化比较明显，顶部多见上覆厚层砂体的侵蚀切割，形成冲刷接触。发现大量的生物碎屑，有些介壳类生物化石保存完整。上临滨为浅褐灰色砂砾岩—含砾砂岩，砾石为细砾，断续水平和交错层理，分选中等，含有孔虫、棘皮动物、苔藓虫等海相化石，粒度变化范围较大，以中砂岩为主，结构成熟度中等偏好。下临滨主要为泥岩、粉砂质泥岩和泥质粉砂岩，偶见浅灰色中—细砂岩，常发育块状层理和平行层理，向海方向平行层理逐渐减少，以透镜状层理为主。

珠江口盆地白云凹陷中新统珠江组可划分为深水扇和盆地半远洋—远洋泥两种沉积类型。依据岩石相类型、岩相组合特征、测井和地震资料，可从珠江组深水扇沉积体系中识别出扇根、扇中、扇缘亚相，以及水道、水道间漫溢、天然堤微相等沉积单元。

珠江口盆地碳酸盐岩发育，岩性包括颗粒—灰泥石灰岩、晶粒石灰岩和生物骨架石灰岩。通过对研究区岩石观察和描述，根据岩石组成、成分和结构可细分出5种岩石类型。珠江组早期发生海侵，在海滩环境基础上海水淹没隆起区，成为浅水台地，因碎屑物质供应不足，早期发育一套碳酸盐台地沉积。受古地貌控制，不同地理位置的沉积环境不同。东沙隆起珠江组厚度为400～900m，碳酸盐岩厚度变化大，以流花地区碳酸盐岩厚度最大，可细分出开阔台地、台地边缘及台地前缘斜坡等沉积相类型。

珠江口盆地古近纪—新近纪沉积环境极为复杂，文昌组沉积总体上体现为河流环境向湖泊环境的转化，早期以辫状河三角洲等高能环境为主，中期以深湖沉积为主，晚期转变为浅湖环境，在该时期主要发育的油气储层为分流河道、河口砂坝的砂质沉积，这些储层与深湖的泥岩交互沉积形成了良好的生储盖组合。恩平组早期发育较好的河流平原相、泛滥平原和滨浅湖相，晚期受珠琼运动二幕的影响，存在不同的海侵事件，沉积环境以滨浅湖或沼泽环境为主，在这一阶段储层仍为辫状河三角洲中的分流河道和河口砂坝砂体。珠海组沉积环境以陆架三角洲等海陆过渡相为主，其主要的储集层为海相三角洲的储集砂体。珠江组沉积时期在海侵作用下普遍发育三角洲—滨浅海相沉积，早期在东沙隆起区发育生物礁和碳酸盐台地，后逐步被陆缘碎屑沉积物覆盖，在这一阶段储集体类型极为复杂，包括海相三角洲、滨岸、潮汐、深水沉积砂体及海相碳酸盐岩储集体。韩江组主要处于浅海及海陆过渡环境，此时的珠江口盆地由于海侵的不断扩大及盆地热沉降作用的加剧，白云凹陷区已成为深水环境，且陆架和白云凹陷分别作为海平面变化过程中的高位体系域三角洲与低位体系域深水扇的主要沉积场所，接受了巨厚沉积，储集层主要为海相三角洲的砂质沉积。

# 参考文献


昌建波，邹晓萍，余国达，等．2017．珠江口盆地惠州凹陷南部珠江组混合沉积作用．海相油气地质，22（4）：19-26．

陈彬滔，于兴河，王天奇，等．2015．砂质辫状河岩相与构型特征——以山西大同盆地中侏罗统云冈组露头为例．石油与天然气地质，36（1）：111-117．

陈冰，王家林，钟慧智，等．2005．南海东北部的断裂分布及其构造格局研究．热带海洋学报，24（2）：42-51．

陈长民．2000．珠江口盆地东部石油地质及油气藏形成条件初探．中国海上油气（地质），14（2）：73-83．

陈长民．2003．珠江口盆地（东部）第三系油气成藏形成条件．北京：科学出版社．

陈长民，施和生，许仕策，等．2003．珠江口盆地（东部）第三系油气藏形成条件．北京：科学出版社．

陈国威．2003．南海生物礁及礁油气藏形成的基本特征．海洋地质动态，19（18）：32-37．

陈骥，傅恒，刘雁婷，等．2011．珠江口盆地东沙隆起珠江组沉积环境及演化．石油天然气学报（江汉石油学院学报），33（2）：21-26．

陈强．2011．鄂尔多斯西南缘下古生界岩相古地理研究．西安：西北大学．

陈维涛，杜家元，龙更生，等．2012．珠江口盆地惠州地区珠江组控砂机制及地层-岩性圈闭发育模式．石油与天然气地质，33（3）：449-458．

崔莎莎，何家雄，陈胜红，等．2009．珠江口盆地发育演化特征及其油气成藏地质条件．天然气地球科学，20（3）：384-391．

邓宏文，郑文波．2009．珠江口盆地惠州凹陷古近系珠海组近海潮汐沉积特征．现代地质，23（5）：767-775．

丁琳，杜家元，罗明，等．2016．珠江口盆地惠州凹陷新近系珠江组 K22 陆架砂脊沉积成因分析．古地理学报，18（5）：785-798．

冯建伟，戴俊生，冀国盛，等．2007．河流储层建筑结构要素的定量识别——以胜坨油田二区沙二段 3 砂层组为例．沉积学报，2：207-213．

冯增昭．1980．碳酸盐岩沉积环境及岩相古地理的研究．石油实验地质，3：27-34．

冯增昭．1993．沉积岩石学（第二版）（上册）．北京：石油工业出版社．

冯增昭．1994．沉积岩石学．2 版．北京：石油工业出版社．

付振群，傅恒，汪瑞良，等．2013．珠江口盆地东沙隆起珠江组储层特征及主控因素．油气地质与采收率，20（4）：10-16．

高红灿，郑荣才，柯光明，等．2004．海相三角洲高分辨率层序地层学特征——以 R 国 K 气田 PF 组地层为例．矿物岩石，24（2）：88-94．

高辉．2009．三塘湖盆地南缘石炭系-下二叠统沉积相特征及其对储层的控制．西安：西北大学．

耿威，郑荣才，魏钦廉，等．2008．白云凹陷珠海组储层沉积学特征．岩性油气藏，20（4）：98-104．

龚再升．1997．南海北部大陆边缘盆地分析及油气聚集．北京：科学出版社．

龚再升，李思田．1997．南海北部大陆边缘盆地分析与油气聚集．北京：科学出版社．

关士聪，演怀玉，陈显群．1984．中国海陆变迁海域沉积相与油气．北京：科学出版社．

郭彬．1984．珠江口盆地新生代地层及其含油气性．石油与天然气地质，5（1）：11-19.
郝治纯，徐钰林，许仕策，等．1996．南海珠江口盆地第三纪微体古生物及古海洋学研究．北京：中国地质大学出版社.
何幼斌，王文广．2007．沉积岩与沉积相．北京：石油工业出版社.
何幼斌，辛长静，罗进熊，等．2007．深海大型沉积物波的特征与成因．矿物岩石地球化学通报，26：382-383.
侯国伟，于兴河，客伟利，等．2005．番禺低隆起东区中新世早–中期沉积演化特征．石油天然气学报（江汉石油学院学报），27（1）：26-28.
胡阳，吴智平，钟志洪，等．2016．珠江口盆地珠一坳陷始新世中–晚期构造变革特征及成因．石油与天然气地质，37（5）：779-785.
胡忠贵，黎荣，胡明毅，等．2015．川东华蓥山地区长兴组台内礁滩内部结构及发育模式．岩性油气藏，27（5）：67-72.
黄月银，姚光庆，成涛，等．2016．文昌 13-1_2 油田珠江一段细粒储层沉积相及低阻油层性质．地质科技情报，35（2）：161-168.
姜仕军．1999．珠江口盆地 PY27-2-1 井高分辨率钙质超微生物地层和层序地层研究．中国海上油气（地质），13（3）：189-195.
姜在兴．2003．沉积学．北京：石油工业出版社.
金振奎，石良，高白水，等．2013．碳酸盐岩沉积相及相模式．沉积学报，31（6）：965-979.
兰叶芳，黄思静，周小康，等．2015．珠江口盆地东沙隆起珠江组灰岩成岩环境的恢复．中国地质，42（6）：1837-1850.
郎咸国．2012．南海珠江口盆地东部中新统珠江组碳酸盐岩岩石学与成岩作用研究．成都：成都理工大学.
李金有，郑丽辉．2007．南海沉积盆地石油地质条件研究．特种油气藏，14（2）：22-26.
李平鲁，梁慧娴，戴一丁，等．1999．珠江口盆地燕山期岩浆岩的成因及构造环境．广东地质，1：222-227.
李平鲁，梁慧娴．1994．珠江口盆地新生代岩浆活动与盆地演化、油气聚集的关系．广东地质，9（2）：23-34.
李文静，王英民，何敏，等．2018．珠江口盆地中中新世陆架边缘三角洲的类型及控制因素．岩性油气藏，30（2）：58-66.
李潇雨，郑荣才，魏钦廉，等．2007．珠江口盆地惠州凹陷 HZ25-3-2 井珠江组沉积相特征．成都理工大学学报（自然科学版），34（3）：251-258.
李小平，柳保军，丁琳，等．2016．海相三角洲沉积单元划分及其对勘探砂体对比的意义——基于现代珠江三角洲沉积水动力综合研究．沉积学报，34（3）：555-562.
李小平，施和生，杜家元，等．2014．珠海组—珠江组时期东沙隆起物源提供能力探讨．沉积学报，32（4）：654-662.
李友川，米立军，张功成，等．2011．南海北部深水区烃源岩形成和分布研究．沉积学报，29（5）：970-979.
李元昊，刘池洋，独育国，等．2009．鄂尔多斯盆地西北部上三叠统延长组长 8 油层组浅水三角洲沉积特征及湖岸线控砂．古地理学报，11（3）：265-274.
李云．2012．珠江口盆地白云凹陷中新统珠江组深水沉积学．成都：成都理工大学.
梁旭，范廷恩，胡光义，等．2018．海相辫状河三角洲沉积基准面旋回划分及砂体叠置样式分析：以西江 W 油田珠江组为例．现代地质，32（5）：913-923.

刘宝珺，曾允孚．1985．岩相古地理基础和工作方法．北京：地质出版社．
刘军，施和生，杜家元，等．2007．东沙隆起台地生物礁、滩油藏成藏条件及勘探思路探讨．热带海洋学报，26（1）：22-27．
刘再生，施和生，杨少坤，等．2014．南海东部海域自营勘探实践与成效．中国海上油气，26（3）：1-10．
刘曾勤，王英民，施和生，等．2010．惠州地区珠江组下部层序划分及沉积相展布特征．海洋地质动态，26（5）：8-14．
刘昭蜀，杨树康，陈森强，等．1988．南海地质构造与陆缘扩张．北京：科学出版社．
刘昭蜀，杨树康，何善谋，等．1983．南海陆缘地堑系及边缘海的演化旋回．热带海洋，2（4）：251-259．
刘昭蜀，赵岩，李希宗，等．1995．珠江口盆地的扩张旋回其与含油气性的关系．热带学报，14（3）：8-15．
刘昭蜀．2000．南海地质构造与油气资源．第四纪地质，20（1）：69-77．
马英健，王长生，姜显春，等．2003．松辽盆地葡北油田葡Ⅰ组油层精细沉积相．大庆石油学院学报（2）：8-12．
马永坤．2013．珠江口盆地流花油田碳酸盐储层成岩作用和次生孔隙成因研究．成都：成都理工大学．
米立军．2018．认识创新推动南海东部海域油气勘探不断取得突破：南海东部海域近年主要勘探进展回顾．中国海上油气，30（1）：1-10．
米立军，张功成，傅宁，等．2006．珠江口盆地白云凹陷北坡-番禺低隆起油气来源及成藏分析．中国海上油气，18（3）：161-168．
米立军，刘震，张功成，等．2007．南海北部深水区白云凹陷古近系烃源岩的早期预测．沉积学报，25（1）：139-146．
米立军，张功成，沈怀磊，等．2008．珠江口盆地深水区白云凹陷始新统-下渐新统沉积特征．石油学报，29（1）：29-34．
米立军，袁玉松，张功成，等．2009．南海北部深水区地热特征及其成因．石油学报，30（1）：27-32．
米立军，柳保军，何敏，等．2016．南海北部陆缘白云深水区油气地质特征与勘探方向．中国海上油气，28（2）：10-22．
庞雄，陈长民，吴梦霜，等．2006．珠江深水扇系统沉积和周边重要地质事件．地球科学进展，21（8）：793-799．
庞雄，陈长民，彭大钧，等．2007a．南海珠江口盆地深水扇系统及油气．北京：科学出版社．
庞雄，陈长民，邵磊，等．2007b．白云运动：南海北部渐新统—中新统重大地质事件及其意义．地质论评，53（2）：145-152．
彭大钧，庞雄，陈长民，等．2005．从浅水陆架走向深水陆坡——南海深水扇系统的研究．沉积学报，23（1）：1-11．
彭大钧，庞雄，陈长民．2006．南海珠江深水扇系统的形成特征与控制因素．沉积学报，24（1）：10-18．
秦国权．2002．珠江口盆地新生代晚期层序地层划分和海平面变化．中国海上油气：地质，16（1）：1-18．
邱燕，王英民．2001．南海第三纪生物礁分布与古构造和古环境．海洋地质与第四纪地质，21（1）：65-73．
裘亦楠，肖敬修，薛培华．1982．湖盆三角洲分类的探讨．石油勘探与开发，1：1-10．
任建业，李思田．2000．西太平洋边缘海盆地的扩张过程和动力学背景．地学前缘，7（3）：203-213．

邵磊，雷永昌，庞雄，等. 2005. 珠江口盆地构造演化及对沉积环境的控制作用. 同济大学学报，33（9）：1177-1181.

邵磊，庞雄，乔培军，等. 2008. 珠江口盆地的沉积充填与球江的形成演变. 沉积学报，26（2）：179-185.

施和生，李文湘，邹晓萍，等. 1999. 珠江口盆地（东部）砂岩油田沉积相研究及其应用. 中国海上油气，13（3）：181-188.

石国平. 1989. 珠江口盆地下中新早期的水下潮汐三角洲. 沉积学报，7（1）：135-142.

孙靖，薛晶晶，宋明星，等. 2015. 现场岩心精细描述技术及其在准噶尔盆地油气勘探中的应用. 成都理工大学学报（自然科学版），42（4）：410-418.

孙永传，李蕙生，邓新华，等. 1986. 山西寿阳-阳泉地区石炭-二叠系沉积环境及其沉积特征. 地球科学，11（3）：273-280.

汪瑞良，周小康，曾驿，等. 2011. 珠江口盆地东部东沙隆起中新世碳酸盐岩与生物礁地震响应特征及其识别. 石油天然气学报，33（8）：63-68.

王春修，张群英. 1999. 珠三坳陷典型油气藏及成藏条件分析. 中国海上油气地质，13（4）：248-254.

王俊玲，叶连俊，李伯虎，等. 1997. 松辽盆地三肇地区榆树林油田葡萄花油层储层沉积模式. 沉积学报，1：37-42.

王珊珊，曹志敏，兰东兆. 2010. 珠江口沉积地球化学特征与古环境演化过程. 地球科学（中国地质大学学报），35（2）：261-267.

王张虎，郭建华，刘辰生，等. 2017. 珠江口盆地陆丰凹陷珠江组沉积相带与储层特征. 沉积与特提斯地质，37（1）：64-72.

魏水建，王英民，施和生，等. 2008. 珠江口盆地惠州凹陷陆架砂沉积成因探讨. 内蒙古石油化工，7：144-148.

魏喜，祝永军，尹继红，等. 2006. 南海盆地生物礁形成条件及发育趋势. 特种油气藏，13（1）：10-15.

吴崇筠. 1992. 中国含油气盆地沉积学. 北京：石油工业出版社.

吴景富，徐强，祝彦贺. 2010. 南海白云凹陷深水区渐新世-中新世陆架边缘三角洲形成及演化. 地球科学（中国地质大学学报），35（4）：681-690.

吴其林. 2016. 珠江口盆地东沙隆起碳酸盐岩礁滩储层特征及预测方法研究. 成都：成都理工大学.

谢利华，林畅松，董伟，等. 2009. 珠江口盆地番禺低隆起珠江组—韩江组沉积体系. 石油地质与工程，23（2）：5-8.

徐怀大. 1988. 鄂尔多斯盆地北部局部地震地层学研究. 武汉：中国地质大学（武汉）.

徐文礼. 2013. 缓斜坡碳酸盐台地沉积模式. 成都：成都理工大学.

徐勇，陈国俊，马明，等. 2016. 珠江口盆地白云凹陷晚渐新统-早中新统沉积特征及演化规律. 煤田地质与勘探，44（3）：1-9.

许浚远，张凌云. 1999. 欧亚板块东缘新生代盆地成因：右行剪切拉分作用. 石油与天然气地质，20（3）：187-191.

薛良清，Galloway W E. 1991. 扇三角洲、辫状河三角洲与三角洲体系的分类. 地质学报，2：141-153.

鄢全树，石学法. 2007. 海南地幔柱与南海形成演化. 高校地使学报，13（2）：311-322.

闫义，夏斌，林舸，等. 2005. 南海北缘新生代盆地沉积与构造演化及地球动力学背景. 海洋地质与第四纪地质，25（2）：53-61.

阎贫，刘海龄. 2005. 南海及其周缘中新生代火山活动时空特征与南海的形成模式. 热带海洋学报，24（2）：33-41.

杨少坤，施和生，郝沪军，等．2002．珠江口盆地——中国21世纪油气勘探的一颗明珠//21世纪中国油气勘探国际研讨会论文集．北京：科学技术出版社．
姚伯初，万玲，刘振湖．2004．南海海域新生代沉积盆地构造演化的动力学特征及其油气资源．地球科学（中国地质大学学报），29（5）：543-549．
姚伯初．1991．南海海盆在新生代的构造演化．南海地质研究，3：9-23．
印森林，吴胜和，许长福，等．2014．砂砾质辫状河沉积露头渗流地质差异分析——以准噶尔盆地西北缘三叠系克上组露头为例．中国矿业大学学报，43（2）：286-293．
于兴河．2008．碎屑岩系油气储层沉积学（第二版）．北京：石油工业出版社．
于兴河，王德发，郑浚茂，等．1994．辫状河三角洲砂体特征及砂体展布模型——内蒙古岱海湖现代三角洲沉积考察．石油学报，15（1）：26-37．
于兴河，王德发，孙志华．1995．湖泊辫状河三角洲岩相、层序特征及储层地质模型——内蒙古贷岱海湖现代三角洲沉积考察．沉积学报，1：48-58．
于兴河，姜辉，施和生，等．2007．珠江口盆地番禺气田沉积特征与成岩演化研究．沉积学报，6：876-884．
余海波，杜家元．2011．珠江口盆地A井区珠江组下段潮汐作用对三角洲沉积影响的研究．长江大学学报（自科版），8（1）：64-66．
余烨，张昌民，张尚锋，等．2012．惠州凹陷新近系珠江组物源方向研究．断块油气田，19（1）：17-21．
袁琼，韦龙明，吴限，等．2017．关于碳酸盐台地模式的几点讨论．地质论评，63（S1）：321-322．
岳大力，吴胜和，林承焰，等．2005．流花11-1油田礁灰岩油藏沉积-成岩演化模式．石油与天然气地质，26（4）：518-523．
曾洪流，张万选，张厚福．1988．廊固凹陷沙三段主要沉积体的地震相和沉积相特征，石油学报，9（2）：12-18．
曾允孚，夏文杰．1980．沉积岩石学．北京：地质出版社．
张昌民，尹太举，朱永进，等．2010．浅水三角洲沉积模式．沉积学报，28（5）：933-944．
赵澄林．2001．沉积学原理．北京：石油工业出版社．
赵澄林，朱筱敏．2001．沉积岩石学（第三版）．北京：石油工业出版社．
赵撼霆．2011．珠江口盆地东沙隆起生物礁碳酸盐岩沉积演化及储层特征．北京：中国科学院大学．
赵撼霆，吴时国，马玉波，等．2012．南海珠江口盆地东沙隆起区生物礁演化模式．海洋地质与第四纪地质，32（1）：43-50．
赵宁，邓宏文．2009．珠江口盆地惠州凹陷A区块珠江组下段和珠海组滨岸-潮汐沉积储集层特征及物性评价．现代地质，23（5）：835-842．
赵中贤，周蒂，廖杰．2009．珠江口盆地第三纪古地理及沉积演化．热带海洋学报，28（6）：52-60．
中国科学院南海海洋研究所海洋地质构造研究室．1988．南海地质构造与陆缘扩张．北京：科学出版社．
周蒂，陈汉宗，吴世敏，等．2002．南海的右行陆缘裂解成因．地质学报，76（2）：180-190．
周蒂，王万银，庞雄，等．2006．地球物理资料所揭示的南海东北部中生代俯冲增生带．中国科学：D辑，36（3）：209-218．
周蒂，孙珍，陈汉宗．2007．世界著名深水油气盆地的构造特征及对我国南海北部深水油气勘探的启示．地球科学进展，6：561-572．
周恳恳，牟传龙，梁薇，等．2014．湘西北龙山、永顺地区龙马溪组潮控三角洲沉积的发现——志留纪“雪峰隆起”形成的新证据．沉积学报，32（3）：468-477．
周小康，汪瑞良，曾驿，等．2011．珠江口盆地东沙隆起珠江组碳酸盐岩层序地层及沉积模式．石油天然气学报，33（9）：1-6.
周小康，卫哲，傅恒，等. 2018. 南海北部珠江口盆地深水区碳酸盐岩发育特征及地震识别. 海洋地质与第四纪地质，38（6）：136-148.
朱如凯，等. 2014. 中国海相沉积体系与储层分布. 北京：科学出版社.
朱卫红，吴胜和，尹志军，等. 2016. 辫状河三角洲露头构型——以塔里木盆地库车坳陷三叠系黄山街组为例. 石油勘探与开发，43（3）：482-489.
朱伟林. 1987. 珠江口盆地中新世碳酸盐岩及生物礁相研究. 海洋地质与第四纪地质，2：13-22.
朱伟林，黎明碧，吴培康. 1997. 珠江口盆地珠三坳陷石油体系. 石油勘探与开发，24（6）：21-23.
朱筱敏. 2008. 沉积岩石学（第4版）. 北京：石油工业出版社.
朱筱敏，李顺利，潘荣，等. 2016a. 沉积学研究热点与进展：第32届国际沉积学会议综述. 古地理学报，18（5）：699-716.
朱筱敏，钟大康，袁选俊，等. 2016b. 中国含油气盆地沉积地质学进展. 石油勘探与开发，43（5）：820-829.
朱振鑫. 2018. 东沙海域生物礁的地震反射特征及油气勘探意义. 海洋石油，38（3）：18-22.
祝彦贺. 2011. 珠江口盆地早中新世陆架-陆坡沉积系统构成及储集体分布. 西安石油大学学报（自然科学版），26（6）：1-9.
祝彦贺，朱伟林，徐强，等. 2009. 珠江口盆地中部珠海组-珠江组层序结构及沉积特征. 海洋地质与第四纪地质，29（4）：77-83.
邹和平. 2007. 试谈南海海盆地壳属性问题-由南海海盆及其邻区玄武岩的比较研究进行讨论. 大地构造与成矿学，17（4）：293-303.
Barckhausen U，Engels M，Franke D，et al. 2014. Evolution of the South China Sea：revised ages for breakup and seafloor spreading. Marine and Petroleum Geology，58：599-611.
Bates C C. 1953. Rational theory of delta formation. AAPG Bulletin，37（9）：19-62.
Belderson R H，Kenyon N，Stride A H. 1982. Comment and Reply on ‘Wilmington Submarine Canyon：A marine fluvial-like system’. Geology，10（9）：491-492.
Briais A，Patriat P，Tapponnier P. 1993. Updated interpretation of magnetic anomalies and seafloor spreading stages in the South China Sea：implications for the Tertiary tectonics of Southeast Asia. Journal of geophysical research：solid earth，98（B4）：6299-6328.
Colella A，Prior D. 1990. Coarse-grained deltas. New Jersey：Wiley.
Coleman J M，Prior D B. 1982. Deltaic environments of deposition//Scholle P A，Sprarlng D. Sandstone depositional environments. Tulsa：American Association of Petroleum Geologists：139-178.
Coleman J M，Wright L D. 1975. Modern river delta：variability of processes and sand bodies//Broussard M L. Deltas：models for exploration. Houston：Houston Geological Society：99-149.
Coleman J M. 1976. Deltas：processes of deposition and models for exploration. Champaign：Continuing Education Publ Comp Inc.
Cullen A. 2010. Transverse segmentation of the Baram-Balabac Basin，NW Borneo：refining the model of Borneo's tectonic evolution. Petroleum geoscience，16（1）：3-29.
Dalrymple R A，Kirby J T，Hwang P A. 1984. Wave diffraction dueto areas of energy dissipation. Journal of waterway port coastal & ocean engineering，110（1）：67-79.
Dalrymple R A，Liu P L F. 1978. Waves over soft muds：a two-layer fluid model. Journal of physical oceanography，8（6）：1121-1131.
Dalrymple R W，Choi K. 2007. Morphologic and facies trends through the fluvial-marine transition in tide-

dominated depositional systems: a schematic framework for environmental and sequence-stratigraphic interpretation. Earth-science reviews, 81 (3-4): 135-174.

Dalrymple R W, Mackay D A, Ichaso A A, et al. 2011. Processes, morphodynamics, and facies of tide-dominated estuaries//Davis JR R A, Dalrymple R W. Principles of tidal sedimentology. Netherlands: Springer.

Dalrymple R W, Rhodes R N. 1995. Chapter 13 estuarine dunes and bars. Developments in sedimentology, 53: 359-422.

Dashtgard S E, Gingras M K, Maceachern J A. 2009. Tidally modulated shorefaces. Journal of sedimentary research, 79 (79): 793-807.

Dashtgard S E, Maceachern J A, Frey S E, et al. 2012. tidal effects on the shoreface: towards a conceptual framework. Sedimentary geology, 279 (42-61): 42-61.

DavisJr R A, Fitzgerald D M. 2004. Beaches and coasts. Beaches & Coasts (2): 147-148.

Donaldson A C. 1974. Pennsylvanian sedimentation of central Appalachians. Special Paper of Geology Society of America, 148: 47-78.

Dunham R J. 1962. Classification of carbonate rocks according to their depositional texture. AAPG M, 1: 108-121.

Ethridge F, Wescott W. 1984. Tectonic setting, recognition and hydrocarbon reservoirpotential of fandelta deposits//Koster E H, Steel R J. Sedimentary of gravels and conglomerates: 217-235.

Faas R W. 1991. Rheological boundaries of mud: where are the limits? Geo-Marine letters, 11 (3): 143-146.

Fisher W L, Brown L F, Scott A J Jr, et al. 1969. Delta systems in the exploration for oil and gas. Austin: University of Texas at Austin, Bureau of Economie Geology.

Flint A J, Hannan L, MacInnis R J, et al. 2010. Body-mass index and mortality among 1.46 million white adults. The new England journal of medicine, 363: 2211-2219.

Friedman GM, Sanders J E. 1978. Principles of sedimentology. New Jersey: Wiley.

Galloway W E, Hobday D K. 1983. Terrigenous clastic depositional systems: applications to petroleum, coal, and uranium exploration. New York: Springer-Verlag.

Galloway W E. 1975. Process framework for describing the morphologic and stratigraphic evolution of deltaic depositional systems. Houston: Houston Geological Society.

Hall R. 2002. Cenozoic geological and plate tectonic evolution of SE Asia and the SW Pacific: computer-based re-constructions, model and animations. Journal of Asian Earth Sciences, 20 (4): 353-431.

Hall R. 2012. Late Jurassic-Cenozoic reconstructions of the Indonesian region and the Indian Ocean. Tectonophysics, 570: 1-41.

Janocko M, Nemec W, Henriksen S. 2013. The diversity of deep-water sinuous channel belts and slope valley-fill complexes. Marine & petroleum geololgy, 41: 7-34.

Kenyon NH, Stride A H. 1970. The tide-swept continental shelf sediments between the shetland isles and france. Sedimentology, 14 (3-4): 159-173.

Krumbine W C. 1934. Size frequency distuibution. Journal sedimentary petrology, 4: 65-77.

Leloup P H, Arnaud N, Lacassin R, et al. 2001. New constraints on the structure, thermochronology, and timing of the Ailao Shan-Red River shear zone, SE Asia. Journal of geophysical research: solid earth, 106 (B4): 6683-6732.

Li C F, Xu X, Lin J, et al. 2014. Ages and magnetic structures of the South China Sea constrained by deep tow magnetic surveys and IODP Expedition 349. Geochemistry, geophysics, geosystems, 15 (12): 4958-4983.

Mayall M, Jones E, Casey M. 2006. Turbidite channel reservoirs: Key elements in facies prediction and effective development. Marine and peterleum geology, 23 (8): 821-841.

Mc Pherson J G, Shanmugam G, Moiolar J. 1987. Fan-deltas and braid deltas: varieties of coarse-grained deltas. Geological society of America bulletin, 1987, 99 (3): 331-340.

Multi E, Normark W R. 1991. Comparing examples of modern and ancient turbidite systems: Problems and concepts. //Leggett J K, Zuffa G G. Marine clastic sedimentology. Dordrecht: Springer.

Nemec W, Steel R J. 1988. Fan deltas: sedimentology and tectonic settings. Glasgow: Blackie and Son.

Nemec W. 1990. Deltas: remarks on terminology and classification. New Jersey: Wiley, 1990.

Nio S D, Yang C S. 1991. Sea-level fluctuations and the geometric variability of tide-dominated sandbodies. Sedimentary geology, 70 (2-4): 161-193.

Off T. 1962. Rhythmic linear sand bodies caused by tidal currents. AAPG bulletin, 46 (2): 324-327.

Pigott J D, Ru K. 1994. Basin superposition on the northern margin of the South China Sea. Tectonophysics, 235 (1-2): 27-50.

Porebski S J, Steel R J. 2003. Shelf-margin deltas: their stratigraphic significance and relation to deepwater sands. Earth-science reviews, 62: 283-326.

Postma G. 1990. An analysis of the variation in delta architecture. Terra nova, 2 (2): 124-130.

Reading H G. 1985. Sedimentary environments and facies. Oxford: Blackwell Scientific Publications.

Reading H G. 1996. Sedimentary environments: processes, facies and stratigraphy. 3ed. Oxford: Blackwell Publishing.

Replumaz A, Capitanio F A, Guillot S, et al. 2014. The coupling of Indian subduction and Asian continental tectonics. Gondwana research, 26 (2): 608-626.

Replumaz A, Tapponnier P. 2003. Reconstruction of the deformed collision zone between India and Asia by backward motion of lithospheric blocks. Journal of geophysical research: solid earth, 108 (B6): 1-24.

Smith D G. 1991. Lacustrine Deltas. Canadian geographer, 35 (3): 311-316.

Stride A H. 1982. Offshores tidal sands. New York: Chapman and Hall.

Taylor B, Hayes D E. 1983. Origin and history of the South China Sea basin. Washington Dc American geophysical union geophysical monograph, 27: 23-56.

Visser M J. 1980. Neap-spring cycles reflected in Holocene subtidallarge-scale bedform deposits: a preliminary note. Geology, 8 (11): 543-546.

Wentworth C K. 1922. A scale of grade and class terms for clastic sediments. Journal of geology, 30: 377-392.

Wright V P. 1992. A revised classification oflimestones. Sedimentary geology, 76 (3-4): 177-185.

Yu M, Yan Y, Huang C Y, et al. 2018. Opening of the South China Sea and upwelling of the Hainan plume. Geophysical research letters, 45 (6): 2600-2609.

Zahirovic S, Seton M, Müller R D. 2014. The cretaceous and Cenozoic tectonic evolution of Southeast Asia. Solid earth discussions, 5 (2): 1335-1422.

Zhou D, Ru K, Chen H. 1995. Kinematics of Cenozoic extension on the South China Sea continental margin and its implications for the tectonic evolution of the region. Tectonophysics, 251 (1-4): 161-177.

# 图　版

图版1　(a)灰绿色正粒序中砾岩相，砾石成分复杂，砾石分选差，一般为5～10mm，最大可达6cm，次棱角状，颗粒支撑，反映了近源、快速堆积特征；(b)灰色块状层理细砾岩，砾石分选差，一般为2～6mm，粒径最大可达1cm，砾石呈次棱角状，杂基支撑，块状层理，反映了近源快速堆积特征；(c)灰色交错层理砾岩，砾石成分复杂，砾石分选差，一般为5～10mm，最大可达3cm以上，磨圆为次棱角—次圆状，定向性明显，反映了强水动力条件；(d)深灰色递变层理砾岩，分选差，次棱角—次圆状，支撑方式以颗粒支撑为主，无明显定向性，由下至上颗粒逐渐变粗变多

图版 2　(a) 交错层理细砂岩相，颜色以灰褐色、灰色为主，发育交错层理，反映了水动力较强；(b) 灰色块状层理中砂岩；(c) 块状层理泥岩相，颜色以灰色为主，少见灰绿色，岩性以泥岩、粉砂质泥岩为主，块状层理，局部破碎，见生物扰动、虫孔，夹炭化植物碎屑，反映沉积速率较快，水动力条件弱，多见于近岸水下扇扇缘与正常湖相沉积过渡区；(d) 生物扰动粉砂岩相，颜色为灰色、灰绿色，岩性以粉砂岩和泥质粉砂岩为主，发育生物扰动，该岩石相反映沉积水动力较弱，多发育在近岸水下扇扇中和扇缘位置

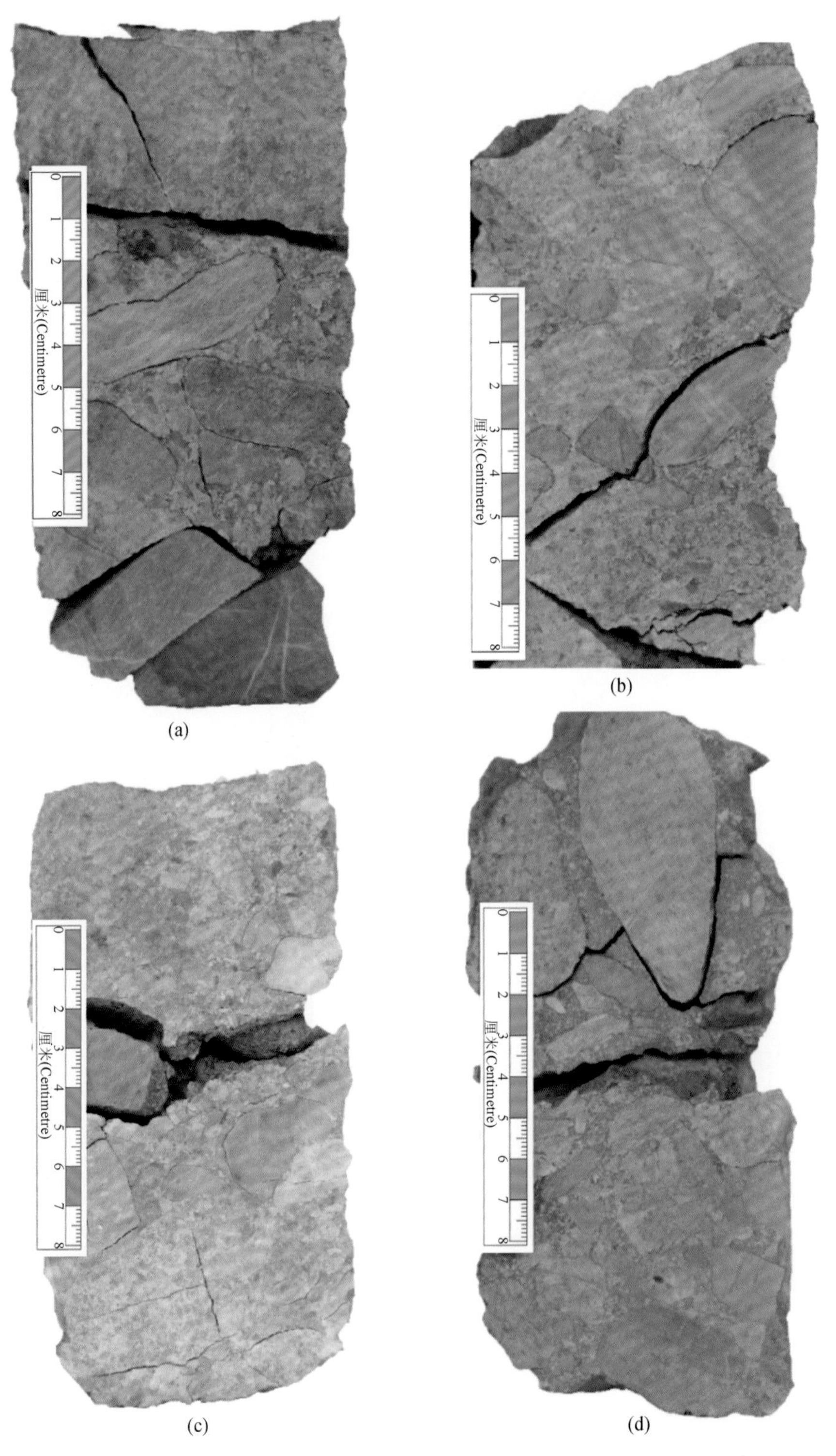


图版3 （a）含有砾径大于岩心直径的花岗岩砾石，杂基支撑，砾石间填充细砾和粗砂，黏土含量高；（b）砾石磨圆度低、分选差，无定向性；（c）砾石磨圆度低，分选差，无定向性，泥质充填，为扇根泥石流沉积；（d）泥石流混杂堆积砾岩，砾石无明显定向性，分选差，砾石间充填细砾和砂泥质，泥质含量高

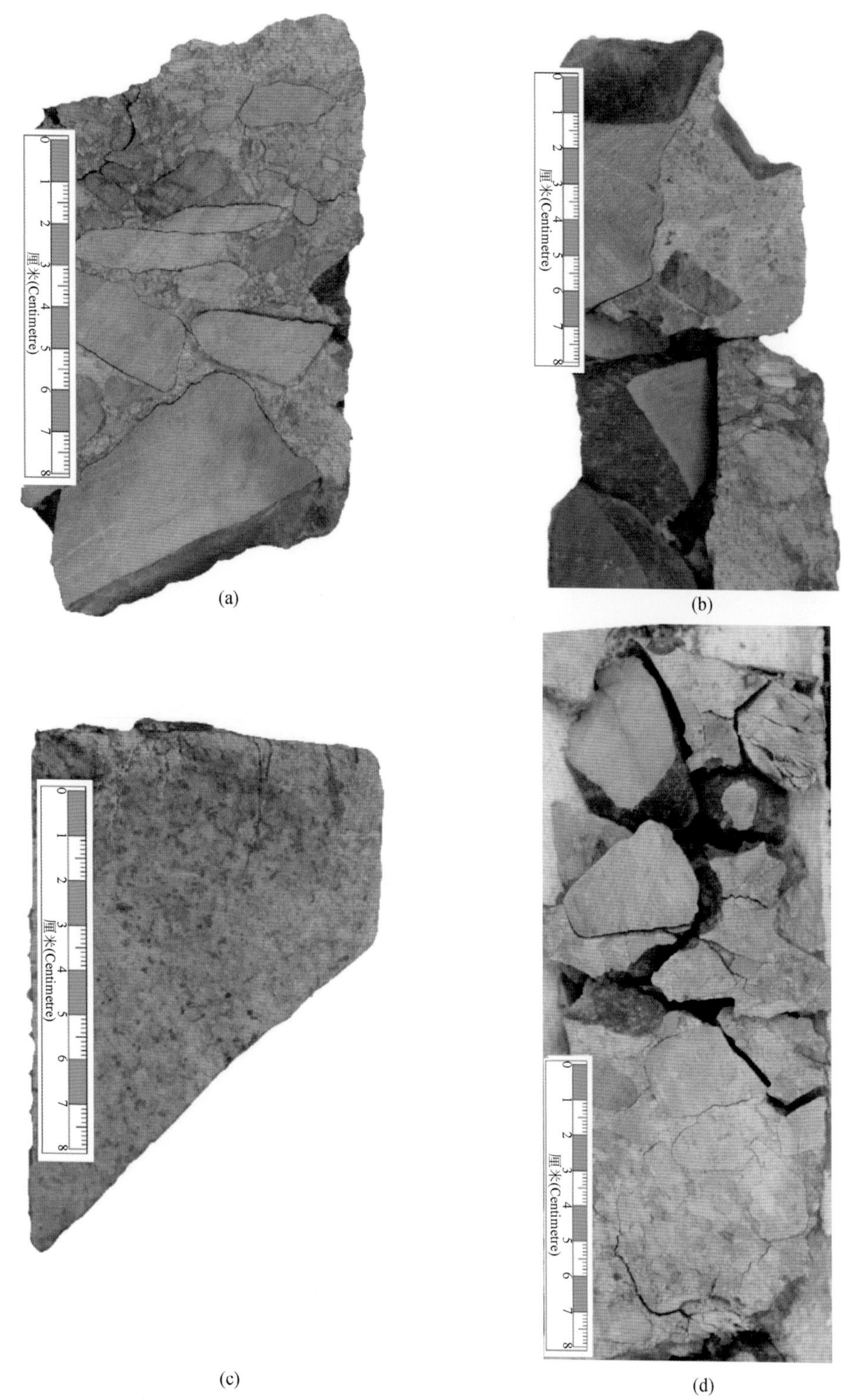


(a)　(b)　(c)　(d)

图版 4　（a）灰绿色粒序层理中砾岩，砾石分选差，粒径 5～10mm，最大可达 6cm，次棱角状，颗粒支撑；（b）玄武质和花岗质砾石；（c）花岗质漂砾，粒径大于岩心直径；（d）泥石流形成的分选极差的泥砾岩，砾石之间充填高含泥沉积物

图版 5　（a）浊流对下伏扇缘沉积物产生侵蚀作用，平行纹层状细砂岩为扇缘沉积，浊流由含砾粗砂构成，略显层理，二者之间为突变接触；（b）扇根稀性泥石流形成的涡流沉积，砾石成窝状分布，上下的砂岩具有较好的成层性，显示递变层理；（c）向上变粗的粒度特点表明泥石流的强度不断增强，反映从泥石流发育初期到主体洪峰的变化；（d）稀性泥石流形成的块状含砾粗砂岩和细砾岩

图版6　(a)粗—细砂岩，发育向上变粗的递变粒序，扇根末端的浊积岩；(b)递变层理砂岩，呈向上变粗的逆粒序，含砾石，砾石成分复杂，次圆—次棱角状

图版 7　（a）灰色交错层理细砾岩，砾石定向性较好，为扇中水道沉积；（b）褐灰色块状粗砂岩，局部砾石富集，反映在该段沉积时期沉积动力波动变化；（c）交错层理中砂岩相，纹层由局部定向排列的砾石显现，沉积水动力较强；（d）粒序层理砾岩相，砾石具有一定的定向性，泥质含量较高

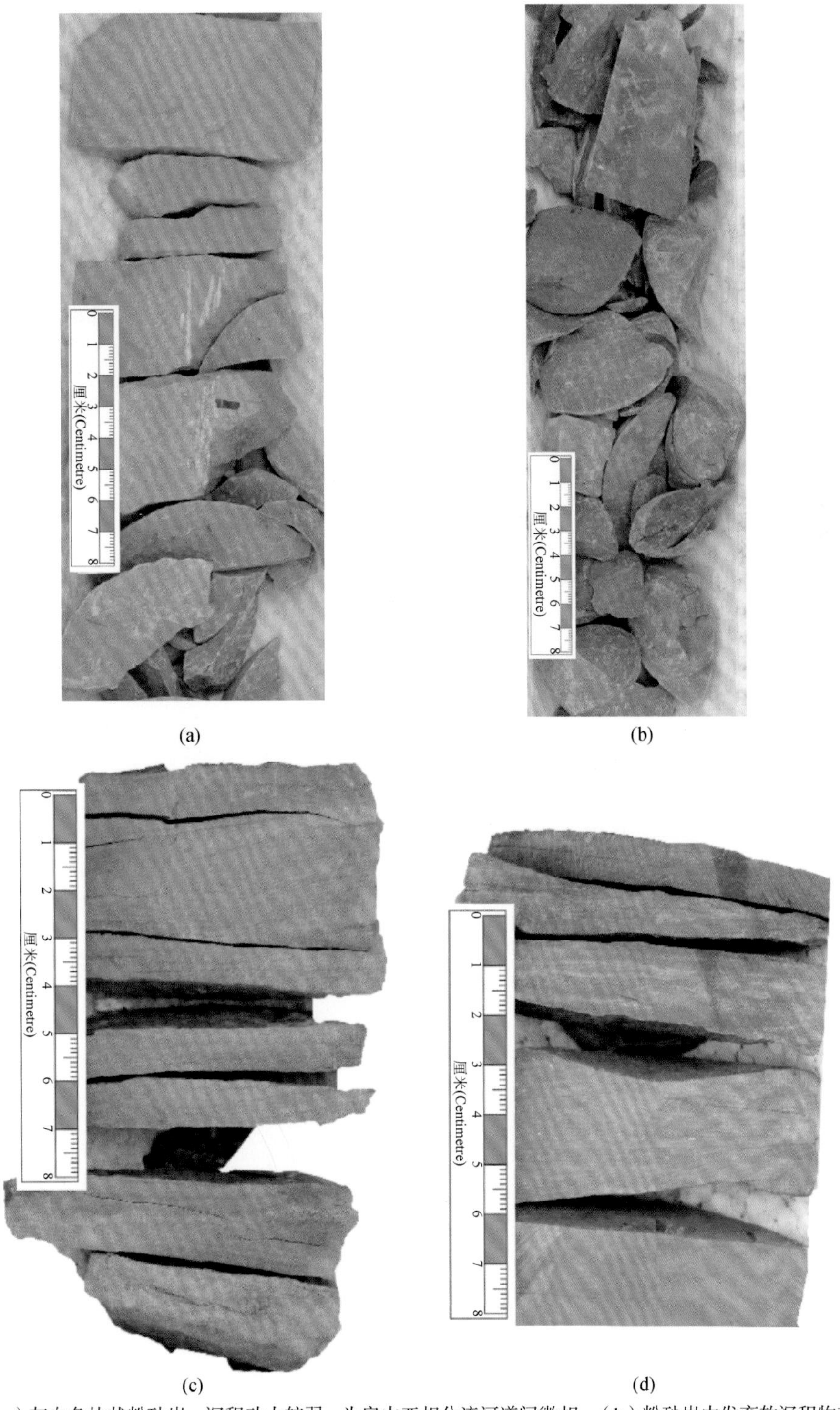


图版8 （a）灰白色块状粉砂岩，沉积动力较弱，为扇中亚相分流河道间微相；（b）粉砂岩中发育软沉积物变形构造，显示小型砂岩侵入体，其形成机理为快速堆积，颗粒间饱含大量孔隙水，在压实过程中差异压实导致了孔隙水挟砂流动，出现了变形；（c）平行层理到低角度交错层理，粉砂岩和极细砂岩，是扇中浊流的产物；（d）含有砂质条带的泥质粉砂岩，砂质条带断续出现，其沉积厚度不稳定，反映其沉积动力弱，水体略微有动荡

(a)　　(b)

图版 9　（a）块状泥质粉砂岩相，泥质含量较高，沉积动力较弱；（b）粉砂岩中发育软沉积物变形构造，显示小型砂岩侵入体，反映了快速沉积

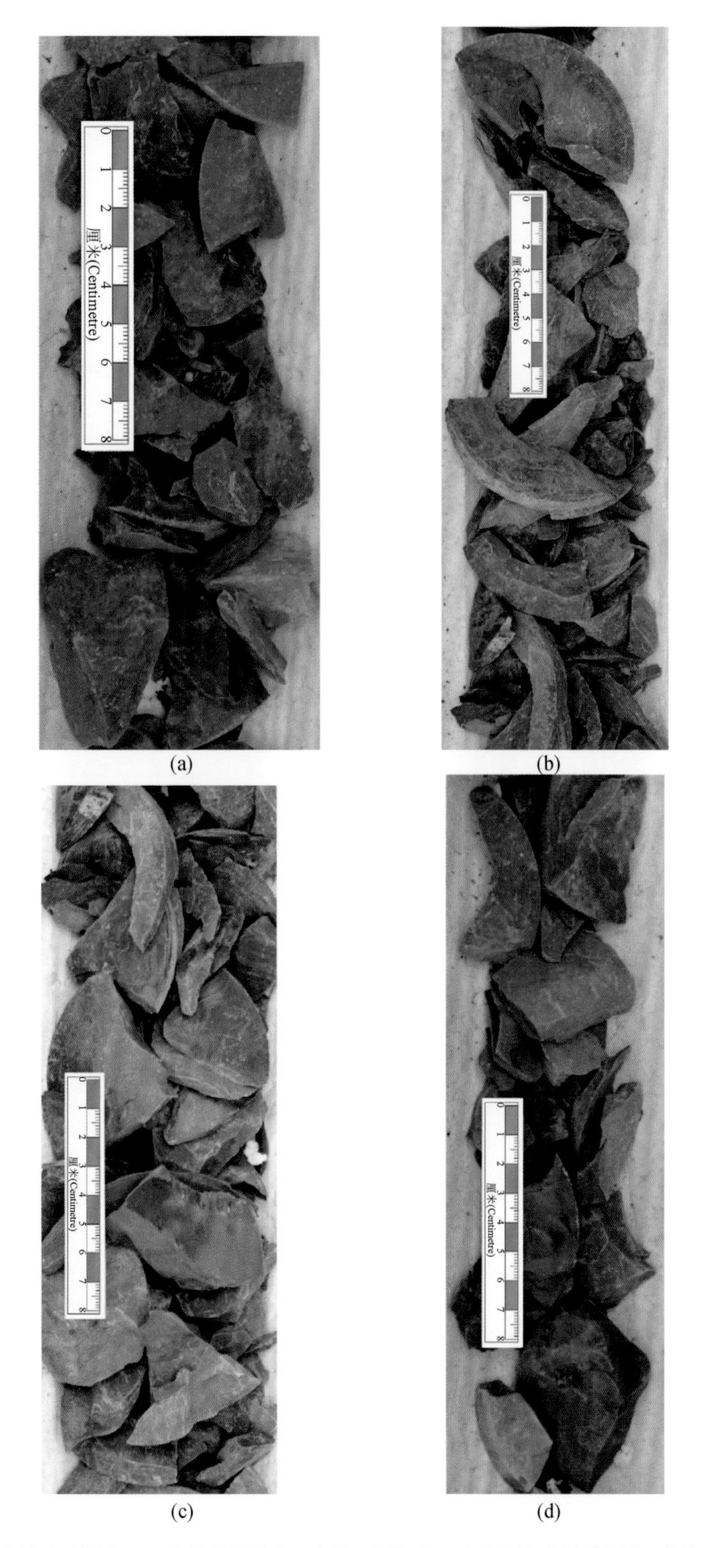


(a)　(b)　(c)　(d)

图版 10　（a）深灰色粉砂质泥岩；（b）块状泥岩相，扇缘－深湖相；（c）深灰色块状泥岩，深湖相；（d）黑色泥岩，深湖相

图版 11 （a）灰白色板状交错层理细砾岩，砾石主要为石英质，分选较差，砾石直径为 2 ～ 12mm，呈次棱角—次圆状，砾石定向性明显，发育交错层理，纹层角度在 10° ～ 15°；（b）深灰色槽状交错层理细砾岩，砾石成分复杂，分选差，砾石直径在 2 ～ 10mm，呈次棱角状，砾石无定向性，层系底界面呈槽形冲刷面；（c）灰色叠瓦状细砾岩，砾石成分复杂，以石英质为主，岩屑砾石及泥砾次之，分选差，砾石直径在 2 ～ 20mm，磨圆度中等，发育叠瓦状构造，属于强水动力成因；（d）灰白色平行层理细砾岩，砾石成分复杂，分选较好，砾石粒径在 2 ～ 5mm，磨圆度中等，多呈次棱角—次圆状，该岩石多沉积于强水动力；（e）灰色砂纹层理细砂岩，分选较好，成熟度中等，砂纹层理形态多样，通常可见爬升砂纹层理、浪成砂纹层理、前积层及小型的砂纹层理等；（f）生物扰动粉砂岩相，颜色为灰色、浅灰色，粉砂岩，强烈生物扰动，该岩石相整体反映了水动力相对稳定且较弱

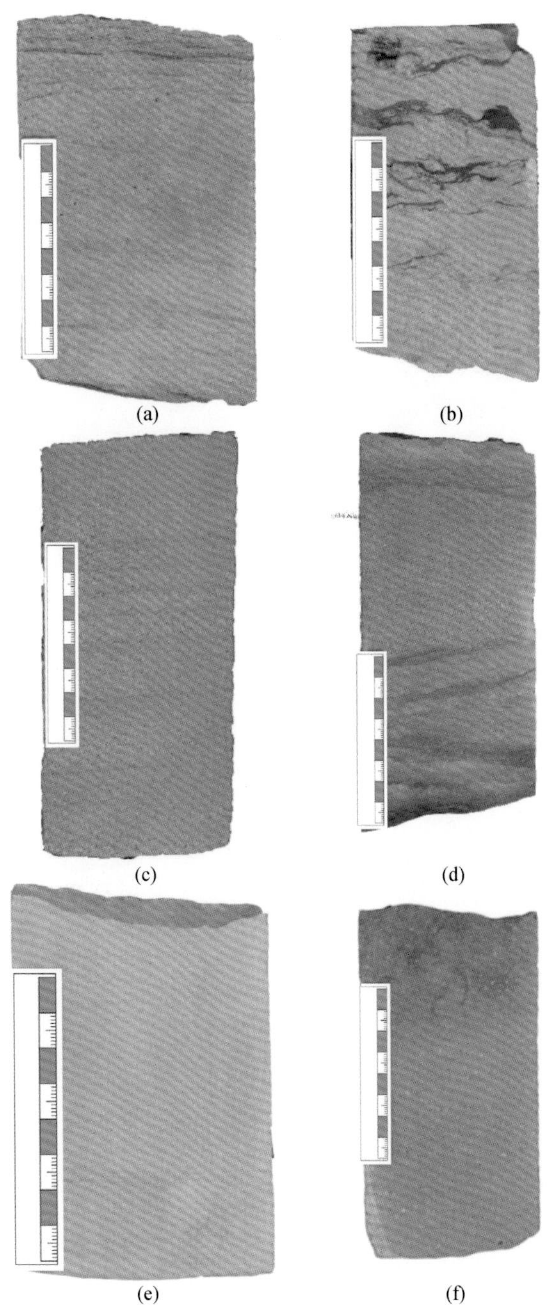

图版 12　(a)灰色交错层理细—中砂岩，分选较好，成熟度中等，角度不等(5°～30°)，它是由沉积介质的流动造成的，该岩石相代表的是强水动力，高能环境；(b)变形层理砂岩相，灰色、灰白色细砂岩、中砂岩，分选较好，成熟度中等，泥质条带形态呈扭曲状，其形成因素多样，如超压、液化变形等，它通常表明沉积速率较快；(c)平行层理砂岩相，颜色灰色、灰白色，岩性为细砂岩、中砂岩、粗砂岩，分选较好，成熟度中等，发育纹层近似水平，该岩石相代表强水动力环境；(d)逆粒序层理砂岩相，颜色为灰色、灰白色，岩性以砂岩为主，多为细砂岩，夹泥质粉砂岩，整体岩性由下至上，粒度变粗，该岩石相反映了海退过程，沉积是进积型；(e)块状层理砂岩相，颜色为灰色、灰白色，岩性为细砂岩、中砂岩、粗砂岩，分选较好，砂质较纯，成熟度中等，呈块状，该岩石相反映了沉积速率较快；(f)块状层理含砾砂岩相，灰色、灰白色含砾中砂岩和含砾粗砂岩，砾石分选差，呈次棱角—次圆状，粒度在 2～10mm，砾石无定向性，呈块状，该岩石相反映了沉积物重力流快速堆积的高能环境

图版 13　(a) 交错层理含砾砂岩相，灰色、灰白色含砾中砂和含砾粗砂，砾石大小在 2 ～ 8mm，分选差，磨圆差，砾石通常呈次棱角状，定向性明显，该岩石相沉积于强水动力的高能环境中；(b) 平行层理含砾砂岩相，颜色为浅灰—灰色，岩性以含砾中砂岩和含砾粗砂岩为主，砾石分选一般，呈次棱角—次圆状，粒度在 1 ～ 5mm，纹层呈近似直线相互平行，该岩石相反映的是急流及高能环境；(c) 变形层理粉砂岩相，灰色、灰黑色粉砂岩或泥质粉砂岩，主要发育泄水构造，该岩石相多为重力成因；(d) 砂纹层理粉砂岩相，颜色以灰色和灰黑色为主，泥质粉砂或粉砂岩，发育灰黑色泥质纹层，纹层常见断续，该岩石相沉积于弱水动力环境；(e) 水平层理粉砂岩相，颜色为灰色、黑色，泥质粉砂岩，岩石发育灰黑色泥质纹层和灰白色粉砂质纹层，纹层平行或近似平行，沉积于弱水动力环境；(f) 块状层理粉砂质泥岩相，颜色为灰色、灰黑色，粉砂质泥岩，岩石无任何层理，该岩石相反映的是一个快速堆积的沉积环境

图版 14 （a）交错层理细砾岩，砾石成分复杂，以石英为主，其次为泥砾和岩屑，砾石具有明显定向性；（b）大型交错层理细砾岩，砾石成分复杂，以石英为主，其次为岩屑，砾石有明显定向性，其间发育断续的泥质纹层；（c）灰绿色低角度交错层理细砾岩，砾石成分复杂，分选差，次圆—次棱角状；（d）含大量泥砾细砾岩，砾石成分复杂，分选差，次棱角状，层理特征不清

图版 15　（a）大型交错层理细砾岩，砾石粒径 2 ～ 3mm，纹层与水平方向夹角为 35° 左右；（b）低角度交错层理含砾粗砂岩和中砂岩，辫状河三角洲平原分流河道沉积；（c）细砾颗粒与泥砾混合沉积形成河道滞留沉积，含大量泥砾细砾岩，砾石以石英质为主，砾石层与砂质层交互，反映其沉积动力较强；（d）含泥砾的细砾岩与下伏暗色泥质岩呈侵蚀接触，三角洲平原分流河道沉积

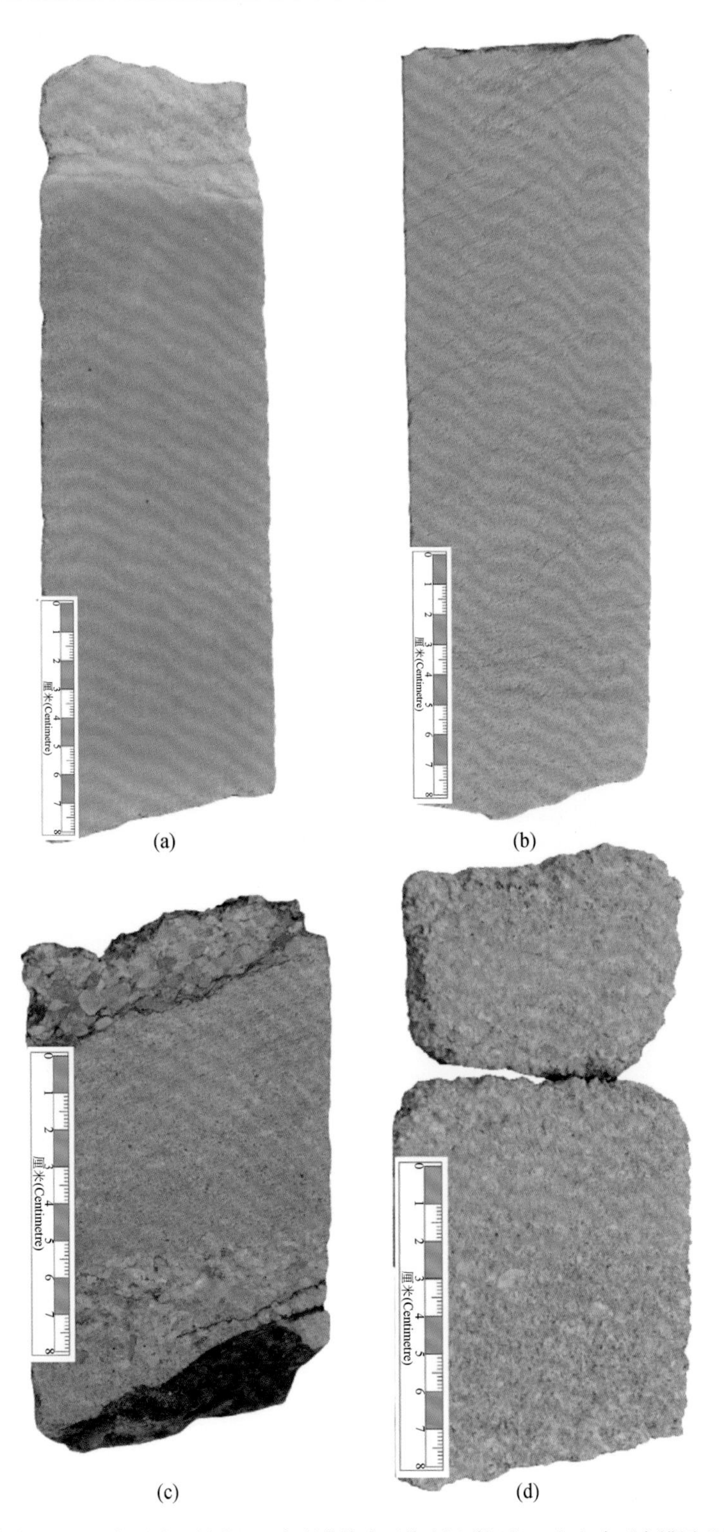


图版 16　（a）低角度交错层理粗砂岩，辫状河三角洲前缘水下分流河道沉积；（b）大型交错层理细砂岩，辫状河三角洲前缘水下分流河道沉积；（c）交错层理含砾粗砂岩，辫状河三角洲前缘水下分流河道沉积；（d）平行层理细砾岩，三角洲前缘水下分流河道沉积

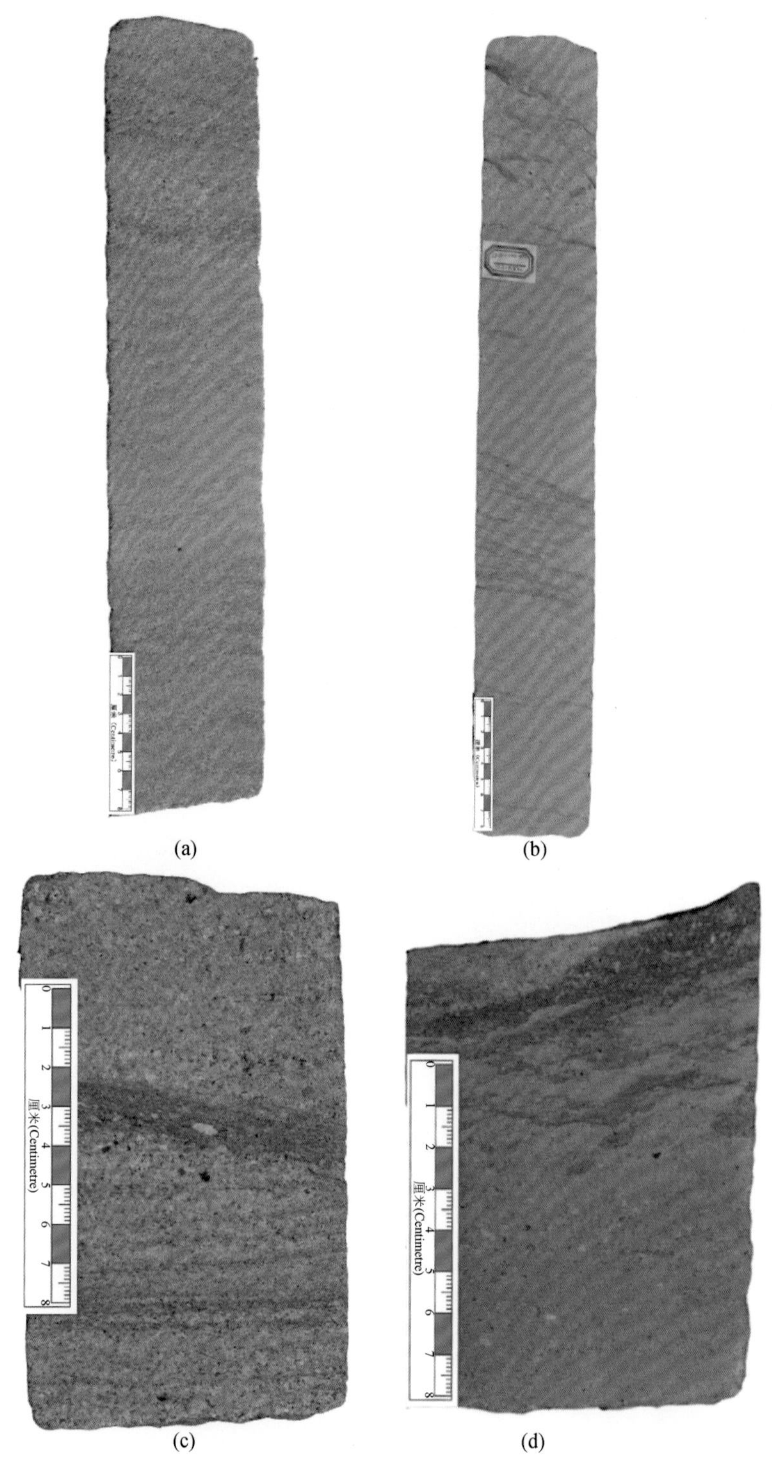


图版 17　（a）大型交错层理砂岩，辫状河三角洲前缘水下分流河道沉积；（b）（d）大型交错层理细砾岩，含有呈定向排列的泥质撕裂屑，辫状河三角洲前缘水下分流河道沉积；（c）低角度交错层理含砾粗砂岩，纹层间含泥质丰富，表明水动力强度具有脉动性，辫状河三角洲前缘水下分流河道沉积

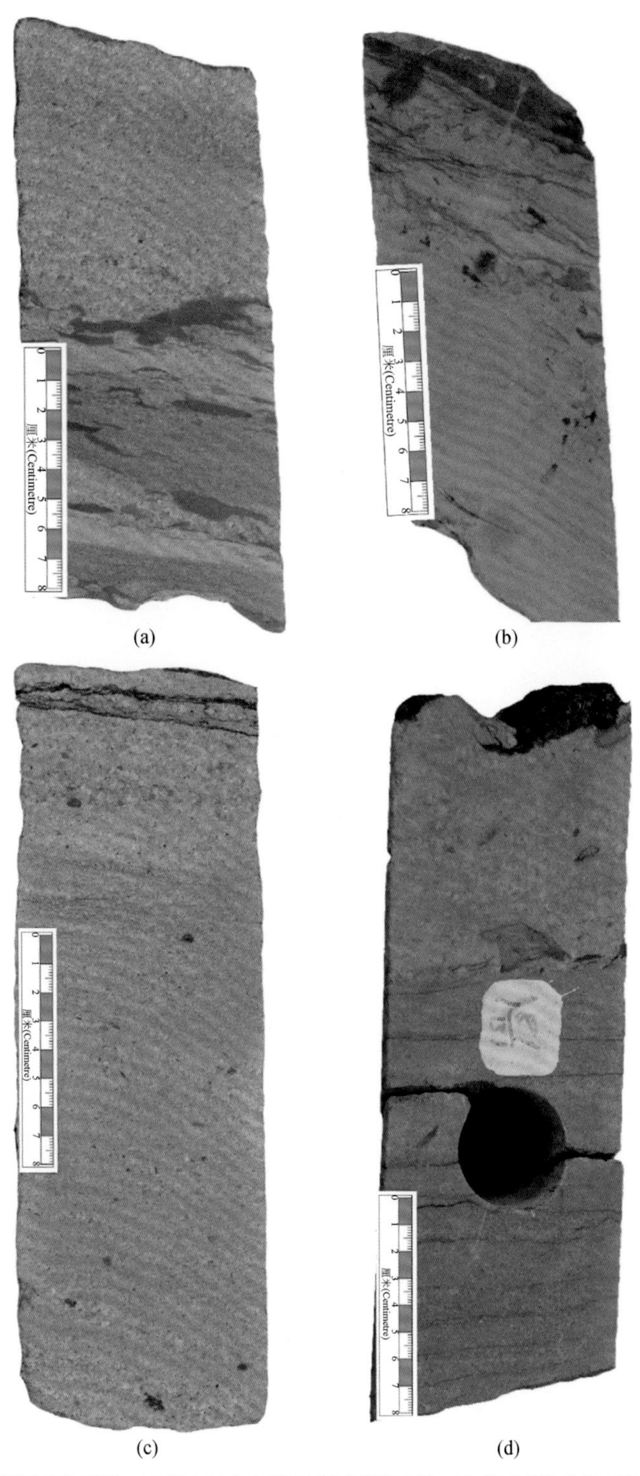


图版 18　（a）大型交错层理细砾岩，下部有呈定向排列的泥质撕裂屑，形成河道滞留泥砾岩，辫状河三角洲前缘水下分流河道沉积；（b）三角洲前缘水下分流河道沉积中的变形层理，沉积无显示向上变细特征，内部发育小型砂纹层理；（c）低角度交错层理含砾粗砂岩，纹层间含泥质丰富，辫状河三角洲前缘水下分流河道沉积；（d）含砾粗砂岩覆于含砾细砂岩之上，二者突变接触，砾岩中含黄铁矿结核，辫状河三角洲前缘水下分流河道沉积

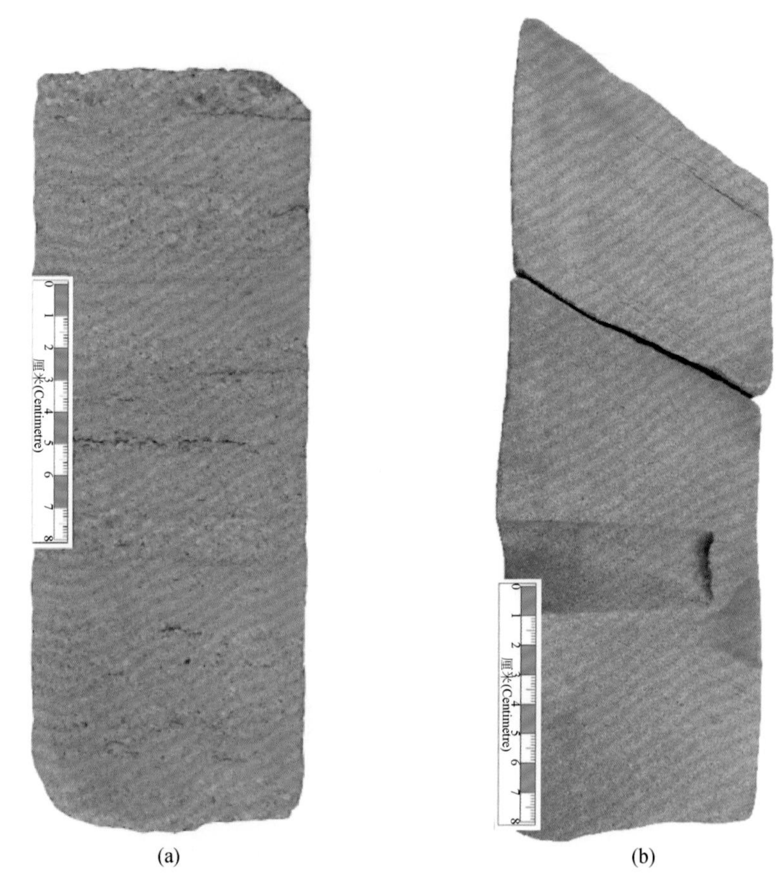


图版 19　（a）平行层理含砾粗砂岩，辫状河三角洲前缘水下分流河道沉积；（b）交错层理细砂岩，辫状河三角洲前缘水下分流河道沉积

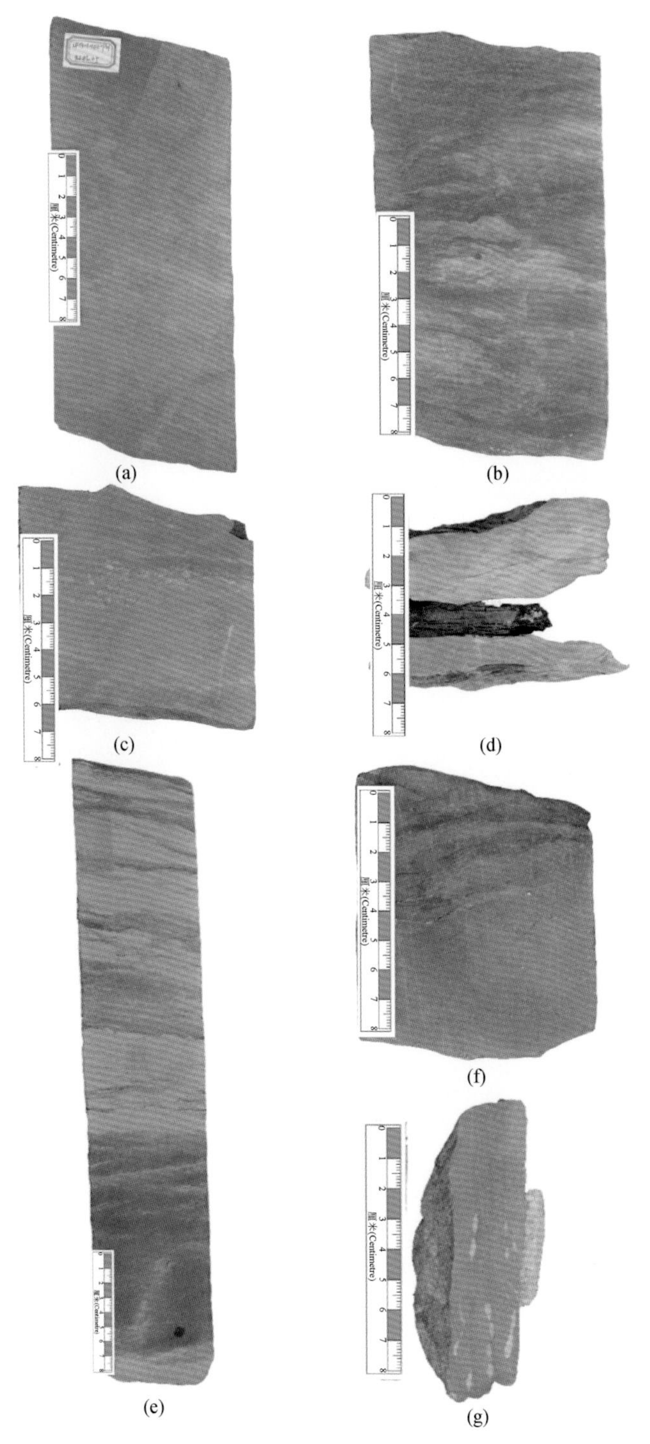

图版 20　（a）生物扰动泥质粉砂岩，辫状河三角洲前缘水下分流间湾沉积；（b）砂纹层理细砂岩，显示软沉积物变形构造，辫状河三角洲前缘分流间湾沉积；（c）粉砂岩，发育冲刷充填构造，辫状河三角洲前缘水下分流间湾沉积；（d）变形的泥质粉砂岩夹碳质页岩，辫状河三角洲前缘水下分流间湾沉积；（e）纹层状细砂岩，显示低角度交错层理，三角洲前缘分流河道边缘沉积；（f）变形的泥质粉砂岩，辫状河三角洲前缘水下分流间湾沉积；（g）泥岩中发育砂质岩脉，辫状河三角洲前缘分流河道溢岸沉积

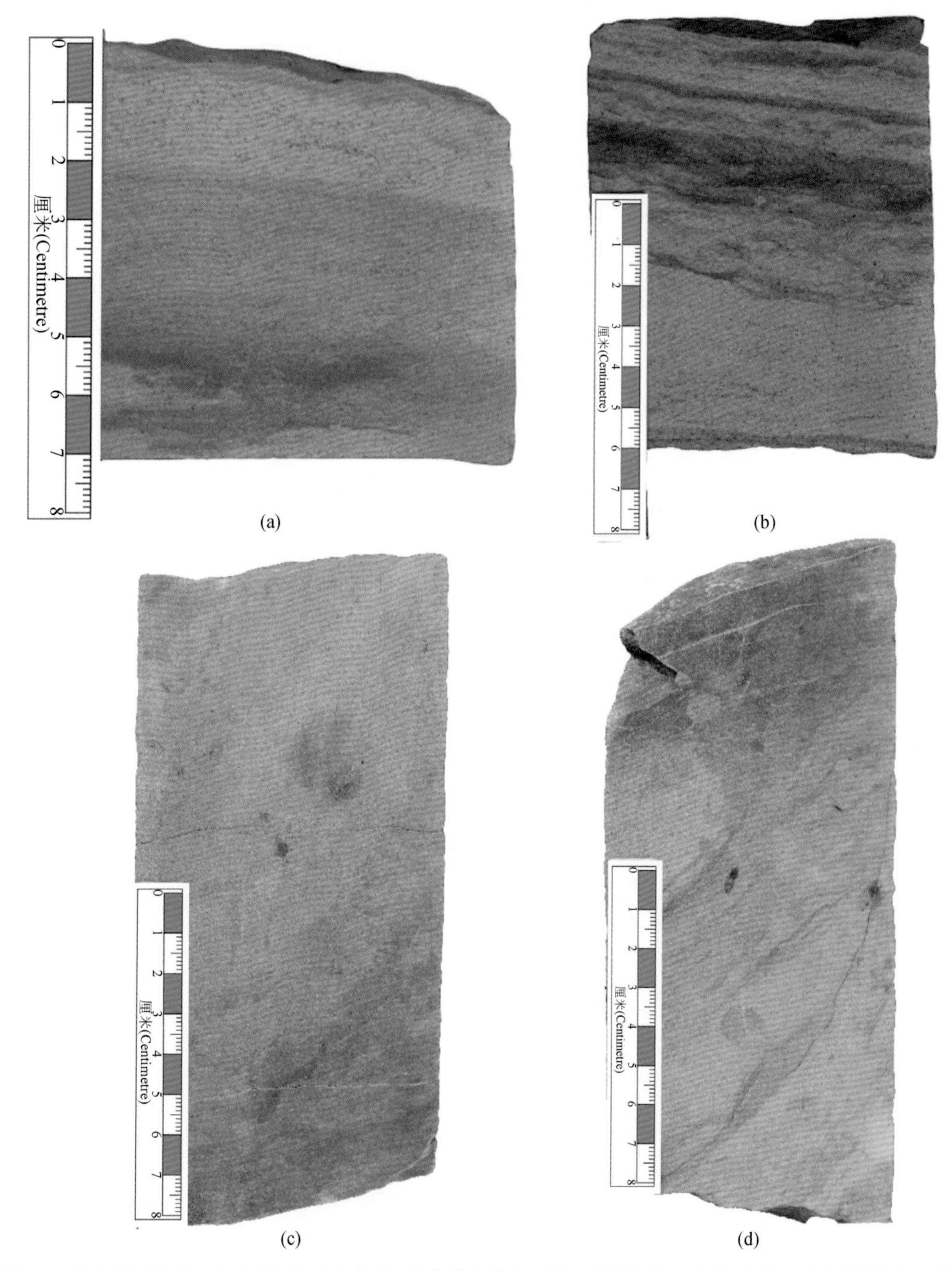


图版 21　（a）粉砂岩显示向上变粗的递变序列，发育泄水构造，河口砂坝沉积；（b）（d）三角洲前缘软沉积物变形构造，岩性具有向上变粗的趋势，河口砂坝沉积；（c）河口砂坝沉积的纹层状细砂岩

图版22　（a）三角洲前缘沉积物岩性具有渐变的趋势，河口砂坝沉积；（b）具有反旋回的砾岩，河口砂坝沉积；（c）（d）交错层理细砂岩夹泥质粉砂岩条带，显示反韵律，辫状河三角洲前缘河口砂坝沉积

(a)　　　　(b)

图版 23　（a）（b）交错层理细砂岩夹泥质粉砂岩条带，显示反韵律，辫状河三角洲前缘河口砂坝沉积

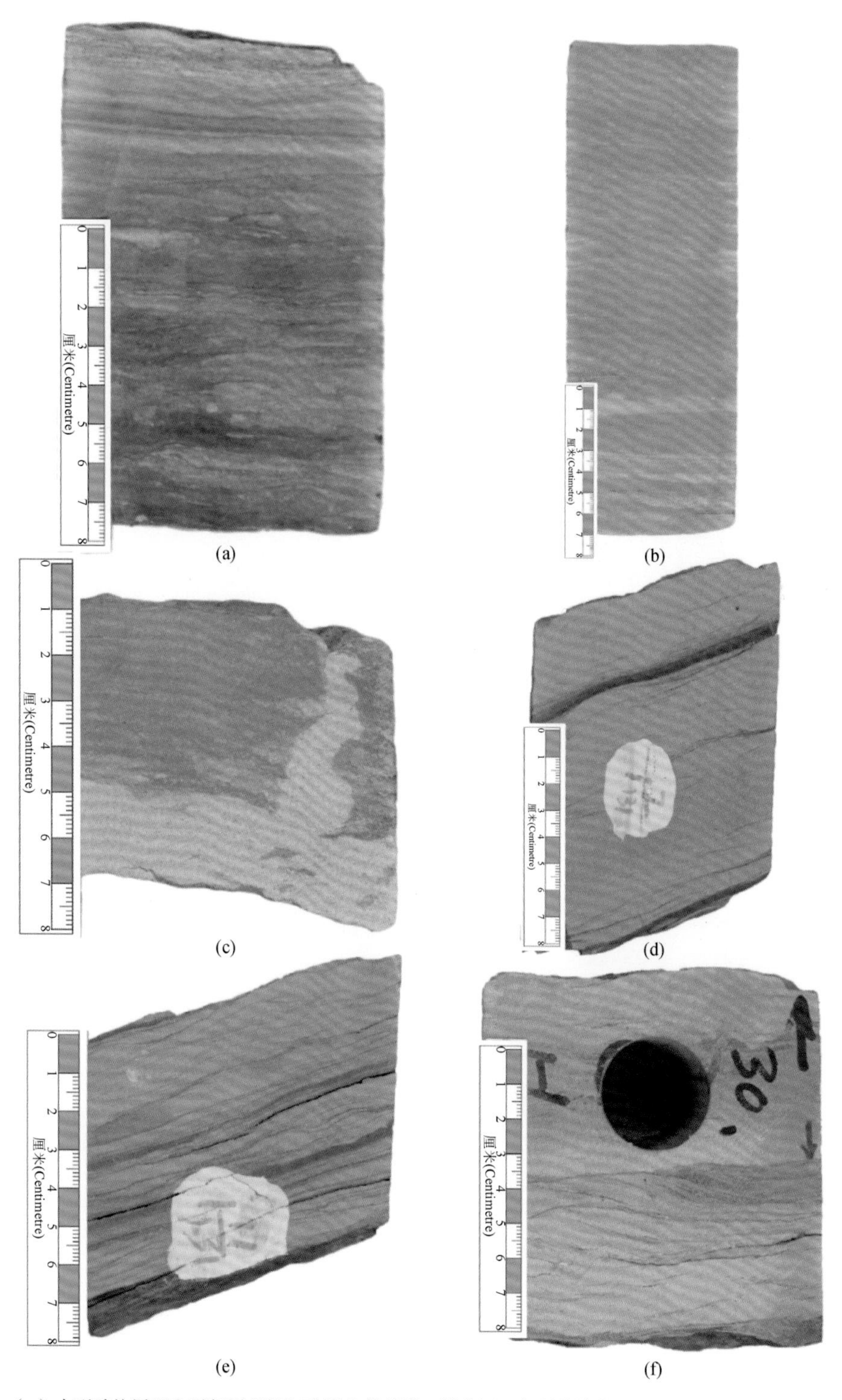


图版 24　（a）小型砂纹层理和平行层理极细砂岩和粉砂岩，辫状河三角洲前缘席状砂沉积；（b）小型砂纹层理极细砂岩至粉砂岩，辫状河三角洲前缘席状砂沉积；（c）软沉积物变形构造，辫状河三角洲前缘席状砂沉积；（d）（e）浪成砂纹层理夹有富泥质条带，辫状河三角洲前缘席状砂沉积；（f）流水砂纹层理粉—细砂岩，辫状河三角洲前缘席状砂沉积

图版 25　（a）席状砂中发育强烈的生物扰动；（b）强烈生物扰动粉—细砂岩；（c）脉状层理极细砂岩，虫孔和生物扰动极为发育；（d）砂纹层理极细砂岩，沉积动力较弱

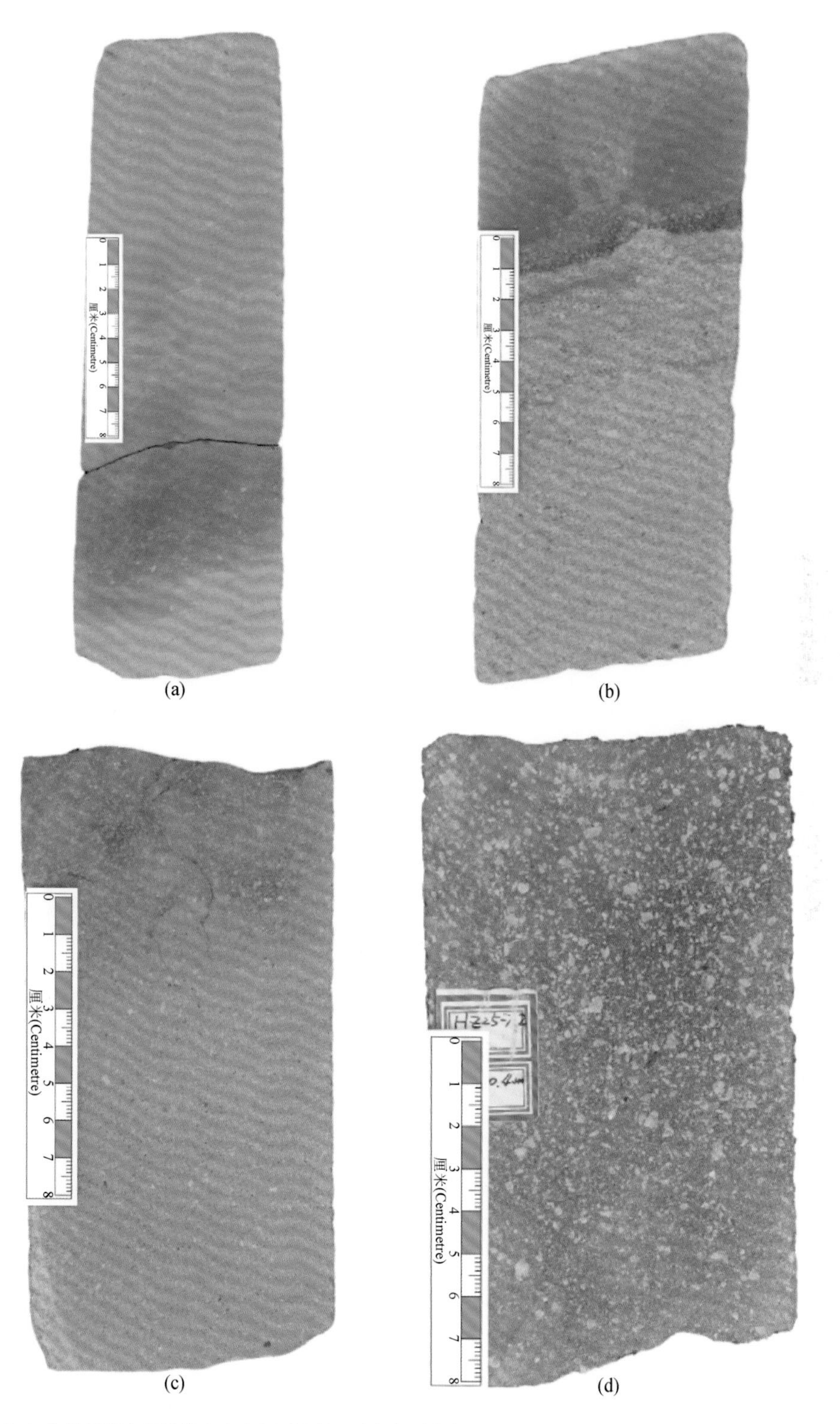


图版 26　（a）块状层理含砾砂岩向上变细再变粗，底部侵蚀接触，辫状河三角洲前缘碎屑流沉积；（b）块状层理含砾粗砂岩向上成层性变好，辫状河三角洲前缘碎屑流沉积；（c）块状层理含砾粗砂岩，显示略向上变细韵律，辫状河三角洲前缘碎屑流沉积；（d）具有反粒序特征的含砾泥质粉砂岩，辫状河三角洲前缘碎屑流沉积

图版 27　（a）具有反旋回特征的含砾泥质粉砂岩，辫状河三角洲前缘碎屑流沉积；（b）（c）三角洲前缘软沉积物变形构造；（d）三角洲前缘发育的滑塌变形构造

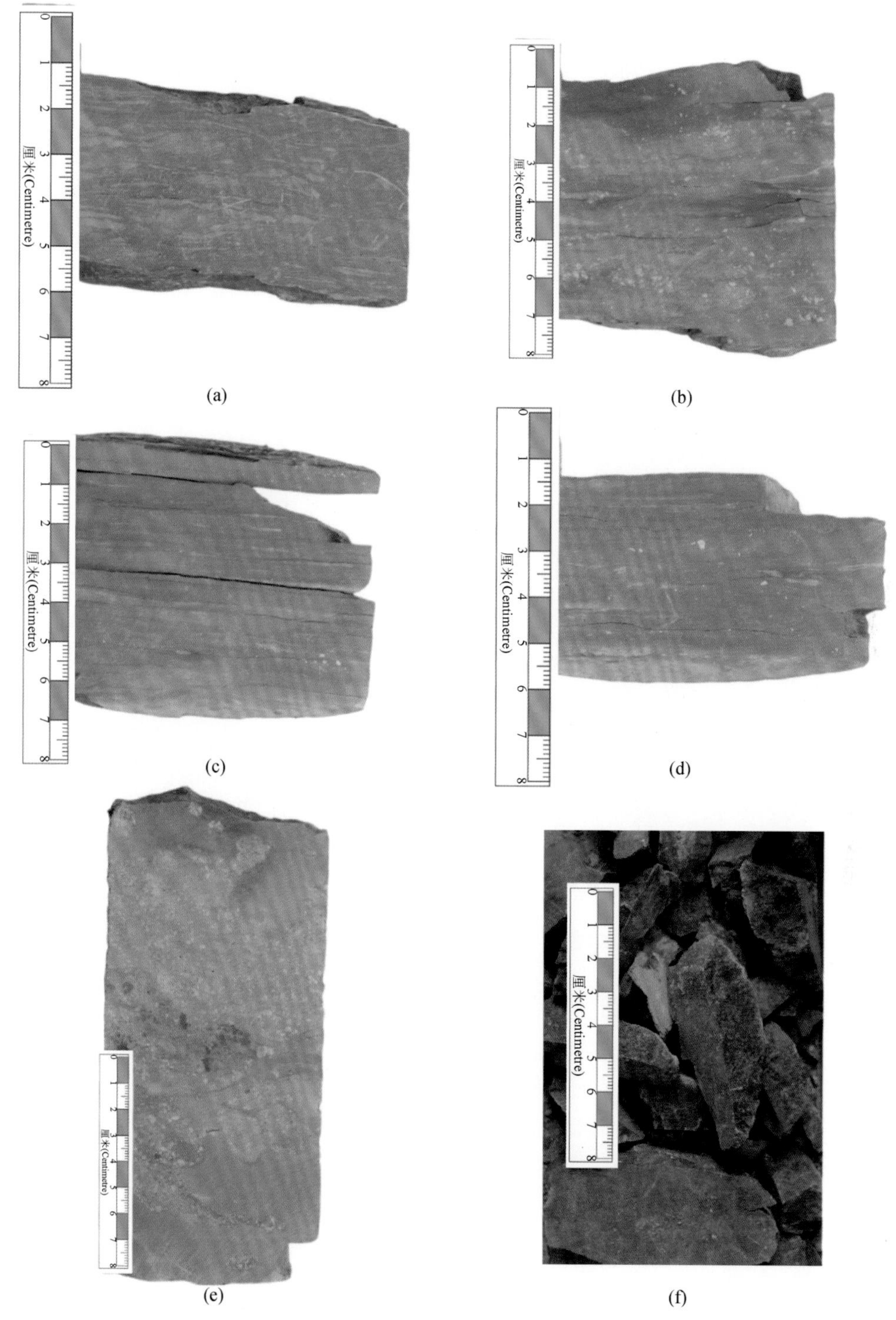


(a) (b) (c) (d) (e) (f)

图版 28 （a）（c）含砂质条带的粉砂质泥岩，辫状河三角洲前三角洲沉积；（b）（e）含砂质条带的粉砂质泥岩，软沉积物变形构造发育，显示砾质沉积物侵入形成散乱分布的砾石，辫状河三角洲前三角洲沉积；（d）含砂质条带的粉砂质泥岩，软沉积物变形构造发育，辫状河三角洲前三角洲沉积；（f）前三角洲暗色泥岩沉积

图版29 （a）浅灰色细砂岩，发育有大量红褐色泥砾，泥砾不规则，反映其沉积水动力较强，发育在分流河道底部；（b）低角度交错层理和平行层理砾状粗砂岩，三角洲平原分流河道；（c）大型交错层理粗砂岩，分流河道沉积；（d）含砾粗砂岩，砾石分选好，磨圆度高，平行层面分布，分流河道沉积

图版 30　（a）含砾粗砂岩，砾石分选好，磨圆度高，平行层面分布，分流河道沉积；（b）含砾粗砂岩夹薄砾石层，砾石分选好，磨圆度高，定向排列良好，分流河道沉积；（c）砾状粗砂岩，发育低角度交错层理，分选好，分流河道沉积；（d）大型交错层理含砾粗砂岩，分流河道沉积

(a)

(b)

(c)

图版 31 （a）砾岩中砾石直径超过 50mm，分流河道沉积；（b）含砾粗砂岩，间夹薄砾石层，砾石分选好，磨圆度高，定向排列良好，分流河道沉积；（c）层理面上白云母富集，分流河道沉积

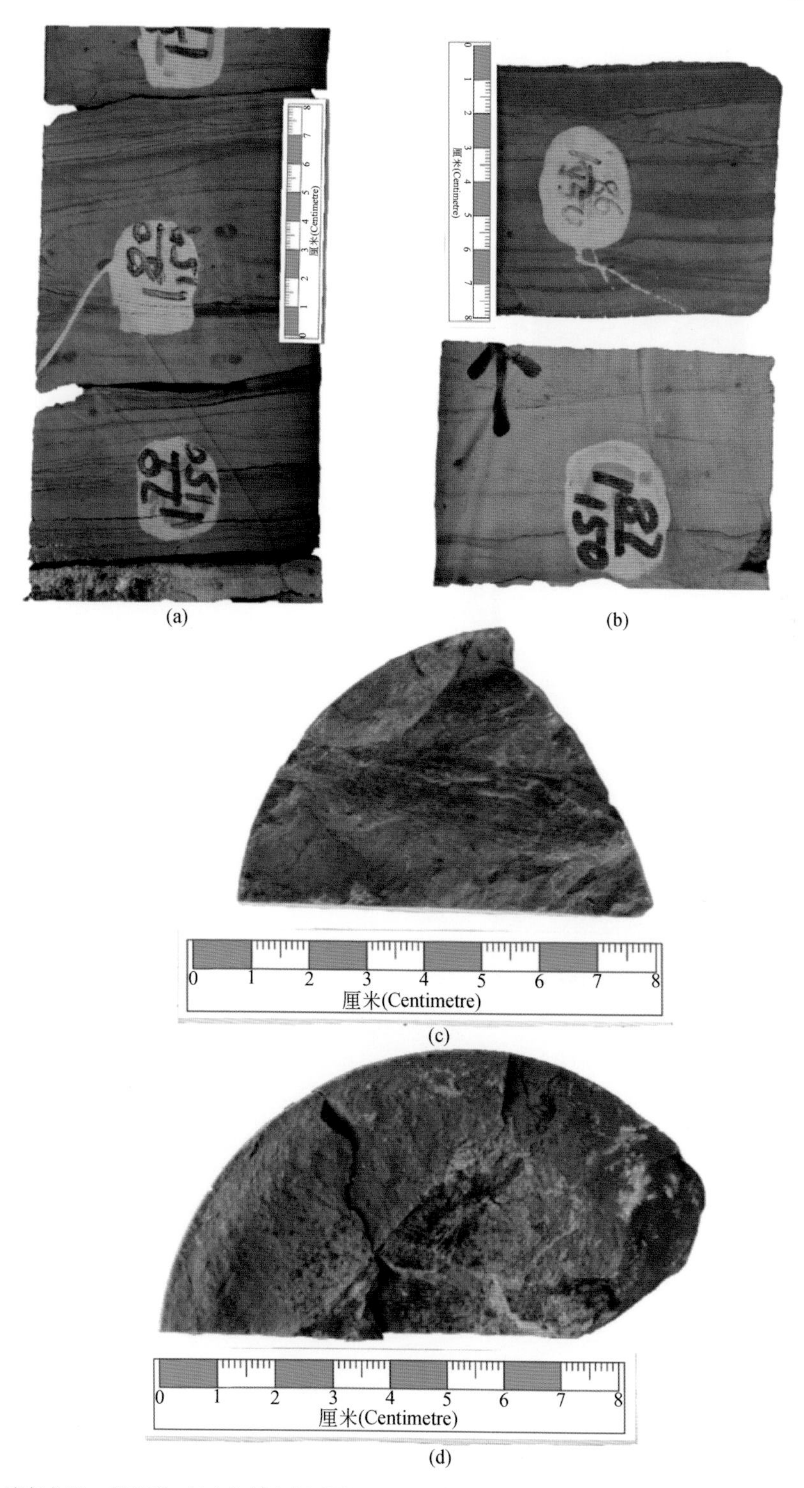


(a)　(b)　(c)　(d)

图版 32　（a）浅灰色细—粉砂岩，间夹灰黑色泥质纹层，反映其沉积动力较弱，其下部过渡到分流河道的细砂岩沉积；（b）浅灰色粉砂岩夹深灰色泥质纹层，由下向上泥质纹层的密度增加，泥质纹层的单层厚度也逐渐增加，由 1mm 逐渐增加至 1cm 左右；（c）（d）粉砂岩中的植物碎片，天然堤沉积，三角洲平原沉积

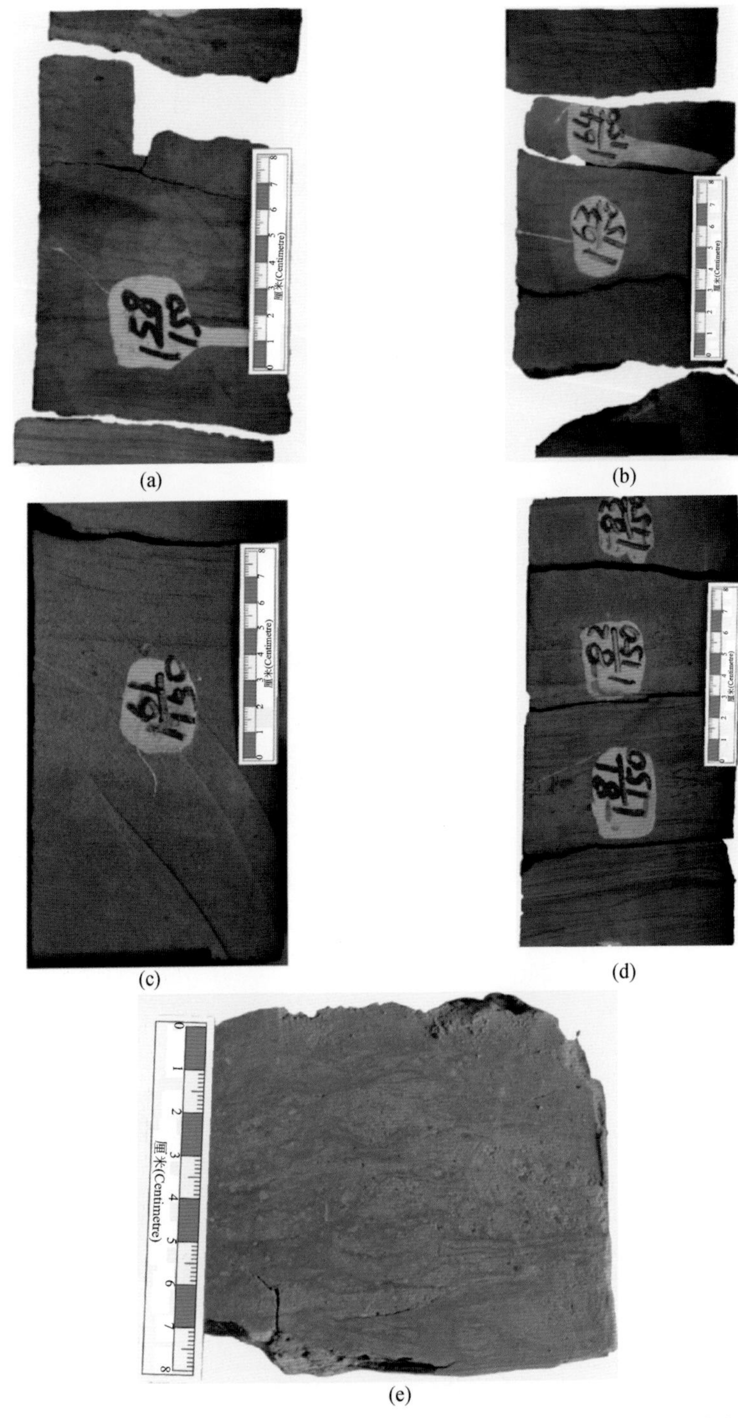

图版 33　（a）小型流水砂纹层理粉砂岩上覆含砾砂岩薄层，泛滥平原沉积溢岸和决口沉积；（b）小型流水砂纹层理粉砂岩下伏含砾砂岩薄层，突变接触，泛滥平原滞水洼地和决口沉积；（c）小型流水砂纹层理粉砂岩，决口水道沉积；（d）下部为粉砂岩夹泥质纹层，系天然堤沉积，上部为细—粉砂岩，系决口扇沉积，两者之间呈突变接触，反映河道决口的阵发型事件；（e）水平到低角度砂纹层理粉砂岩，生物扰动，间夹有砾质条带，形成于水道冲破天然堤时，流水挟带粗粒沉积物进入分支河道间相对低洼处沉积的决口扇

图版 34　（a）（b）废弃河道充填中的丰富生物碎屑，分流间湾；（c）沼泽相中的煤线截面照片

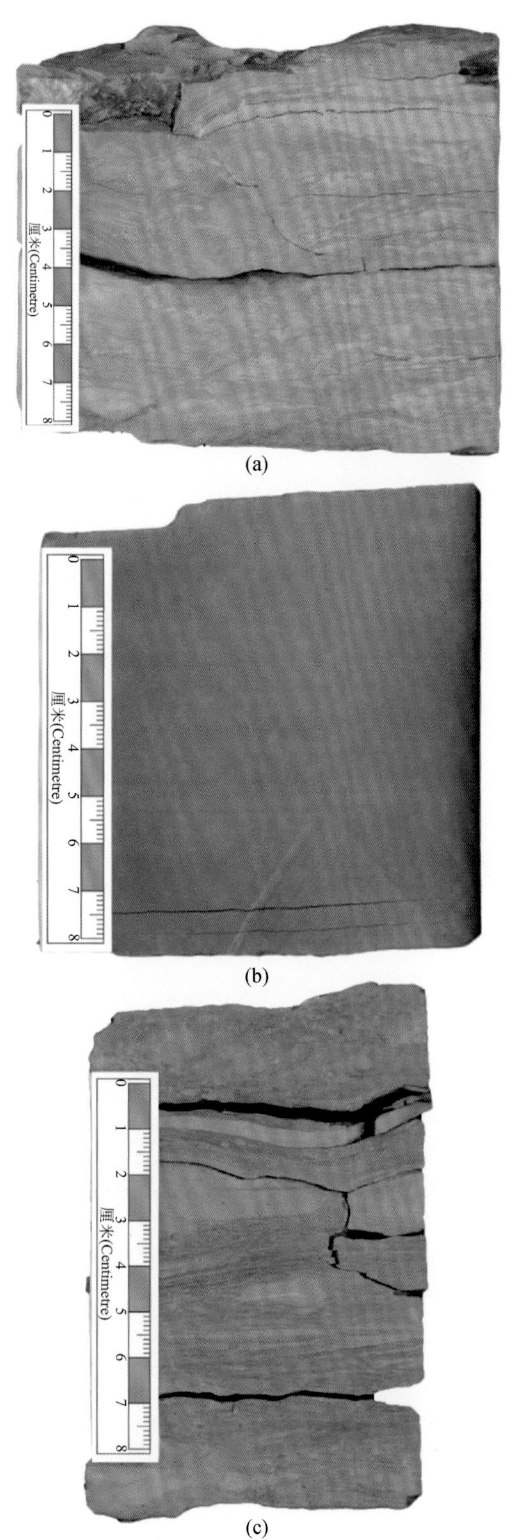


图版 35　（a）砂泥互层中虫孔发育，浅水沼泽；（b）水平层理粉砂岩，含丰富细碎炭屑，分流河道间沉积；（c）分流间洼地沉积的波状层理砂泥岩，低角度流水砂纹层理发育

图版 36 （a）分流间湾沉积中的植物碎片化石；（b）（c）分流间湾泥岩中的动物贝壳和植物碎屑

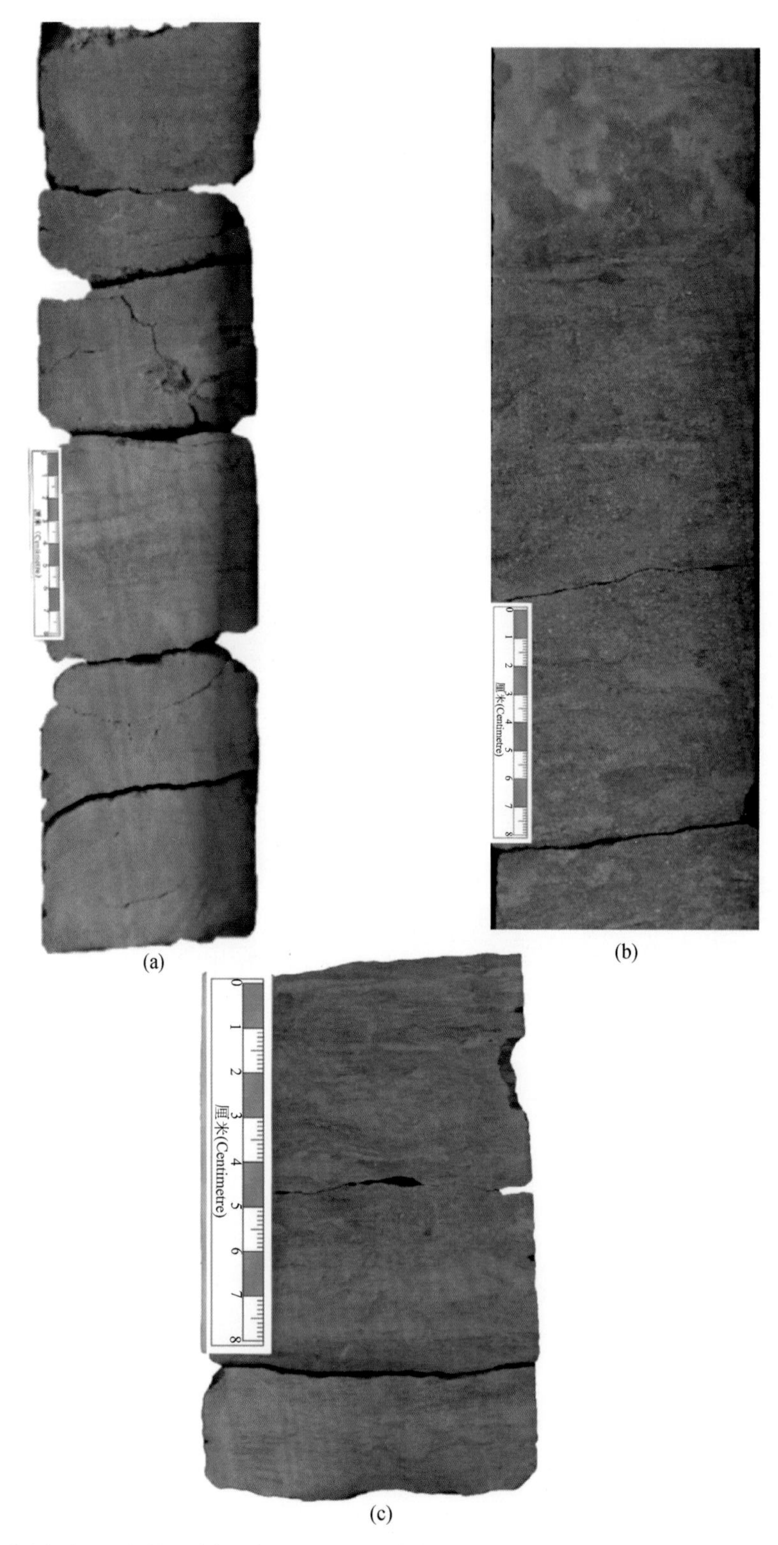


图版 37　（a）分流间湾沉积的粉细砂岩，分选差，沉积速率高，泥质丰富；（b）薄层砂岩中发育生物扰动，分流间湾；（c）分流间洼地沉积的水平层理泥岩，虫孔发育

图版 38　（a）脉状、透镜状层理粉砂岩和砂岩互层，分流间湾沉积；（b）递变层理细砂岩，分流间湾；（c）粉砂岩发育大量小型虫迹和条带状结核，分流间湾沉积；（d）分流间洼地沉积的水平层理泥岩，砂质含量高

图版 39　（a）薄层砂岩中发育生物潜穴，分流间湾沉积；（b）分流间洼地发育的大型动物潜穴；（c）发育多种层理的砂岩、粉砂岩和泥岩互层，分流间湾沉积；（d）分流间湾沉积的砂泥岩互层

图版 40　（a）水下分流河道沉积；（b）（c）大型交错层理含砾粗砂岩，砾石定向排列良好，水下分流河道沉积；（d）分流河道砂岩中发育大量动物潜穴

图版 41　（a）大型交错层理细砾岩，砾石定向排列良好，水下分流河道沉积；（b）混杂大量泥岩角砾的分流河道底部滞留沉积，水下分流河道沉积；（c）水下分流河道砂砾岩侧向变为砂泥岩互层；（d）水下分流河道细砾岩；（e）发育低角度大型交错层理的粗砂岩，水下分流河道沉积；（f）水下分流河道砂体中常含有介壳碎片

图版 42 （a）分流河道砂岩中含植物碎屑；（b）大型交错层理含砾粗砂，水下分流河道沉积；（c）水下分流河道砂砾岩中含暗色泥砾

图版 43　（a）分流河道砂岩中含植物碎屑；（b）水下分流河道砂体含砾粗砂岩；（c）分流河道砂岩中含介壳碎片；（d）再作用面；（e）双黏土层

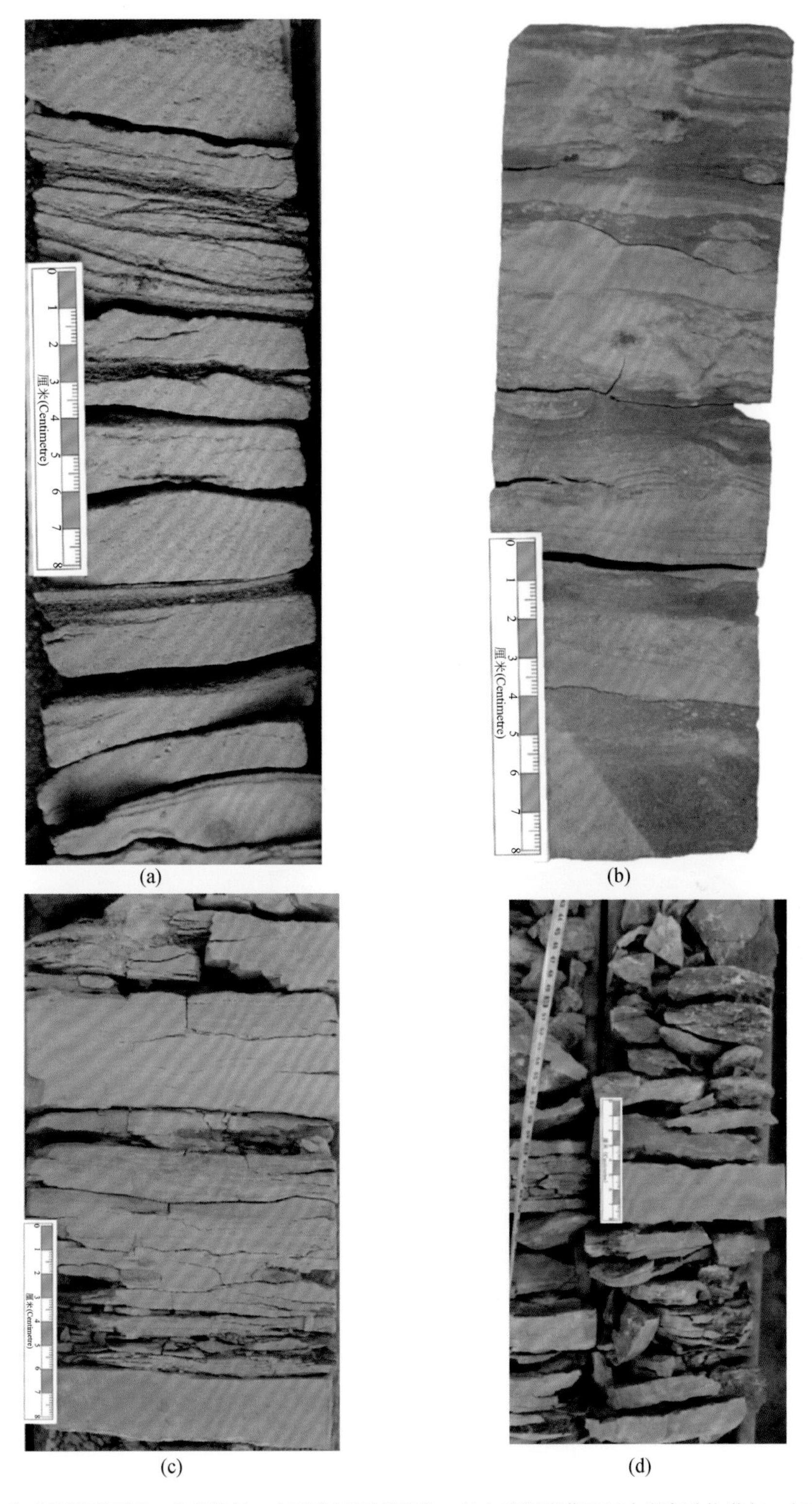


图版 44　（a）砂泥岩薄互层，突变接触，水下分流间湾沉积；（b）砂泥岩薄互层中发育动物潜穴，水下分流间湾沉积；（c）（d）砂泥岩薄互层，水下分流间湾沉积

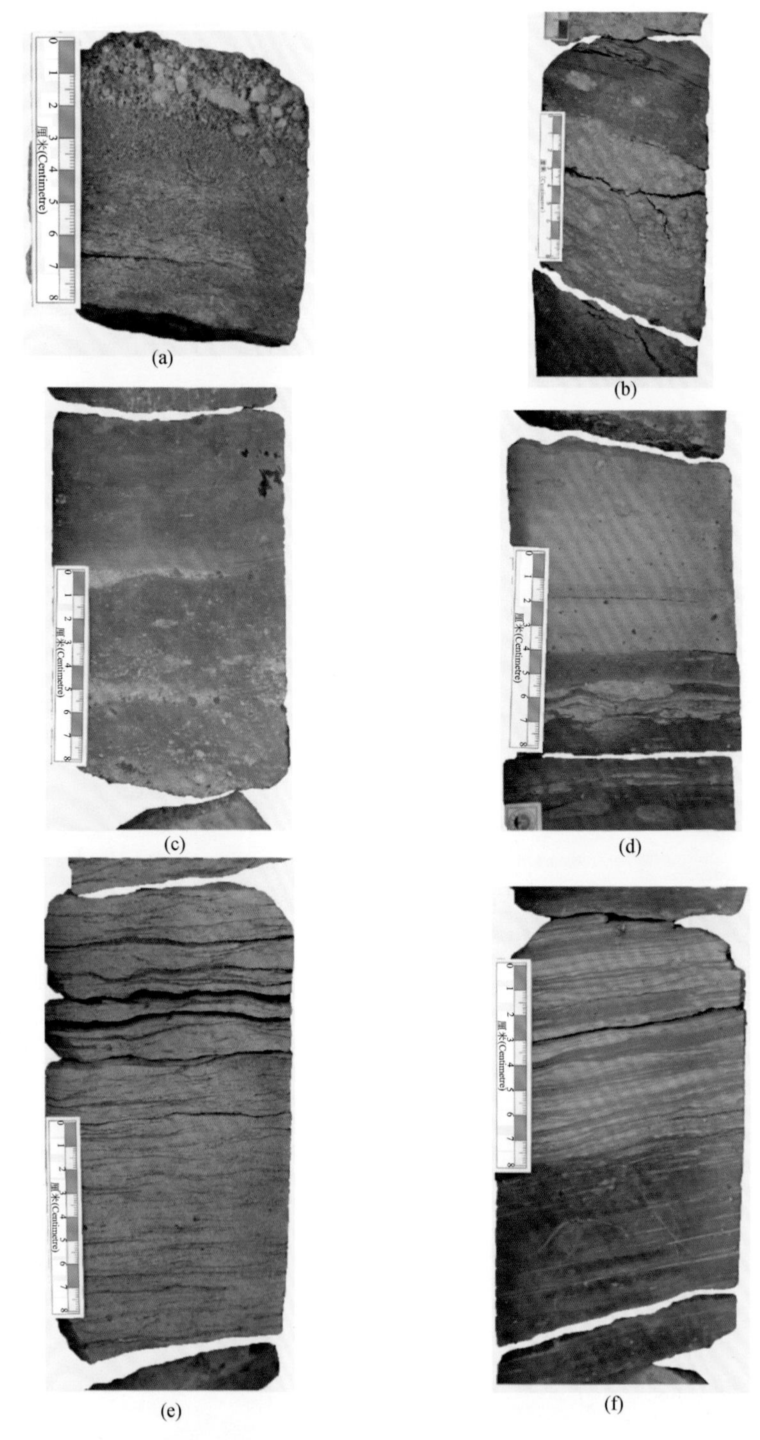


图版 45　（a）河道沉积的细砾岩叠置在含有泥质纹层的中砂岩上，河口砂坝内坝沉积；（b）含有生物介壳的向上变粗的细砾岩位于黑色泥质粉砂岩之上，河口砂坝外坝沉积；（c）含砾石条带泥质粉砂岩，显示平行到水平层理，中间有突变界面，河口砂坝外坝沉积；（d）虫迹发育的暗色粉砂质泥岩上覆水平层理粉砂岩，河口砂坝外坝远端沉积；（e）发育良好的砂纹层理细砂岩，流水和浪成砂纹都很发育，河口砂坝外坝沉积；（f）砂纹层理细砂岩与水平层理泥质粉砂岩互层，砂纹层理细砂岩发育双向交错层和泥质披盖疑似有潮汐影响，河口砂坝外坝沉积

图版 46 （a）砂纹层理细砂岩向上变细，发育包卷层理，河口砂坝外坝沉积；（b）不同粒度的岩性互层，河口砂坝外坝沉积；（c）平行层理与低角度交错层理细砂岩，河口砂坝主体沉积；（d）平行层理与低角度交错层理细砂岩，河口砂坝内坝沉积；（e）河口砂坝沉积中发育的泄水构造；（f）河口砂坝砂体中发育浪成砂纹层理，暗色富泥层段重复出现

图版 47　（a）平行层理与低角度交错层理细砂岩，河口砂坝内坝沉积；（b）（c）平行层理与低角度交错层理细砂岩，河口砂坝主体沉积；（d）浪成砂纹层理与水平层理和块状层理粉砂岩互层，河口砂坝外坝沉积；（e）河口砂坝砂体中发育流水砂纹层理和浪成砂纹层理；（f）强烈生物扰动的细砂岩与平行层理细砂岩互层，河口砂坝主体外侧沉积

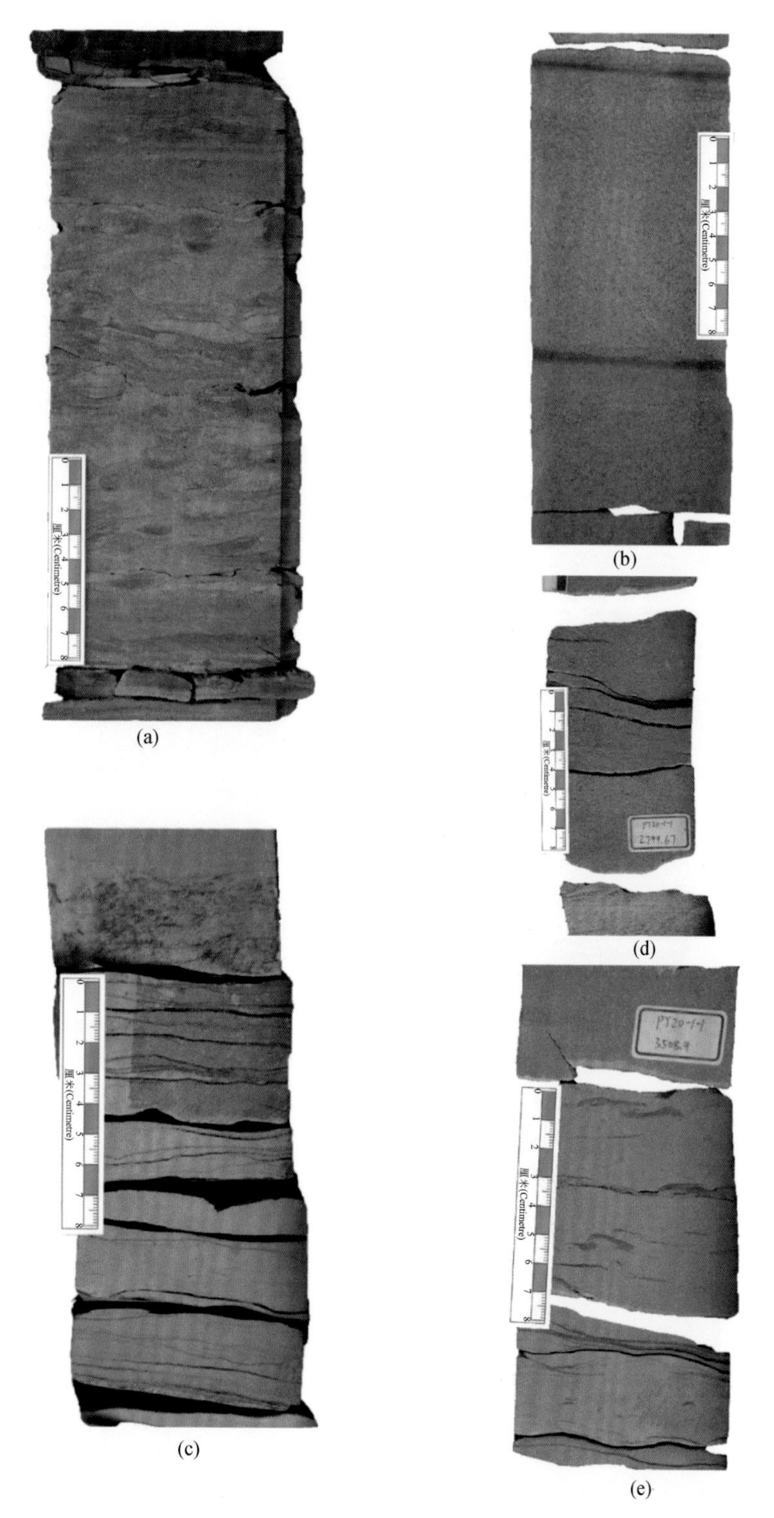


图版 48　（a）强烈生物扰动的细砂岩平行层理细砂岩互层，河口砂坝主体外侧沉积；（b）发育多个递变层理的砂岩，河口砂坝主体沉积；（c）（e）交错层理细砂岩，有泥质披盖，上部有泥砾碎片沿层面排列，河口砂坝主体沉积；（d）交错层理中砂岩，河口砂坝主体沉积

图版 49　（a）薄层含砾粗砂岩上覆暗色泥岩，远砂坝沉积；（b）（c）远砂坝沉积的中层细砂岩；（d）远砂坝沉积的细砂岩；（e）远砂坝沉积；（f）灰色交错层理细砂岩，远砂坝沉积

图版 50　（a）（b）虫孔发育的砂泥岩互层，席状砂沉积；（c）虫孔发育的泥岩夹薄砂层，席状砂沉积；（d）暗色泥岩和薄层砂岩互层，席状砂沉积

图版 51 （a）含风浪形成的泥质条带的薄层砂层，席状砂沉积；（b）薄层砂层交替出现，席状砂沉积；（c）薄层砂岩显示平行纹层和模糊的小型砂纹层理，席状砂沉积；（d）灰色粉砂岩夹泥质纹层，纹层密度为 3 ～ 4 条 /cm，席状砂沉积

(a)

(b)

图版 52　（a）浪成波痕；（b）干涉波痕

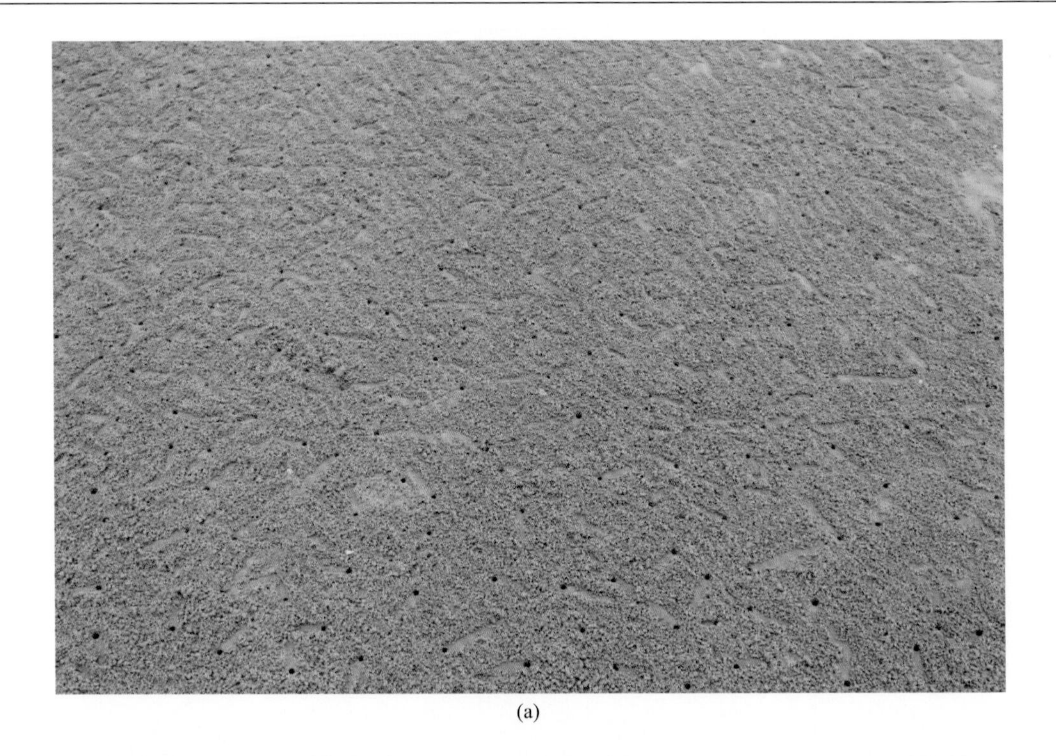

(a)

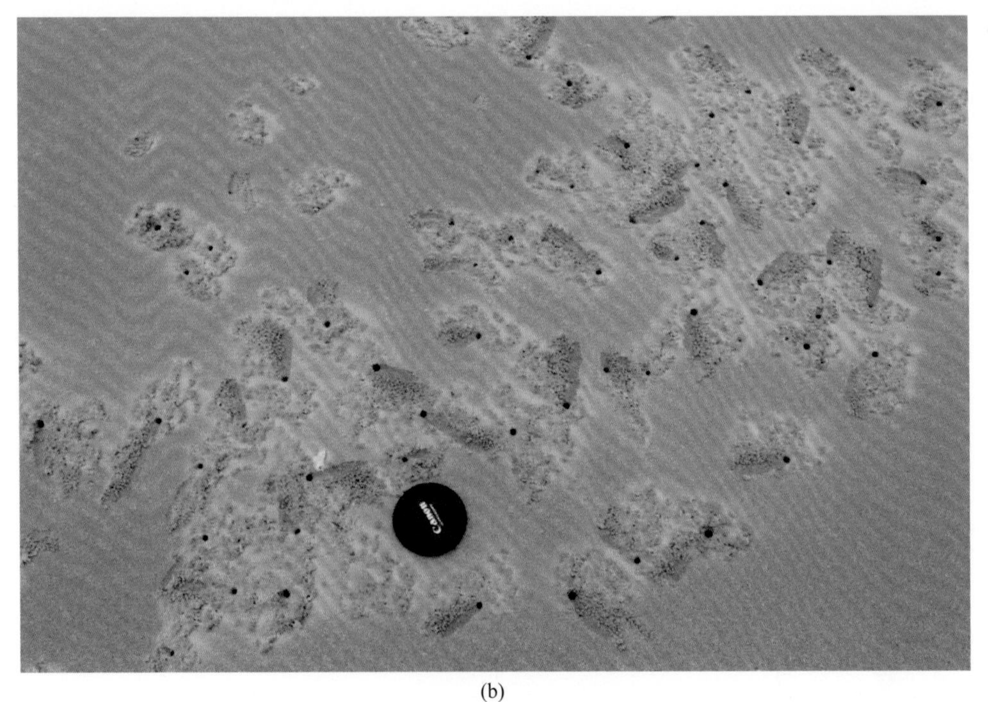

(b)

图版 53　（a）（b）生物扰动构造与钻孔

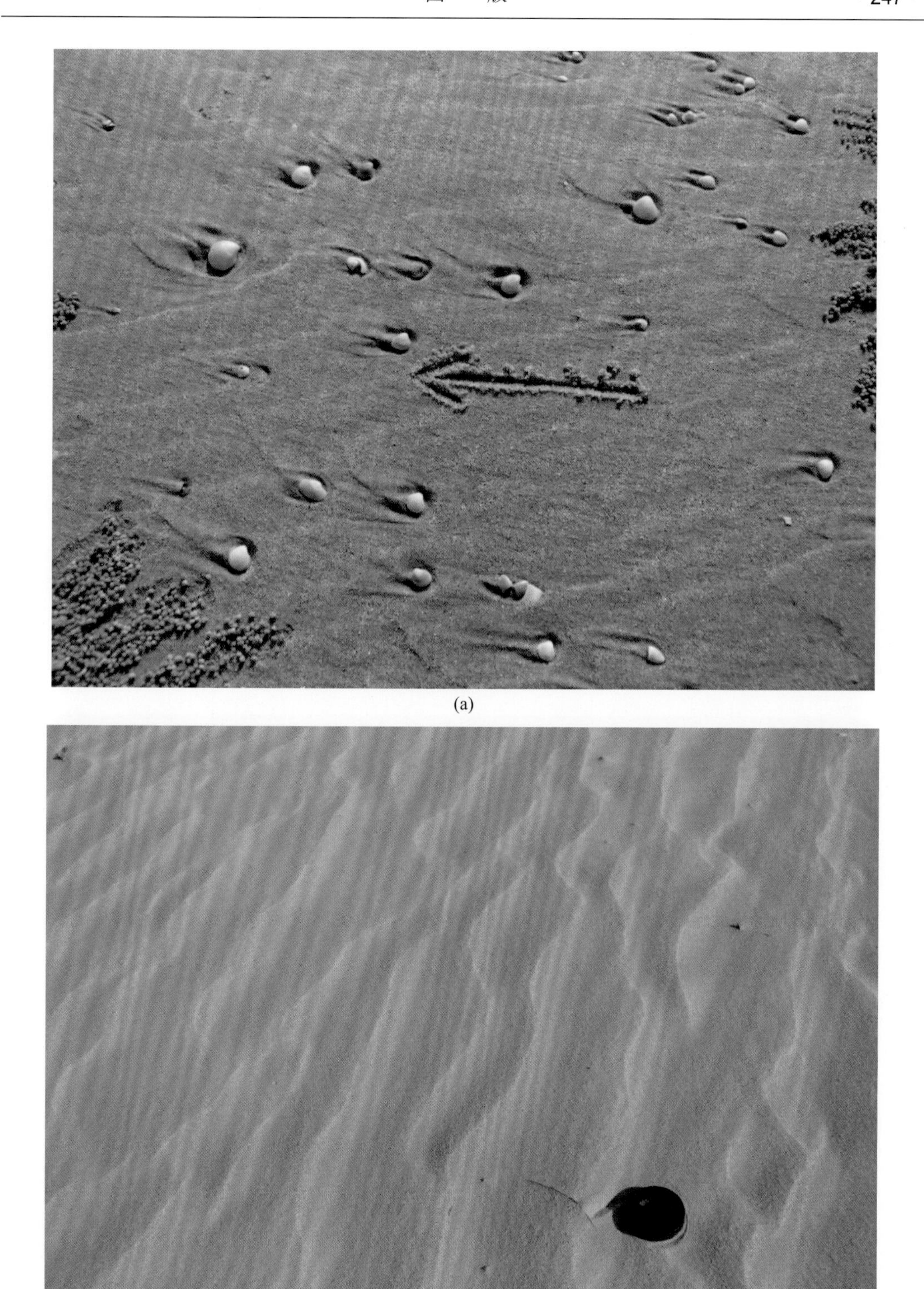

(a)

(b)

图版 54　（a）生物扰动、钻孔及水流受阻引起的冲坑；（b）浪成波痕，沟谷不对称，为单向优势水流造成

(a)

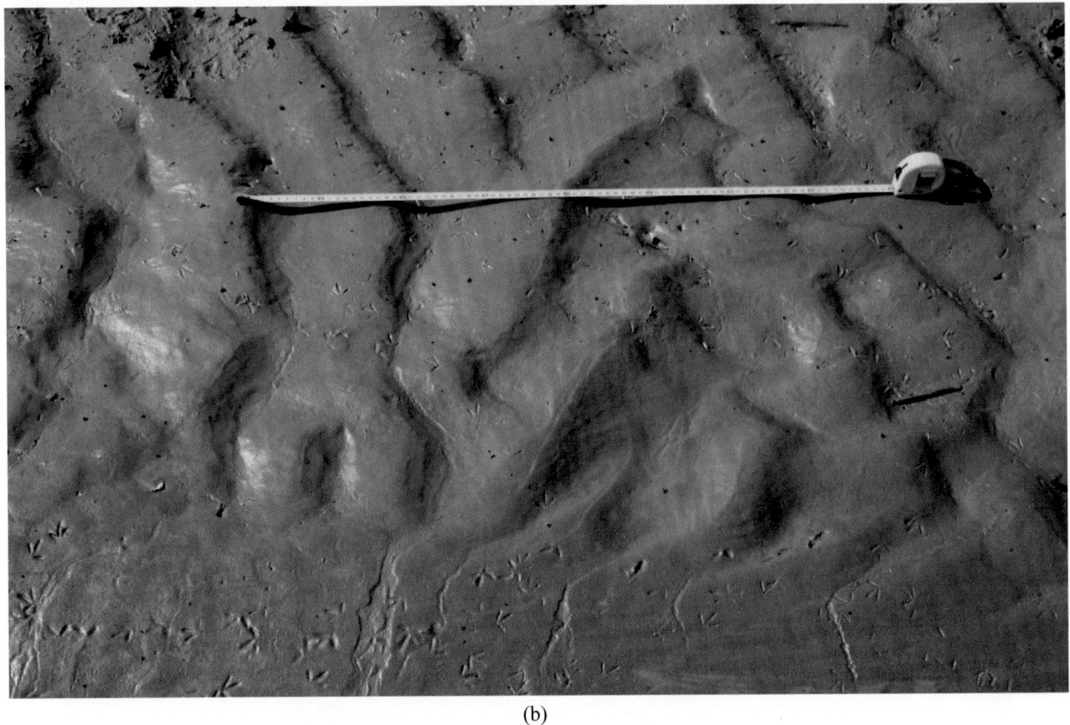

(b)

图版 55　（a）低能海岸潮滩上发育的链状波痕，其规模受退潮潮流和水深的控制，上部为沿岸堤坝方向；（b）低能海岸小型潮沟边缘发育的链状涨潮潮流波痕，注意照片下部的低角度平行波痕指示的退潮水流方向向左，大型链状波痕指示的水流方向向右

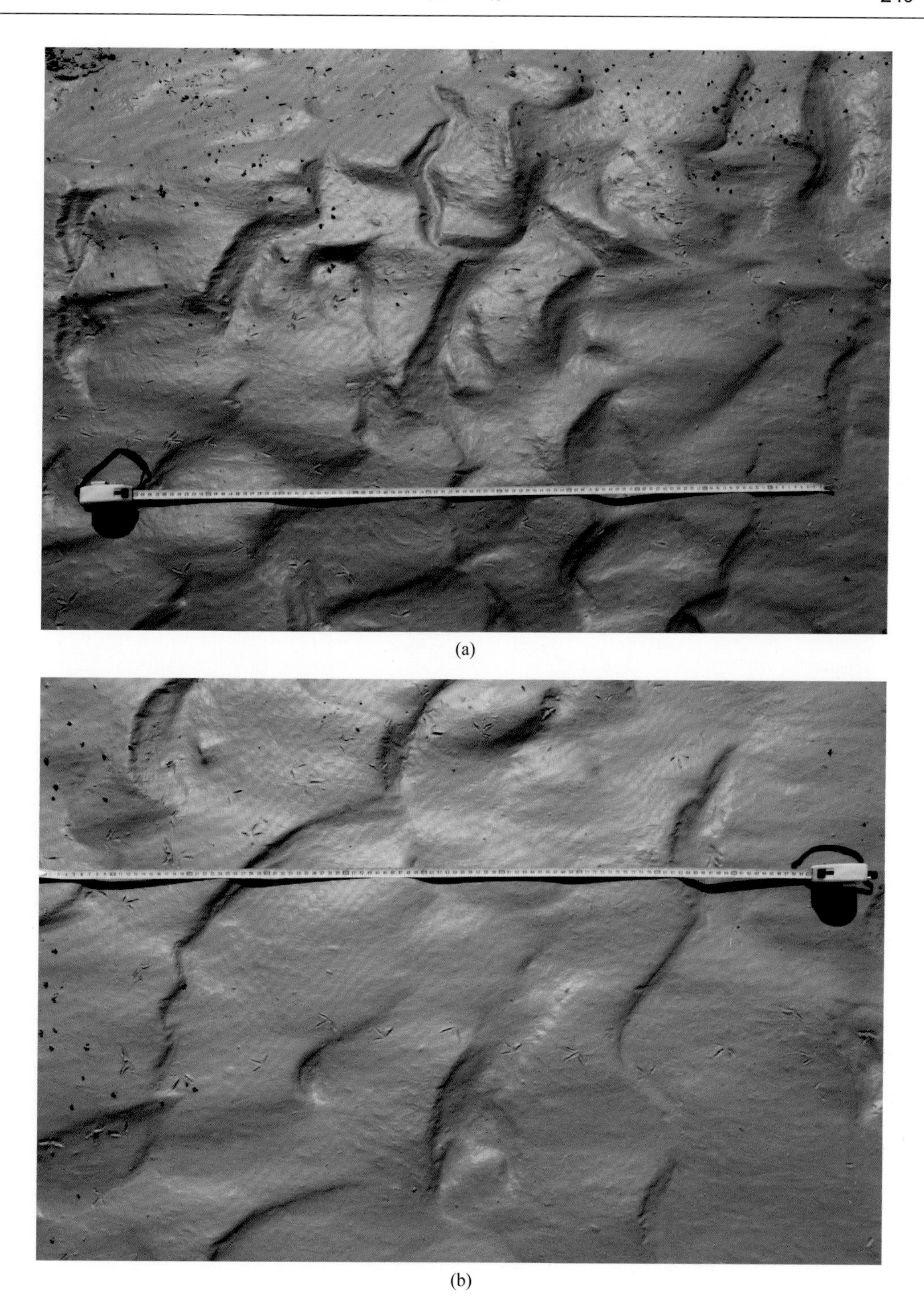

(a)

(b)

图版 56　（a）低能海岸中涨潮流形成的新月形波痕；（b）低能海岸，涨潮流形成的舌形波痕，水流方向从右往左

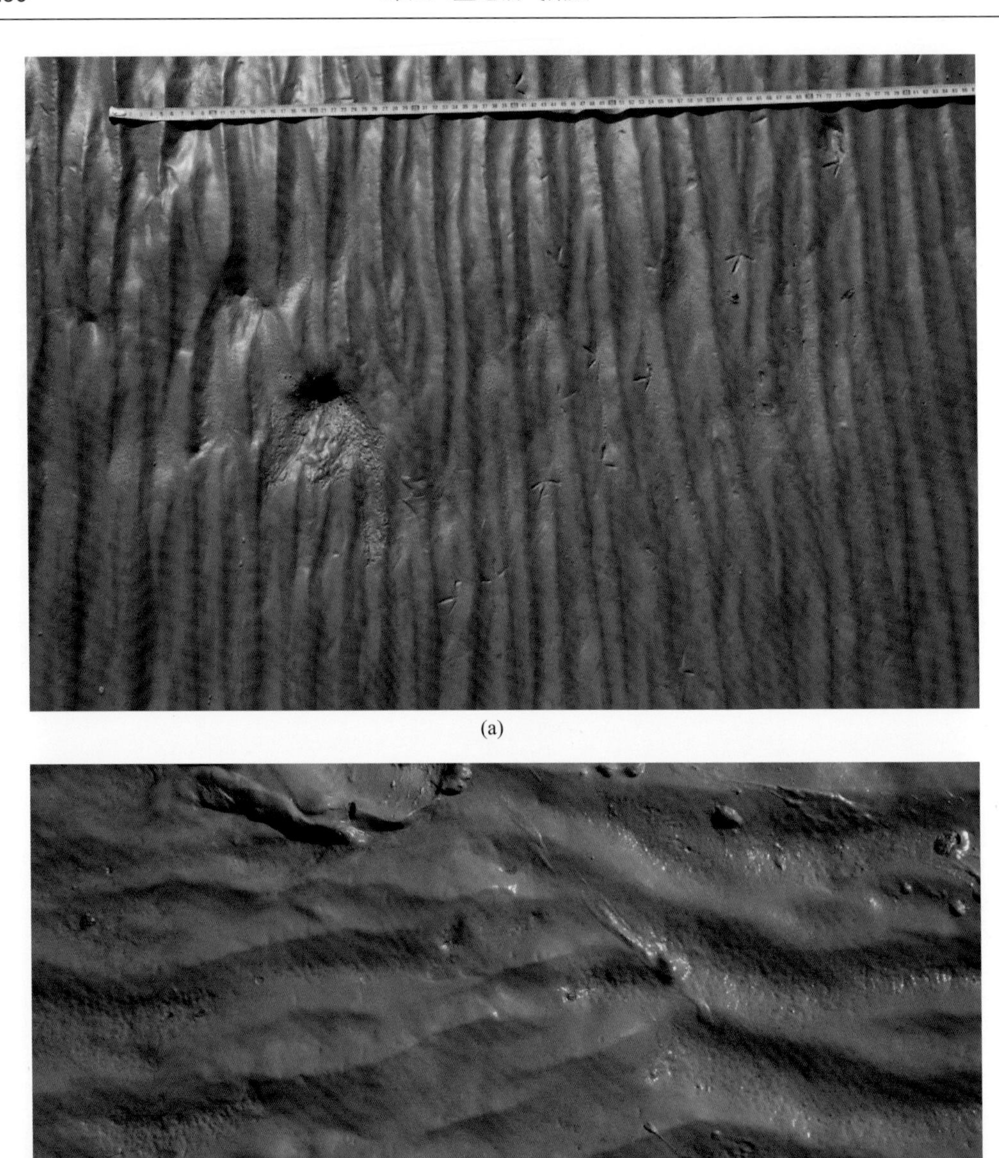

(a)

(b)

图版 57　（a）低能海岸发育的平行浪成波痕；（b）低能海岸发育的弯曲浪成波痕

(a)

(b)

图版 58　（a）低能海岸潮滩上植物腐败形成的黑色腐泥层；（b）江苏现代低能海岸潮滩上部浅层探槽显示的层理特征

图版 59 （a）（b）交错层理；（c）细砾岩；（d）冲刷面

图版 60 （a）小型交错层理；（b）水平层理；（c）灰色细—粉砂岩，发育水平层理；（d）深灰色块状细砂岩，间夹泥质纹层

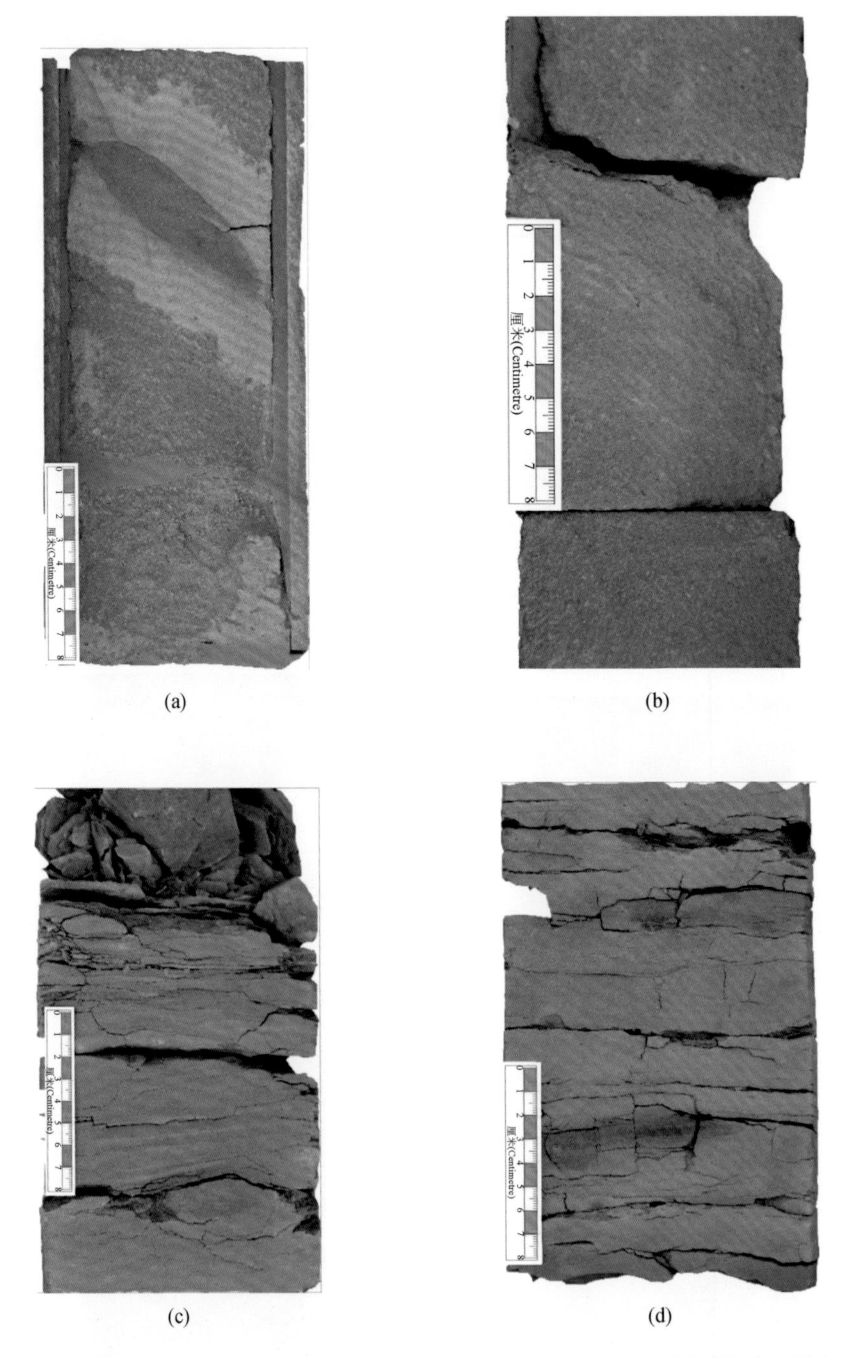

图版 61　（a）以中粗砂岩为主，夹少量泥质层，岩性变化快，反映水动力较强，动力机制复杂，形成于浅海陆架的陆架砂脊环境；（b）以粗砂岩为主，块状层理，水动力较强，形成于浅海陆架的陆架砂脊环境；（c）以细砂岩为主，为水体稍深处沉积，沉积构造显示水动力较弱；（d）细砂—粉砂岩，粒度较细，沉积构造以低幅度交错层理为主

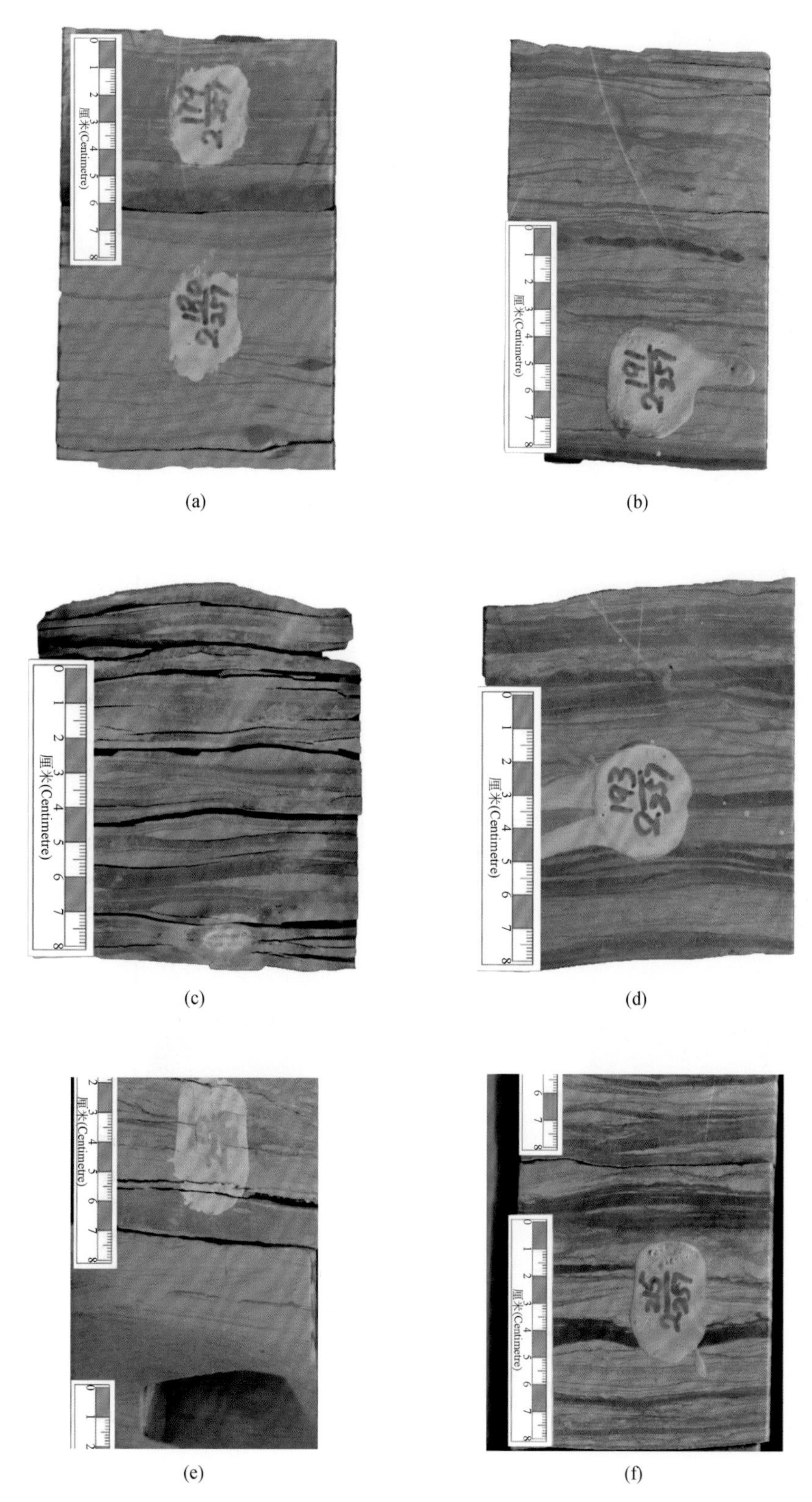

图版 62　（a）（b）脉状层理；（c）（d）韵律层理；（e）羽状交错层理；（f）波状复合层理

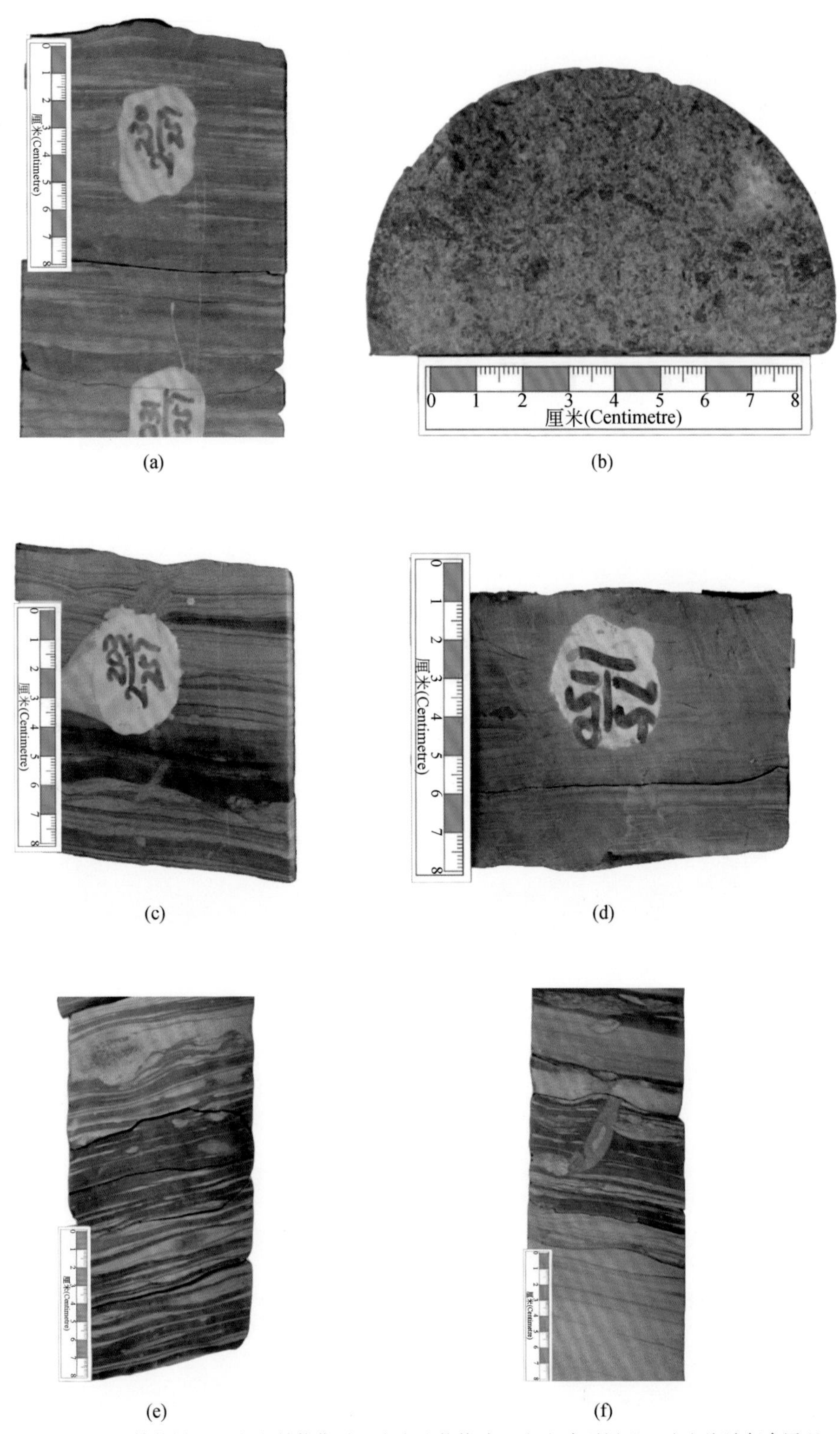


图版 63　（a）（e）透镜状层理；（b）植物化石；（c）生物扰动；（d）水平层理；（f）潮汐复合层理，生物扰动

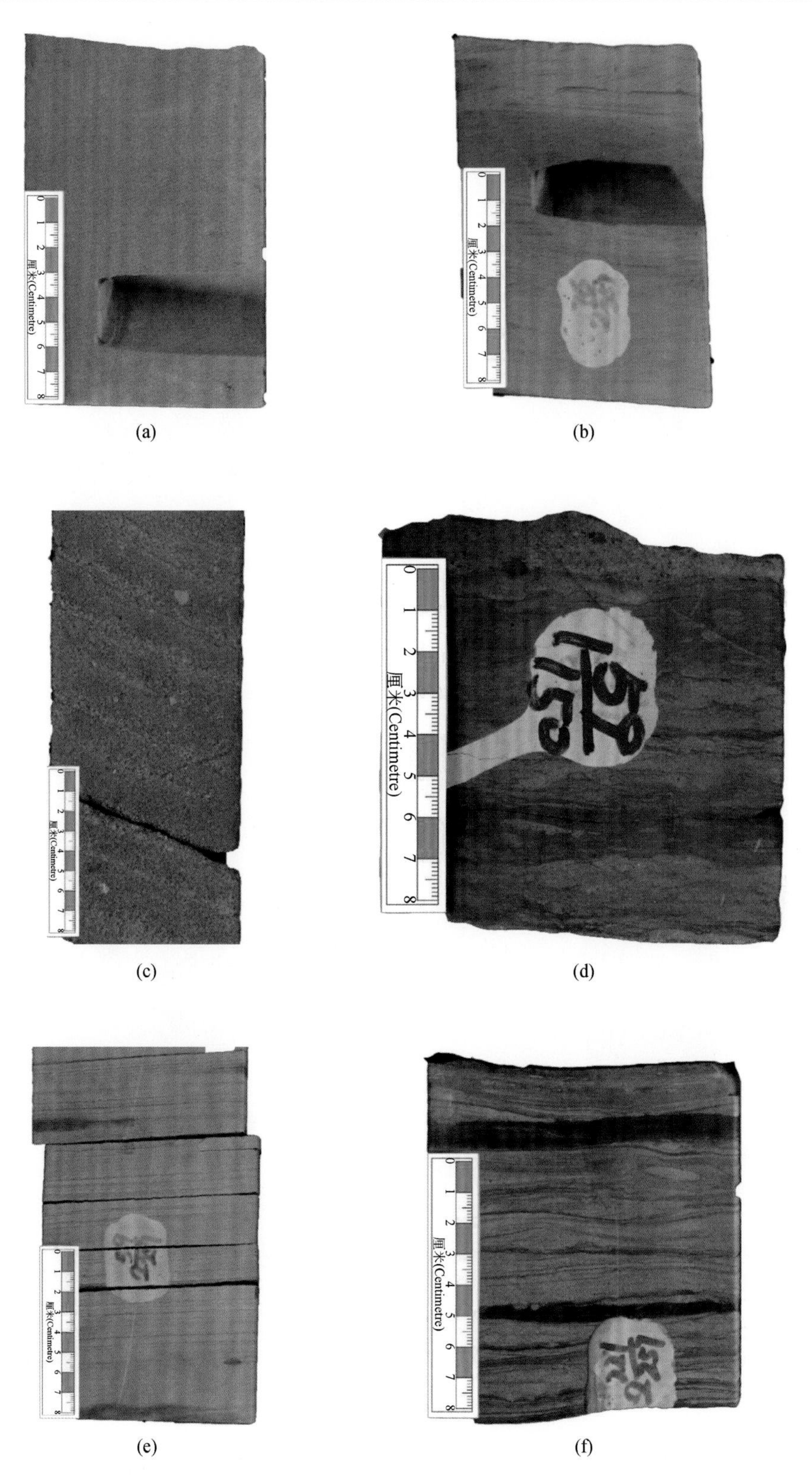


图版 64　（a）块状层理；（b）（c）交错层理；（d）冲刷面；（e）双黏土层；（f）再作用面

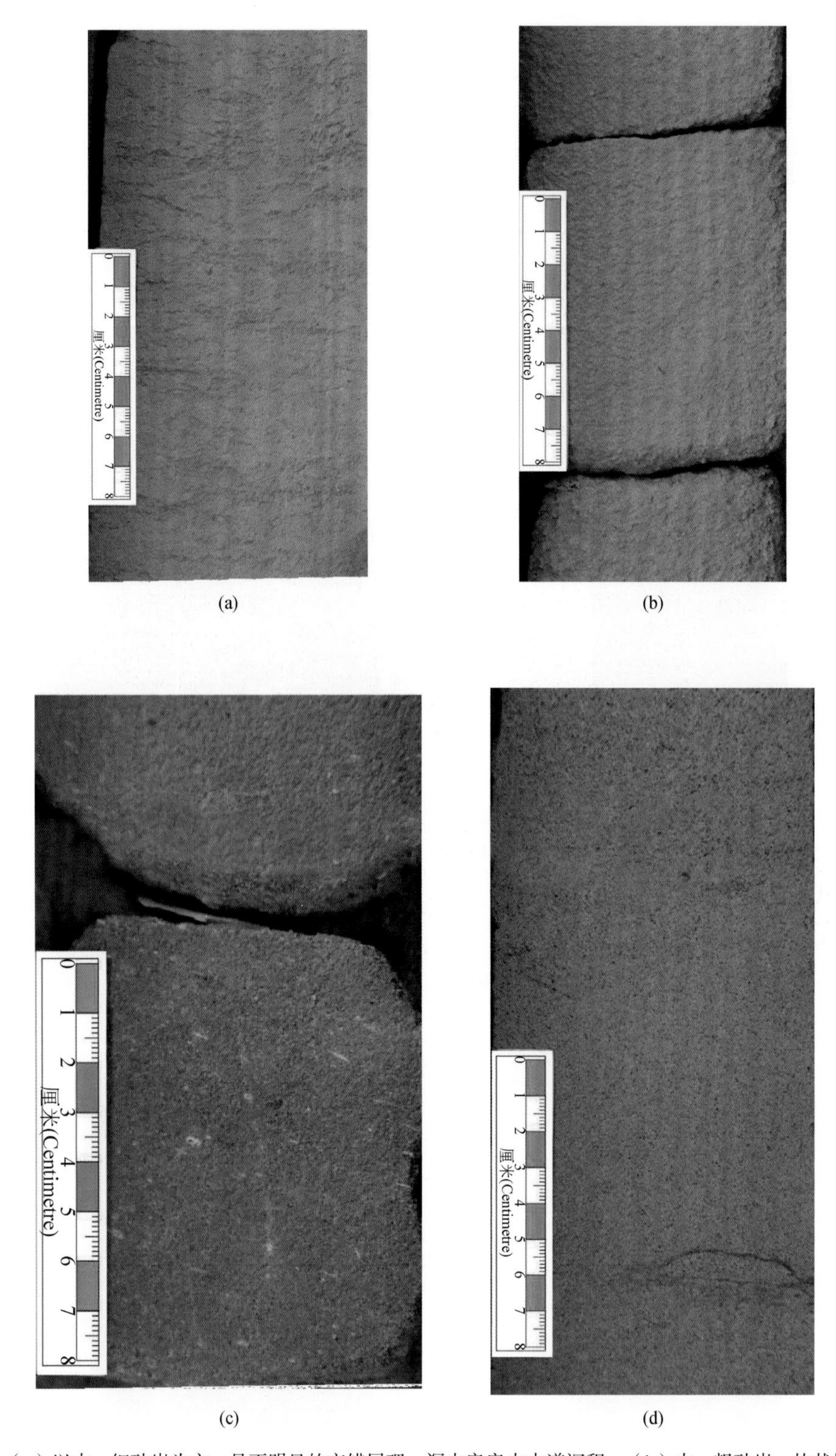


图版 65　（a）以中—细砂岩为主，具不明显的交错层理，深水扇扇中水道沉积；（b）中—粗砂岩，块状层理，水动力较强，深水扇扇中水道沉积；（c）块状层理粗砂岩，水动力强，深水扇扇中水道沉积；（d）块状中—细砂岩，深水扇扇中水道沉积

(a)　(b)

图版 66　（a）发育冲刷面，冲刷面之下为细砂岩，之上为正粒序细砾岩；（b）中—粗砂岩，块状层理，水动力较强，深水扇扇中水道沉积

(a)　(b)　(c)　(d)

图版 67　（a）平行层理中—细砂岩互层，反映水动力较强，深水扇扇中沉积；（b）块状中砂岩，水动力较强，深水扇扇中沉积；（c）块状细砂岩，偶见暗色纹层，深水扇扇中水道沉积；（d）粉砂质泥岩中含植物碎屑，深水扇扇中沉积

图版 68 （a）碟状构造；（b）冲刷面，界面之上发育大量泥砾，水动力较强；（c）块状细砂岩；（d）细砂岩加薄层粉砂质泥岩

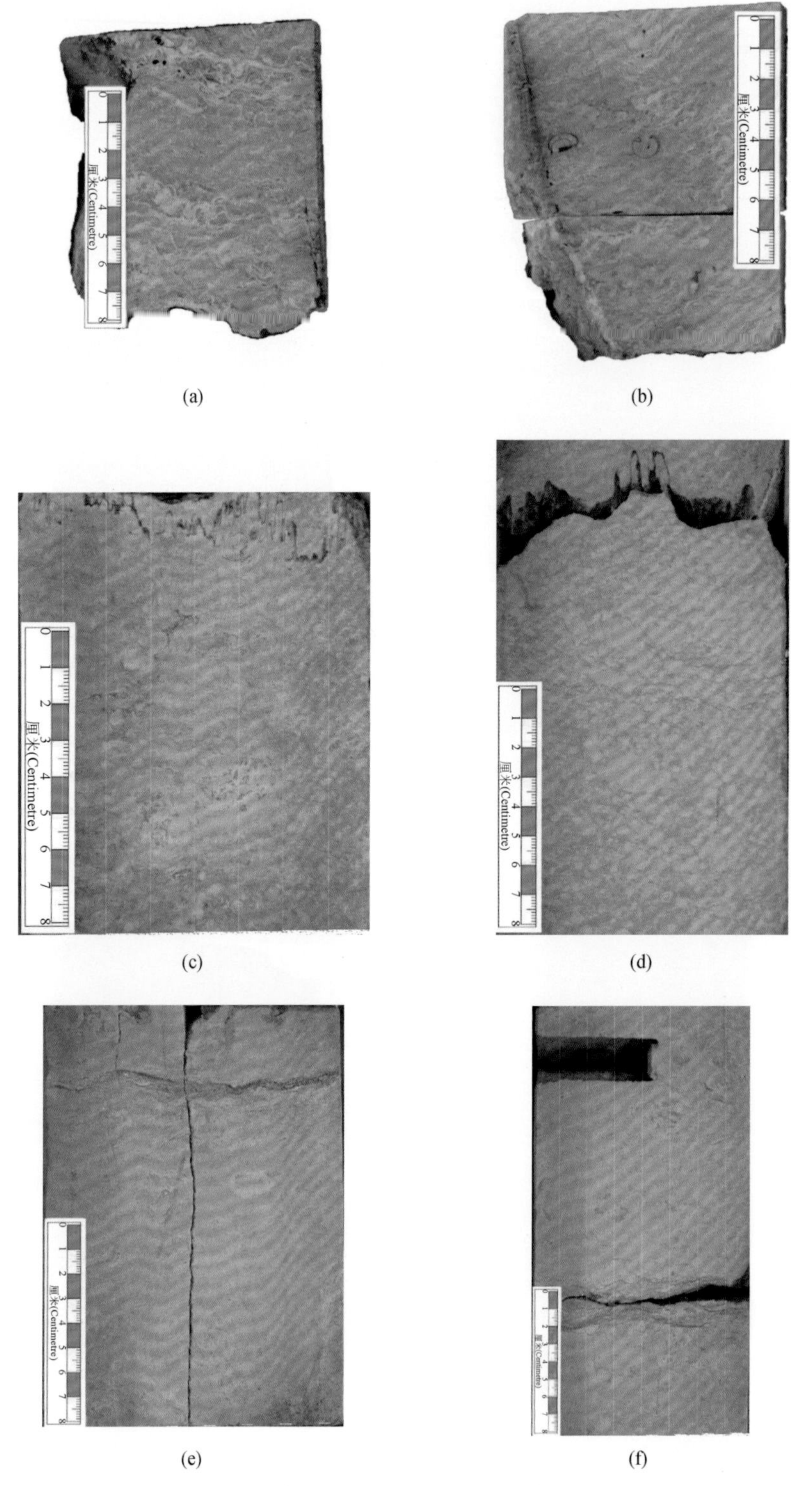


图版 69　（a）灰白色藻纹层灰岩，见虫孔，台内礁；（b）灰白色藻纹层灰岩，见完整腹足类化石，台内礁；（c）灰白色藻灰岩，含大量藻团块，见缝合线构造；（d）灰白色藻灰岩，含大量藻团块，见缝合线构造；（e）灰色藻灰岩，含大量藻团块，间夹泥质纹层；（f）灰色藻灰岩，含藻团块，间夹泥质纹层

图版 70　(a)生物碎屑灰岩，生物碎屑 1～2mm，形成于沉积动力较强，台内滩；(b)生物碎屑灰岩，夹灰泥质条带，形成于台内滩；(c)藻团块灰岩，形成于台内滩；(d)藻屑灰岩，饱含油，形成于台内滩

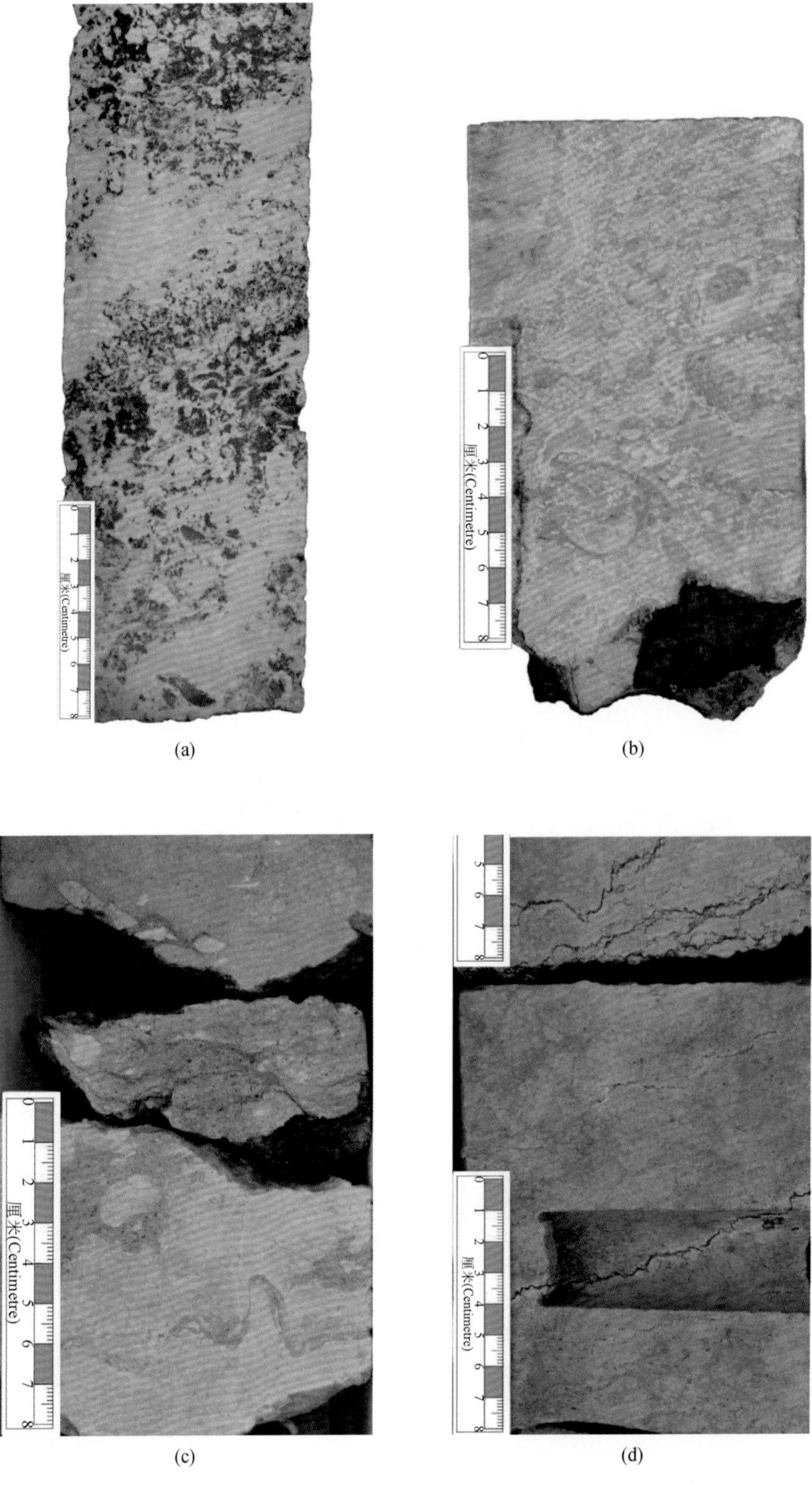


(a) (b)

(c) (d)

图版 71 （a）藻屑灰岩，油迹；（b）灰白色藻纹层灰岩，亮晶颗粒结构，间夹介壳类生物化石，藻团块分布不均；（c）黄灰色藻屑灰岩与陆源碎屑层互层，反映沉积水动力较强，水体较为动荡；（d）灰色藻屑灰岩，反映沉积水动力较强，间缝合线构造

(a) (b)

图版 72 （a）泥灰岩，风化严重，较破碎；（b）泥灰岩，风化严重，较破碎，沉积动力较弱，多见于碳酸盐台坪

图版 73 （a）珊瑚礁灰岩；（b）藻纹层灰岩，发育大量虫孔，不均匀含油；（c）藻纹层灰岩，其间发育虫孔；（d）藻纹层灰岩，见鸟眼构造；（e）藻灰纹层灰岩，发育鸟眼构造与虫孔；（f）藻灰岩，藻纹层断续

(a) (b) (c) (d) (e) (f)

图版 74 （a）（c）藻纹层灰岩，纹层连续；（b）藻纹层灰岩，发育虫孔，见生物介壳体腔孔隙，且被部分充填，形成鸟眼构造；（d）藻屑灰岩；（e）藻团块，缝合线；（f）珊瑚礁灰岩，间夹生物碎屑

图版 75　（a）藻屑灰岩，藻屑排列定向性不明显，大小 2 ～ 3cm；（b）藻灰岩，发育大量虫孔；（c）藻屑灰岩，含生物介壳碎片；（d）生物碎屑灰岩，见大量双壳碎片；（e）（f）生物碎屑灰岩

图版 76　（a）藻屑灰岩；（b）生物碎屑灰岩，腹足类化石；（c）生物碎屑灰岩，油斑；（d）塌积珊瑚角砾；（e）珊瑚礁灰岩，不均匀含油；（f）藻灰岩，虫孔

# 附录　岩石相代码对比表

| 岩类 | 名称 | 符号 | 英文对应 |
|---|---|---|---|
| 砾岩 | 块状层理中砾岩 | $G_{2M}$ | cobble with massive bedding |
| | 块状层理细砾岩 | $G_{1M}$ | gravel with massive bedding |
| | 平行层理细砾岩 | $G_{1P}$ | gravel with parallel bedding |
| | 板状交错层理细砾岩 | $G_{1T}$ | gravel with tabular cross-bedding |
| | 槽状交错层理细砾岩 | $G_{1TR}$ | gravel with trough cross-bedding |
| | 递变层理细砾岩 | $G_{1P}$ | gravel with progressive bedding |
| 砂岩 | 砂纹层理砂岩相 | $S_R$ | sandstone with ripple bedding |
| | 脉状层理砂岩相 | $S_F$ | sandstone with flaser bedding |
| | 双向交错层理砂岩相 | $S_{BD}$ | sandstone with bimodal cross-bedding |
| | 槽状交错层理砂岩相 | $S_{TR}$ | sandstone with trough cross-bedding |
| | 平行层理砂岩相 | $S_P$ | sandstone with parallel bedding |
| | 块状层理砂岩相 | $S_M$ | sandstone with massive bedding |
| | 板状交错层理砂岩相 | $S_T$ | sandstone with tabular cross-bedding |
| | 双黏土层砂岩相 | $S_{MC}$ | sandstone with mud couplet |
| | 海绿石砂岩相 | $S_G$ | sandstone with glauconite |
| | 楔状交错层理砂岩相 | $S_W$ | sandstone with wedge cross-bedding |
| | 丘状交错层理砂岩相 | $S_H$ | sandstone with hummocky cross-stratification |
| | 生物扰动砂岩相 | $S_B$ | sandstone with bioturbation |
| | 爬升层理砂岩相 | $S_{CR}$ | sandstone with climbing ripple bedding |
| | 大型高角度单斜层理砂岩相 | $S_{LH}$ | sandstone with large-scale and high angle inclined cross-bedding |
| | 中型高角度单斜层理砂岩相 | $S_{MH}$ | sandstone with mid-scale and high angle inclined cross-bedding |
| | 小型高角度单斜层理砂岩相 | $S_{SH}$ | sandstone with small-scale and low angle inclined cross-bedding |
| | 大型低角度单斜层理砂岩相 | $S_{LL}$ | sandstone with large-scale and low angle inclined cross-bedding |
| | 中型低角度单斜层理砂岩相 | $S_{ML}$ | sandstone with mid-scale and low angle inclined cross-bedding |
| | 小型低角度单斜层理砂岩相 | $S_{SL}$ | sandstone with small-scale and low angle inclined cross-bedding |
| | 水平层理粉砂岩相 | $SI_H$ | siltstone with horizontal bedding |
| | 波状层理粉砂岩相 | $SI_W$ | siltstone with wavy cross-bedding |
| | 砂纹层理粉砂岩相 | $SI_R$ | siltstone with ripple bedding |
| | 脉状层理粉砂岩相 | $SI_F$ | siltstone with flaser bedding |
| | 生物扰动粉砂岩相 | $SI_B$ | siltstone with bioturbation |

续表

| 岩类 | 名称 | 符号 | 英文对应 |
|---|---|---|---|
| 砂岩 | 低角度交错层理粉砂岩相 | $SI_{LI}$ | siltstone with low angle cross-bedding |
| | 小型交错层理粉砂岩相 | $SI_{SC}$ | siltstone with small scale cross-bedding laminae |
| | 双向交错层理粉砂岩相 | $SI_{BD}$ | siltstone with bimodal cross-bedding |
| | 块状层理粉砂岩相 | $SI_{M}$ | siltstone with massive bedding |
| | 爬升层理粉砂岩相 | $SI_{CR}$ | siltstone with climbing ripple bedding |
| | 低角度单斜层理粉砂岩相 | $SI_{LI}$ | siltstone with low angle inclined cross-bedding |
| 泥岩 | 透镜状层理泥岩相 | $M_{L}$ | mudstone with lenticular bedding |
| | 灰色泥岩相 | $M_{G}$ | mudstone with grey colour |
| | 褐色泥岩相 | $M_{BR}$ | mudstone with brown colour |
| | 暗色泥岩相 | $M_{D}$ | mudstone with dark colour |
| | 水平层理砂泥岩相 | $SM_{H}$ | sandstone and mudstone with parallel bedding |
| | 波状层理砂泥岩相 | $SM_{W}$ | sandstone and mudstone with wavy cross-bedding |
| 碳酸盐岩 | 内碎屑灰岩 | LI | intraclast limestone |
| | 生物碎屑灰岩 | LB | bioclastic limestone |
| | 生物黏结灰岩 | B | bindstone |
| | 障积灰岩 | $L_{Ba}$ | barrier limestone |
| | 骨架灰岩 | Ls | skeleton limestone |